21世纪经济管理新形态教材 · 统计学系列

实用多元统计分析

严明义 ◎ 编著

U0387582

清华大学出版社
北 京

内 容 简 介

本书充分考虑了人文社科、财经管理类专业的学科特征及学生进行量化分析的实际需求，同时兼顾理论、方法、应用和计算机软件操作，从现实经济问题、理论基础、学科拓展、方法前瞻、应用案例五个方面出发，设计了相关内容，筛选了相关案例资料。通过分类应用举例，概括性阐述了多元统计分析常用方法体系架构，具体内容包括数据分析的图示方法、多元正态总体的统计推断、多元线性回归分析、聚类分析、判别分析、主成分分析、因子分析、路径分析，以及函数性数据的多元统计处理方法。书中融入了思政元素，并以现实经济、金融、管理、社会等领域的问题为导向，筛选了大量现实案例，且基于相关统计软件进行了分析。

本书不仅可以作为统计、经济、管理、社会等专业高年级本科生和研究生教材，也可作为相关领域研究人员及实际工作者进行量化分析的参考书。

本书封面贴有清华大学出版社防伪标签，无标签者不得销售。

版权所有，侵权必究。举报：010-62782989，beiqinquan@tup.tsinghua.edu.cn。

图书在版编目 (CIP) 数据

实用多元统计分析 / 严明义编著 . —北京：清华大学出版社，2023.8
21 世纪经济管理新形态教材 . 统计学系列
ISBN 978-7-302-64382-1

Ⅰ . ①实…　Ⅱ . ①严…　Ⅲ . ①多元分析－统计分析－教材　Ⅳ . ① O212.4

中国国家版本馆 CIP 数据核字 (2023) 第 149828 号

责任编辑：付潭娇
封面设计：汉风唐韵
版式设计：方加青
责任校对：王凤芝
责任印制：沈　露

出版发行：清华大学出版社
网　　址：http://www.tup.com.cn，http://www.wqbook.com
地　　址：北京清华大学学研大厦 A 座　**邮　　编：**100084
社 总 机：010-83470000　**邮　　购：**010-62786544
投稿与读者服务：010-62776969，c-service@tup.tsinghua.edu.cn
质 量 反 馈：010-62772015，zhiliang@tup.tsinghua.edu.cn
印 装 者：三河市人民印务有限公司
经　　销：全国新华书店
开　　本：185mm×260mm　**印　　张：**19.75　**字　　数：**440 千字
版　　次：2023 年 9 月第 1 版　**印　　次：**2023 年 9 月第 1 次印刷
定　　价：59.80 元

产品编号：099250-01

总序 TOTAL ORDER

习近平总书记在2018年全国教育工作会议上的重要讲话，对新时期教育工作做出重大部署，深刻回答了我国当前教育改革发展的重大理论与现实问题，形成了系统科学的新时代中国特色社会主义教育理论体系，为加快推进教育现代化、建设教育强国提供了强大思想武器和行动指南。为了贯彻总书记重要讲话精神，全面落实立德树人根本任务，西安交通大学经济与金融学院联合清华大学出版社推出高水平经济学系列教材。本系列教材不仅是编著者多年来对教学实践及学科前沿知识的总结和凝练，也融合了学院教师在教育教学改革中的最新成果。

西安交通大学经济与金融学院一贯重视本科教育教学，始终将为党育人、为国育才摆在各项工作的首位。学院教师在"西迁精神"的感召和鼓舞下，坚守立德树人初心，全面推行课程思政，全力培养德智体美劳全面发展的社会主义建设者和接班人；深刻理解和把握"坚持扎根中国大地办教育"的自觉自信，立足时代、面向未来，把服务新时代中国特色社会主义的伟大实践作为办学宗旨，力争为发展中国特色、世界一流的经济学教育贡献力量；积极应对新技术革命带来的新业态、新模式为经济学教育带来的挑战，主动适应新文科经济学专业人才培养的跨学科知识要求，充分发挥西安交通大学理工学科优势，探索如何实现经济学科与理工学科交叉、融合，努力将新一轮技术革命背景下经济金融学科的新发展和前沿理论纳入教材；深刻理解和把握教育改革创新的鲜明导向，注重数字技术与传统教育融合发展，推动经济学数字化教育资源建设。本系列教材有如下特点：

一是将思政元素引入教材的每个章节，实现思政内容与专业知识的有机融合，达到"润物细无声"的思政育人效果。二是将我国改革开放的伟大实践成果写入教材，在提升教材时代性和实践性的同时，培育大学生的家国情怀及投身中国式现代化建设的使命感和荣誉感，增强"四个自信"。三是对数字经济、金融科技等经济金融领域中的新业态、新技术、新现象加以总结提炼成教材，推动了不同学科之间的交叉融合，丰富和拓展了经济金融学科体系，培养学生跨领域知识融通能力和实践能力。四是将数字技术引入教材建设，练习题、阅读材料等均以二维码形式显示，方便读者随时查阅。与此同时，加强了课件、教学案例、课程思政案例、数据库等课程配套资源建设，实现了教学资源共享，扩展了教材的内容承载量。

教材建设是落实立德树人根本任务、转变教育教学理念、重构学科知识结构的基础和前提，我们希望通过本系列教材的出版能为新时代中国经济学高等教育的高质量发展奉献绵薄之力。同时，感谢清华大学出版社编辑们在教材出版中给予的大力支持，他们严谨的工作态度、扎实细致的工作作风为本系列教材的顺利出版提供了有力保障。

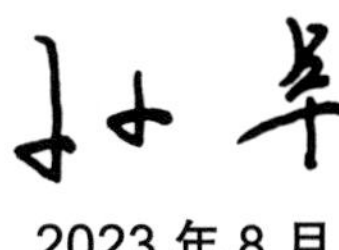

2023年8月

前言 PREFACE

多元统计分析是统计学中一个非常重要的分支，它在经济、金融、管理、社会、地质、气象、生物、医学、图像处理等领域均有广泛的应用，又值现今大数据技术迅猛发展之际，其应用价值愈加重要。多元统计分析不但能够对诸多变量或指标逐个进行分析，还能对多个变量或指标同时进行分析，并在分析中充分考虑了感兴趣对象的多个维度之间的相关性。因此，多元统计分析方法是国内外统计学、经济学、金融学、管理学、生物学、医学，以及工程领域相关学科学生学习的主要知识之一，是进行数据分析的重要工具。多元统计分析的理论与方法既丰富了统计学自身的研究，同时又为其他学科，如计量经济学、金融风险管理、证券组合投资分析、生物、医学、图像处理、大数据技术等的发展提供了理论与方法支撑。随着计算机技术的迅猛发展，人们收集数据的技术和能力得以快速提高，获取的数据类型也呈现多样化，具有多维和无穷维特征的数据比比皆是。所以，现实需要学生熟悉分析这些类型数据的理论和方法，掌握分析的技术与过程。

本书是作者二十余年来讲授“多元统计分析”课程，从事相关领域研究工作，跟踪数据分析发展与应用动态，并着力体现高阶性、创新性和挑战性后所编著的。本书在编写过程中充分考虑了经济、金融、管理、社会等专业学生的现实与未来需求，同时兼顾理论、方法、应用和计算机软件操作，从现实经济问题、理论基础、学科拓展、方法前瞻、应用案例五个方面出发，科学设计相关内容，审慎筛选案例资料。

本书的特色体现在以下几个方面：

第一，思政元素引入。本书纳入了思政案例，融入了思政元素。

第二，体系完整系统。本书遵循问题导向—理论方法—实例应用—发展趋势的逻辑框架，立足人文社科、财经管理类学生实际需求，将相关内容体系完整、系统地呈现给读者。

第三，方法动态前瞻。本书在现有多元统计分析方法的基础上，引入了国际统计学界近二十年来发展较快的函数性数据分析方法，以反映统计数据分析新进展。考虑函数性数据分析方法已历经几十年的发展，研究内容和成果较多，因此本书仅对函数性数据分析的相关概念、描述性分析方法和应用进行了介绍，旨在抛砖引玉。同时为了体现本书所述方法的跨学科外溢性，本书将随机向量的数字特征与性质分别应用于证券组合选择 M-V 模型的构建与金融风险分析。

第四，案例新颖实际。本书内容设计以问题为导向，选择既具有时代背景且与我国国民经济紧密相关，又体现我国治国理政战略的问题，如脱贫攻坚、乡村振兴、经济高质量发展、共同富裕等。

第五，方法应用指导。本书对所涉及的方法均设计了案例，且大部分案例紧扣我国经济、社会发展实际，数据时效性强。在对案例进行分析时，本书以 SPSS 软件为主，兼顾使用 MATLAB、R 等软件，逐步进行上机操作，并对输出结果进行解释，培养学生应用所学方法解决实际问题的动手能力。

第六，适用范围较宽。本书使用语言简洁易懂，讲解深入浅出，适用范围广，在相关内容叙述中，尽量遵循和体现科学研究的过程，以培养学生提出问题、分析问题、解决问题的能力。

本书在编写中，对有些难度较大的知识点在相应章节作了“*”标注，选用本书的教师可根据学生的专业特点与课时安排灵活选择章节讲授。

本书可作为统计、经济、管理、社会等专业高年级本科生和研究生的教材，也可作为相关领域研究人员及实际工作者进行量化分析的参考书，选择本书学习的学员应具备高等数学、线性代数、概率论与数理统计等方面的知识。

本书的编写得到了西安交通大学“名师、名课、名教材”项目及西安交通大学经济与金融学院高水平教材出版资助。本书在撰写过程中参考和借鉴了国内外相关优秀教材、专著和学术论文，其对本书的编写给予了有益的启示，在此向各位作者致以崇高的敬意和衷心地感谢！本书的编写完成还得益于李聪教授和我的博士研究生王可、甘娟娟、马文杰、曹曦子、宋秦月，硕士研究生马奕桐、吴雨虹、陈海姑、马一、王鑫蕊、靳倩、魏静怡、田浩川、王译涵、李博霖、焦怡馨、张诗宇等的帮助，他们做了大量的资料搜集、整理、编程计算及书稿校对工作，这里对他们的辛勤付出致以诚挚的感谢！

历经十个月的笔耕不辍，书稿得以完成，但因本人学识与经验不足，书中难免有疏漏与不足，敬请广大读者不吝指正。

西安交通大学经济与金融学院

严明义

2023 年 3 月于古都长安

目录 CONTENTS

第1章 多元数据和多元统计分析

学习目标

1. 理解多元数据及多元统计分析与一元统计分析的区别。
2. 掌握数据的计量尺度与数据类型。
3. 了解多元统计分析的应用分类。

案例导入

贫困问题是国际社会长期关注的问题。党的十八大以来，我国14个集中连片特困地区成为扶贫主战场，实施精准扶贫方略。经过全国各族人民的共同努力和八年的奋进拼搏，我国脱贫攻坚战取得了全面胜利，现行标准下9899万农村贫困人口全部脱贫，832个贫困县全部摘帽，12.8万个贫困村全部出列，区域性整体贫困得到解决，完成了消除绝对贫困的艰巨任务，创造了又一个彪炳史册的人间奇迹！

这里所谓的现行标准涉及6个维度，即人均纯收入达标、“两不愁”“三保障”。人均纯收入的计算综合考虑了物价水平和其他因素，以2300元（2010年不变价）为基准进行调节。“两不愁”是指贫困人口不愁吃、不愁穿，“三保障”指义务教育、基本医疗、安全住房有保障。这说明我国精准扶贫阶段对贫困人口或贫困户不是仅依据收入单一维度进行界定，而是从多个维度进行考量，在贫困治理上也不是仅消除收入贫困，而是综合考虑了贫困的多维特征。

扩展阅读1-1

习主席在全国脱贫攻坚总结表彰大会上的讲话

1.1 多元数据认知

1.1.1 多元数据的概念

对任何一个现实问题要转化为一个统计问题，首要的工作是要对其特征进行刻画，一般我们采用随机变量，多个特征采用多个随机变量，如$X_1,X_2,\cdots,X_p$。随机变量一般是抽象的，当随机变量描述的是经济变量时则会有具体的意义，如宏观经济指标 GDP、社会商品零售总额、固定资产投资额、消费、个人可支配收入等，这些指标有其概念、单位、核算方法等。如果我们仅考虑问题的单一特征（一个变量），则是一元统计问题，若要同时考虑多个特征，且要体现多个经济变量（指标）之间的相关性，例如，个人消费与其可支配收入正相关等，则我们不但要分析每一个变量，还要分析它们之间的相依程度，这就需要对一元统计分析方法进行拓展，即同时对诸多变量（如$X_1,X_2,\cdots,X_p$）进行分析，这就是多元统计分析分析问题的构思。

为了对诸变量进行统计分析（描述性的或推断性的），我们需要对其进行重复观察，即通过大量的重复观察结果（数据）捕捉诸变量及其之间的规律。对于具有p个变量的多元统计问题，我们可以采用矩阵工具对其观察数据进行展示，如如下的矩阵X。

$$X=\begin{pmatrix} x_{11} & x_{12} & \cdots & x_{1p} \\ x_{21} & x_{22} & \cdots & x_{2p} \\ \vdots & \vdots & \vdots & \vdots \\ x_{n1} & x_{n2} & \cdots & x_{np} \end{pmatrix}$$

其中，x_{ij}是第i个个体的第j个变量的观测值；n是观测的次数（或称为观测的个体数，样本容量）；p是变量的个数。如果有几个不同的个体归属于s个不同的群体，则可设s是取值为 1，2，…的分类变量以区分这些群体。

1.1.2 数据计量的尺度与数据类型

数据是对对象进行计量的结果，不同的计量尺度会产生不同的结果（数据）。计量尺度有四种，即定类尺度、定序尺度、定距尺度和定比尺度。

1. 定类尺度

定类尺度亦称为名义尺度（nominal scale），它是测量的最低水平，最常用于定性而非定量的变量。例如，跑鞋的牌子、水果的种类、音乐的种类、月份、宗教信仰、眼睛的颜色等。当使用定类尺度进行计量时，变量被划分为几个类别（categories），通过确定对象所属的类别来“测量”对象。因此，用定类尺度进行测量实际上相当于对对象进行分类，并给出它们所属类别的名称，这也是将其称为名义尺度的缘由。

定类尺度计量层次最低，具有如下特征：

- 对事物进行平行的分类。
- 各类别可以指定数字代码表示。
- 使用时必须符合类别穷尽和互斥的要求。
- 数据表现为“类别”。
- 具有“=”或“≠”的数学特性。

如果我们对一个变量使用定类尺度进行计量，则称这个变量为定类变量，计量（测量）结果称为定类数据。

2. 定序尺度

定序尺度（ordinal scale）具有相对较低的计量层次，但测量水平高于定类尺度，它具有相对低层次的数量特性。例如，社会阶层、对健康的自我感知 (从 I 到 V 编码)、教育水平 (没有接受过学校教育、小学、中学或高等教育) 等。定序尺度具有如下特征：

- 对事物分类的同时给出各类别的顺序。
- 比定类尺度更精确。
- 未测量出类别之间的准确差值。
- 数据表现为“类别”，但有序。
- 具有“>”或“<”的数学特性。

如果我们对一个变量使用定序尺度进行计量，则称这个变量为定序变量，计量（测量）结果称为定序数据。

3. 定距尺度

定距尺度（interval scale）比定序尺度有更高的测量水平，它具有数量的特性且相邻单位等间隔，但没有绝对零点，即零点的位置可任意选择。因此，定距尺度具有定序尺度的性质，且相邻单位之间的间隔相等。术语“相邻单位等间隔”意指相邻单位上变量被测量的值是一样的。

因为间隔尺度具有相邻单位之间变量计量（测量）值相等的性质，所以相同间隔之间的差异也表示变量的测量值具有相同的差异。例如，使用摄氏温度计或华氏温度计测量温度。在某些情况下，类似抑郁、焦虑或智力的测量，当实际难以计量时（实际上也确实难以对其进行准确的测度），则可使用间隔尺度对这些变量进行计量。

扩展阅读1-2

流调中心
抑郁量表

如果我们对一个变量使用间隔尺度进行计量，则称这个变量为定距变量，计量（测量）结果称为定距数据，这些数据为数值型数据。

4. 定比尺度

定比尺度（ratio scale）是最高水平的计量尺度，对这种尺度测量的数据可以分析其相对大小及它们之间的差异，其零点的位置是固定的。例如，年龄、从任何固定事件起算的时间、事件发生的频率、体重、长度等。

如果我们对一个变量使用定比尺度进行计量，则称这个变量为定比变量，计量（测量）结果称为定比数据，这些数据为数值型数据。

在统计学中，我们称定类数据和定序数据为品质型数据（类别数据或定性数据），定距数据和定比数据为数值型数据。不同类型的数据需要不同的统计分析方法，一般适合分析低水平尺度数据的方法也可用于分析高水平尺度数据，反之不一定成立。

例 1.1　对 6 个变量进行 10 次观测（10 个个体）的结果，如表 1-1 所示。表 1-1 可以看作是一个 10×6 阶的数据矩阵，相当于对 6 个变量观测了 10 次。其中，“性别”变量、“忧郁”变量为定类变量，“健康状况”变量为定序变量，“IQ”变量为定距变量，“年龄”变量、“体重”变量为定比变量。

表 1-1 中的定性信息可采用数值代码表示。例如，我们可以定义定类变量“性别”的取值为：男性 =1，女性 =2；定序变量“健康状况”取值用 1~5 表示，取值为 5 表示很好，取值为 1 表示很差等。但是，这里需要注意的是这些相同的数字代码（如 1）表达完全不同的信息，其与测量的尺度有关。

表 1-1 的另一个特征是它包含缺失值（missing values）即未知（not known，NK）。缺失值的产生有各种各样的原因，对变量的观察值为什么出现缺失进行分析，对研究来说很重要。缺失值会导致本书中介绍的许多分析方法出现问题，缺失值越多问题相对越严重。尽管有很多方法可以处理缺失数据的问题 (有效的和无效的)，但这些方法的讨论超出了本书的范围。然而，一种普遍适用的方法是根据未缺失数据的信息估计缺失值，这种插补方法既有简单的使用非缺失数据的平均值代替缺失值，又有复杂的借助于数据随机性的多重插补（填补）方法（multiple imputation）。

扩展阅读1-3

缺失数据处理相关文献

表 1-1　含有 6 个变量 10 次观测的数据集

个体编号	性别	年龄 / 岁	IQ	忧郁症	健康状况	体重 / 千克
1	男	21	120	是	很好	68
2	男	43	NK	否	很好	72.5
3	男	22	135	否	一般	61.2
4	男	86	150	否	很好	63.5
5	男	60	92	是	较好	49.9
6	女	16	130	是	较好	49.9
7	女	NK	150	是	很好	54.4
8	女	43	NK	是	一般	54.4
9	女	22	84	否	一般	47.6
10	女	80	70	否	较好	45.4

1.2　多元统计分析

1.2.1　多元统计分析认知

多元统计分析是分析多维数据的理论与方法，随着现实问题的需要与数据收集、储存技术的发展，多元统计分析方法也与时俱进，在不断地拓展与发展变化。但是，如果想对多元统计分析给出一个准确的定义一般非常困难，我们很难建立一个既被广泛接受又能对其方法技术进行合适逻辑归类的分类框架。鉴于此，本书从研究现实问题实际需要的视角，通过归类科学研究的目标以体现多元统计分析的方法与应用。

科学研究的目标或实际需要，特别是经济、管理、社会、教育、心理、医学等领域，一般包括以下几个方面：

- 数据减化或结构简化（data reduction or structural simplification）。在不牺牲有价值信息的情况下，使用尽可能简单的方式对感兴趣的现象开展研究，以期使解释更加容易。
- 分类和聚类（sorting and grouping）。根据测量数据的特征，将“相似的”对象或变量进行归类，或构建规则以将新对象归于事先定义好的类中。
- 研究变量之间的相依关系（investigation of the dependence among variables）。研究者一般会对变量之间的关系感兴趣，经常需要回答是否所有的变量相互独立；还是一个或多个变量依赖于其他的一些变量，如果是这样，原因是什么。
- 预测（prediction）。基于某些变量的观测数据，确立变量之间的关系，以对感兴趣的一个或多个变量的值进行预测。
- 假设的构建与检验（hypothesis construction and testing）。利用多元总体的参数构建统计假设，并对其进行检验，以对问题的假设或竞争性论点进行实证分析。

1.2.2　多元统计分析分类应用简例

为了体现实际问题的分析需要和科学研究的目标，下面通过问题举例呈现多元统计分析方法的应用，学员可在此基础上举一反三，思考研究问题与多元统计分析方法的对应关系与选择。

1. 数据简化或结构约化简例

- 使用几个与癌症患者放疗反应有关的变量数据，构建一个测度方法以测量患者接受放疗的疗效。
- 基于许多国家运动员的竞赛成绩数据，构建一个指数以测量男女运动员的技术水平。
- 利用高级扫描仪收集的多谱图像数据，在二维平面上呈现海岸线的图像。

2. 分类和聚类简例

- 基于若干人体生理变量的测量值，开发出一种甄别方法，以区别嗜酒者和非嗜酒者。
- 税务部门使用从纳税申报表中收集的数据，将纳税人分为需要审计和不需要审计两个类别。
- 基于反映不同类型国家发展水平的若干变量数据，判断某一国家的发展方式应该采取粗放型、集约型、粗放集约型、集约粗放型四种发展方式中的哪一种。

3. 变量之间相依关系简例

- 基于几个变量的数据识别影响聘用外部顾问的企业成功的因素。
- 对一些与公司环境和公司组织有关的变量进行测量，并基此解释为什么有些公司的产品具有创新性，而有些公司的产品不具有创新性。

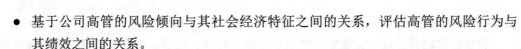

- 基于公司高管的风险倾向与其社会经济特征之间的关系，评估高管的风险行为与其绩效之间的关系。

4. 预测简例

- 利用学生的测试分数与体现其高中、大学表现的若干个变量之间的联系，预测学生大学期间的表现。
- 基于若干个会计和财务变量识别财产保险者潜在的破产状况。

5. 假设的构建与检验简例

- 基于若干与污染有关的变量数据，以确定大城市的污染水平在一周内大概相同，还是在工作日和周末之间存在明显的差异。
- 基于一些与职业结构差异有关的变量数据，验证两种相互竞争的社会学观点的正确性。
- 基于一些变量的数据，判断新兴工业化国家不同类型的企业是否表现出不同的创新模式。

练习题

1. 数据的计量尺度包括哪几种？如何进行区分？
2. 多元统计分析应用主要包括哪些方面？

第2章 多元数据的图示分析法

学习目标

1. 了解多元数据图形分析的优势和方法。
2. 理解本章介绍的图形方法的原理及优缺点。
3. 掌握图形方法的作图步骤。
4. 了解相关图形绘制的计算机软件。
5. 理解使用图形方法分析现实经济问题的思路。

案例导入

中国人民在中国共产党领导下开展了声势浩大的脱贫攻坚人民战争，并于2020年底取得了全面胜利。中国脱贫制胜密码是什么？人民网将其总结为26条举措，并巧妙地利用26个英文字母A~Z进行了解释。其中，A表示因地制宜（acting according to local），B表示中央财政专项扶贫资金（budget allocated to poverty alleviation），C表示东西部扶贫协作（corporation between eastern and western regions），D表示开发式扶贫，（development-oriented poverty alleviation），E表示教育扶贫（education advance- ment for poverty alleviation），F表示第一书记（first secretaries of CPC village committees），G表示民生保障（guaranteed livelihood），H表示健康扶贫（health care improvements for poverty alleviation），I表示产业扶贫（industrial support for poverty alleviation）。J表示就业扶贫（job creation for poverty alleviation）。K表示消除知识鸿沟（knowledge GAP elimination），L表示金融扶贫（loans for poverty alleviation），M表示医疗扶贫（medical care for poverty alleviation），N表示一个也不能少（no one left behind），O表示扶贫干部（officials），P表示定点扶贫（paired-up assistance for poverty alleviation），Q表示高质量脱贫（quality-oriented poverty alleviation），R表示易地搬迁（relocation project for poverty alleviation），S表示科技扶贫（science and technology assistance program for poverty alleviation），T表示精准扶贫（targeted poverty alleviation），U表示人的全面发展（universal development of the individual），V表示志愿者（volunteers supporting poverty alleviation），W表示水利扶贫（water conservancy for poverty alleviation），X表示习近平总书记亲自指挥、部署和督战（Xi’s leadership），Y表示持久战（years-long battle），Z表示激发内生动力（zeal of the people）。

这种将众多的扶贫举措与相关投入数据用字母，实际是图形展示出来的做法，能够使观察的人快速直观地了解中国脱贫制胜的密码与相关数据信息，并形成清晰的叙述思路。具体展示见 http://politics.people.com.cn/n1/2021/0227/c1001-32038298.html。

2.1 图示分析认知

故有谚语“一图胜千言”，钱伯斯等（1983）在其著作《数据分析的图形方法》（Chambers et al.*Graphical Methods for Data Analysis*，1983）中指出：“没有任何一种统计工具能够比拟精心选择的图形”（There is no statistical tool that is as powerful as a well-chosen graph）。图形是对多元数据进行直观、有效、有趣展示的方式与方法，是捕捉高维数据内在规律的重要手段。事实上，在有语言而未出现文字的远古时期，古人曾用结绳记事的方法记录事件和数据。在一些部落里，为了把本部落的风俗、传统、传说、重大事件等进行记录流传，使用不同粗细的绳子，在其上面结成不同距离、不同大小的结，由专人(一般是酋长和巫师)遵循一定规则记录，其中每种结法、距离大小、绳子粗细表示不同的意思。西汉的《九家易》对结绳记事解释为“古者无文字，其有约誓之事，事大，大其绳，事小，小其绳，结之多少，随物众”，即根据事件的性质、规模或所涉数量的不同，系出不同的绳结。这表明当时已用“结绳”法来呈现社会事件的数量，并产生了简单的分组，这可视为中国古代统计思想的萌芽。

与展示数据的表格相比，图形展示有许多优点，它能够激发观察者的兴趣，吸引他们的注意力。更进一步，利用图示的方法对数据进行展示，能够呈现观察者事先未曾预料到的现象，其在挖掘数据中的特殊效应、发现异常值、识别模式、诊断模型、搜索不同寻常现象等方面具有优势。伴随计算机技术发展和应用普及，数据可视技术快速发展，研究者已开发了多种多样的图示方法，以对数据进行展示。现在已不是我们怎么去绘图，而是我们想要绘制什么样的图形。

2.2 散点图

2.2.1 散点图的概念与绘制

扩展阅读2-1

R语言与R studio安装使用介绍

由爱德华·塔夫特（Edward R. Tufte）所著的书籍《定量信息的视觉显示》可知，简单的散点图至少从18世纪就开始使用了，并且有许多优点。

在对变量关系进行展示的图形方法中，散点图及其变体在所有图形设计中是比较好的。它至少将两个变量 X 与 Y 联系起来，使得观察者能够发现变量 X 与 Y 之间的因果关系，从而为 X 导致 Y 变化的因果论述提供实证依据。

例 2.1 为了说明散点图的应用，我们对国外 169 对已婚夫妇的身高和年龄数据进行分析，具体数据见附录 B-1：表 2-1。该数据表中样本容量为 169，涉及变量有 5 个，具体为丈夫年龄、丈夫身高、妻子年龄、妻子身高、丈夫第一次结婚年龄，因此可以将该数据表看作是一个 169×5 阶的数据矩阵。

直接观察表 2-1 会使人眼花缭乱。如果在数据中隐藏着一对特殊的数据。例如，丈夫年龄 83 岁，妻子年龄 38 岁，且编排位置在数据表中间部分，则我们很难注意到这组数据。对于现今容量更大的数据集，这种现象更难通过浏览数据的方式发现。进一步，面对给定的数据集，我们首先要回答的问题是你想从数据中获得什么，即有一个相对具体的想法或目标，这样我们才能基于计算机和相关软件进行下一步的操作。例如，我们可能对丈夫年龄与妻子年龄之间的关系感兴趣，是不是所有家庭丈夫的年龄一定大于妻子的年龄，或这些家庭中会不会出现夫妻结婚年龄相差过大等情况。为此，我们使用 R 软件绘制了散点图，如图 2-1 所示。

图 2-1(a) 是丈夫年龄与妻子年龄之间关系的散点图，水平轴表示丈夫的年龄（X），纵轴表示妻子的年龄（Y）。由图 2-1(a) 可知，这两个年龄变量之间有明显的线性趋势，相关性很强。另外，如果在数据集中添加丈夫年龄 83 岁，妻子年龄 38 岁，想必大家在散点图中会很容易地观察到这个点。

为了考察家庭中丈夫年龄与妻子年龄的大小关系，我们在散点图中添加左下到右上的对角线 [图 2-1（b）]，位于对角线上的点表示丈夫与妻子同龄（$Y=X$）。位于对角线下面区域的点表示丈夫的年龄大于妻子的年龄（$Y<X$），而位于对角线上面区域的点则表示丈夫的年龄小于妻子的年龄（$Y>X$）。由图 2-1(b) 可以看出丈夫比妻子年龄大的家庭居多。

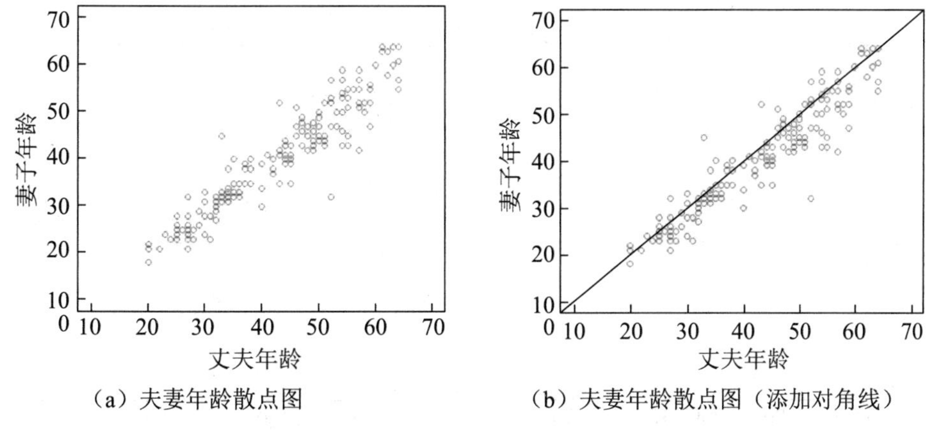

（a）夫妻年龄散点图　（b）夫妻年龄散点图（添加对角线）

图 2-1　丈夫年龄与妻子年龄关系的散点图

虽然图 2-1(b) 可以显示丈夫与妻子的年龄差异，但若数据量较大，这种方式展示的结果会不利于观察。我们可以采取另一种方式，即通过绘制家庭中夫妇年龄差异的散点图，以进一步呈现夫妻年龄的差异信息。图 2-2 是以丈夫年龄减去妻子年龄为水平轴，以丈夫第一次结婚年龄为纵轴绘制的散点图。这里之所以使用纵轴，主要是为了使年龄差异的显示更加醒目。位于年龄差为 0 的竖线上的点表示家庭中夫妻同龄，线右边的点表示家庭中丈夫的年龄较大，线左边的点则表示该家庭丈夫的年龄较小。

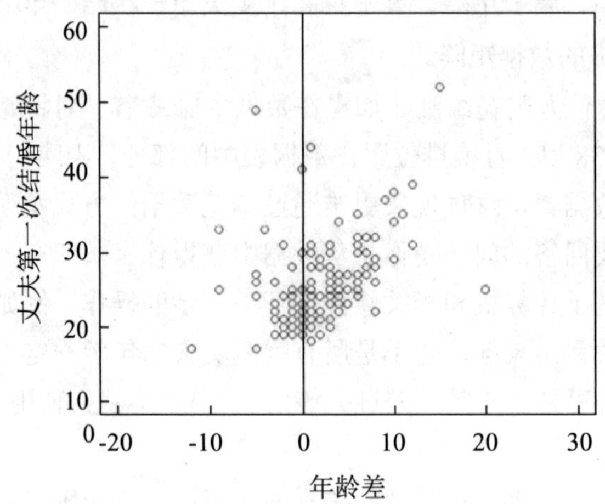

图 2-2　丈夫年龄与妻子年龄之差的散点图

较图 2-1(b)，图 2-2 更清楚地展示了夫妻年龄差异家庭的多寡情况，同时还展现了晚婚男性选择比自己更加年轻伴侣的趋势。另外，图 2-2 左下角有一个点值得关注，它表示有一对夫妇，丈夫娶了一名年长十多岁的女子。事实上，这个家庭丈夫第一次结婚年龄是 17 岁，丈夫（33 岁）比妻子（45 岁）小 12 岁。但是，总体来看，妻子年龄大的家庭要比妻子年龄小的家庭少很多。

我们对夫妻身高之间的关系也很感兴趣，也可采用散点图。图 2-3(a) 给出了丈夫身高与妻子身高的关系图，其中水平轴表示丈夫的身高变量（X），纵轴表示妻子的身高变量（Y）。观察图 2-3(a) 发现夫妻身高的关系明显不同于其年龄关系，缺乏规律，随机变化的程度大。进一步，我们添加 $Y = X$ 线 [图 2-3（b）]，发现妻子比丈夫高的家庭很少。

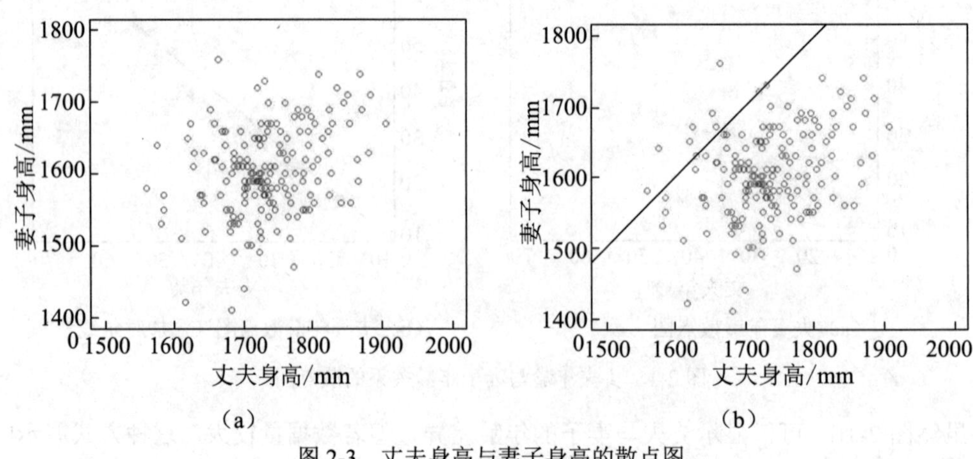

图 2-3　丈夫身高与妻子身高的散点图

附：R 软件绘制例 2.1 散点图的步骤与代码。

1）读入数据

2）作图分析

（1）为了分析夫妻双方的年龄之间的关系，我们绘制两个年龄变量的散点图。

R 程序代码如下：

```
x<-data1$HA
y<-data1$WA
plot(x,y,xlab=" 丈夫年龄 ",ylab = " 妻子年龄 ", col="red",main="(a)",
xlim=c(10,70),ylim=c(10,70))
```

输出图形如图 2-1（a）所示。

（2）为了分析夫妻年龄的大小，在图 2-1（a）上绘制 45 度对角线。

R 程序代码如下：

```
x<-data1$HA
y<-data1$WA
plot(x,y,xlab=" 丈夫年龄 ",ylab = " 妻子年龄 ", col="red", main="(b)",
xlim=c(10,70),ylim=c(10,70))
abline(0,1,lwd=4,col="green")## 截距和斜率
```

输出结果如图 2-1（b）所示。

（3）我们进一步利用家庭夫妻年龄之差绘制散点图，即以丈夫年龄减去妻子年龄作为水平轴，以丈夫第一次结婚年龄作为纵轴。

R 程序代码如下：

```
x<-data1$AD
y<-data1$HAaFM
plot(x,y,xlab=" 年龄差 ",ylab = " 丈夫第一次结婚年龄 ", pch=1,col="red",
xlim=c(-20,30),ylim=c(10,60))
abline(v=0,lwd=1)## 垂直线
```

输出结果如图 2-2 所示。

（4）绘制丈夫身高与妻子身高的关系图。

R 程序代码如下：

```
x<-data1$HH
y<-data1$WH
plot(x,y,xlab=" 丈 夫 身 高 ",ylab = " 妻 子 身 高 ", pch=1, col="red",
main="(a)", xlim=c(1500,2000),ylim=c(1400,1800))
```

输出结果如图 2-3（a）所示。

（5）为了分析夫妻身高的差异，我们在图 2-3（a）上绘制 $Y = X$ 线。

R 程序代码如下：

```
x<-data1$HH
```

```
y<-data1$WH
plot(x,y,xlab=" 丈 夫 身 高 ",ylab = " 妻 子 身 高 ", pch=1, col="red" , main="(b)", xlim=c(1500,2000),ylim=c(1400,1800))
abline(0,1,lwd=4,col="green")## 截距和斜率
```

输出结果如图 2-3（b）所示。

2.2.2 散点图矩阵

在一组包含两个以上变量的多变量数据中，尽管每对变量的边际视图一般并不能揭示数据的结构，但观察每对变量的散点图通常是开始分析数据的有效方法。当然，随着变量个数的增多，散点图的数量很快变得令人望而生畏。例如，对于 10 个变量，有 45 个散点图需要考虑。将成对散点图排列成正方形网格，通常称为散点图矩阵，有助于同时观看所有的散点图。

散点图矩阵被布置为二元散点图的正方形对称网格。若感兴趣的变量有 p 个，则这个网格有 p 行和 p 列，每一行分别对应 p 个变量中的一个。因为散点图关于其对角线是对称的，所以第 j 个变量与第 i 个变量的散点图置于单元格 ji 中，并且在 X 轴和 Y 轴互换的情况下，相同变量的散点图置于单元格 ij 中。这样做看似存在明显的冗余，但在矩阵中同时包含上三角形和下三角形，会使行和列的散点图都能够被观察者视觉扫描，便于查看一个变量与所有其他变量的对比结果。图 2-4 给出了基于例 2.1 中 5 个变量的数据绘制的散点图矩阵。

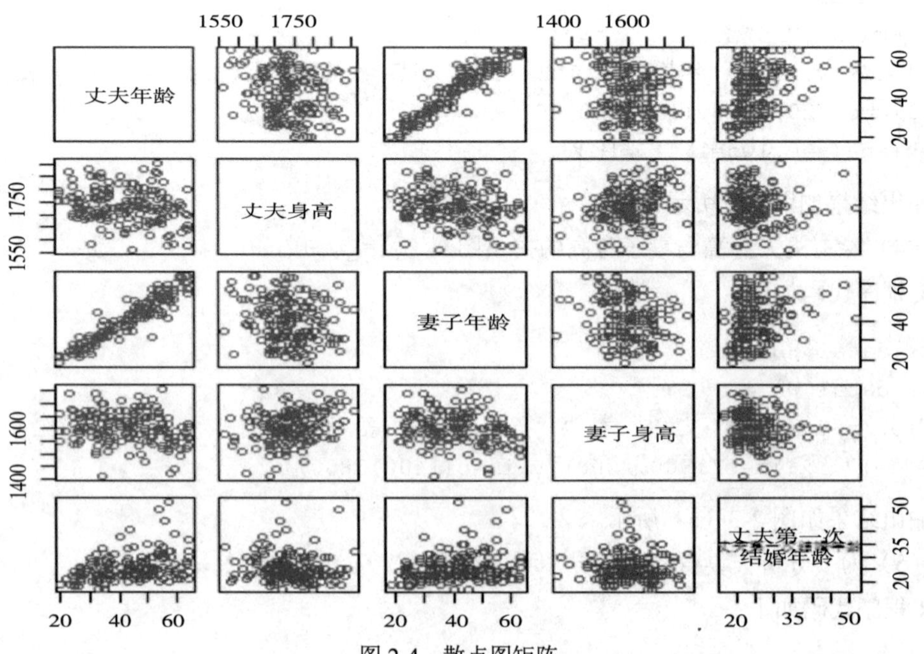

图 2-4　散点图矩阵

2.2.3 散点图的增强

有多种方法可以对简单散点图进行增强，以便更深入地了解一组多元数据中隐藏的模式和结构。在最简单的层次上，我们可以以直方图、箱线图等形式添加每个变量的边际分布信息。图 2-5 给出了丈夫身高、妻子身高的直方图与适配的正态分布。

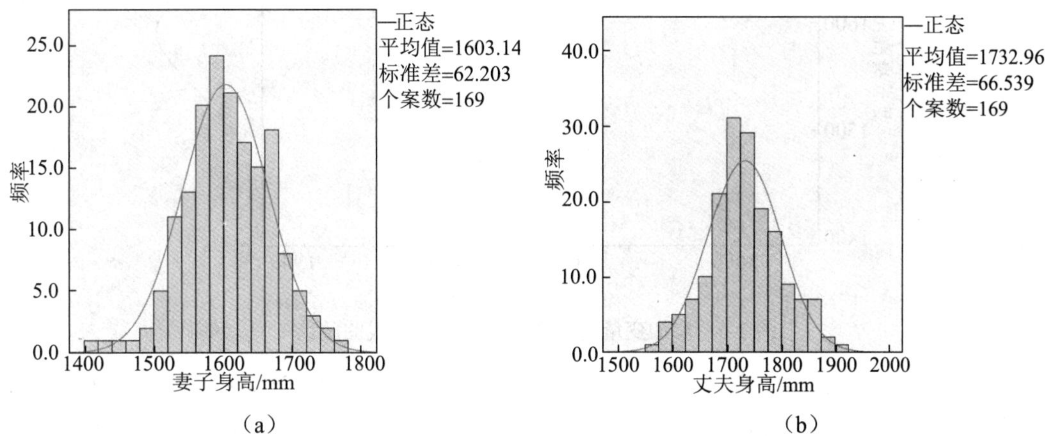

图 2-5　丈夫和妻子身高的直方图及估计的边缘分布

我们还可以使用统计软件在散点图中添加变量的边缘密度函数。这里使用 R 软件绘制图形，具体代码如下：


```
# library （下载软件包）
library(ggplot2)
library(ggExtra)
# classic plot 散点图
# 导入数据集 data1,HH 代表丈夫身高 ,WH 代表妻子身高
p <- ggplot(data1) +
     geom_point(aes(x = HH, y =WH),col="red", alpha = 0.6, shape =
16) +  # alpha 调整点的透明度; shape 调整点的形状
  theme_bw() +
  labs(x = " 丈夫身高 ", y = " 妻子身高 ") # 添加 x, y 轴的名称
p
# marginal plot: density 密度函数
ggMarginal(p, type = "density")
```

输出结果如图 2-6 所示。图中上边、右边部分的曲线分别是丈夫身高和妻子身高的边缘密度函数估计曲线，可以看出它们接近于一元正态分布的密度函数曲线，因此我们可认为丈夫身高、妻子身高这两个变量服从正态分布。

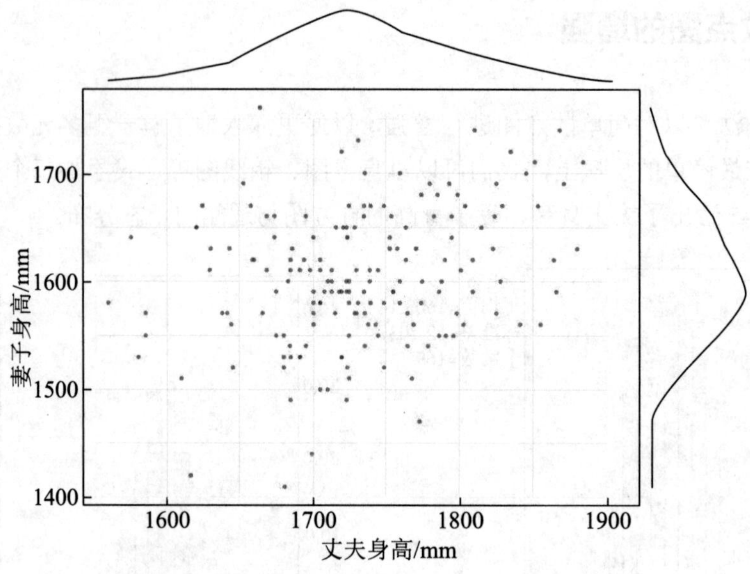

图 2-6　添加变量边缘密度函数估计曲线的散点图

为了使读者更好地理解，须说明的是上述的边缘密度函数估计采用的是核密度方法，核密度函数选择高斯（gaussian）核函数，即

$$K(x)=\frac{1}{\sqrt{2\pi}}\exp\{-x^2/2\}$$

采用核密度方法绘制丈夫身高的边缘密度函数估计曲线的 R 代码如下：

```
library(lattice)
densityplot(~ HH,data = data1,main="Figure 1 核密度图",xlab="丈夫身高")
#核密度图 表达式  ~ x | A*B
#densityplot 在 lattice 包里
#HH 代表丈夫身高
```

输出结果如图 2-7 所示。

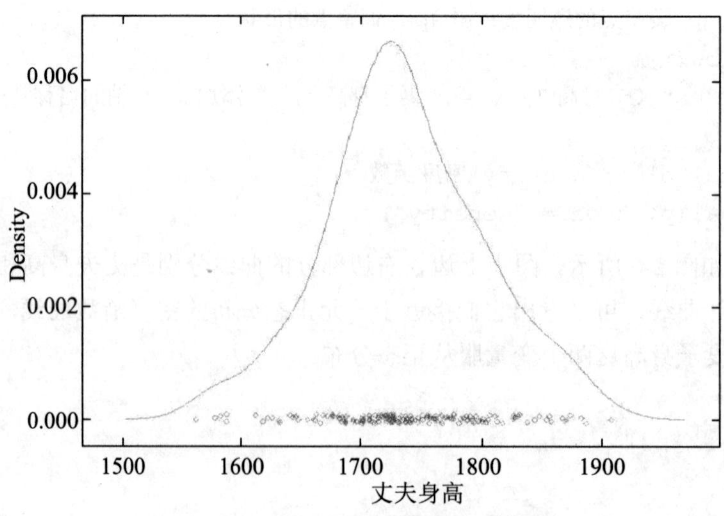

图 2-7　丈夫身高的边缘密度函数估计曲线

事实上，我们可以利用代码 plot(density(data1$HH)) 直接输出图 2-8。R 软件会自动计算带宽（bandwidth），这里的带宽为 19.98。

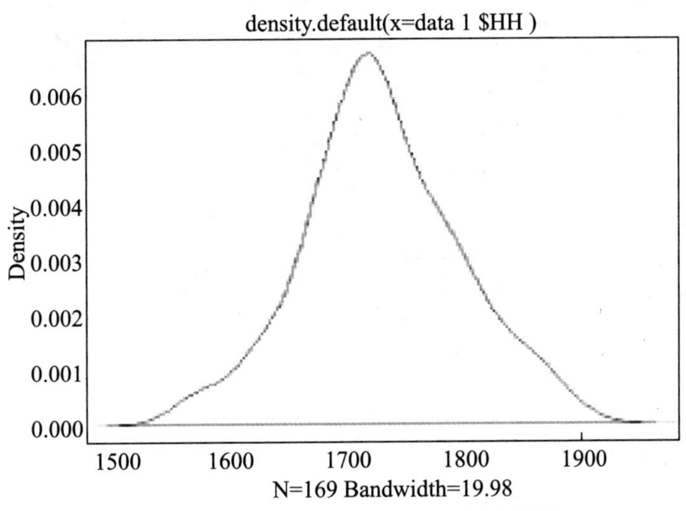

图 2-8 plot(density(data1$HH)) 输出结果

使用 R 软件绘制密度函数的核密度估计，我们可以自主选择核函数，软件默认的是高斯核函数。例如，我们可以使用如下的 R 代码绘图，输出结果如图 2-9 所示。

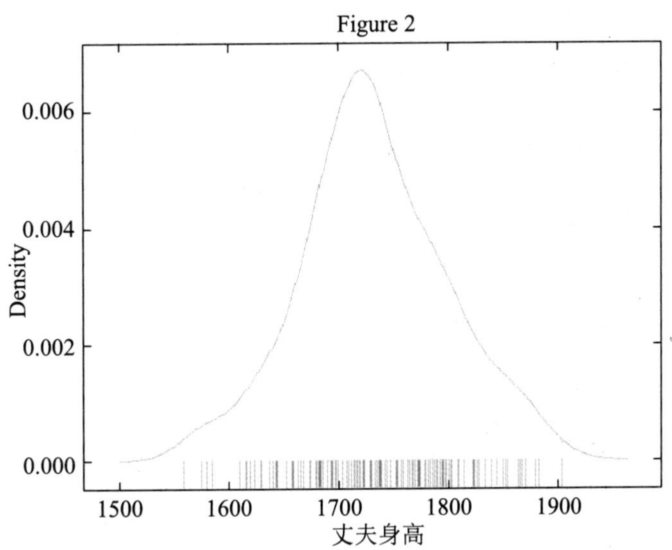

图 2-9 采用高斯核函数时丈夫身高的分布曲线

```
densityplot(~ HH, data = data1, kernel = "gaussian",bw=19.98, plot.points
="rug" , main="Figure 2",xlab=" 丈夫身高 ")
#kernel 是核函数，" gaussian" 代表高斯核；bw 代表带宽 bandwidth
#bandwidth 太大时非常平滑但偏差大，bandwidth 过小时虽然偏差小但方差大
#R 中 的 kernel 有 "gaussian"( 高 斯 核 ), "epanechnikov" ( 二 次 核 ),
"rectangular"(均匀核), "triangular"(三角核), "biweight"(四次核), "cosine"(余
弦核), "optcosine"
```

扩展阅读2-3

几种常见的核函数

2.3 箱 线 图

2.3.1 箱线图的概念与绘制

箱线图(box plot)，又称箱领图(box-whisker plot)，是利用数据中的5个特征值(最小值、下四分位数、中位数、上四分位数与最大值）来展示数据的一种图示方法，常用于显示未分组的原始数据或分组数据的分布。我们可通过箱线图粗略地观察数据的对称程度、分散程度、异常值等信息，特别适用于多组数据的比较分析。图2-10给出了简单箱线图的图示，其中 Q_L 表示下四分位数，Q_U 表示上四分位数，$X_{最小值}$ 和 $X_{最大值}$ 分别表示一组数据中的最小值和最大值。

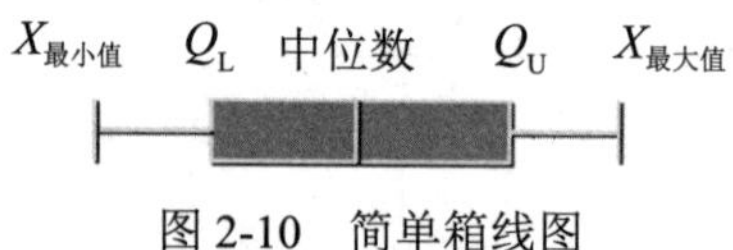

图2-10　简单箱线图

为了绘制箱线图，我们首先给出求一组数据中5个特征值的方法。设数据集为 $X=\{x_1,x_2,\cdots,x_n\}$，将其排序（顺序统计量）记为 $\{x_{(1)},x_{(2)},\cdots,x_{(n)}\}$，$x_{(1)}$ 是这组数据的最小值，$x_{(n)}$ 是最大值。中位数（median）M_e 将数据集两等分，定义为

$$M_e=\begin{cases} X_{\left(\frac{n+1}{2}\right)} & n\text{为奇数} \\ \dfrac{1}{2}\left\{X_{\left(\frac{n}{2}\right)}+X_{\left(\frac{n}{2}+1\right)}\right\} & n\text{为偶数} \end{cases}$$

我们根据 $\{x_{(1)},x_{(2)},\cdots,x_{(n)}\}$ 可以定义数据值 $x_{(i)}$ 的深度（the depth of a data value）为 $\min\{i,n-i+1\}$。对中位数来说，若 n 为奇数，则其深度为 $(n+1)/2$；若 n 为偶数，$(n+1)/2$ 则为分数。于是，四分位数的深度计算公式为

$$\text{四分位深度}=\frac{[\text{中位数深度}]+1}{2}$$

其中 [中位数深度] 表示不超过“中位数深度”的最大整数。

若设 k 为不超过四分位数深度的最大整数，则可以根据 k 与四分位数深度是否相等求下四分位数 Q_L 和上四分位数 Q_U。当 k 与四分位数深度相同时，$Q_L = x_{(k)}$，$Q_U = x_{(n-k)}$。当 k 小于四分位数深度时，

$$Q_L = \frac{1}{2}\left\{x_{(k)} + x_{(k+1)}\right\}$$

$$Q_U = \frac{1}{2}\left\{x_{(n-k)} + x_{(n-k+1)}\right\}$$

进一步，可以求出四分位距 $d = Q_U - Q_L$，即上四分位数与下四分位数之差。

例 2.2　表 2-1 是一组数据并进行了排序，试求这组数据的中位数和下四分位数、上四分位数。

解：本例中有 15 个数据，即 $n = 15$ 为奇数，中位数 $M_e = x_{(8)} = 1815$，深度为 8。根据公式，四分位数深度为 4.5，最大取整值 $k = 4$，将其代入计算 Q_L 和 Q_U 的公式，即得

$$Q_L = \frac{1}{2}\left\{x_{(4)} + x_{(5)}\right\} = 1610$$

$$Q_U = \frac{1}{2}\left\{x_{(11)} + x_{(12)}\right\} = 2105$$

表 2-1　数据及其排序

数据	1430	1495	1560	1565	1655	1680	1800	1815	1970	1985	2020	2190	2230	2280	3420
排序	$x_{(1)}$	$x_{(2)}$	$x_{(3)}$	$x_{(4)}$	$x_{(5)}$	$x_{(6)}$	$x_{(7)}$	$x_{(8)}$	$x_{(9)}$	$x_{(10)}$	$x_{(11)}$	$x_{(12)}$	$x_{(13)}$	$x_{(14)}$	$x_{(15)}$

对一组数据来说，绘制其箱线图的步骤如下。

第一步，找出一组数据的 5 个特征值，即最大值、最小值、中位数和 2 个四分位数（下四分位数和上四分位数，即 Q_L 和 Q_U）。

第二步，连接两个四分位数画出箱子，即 50% 的数据位于这个箱子中。

第三步，在箱子中将中位数（median）用竖实线（|）绘出。

第四步，将最大值、最小值与箱子相连接。

例 2.3　表 2-2 是 10 名农户从 7 个产业项目中获得的收入（单位：百元），试绘制各产业项目收入箱线图，并分析各产业项目收入的分布特征。

表 2-2　农户产业项目收入

产业项目	农户编号									
	1	2	3	4	5	6	7	8	9	10
1	86	81	95	70	67	82	72	80	81	77
2	80	98	71	70	93	86	83	78	85	81
3	67	51	74	78	63	91	82	75	71	55
4	93	76	88	66	79	83	92	78	86	78
5	74	85	69	90	80	77	84	91	74	70
6	68	70	84	73	60	76	81	88	68	75
7	58	68	73	84	81	70	69	94	62	71

利用 SPSS 软件可绘制各产业项目收入的箱线图（图 2-11）。从图 2-11 可看出，农户在项目 2 中获得的收入较高，且各农户从该项目获得的收入差异不大，而从项目 3 中获得的收入相对较低，且各农户从该项目获得的收入差异较大。

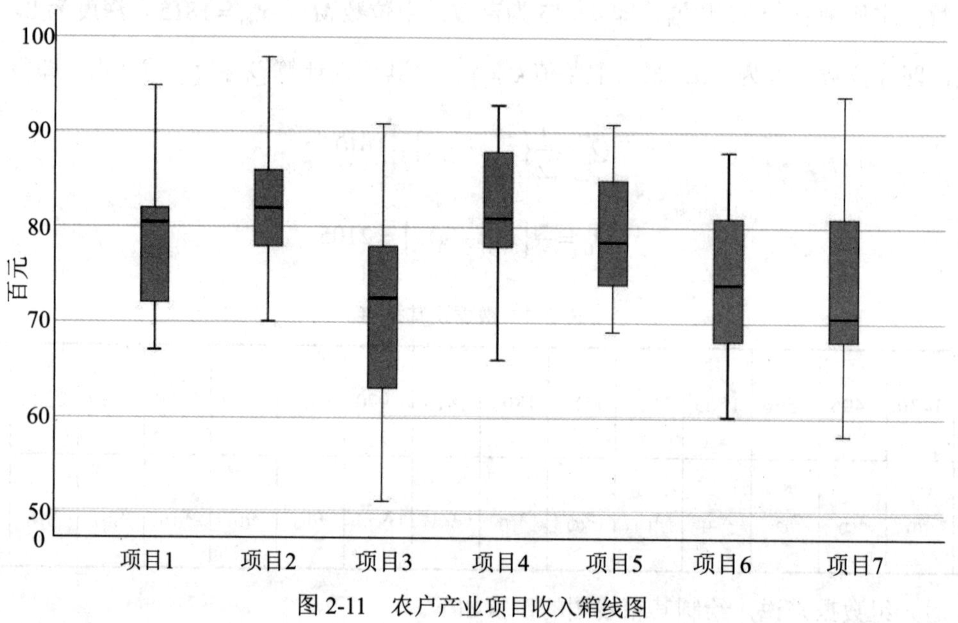

图 2-11　农户产业项目收入箱线图

2.3.2　箱线图的作用

箱线图作为常用的图形分析工具之一，其在数据分析时具有如下的功能。

1. 直观展示数据集中的异常值

在对数据进行统计分析时，数据集中的异常值需要引起重视，忽视或不加考虑剔除异常值，会对数据分析结果带来影响。因此，关注数据集中隐藏的异常值，并分析其产生的原因，是发现问题进而改进分析过程的正确途径。

利用箱线图可给出识别异常值（outlier）的一个标准：设 $d = Q_U - Q_L$，即上四分位数与下四分位数之差，称为四分位距。当数据值小于 $Q_L - 1.5d$ 或大于 $Q_U + 1.5d$ 时称其为异常值。在例 2.2 中，我们可求得四分位距为

$$d = Q_U - Q_L = 2105 - 1610 = 495$$

用于识别异常值的两个阈值为

$$Q_L - 1.5d = 1610 - 1.5 \times 495 = 867.5$$

$$Q_U + 1.5d = 2105 + 1.5 \times 495 = 2847.5$$

在表 2-2 中没有小于 867.5 的数据，但最大值 3420 大于 2847.5，故判别其为异常值。

若要在箱线图中显示出异常值，我们可在绘制其箱线图的步骤中加入第五步。

第五步，若数据集中有异常值，则用“O”标出温和的异常值，用“*”标出极端的异常值。相同值的数据点在同一数据线位置上并列标出，不同值的数据点在不同数据线位置上标出。

虽然这种识别方法欠规范，但经验表明它在直观展示数据异常值方面表现良好。这种方法与识别异常值的经典方法有些不同。众所周知，基于正态分布的 3σ 法则或 z 分数方法在判断异常值时以数据集的均值和标准差为基础，但均值和标准差对异常值敏感，耐抗性极小，异常值本身会对它们产生较大的影响。另外，3σ 法则或 z 分数方法要求数据来源于正态分布，但现实中数据的产生过程往往很难严格服从正态分布。因此，将这种方法用于判断非正态分布数据集中的异常值时有效性不高。箱线图的绘制不需要事先设定数据服从的分布形式，真实直观地呈现数据集的特征。从箱线图判断异常值的标准可以看出，它以四分位数和四分位距为基础，而四分位数具有一定的耐抗性，多达 1/4 的数据可以变得任意远，但其对四分位数的影响不会很大。所以，箱线图在识别异常值方面有一定的优越性。

2. 直观展示数据集的偏态和尾部特征

比较标准正态分布、不同自由度的 t 分布和非对称分布数据的箱线图的特征，可以发现：对于标准正态分布的大样本，只有 0.7% 的值是异常值，中位数位于上、下四分位数的中央，箱线图的方盒关于中位数竖线对称。选取不同自由度的 t 分布的大样本，代表对称厚尾分布，t 分布的自由度越小，尾部越厚，就有越大的概率观察到异常值。以卡方分布作为非对称分布的例子进行分析，发现当卡方分布的自由度越小时，异常值出现于一侧的概率越大，中位数也越偏离上、下四分位数的中心位置，分布偏态性越强。若异常值集中在较小值一侧，则分布呈现左偏态；若异常值集中在较大值一侧，则分布呈现右偏态。这个规律揭示了数据集分布偏态和尾部的特征，尽管它们不能给出偏态和厚尾程度的精确度量，但却为我们粗略估计提供了依据。

虽然箱线图具有以上优点，但其局限性也是显而易见的，它不能给出数据分布偏态和厚尾程度的精确度量。另外，当数据集个数较大时，箱线图呈现的形状信息不够清晰。因此，箱线图最好与数据的均值、标准差、偏度、分布函数等结合使用。

2.4 检验分布假设的图示方法

统计分析中许多方法的有效性取决于特定的分布假设。例如，我们常要求数据具有多元正态分布，或者在某些情况下，在拟合某个感兴趣的模型后残差具有正态分布。检验这种分布假设的一种非常有用的图形方法是概率图，其基本思路是对数据观测值进行排序，然后将它们与假设的分布函数的适当值进行比较。

图 2-12 是两个随机变量 X 和 Y 的累积分布函数 $F_X(\cdot)$ 和 $F_Y(\cdot)$，这两个分布在 q 处的概率分别为 $p_x(q)$ 和 $p_y(q)$，两个分布在 p 处的分位数分别为 $q_x(p)$ 和 $q_y(p)$。如果这两个分布相同，则其分布函数曲线重合，从而不同 q 值对应的概率 $p_x(q)$ 和 $p_y(q)$ 相等，不同 p 值对应的分位数 $q_x(p)$ 和 $q_y(p)$ 也相等。我们以不同 q 值对应的概率 $p_x(q)$ 和 $p_y(q)$ 为坐标绘制散点图，并称其为 $P-P$ 图（$P-P$ plot）；若以不同 p 值对应的分位数 $q_x(p)$ 和 $q_y(p)$ 为坐标绘制散点图，则称其为 $Q-Q$ 图（$Q-Q$ plot）。如果两个分布相同，则 $P-P$ 图和 $Q-Q$ 图中的点应位于左下至右上的 45 度线上。

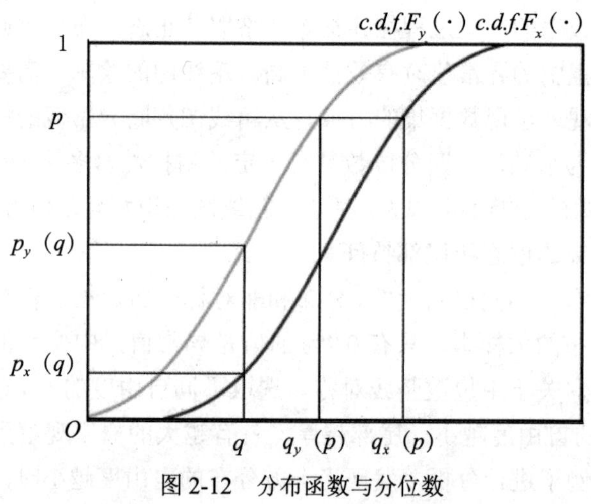

图 2-12　分布函数与分位数

因此，我们可以使用 $P-P$ 图和 $Q-Q$ 图对每个变量的样本观测值进行分析，以检验其所服从的分布。例如，如果想检验观察值是否源于预期的正态分布，则当图中的点非常接近直线时，我们认为正态性假设成立。如果这些点偏离一条直线，则认为正态性可疑。另外，偏离的模式可以提供关于非正态性质的线索，据此可以采取纠正措施。

为了进一步说明，我们考虑一个变量 X 的 n 次观测 $x_1, x_2, \cdots, x_n$，将其排序（顺序统计量）记为 $x_{(1)} \leqslant x_{(2)} \leqslant \cdots \leqslant x_{(n)}$。$x_{(j)}$（$j=1, 2, \cdots, n$）是样本分位数，当 $x_{(j)}$ 不相同时，恰好有 j 个

观测值小于或等于 $x_{(j)}$（当观测值抽自于我们通常假设的连续型分布时，这在理论上总是正确的）。出于分析方便之考虑，样本数据小于等于 $x_{(j)}$ 的比例通常用 $(j-0.5)/n$ 近似。

对于标准正态分布，分位数 $q_{(j)}$ 由下式定义。

$$P[Z \leqslant q_{(j)}] = \int_{-\infty}^{q_{(j)}} \frac{1}{\sqrt{2\pi}} \mathrm{e}^{-z^2/2} \mathrm{d}z = p_{(j)} = \frac{j-\frac{1}{2}}{n}$$

其中，$p_{(j)}$ 是从标准正态总体中抽取的值不超过 $q_{(j)}$ 的概率。

进一步，考虑分位数对 $(q_{(j)}, x_{(j)})$，如果数据来自正态分布，则分位数对 $(q_{(j)}, x_{(j)})$ 将近似线性相关。

$Q-Q$ 图中数据点的相关程度可以通过计算相关系数来测算，其相关系数为

$$r_Q = \frac{\sum_{j=1}^{n}(x_{(j)}-\bar{x})(q_{(j)}-\bar{q})}{\sqrt{\left[\sum_{j=1}^{n}(x_{(j)}-\bar{x})^2\right]\left[\sum_{j=1}^{n}(q_{(j)}-\bar{q})^2\right]}}$$

其中，$\bar{x}$ 和 $\bar{q}$ 分别是样本分位数和预设分布对应分位数的算术平均值。根据上述相关系数可以构建检验正态性的统计量。

图 2-13 和图 2-14 是利用 SPSS 软件分别绘制的丈夫身高、妻子身高，以及相关年龄分布的 $Q-Q$ 图。观测这些图发现，身高数据服从正态分布的程度很高，年龄数据服从正态分布的程度较低，尤其是丈夫第一次结婚的年龄数据正态程度最差。

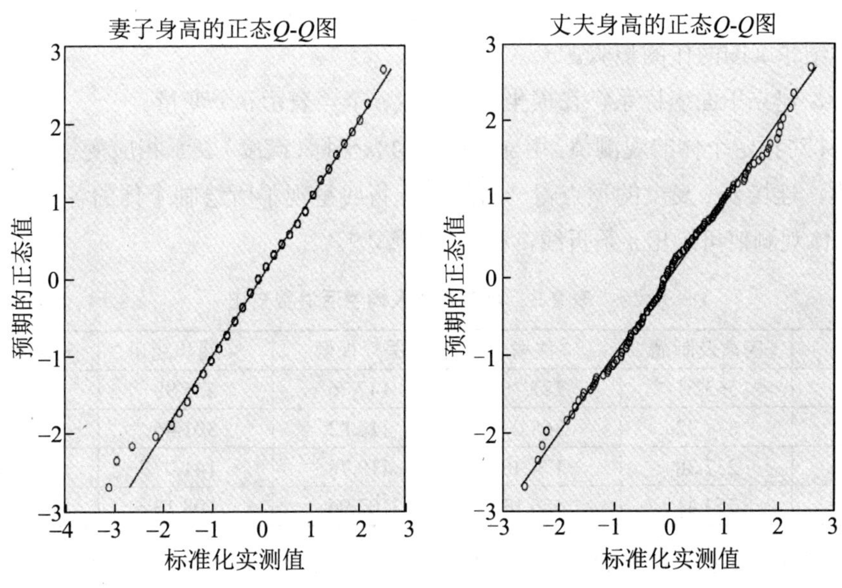

图 2-13　身高分布正态性检验的 $Q-Q$ 图

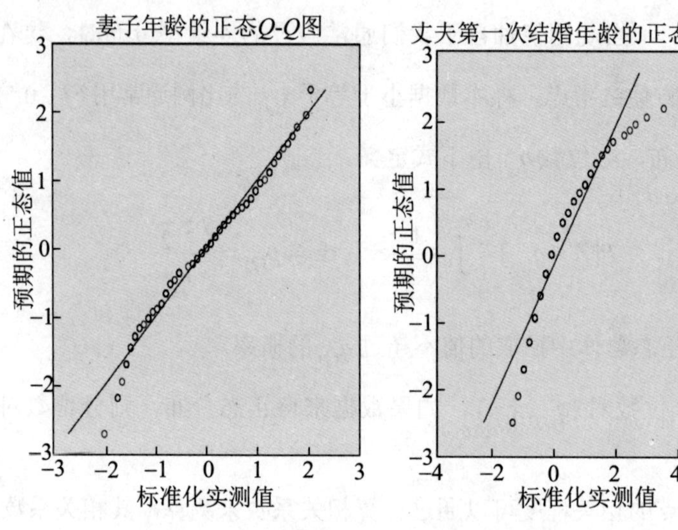

图 2-14 年龄分布正态性检验的 $Q-Q$ 图

2.5 轮 廓 图

为了说明轮廓图的绘制方法与作用，我们先考虑例 2.4。

例 2.4 表 2-3 是我国北京市、上海市、陕西省、甘肃省 4 个省份 5 个方面的人均生活消费支出数据，此表数据来源于 1996 年的中国统计年鉴。试就这 4 个省份的各项支出情况进行分析，同时与现在时期的消费水平进行比较。

本例中，变量个数（维度 p）是 5，观测次数（个体数 n）为 4。为对表中数据进行展示，我们首先介绍轮廓图的作图步骤。

第一步，建立平面坐标系，在横坐标轴上取 p 个点表示 p 个变量。

第二步，对指定个体的观测值，用 p 个点上的纵坐标（高度）表示相应变量（维度）的值。

第三步，连接 p 个高度的顶点得一折线，此折线呈现了所绘制个体的各变量观测值。对应 n 个个体观测值可绘出 n 条折线，称其为轮廓图。

表 2-3 两市两省人均生活消费支出 单位：元

地区	肉禽及制品	住房	医疗保健	交通和通讯	文娱用品及服务
北京	563.51	227.78	147.76	235.99	510.78
上海	678.92	365.07	112.82	301.46	465.88
陕西	237.38	174.48	119.78	141.07	245.57
甘肃	253.41	156.13	102.96	108.13	212.20

依据上述作图步骤，我们绘制了例 2.4 中两市两省 5 项方面（维度）的轮廓图，如图 2-15 所示。由轮廓图可以看出：北京市、上海市的人均生活消费支出较高且相似，陕西省、甘肃省的人均生活消费的各项支出均较低且相似。如果进行分类，则明显可以看出北京市和

上海市的人均生活消费支出归为一类，陕西省和甘肃省的人均生活消费支出归为另一类，这对我们后面章节介绍的聚类分析能够提供帮助。

进一步，从轮廓图还可以看出两类市、省在各项消费支出上的差异。本例中，读者应从轮廓图中易于发现两类市、省在肉禽及制品消费方面的支出差异最大，次之为文娱用品及服务方面的支出，而差异最小的支出是医疗保健方面的支出。读者联系自己所处的时代，可能会感觉这一现象与现实不甚一致，事实也的确如此，这与我国经济发展的时期和宏观背景有关。如果读者对我国经济发展的历史、动态变化，以及医疗改革历程有所了解，则会发现 20 世纪 90 年代我国经济发展水平尚不高，该时期居民的可支配收入相对较低，且各地区经济发展不均衡，因此导致了图 2-15 呈现的消费支出特征。

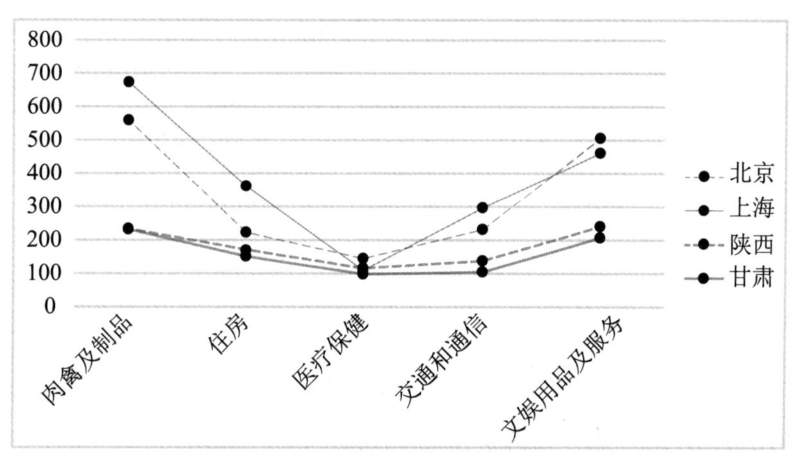

图 2-15　两市两省人均生活消费支出轮廓图

轮廓图虽然能够展示数据集的特征，为我们分析提供帮助，但如果考察的样品（个体）较多，则绘制的折线图形中会出现过多点的重合，不易区分哪个样品对应哪条折线，这时最好采用多种颜色或长短虚实线等标志来绘制折线。

2.6　雷　达　图

雷达图是应用最为广泛的多维数据图形展示方法，它也可以展示样品之间的关系、维度差异，以及对样品进行分类。假设数据集中涉及的变量（维度）为 p，我们可以采用如下步骤绘制雷达图。

第一步，绘制一个圆，并把圆周 p 等分。

第二步，连接圆心和各分点，把这 p 条半径依次看作各变量的坐标轴，并标以适当的刻度。

第三步，对指定个体（样品）的观测值，将它的 p 个变量值分别绘在相应的坐标轴上，然后将这p个点连接成一个p边形。

这个p边形就是p维数据集的图示，对应n个个体可绘出n个p边形。

依据上述步骤，利用例 2.4 中的数据绘制雷达图，如图 2-16 所示。这种图形既像雷达荧光屏上看到的图像，也像一个蜘蛛网，因此被称为雷达图，也称为蛛网图。借助雷达图可呈现多维数据的一些特征，有助于对数据进行分析。例如，从上图不难看出北京市、上海市居民人均消费支出各维度上的值都较高，分别对应一个面积较大的五边形，而陕西省和甘肃省居民人均消费支出各维度上的值都较低，其图形面积相对较小。利用图形和面积大小可对个体（样品）进行初始分类，如将北京市与上海市归为一类，将陕西省与甘肃省归为一类。

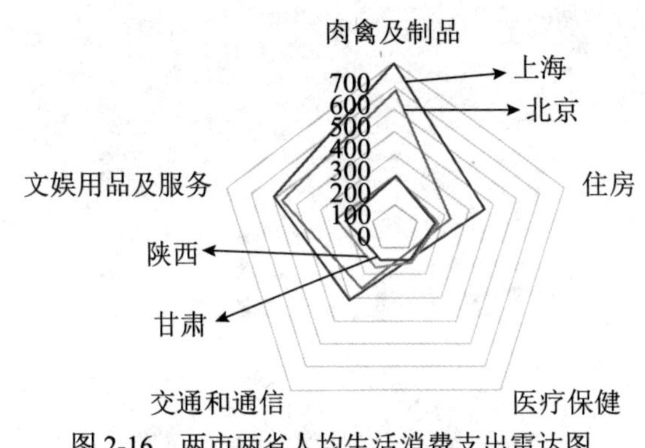

图 2-16　两市两省人均生活消费支出雷达图

在实际使用雷达图时，若涉及的个体数n较大，为使图形清晰易观察，在每个图中可以绘制少数个体的观测数据，甚至每个图只绘制一个个体的观测值。另外，为了获得较好的比较效果，在雷达图中可适当配置变量的坐标轴，并选取合适的尺度。例如，把要进行比较的变量（指标）坐标轴分别置于左和右或正上方和正下方，以便根据图形偏左、偏右或偏上、偏下进行比较分析。

值得注意的是，这里的坐标轴只有正半轴，因而只能表示非负数据，若有负数据，只有通过合理变换才能将负数据绘制成雷达图。

2.7 星　座　图

星座图是将个体在高维空间中的数据点投影到平面上的一个半圆内，用投影点表示高维空间中个体对应的数据点。星座图类似天文学中的星座图像，依据数据点的位置可直观地分析个体（样品）之间的关系，有助于对个体进行分类，其分类思路是星座图中相互靠近的点对应的个体相似程度比较高，相距较远的点对应的个体差异较大。

设有数据集$\{X_{ki}\}$，$k=1,2,\cdots,n$，$i=1,2,\cdots,p$，绘制星座图的具体步骤如下。

第一步，将数据 $\{X_{ki}\}$ 转换为角度 $\{\theta_{ki}\}$，使 $0 \leqslant \theta_{ki} \leqslant \pi$ $\{X_{ki}\}$，常取变换方法是极差标准化，即

$$\theta_{ki} = \frac{X_{ki} - \min\limits_{L=1,\cdots,n} X_{Li}}{\max\limits_{L=1,\cdots,n} X_{Li} - \min\limits_{L=1,\cdots,n} X_{Li}} \times 180^\circ \qquad k=1,2,\cdots,n \quad i=1,2,\cdots,p$$

第二步，选取一组合适的权系数 $w_1,w_2,\cdots,w_p$，对每一个变量赋权，其中 $w_i \geqslant 0$，$\sum\limits_{i=1}^{p} w_i = 1$。一般对重要的变量赋予较大的权系数，具体作图时可采用随机数方法确定权重，最简单的赋权为 $w_i = 1/p$，$i=1,2,\cdots,p$。

第三步，绘制一个半径为 1 的上半圆及底边的直径。

第四步，对给定的第 k 次观测 $X_k = (x_{k1},\cdots,x_{kp})'$，其对应着上半圆内的一个标志（如星号 * 等）和一条由折线表示的路径。路径的转折点坐标为

$$\begin{cases} U_k^{(L)} = \sum\limits_{i=1}^{L} w_i \cos\theta_{ki} \\ V_k^{(L)} = \sum\limits_{i=1}^{L} w_i \sin\theta_{ki} \end{cases} \qquad \begin{aligned} L &= 1,2,\cdots,p \\ k &= 1,2,\cdots,n \end{aligned}$$

标志位于路径的终点，其坐标为 $(U_k^{(p)},V_k^{(p)})$。

例如，对第一个个体，$k=1$，观测值为 $X = (x_{11},x_n,\cdots,x_{1p})'$，其路径转折点的坐标依次为

$$\begin{cases} U_1^{(1)} = w_1\cos\theta_{11} \\ V_1^{(1)} = w_1\sin\theta_{11} \end{cases}, \begin{cases} U_1^{(2)} = w_1\cos\theta_{11} + w_2\cos\theta_{12} \\ V_1^{(2)} = w_1\sin\theta_{11} + w_2\sin\theta_{12} \end{cases}, \cdots, \begin{cases} U_1^{(p)} = w_1\cos\theta_{11} + \cdots + w_p\cos\theta_{1p} \\ V_1^{(p)} = w_1\sin\theta_{11} + \cdots + w_p\sin\theta_{1p} \end{cases}$$

将这些坐标 $(U_1^{(1)},V_1^{(1)})$，$(U_1^{(2)},V_1^{(2)})$，…，$(U_1^{(p)},V_1^{(p)})$ 所对应的点分别记为 $O_1,O_2,\cdots,O_p$，并连接 $O_1,O_2,\cdots,O_p$ 即为第一个个体的数据点对应的路径。

从上面表达式不难看出，路径终点的横坐标就是点 O_1 到点 O_p 的横坐标之和，终点的纵坐标是点 O_1 到点 O_p 的纵坐标之和。

如果将 n 个个体的数据点对应的路径折线和标志点位置都绘制出来，则其类似天文学中星座的图像，如图 2-17 所示。

下面针对例 2.4 中的数据，选取相同的权数即 $w_1 = w_2 = \cdots = w_5 = 1/5$ 绘制星座图。由表 2-3 数据易知，各指标的最高分、最低分及它们的极差 R_i 分别为

$\max\limits_{L=1\cdots4} X_{Li}(i=1,2,\cdots,5)$：678.92，365.07，147.76，301.46，510.78

$\min\limits_{L=1\cdots4} X_{Li}(i=1,2,\cdots,5)$：237.38，156.13，102.96，108.13，212.20

$R_i(i=1,2,\cdots,5)$：441.54，208.94，44.80，193.33，298.58

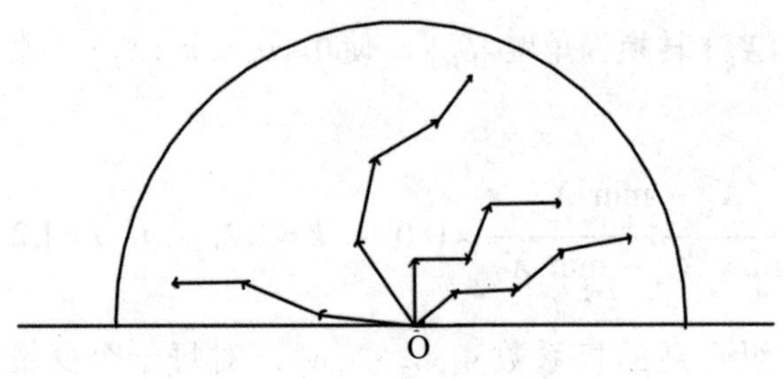

图 2-17　星座图（n =4）

将两市两省对应的数据转换为角度 θ_{ki}，经过计算得到

北京市的 $\theta_{1i}(i=1,2,\cdots,5)$ 分别是：133，62，180，119，180；

上海市的 $\theta_{2i}(i=1,2,\cdots,5)$ 分别是：180，180，40，180，153；

陕西省的 $\theta_{3i}(i=1,2,\cdots,5)$ 分别是：0，16，68，30，20；

甘肃省的 $\theta_{4i}(i=1,2,\cdots,5)$ 分别是：7，0，0，0，0。

两市两省的星座图如图 2-18 所示，其与前面两种图示方法呈现相同的特征。

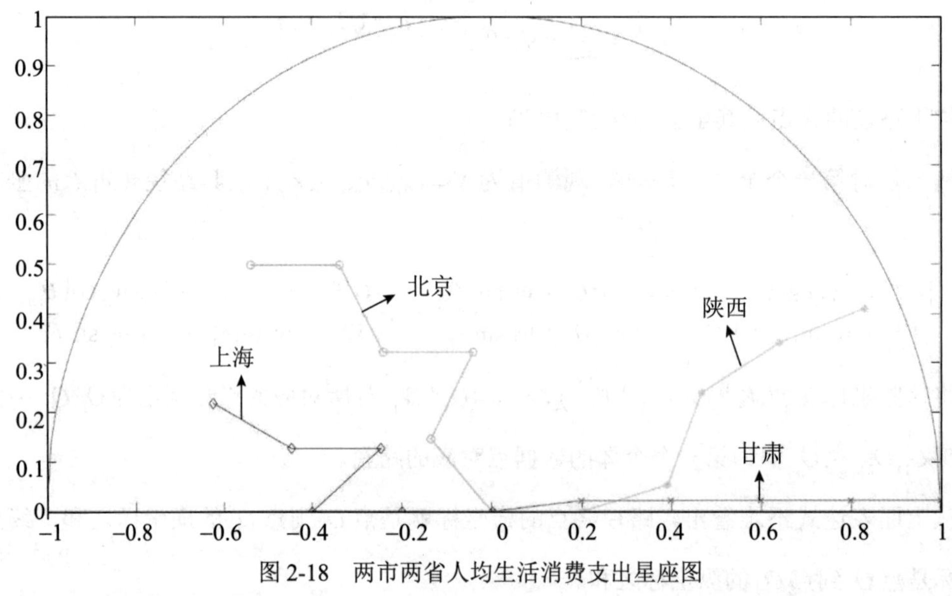

图 2-18　两市两省人均生活消费支出星座图

为了探索多维数据的聚类特征，我们可凸显标志点的位置，即在图 2-18 中忽略路径仅绘标志点，如果 n 个个体归属不同的类，则其观测数据所对应的标志点将分别相对地集中散布在星座图的不同区域，这样我们就可直观地从星座图中观察多维数据的分类状况。

从上述绘图过程不难看到，标志点的位置和路径与权系数的选取有关，选取不同的权数，绘出的星座图也不同，究竟哪个最好，目前尚无公认最优的。一般而言，权系数选取的原则依实际问题的需要而定，通常是对较重要的指标赋较大的权数，次要的指标赋较小的权数，如果指标的重要程度相差不大或难以区分，则赋相同的权数。

附：基于 MATLAB 绘制例 2.4 星座图的代码。

一般软件中没有星座图绘制功能，R、MATLAB、S-PLUS 软件可用来绘制星座图。下面，我们基于 MATLAB 绘制图 2-18，程序代码如下：

```
% 输入表 2-4 中的数据到矩阵
A function starPlot(A)
[hA,IA]=size(A)
MIN=min(A(:,1:IA))% 每一列的最小值，即每个属性的最小值
MAX=max(A(:,1:IA))% 每一列的最大值，即每个属性的最大值
R=MAX-MIN
w=1/IA
for i=1:hA
        B(i,:)=((A(i,:)-MIN)./R).*pi;% 极差正规化
         for j=1:IA
            C(i,j)=sum(cos(B(i,1:j)).*w); % 赋权逐步计算点坐标
            D(i,j)=sum(sin(B(i,1:j)).*w);
         end
end
E=round(B./pi*180);
C=[zeros(hA,1),C];
D=[zeros(hA,1),D];
C
D
E
x=-1:.01:1;
y=sqrt(1-x.^2);
plot(x,y);
for i=1:hA
        hold on
        switch i % 具体分类情况依据实际数据设置
          case 1
              plot(C(i,:),D(i,:),'-og');
          case 2
              plot(C(i,:),D(i,:),'-db');
          case 3
              plot(C(i,:),D(i,:),'-*c');
          case 4
              plot(C(i,:),D(i,:),'-xr');
       end
end
 legend('','北京','上海','陕西','甘肃')% 图例须手动设置
hold off;
end
```

执行程序代码，可输出图 2-18 及如下结果。

最小值向量：

```
MIN =
            237.3800  156.1300  102.9600  108.1300  212.2000
```

最大值向量：

```
MAX =
            678.9200  365.0700  147.7600  301.4600  510.7800
```

权系数：

```
w =
0.2000
```

角度矩阵：(自上而下分别为：北京、上海、陕西、甘肃)

```
E =
133    62   180   119   180
       180   180    40   180   153
         0    16    68    31    20
         7     0     0     0     0
```

坐标矩阵：（矩阵 C 为横坐标；矩阵 D 为纵坐标；自上而下分别为：北京、上海、陕西、甘肃）


```
C =
            0   -0.1363   -0.0415   -0.2415   -0.3386   -0.5386
            0   -0.2000   -0.4000   -0.2459   -0.4459   -0.6240
            0    0.2000    0.3924    0.4687    0.6407    0.8285
            0    0.1987    0.3987    0.5987    0.7987    0.9987
D =
            0    0.1464    0.3225    0.3225    0.4974    0.4974
            0    0.0000    0.0000    0.1275    0.1275    0.2185
            0         0    0.0545    0.2394    0.3414    0.4102
            0    0.0228    0.0228    0.0228    0.0228    0.0228
```

2.8 调和曲线图

调和曲线图是 D.F. 安德鲁斯（D.F.Andrews）于 1972 年提出的三角多项式作图法，所以又被称为三角多项式图，其思想是把高维空间中的一个样品点映射为或对应于二维平面上的一条曲线。

设 p 维数据 $X=(x_1,x_2,\cdots,x_p)'$ 对应的曲线是

$$f_X(t)=\frac{x_1}{\sqrt{2}}+x_2\sin t+x_3\cos t+x_4\sin 2t+x_5\cos 2t+\cdots \qquad -\pi\leqslant t\leqslant\pi$$

上式当t在区间$(-\pi,\pi)$上变化时，其轨迹是一条曲线。

由函数$f_X(t)$的数学结构可知，该函数是一些特殊函数的线性组合，即是1，$\sin t$，$\cos t$，$\sin 2t$，$\cos 2t$，…的线性组合。三角函数的可导性决定了$f_X(t)$也高阶可导，其图像曲线非常光滑（smoothing），且呈现波浪式变化。

将例2.4中北京市、上海市、陕西省、甘肃省的消费支出数据分别代入$f_X(t)$的表达式中，得到两市两省对应的函数分别为

$$f_{北京}(t)=\frac{563.51}{\sqrt{2}}+227.78\sin t+147.76\cos t+235.99\sin 2t+510.78\cos 2t$$

$$f_{上海}(t)=\frac{678.92}{\sqrt{2}}+365.07\sin t+112.82\cos t+301.46\sin 2t+465.88\cos 2t$$

$$f_{陕西}(t)=\frac{237.38}{\sqrt{2}}+174.48\sin t+119.78\cos t+141.07\sin 2t+245.57\cos 2t$$

$$f_{甘肃}(t)=\frac{253.41}{\sqrt{2}}+156.13\sin t+102.96\cos t+108.13\sin 2t+212.20\cos 2t$$

一般情况下，n个个体的观测对应平面上的n条曲线，将其绘制在同一图中就得到了调和曲线图。当各变量的数值相差悬殊时，最好对数据先标准化再作图。

绘制调和曲线时一般要借助计算机，这种图对聚类分析很有帮助，如果采用距离度量样品（个体）的相似程度，则同类的曲线非常靠近聚集在一起，不同类的曲线聚成不同的束，非常直观。基于MATLAB软件，可绘制上面4个函数的图像，如图2-19所示。

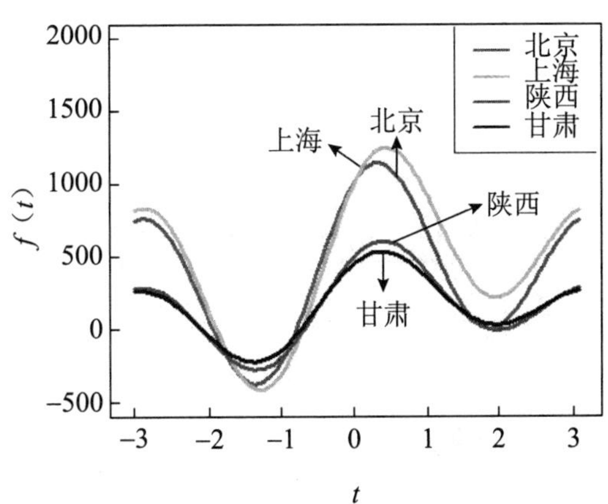

图2-19　两市两省人均生活消费支出调和曲线

从数学上看，调和曲线图是一种较好的图示方法，因为它具有许多优良的性质。

1. 保线性关系

设X、Y、Z均为p维向量，a、b为常数。若$Z=aX+bY$，则

$$f_Z(t)=af_X(t)+bf_Y(t) \qquad -\pi \leqslant t \leqslant \pi$$

特别地，若有 n 个 p 维样品 $X_{(1)},\cdots,X_{(n)}$，$\bar{X}$ 是它们的均值向量，则

$$f_{\bar{X}}(t)=\frac{1}{n}\sum_{i=1}^{n} f_{X_{(i)}}(t)$$

这说明均值的调和曲线正好是样品调和曲线的均值。

2. 保欧氏距离

由于 $f_X(t)$ 和 $f_Y(t)$ 都是 $[-\pi,\pi]$ 上的平方可积函数，定义它们之间的欧氏距离为

$$d_{f_X f_Y}^2=\int_{-\pi}^{\pi}\left|f_X(t)-f_Y(t)\right|^2 \mathrm{d}t$$

X 与 Y 之间的欧氏距离为

$$d_{f_X f_Y}^2=(X-Y)'(X-Y)$$

这两个距离之间的关系为

$$d_{XY}^2=\frac{1}{\pi}d_{f_X f_Y}^2$$

这说明样品之间原来的欧氏距离与变换后的距离只差一个倍数 $1/\pi$。

附：基于 R 软件绘制两市两省人均生活消费支出调和曲线图的代码


```
library('readxl')
data=read_excel('C:\\Users\\user\\Desktop\\data3.xlsx')
library('MSG')
andrews_curve(data[ ,2:6],main='调和曲线图',lwd=3,col = c("red", "green3", "blue","black"),ylim=c(-500,2000))
legend('topright',c('北京','上海','陕西','甘肃'),col = c("red", "green3", "blue","black"),lty = 1,lwd=2)
```

注：这里的 data3 是保存的数据文件名。

2.9 脸 谱 图

2.9.1 脸谱图的概念与绘制

脸谱图是用脸谱展示多维数据的一种图示方法，1970 年由美国统计学家切尔诺夫（H.Chernoff）提出，其想法是将 p 个变量的观测数据分别用脸部元素的形状或大小表示，如脸的形状、嘴巴弯曲程度、鼻子的长度、眼睛的大小、瞳孔的位置、发际线形状等，这样一来每个个体（样品）就对应一张脸谱，能够快速被观察者大脑识别。脸谱图最初设计

可同时处理多达 18 个变量，对脸部元素分配的变量由研究者设定，但不同配置会产生不同的结果（Johnson and Wichern，2001；何晓群，2010），随后伯哈德・弗拉里（Bernhard Flury）进一步对脸谱图进行了发展。按照 Flury 和里德威尔（Riedwyl，1988）提出的设计，脸谱图涉及以下特征。

（1）右眼尺寸（right eye size）。

（2）右眼瞳孔尺寸（right pupil size）。

（3）右眼瞳孔位置（position of right pupil）。

（4）右眼倾斜度（right eye slant）。

（5）右眼水平位置（horizontal position of right eye）。

（6）右眼垂直位置（vertical position of right eye）。

（7）右眉弯曲度（curvature of right eyebrow）。

（8）右眉浓密度（density of right eyebrow）。

（9）右眉水平位置（horizontal position of right eyebrow）。

（10）右眉垂直位置（vertical position of right eyebrow）。

（11）右上发际线（right upper hair line）。

（12）右下发际线（right lower hair line）。

（13）右侧面部线条（right face line）。

（14）右侧头发的深色度（darkness of right hair）。

（15）右侧头发倾斜度（right hair slant）。

（16）右侧鼻子线条（right nose line）。

（17）右侧嘴巴的大小（right size of mouth）。

（18）右侧嘴巴的弯曲度（right curvature of mouth）。

特征（19）~ 特征（36）分别对应脸谱左侧类似元素。

在绘制脸谱图时，首先将每个被面部特征元素描述的变量转换到 (0,1) 区间，即变量的最小值对应于 0，最大值对应于 1。因此，面部的极端状态对应一种特定的“咧嘴笑”或“开心”的面部元素；黑发可能对应 1，白发可能对应 0 等。为说明脸谱图的绘制方法和作用，我们考虑下面的实例。

例 2.5　图 2-20 是瑞士银行曾发行的 1000 瑞士法郎旧钞票，权威机构测量了 200 张瑞士银行的旧钞票，这些钞票前 100 张是真钞，后 100 张是伪钞。权威机构测量了钞票的各项指标（变量），测量数据见哈德勒和西马（2011）第 407 页 B.2。图 2-20 中各项指标（变量）的定义如下：

X_1——钞票的长度。

X_2——钞票的高度 (左)。

X_3——钞票的高度 (右)。

X_4——内框到下边框的距离。

X_5——内框到上边框的距离。

X_6——钞票对角线的长度。

图 2-20　1000 瑞士法郎的旧钞票

银行数据集由 200 个 6 维的测量值组成，现考虑银行第 91 张至 110 张钞票的测量值，并将这 6 个变量分配给如下的面部元素。

X_1 =1，19(眼睛大小)。

X_2 =2，20(瞳孔大小)。

X_3 =4，22(眼睛倾斜度)。

X_4 =11，29(上发际线)。

X_5 =12，30(下发际线)。

X_6 =13，14，31，32(脸部宽度和头发颜色的深度)。

绘制出的第 91 张至第 110 张钞票的脸谱图如图 2-21 所示。注意在图 2-21 中，上面 10 张脸谱分别对应第 101~110 张伪钞，下面 10 张脸谱分别对应第 91~100 张真钞。将位于图中上两行伪钞对应的脸谱与图中下两行真钞对应的脸谱进行比较，发现其明显的特征是伪钞对应的脸谱脸较窄，发色较浅，整体面孔看起来不和善，带有冷酷、怨恨之气。事实上，这些脸谱的宽度和头发颜色深度表示了变量 X_6，即钞票对角线的长度，伪钞对角线的长度一般低于真钞。

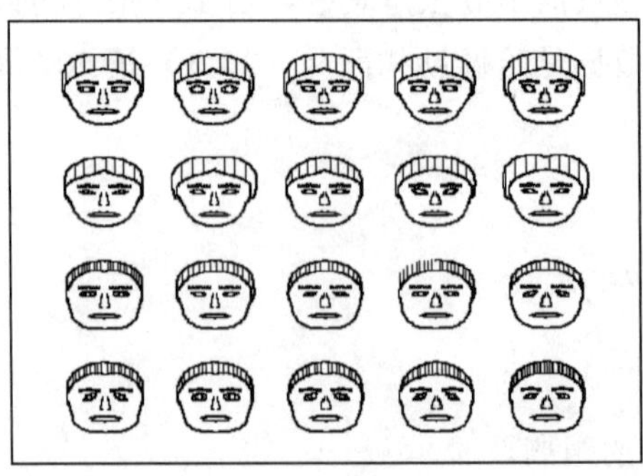

图 2-21　第 91~110 张钞票的切尔诺夫脸谱图

为了说明基于 Stata 如何绘制真假钞票的脸谱图，我们选择了 8 张钞票的测量数据，其中 1~4 为真钞，5~8 为伪钞，各变量数据如表 2-5 所示。

表 2-5　8 张钞票的测量数据

T/F（真钞 / 伪钞）	Length（X_1）	Left（X_2）	Right（X_3）	Lower（X_4）	Upper（X_5）	Diagonal（X_6）
T	214.6	129.7	129.7	8.1	9.5	141.7
T	214.8	129.7	129.7	8.7	9.6	142.2
T	214.8	129.7	129.6	7.5	10.4	142.0
T	215.0	129.6	129.7	10.4	7.7	141.8
F	215.1	130.3	129.9	10.3	11.5	139.7
F	214.8	130.3	130.4	10.6	11.1	140.0
F	214.7	130.7	130.8	11.2	11.2	139.4
F	214.3	129.9	129.9	10.2	11.5	139.6

执行代码：

```
chernoff,isize(Length) psize(Left) iangle(Right) hupper(Lower) hlower(Upper) fline(Diagonal) hdark(Diagonal) ititle(TF) row(2)
```

输出结果如图 2-22 所示。

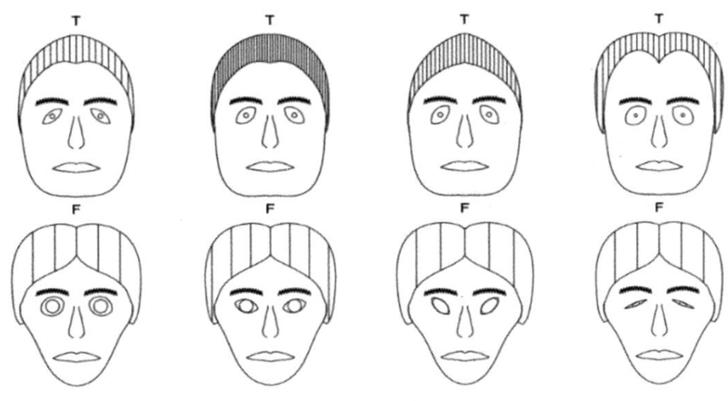

图 2-22　8 张钞票的脸谱图

2.9.2　脸谱图的实际应用

例 2.6　基于脸谱图的我国居民储蓄率影响因素的动态分析。

1. **研究背景**

储蓄不仅与人们的经济生活息息相关，也是经济走势的风向标，较高的储蓄率会使社会经济活力不足，而较低的储蓄率又会导致流动性风险和经济风险。为对我国居民储蓄率影响因素的动态变化情况进行分析，本例使用脸谱图对多维数据进行展示。

2. **我国居民储蓄率的影响因素**

影响居民储蓄的因素较多，理论研究的文献也很多，我们经过梳理，从宏观视角得到了我国居民储蓄率的 9 个影响因素，具体包括：人均 GDP、人均可支配收入、农村居民与城镇居民收入之比、商品房销售价格、一年期活期存款利率、上证综指、深证综指、股票成交额和保险基金收入。

3. 数据收集

收集 1992—2017 年我国居民储蓄率的 9 个影响因素数据，分别得到了人均 GDP、人均可支配收入、农村居民与城镇居民收入之比（收入差异）、商品房销售价格、一年期活期存款利率、上证综指、深证综指、股票成交额和保险基金收入 9 项指标 26 年的数据，见附录 B-2：表 2-6。

4. 脸谱图绘制

R 软件绘制脸谱图的具体步骤如下。

1）数据导入

读取数据：

```
library('readxl')
data=read_excel('C:\\Users\\11050\\Desktop\\ 脸谱图 R.xlsx'))
```

2）调用函数

调用 aplpack 函数：

```
library(aplpack)
```


3）绘制脸谱图

```
faces(data[,3:11],face.type = 1,main = '1992—2017 年储蓄率影响因素变动
情况'
,print.info = TRUE,labels=data$ 年份 )
```

输出结果如图 2-23 所示。

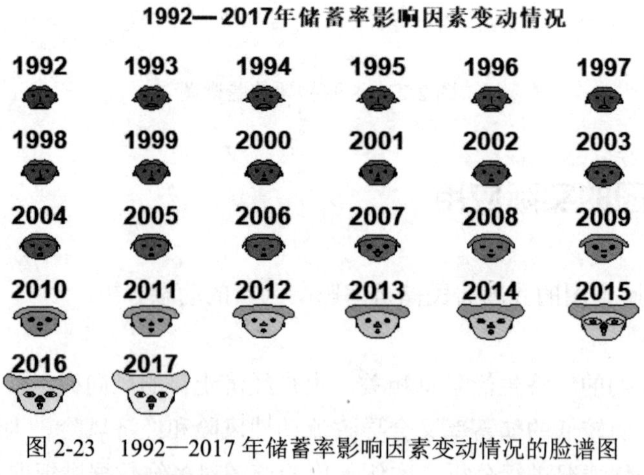

1992—2017年储蓄率影响因素变动情况

1992 1993 1994 1995 1996 1997
1998 1999 2000 2001 2002 2003
2004 2005 2006 2007 2008 2009
2010 2011 2012 2013 2014 2015
2016 2017

图 2-23　1992—2017 年储蓄率影响因素变动情况的脸谱图

4）脸部特征与变量的对应关系

R 软件中对变量个数小于 15 的变量赋予的脸部特征可能会重复，本例中脸部元素与

变量的具体对应关系如下。

height of face（脸的高度）	“人均 GDP”
width of face（脸的宽度）	“人均可支配收入”
structure of face（脸的结构）	“收入差异”
height of mouth（嘴唇的厚度）	“商品房销售价格”
width of mouth（嘴唇的宽度）	“活期存款利率”
smiling（嘴唇的上翘角度）	“上证综指”
height of eyes（眼睛的高度）	“深证综指”
width of eyes（眼睛的宽度）	“股票成交额”
height of hair（头发的高度）	“保险基金收入”
width of hair（头发的宽度）	“GDP”
style of hair（头发的样式）	“人均可支配收入”
height of nose（鼻子的高度）	“收入差异”
width of nose（鼻子的宽度）	“商品房销售价格”
width of ear（耳朵的宽度）	“活期存款利率”
height of ear（耳朵的高度）	“上证综指”

5. 脸谱图分析

观察图 2-23 发现，1992—2017 年这 26 年间，人均 GDP、人均可支配收入、保险基金收入等指标（影响因素）总体呈上升趋势，一定程度反映了我国经济的高速发展，居民生活水平的提高。

脸谱图能够帮助我们初步快速去获取各个维度的信息，使数据分析更加形象化，为进一步研究奠定了基础。

练　习　题

1. 简述与其他统计方法相比图形分析方法的优势。
2. 简述使用箱线图如何识别异常值？这种识别方法有何优缺点？
3. z 分数方法识别异常值有何缺陷？
4. 简述检验两个分布是否是同一分布的概率图方法的思路。
5. 简述星座图绘制中权系数的作用与选择。
6. 试述调和曲线图的原理。
7. 简述脸谱图展示数据的思路。

第 3 章 多元正态分布及其参数估计

学习目标

1. 熟悉随机向量的概念及多元分布函数。
2. 掌握随机向量的数字特征及其性质。
3. 了解随机向量数字特征在其他学科的应用。
4. 掌握多元正态分布的定义和性质。
5. 了解协方差阵及其分块矩阵的应用。
6. 掌握多元正态分布参数的估计方法，并熟悉相应估计量的性质。
7. 熟悉 Wishart 分布的定义和基本性质。

案例导入

利用正态分布识别欺诈行为（资料来源于统计学之家 http://www.tjxzj.net/1218.html）。历史上，德国在战争期间的生活物资非常紧缺，于是实行配给制。例如，政府先把面粉按区域发给指定的面包房，由面包师傅烤好后再分发给所在区域的居民。该区域有一个统计学家，他怀疑面包师傅私扣面粉，于是就对每次发给他的面包进行称量，经过几个月的称量并记录数据，他去找面包师傅质问："政府规定配给的面包是 400 克，因为模具和其他因素，你做的面包可能是 398 克、399 克，也可能是 401 克、402 克，但是按照统计学的正态分布原理，这么多天的面包重量平均应该等于 400 克，可是你给我的面包平均重量是 398 克。我有理由怀疑是你使用较小的模具，私吞了面粉。"

面包师傅承认私吞了面粉，再三道歉并保证立即更换为符合标准的模具。又过了几个月，统计学家又去找这个面包师傅，并说"虽然这几个月你给我的面包都在 400 克以上，但一种可能是你没有私吞面粉，另一种可能是你从面包里特意挑选了大的给我。再次根据正态分布原理，这么多天不可能没有低于 400 克的面包，所以我认为你只是特意给了我比较大的面包，而不是更换了符合标准的模具。我会立刻要求政府检查你的模具" 。面包师傅只好当众认错道歉，并接受处罚。

当然，这个案例仅考虑了面包重量这一项指标，如果再考虑面包的体积、配送的时长等指标，应该怎么办？请读者思考。

3.1　随机向量及其分布认知

3.1.1　随机向量的分布函数

我们已经看到许多社会经济现象一般呈现多维特征，对其进行认识和研究往往涉及多个随机变量，这些随机变量之间往往又有某种联系，因而需要把这些随机变量作为一个整体进行研究。

定义 3.1　将 p 个随机变量 $X_1,X_2,\cdots,X_p$ 的整体称为 p 维随机向量，记为 $X=(X_1,X_2,\cdots,X_p)'$。

在多元统计分析中，仍然将所研究对象的全体称为总体，它是由许多（有限或无限）的个体（样品）构成的集合，如果构成总体的个体具有 p 个需要观测的指标，我们称这样的总体为 p 维总体或 p 元总体。由于从 p 维总体中随机抽取一个个体，其 p 个观测指标值是不能事先精确知道的，它依赖于被抽取到的个体，因此 p 维总体可用一个 p 维随机向量来表示。这种表示便于人们用数学方法去研究 p 维总体的特征。这里“维”或“元”表示共有几个分量。例如，研究金融科技公司的三项创新性指标时，这三项创新性指标就构成一个三元总体。如果用 X_1,X_2,X_3 分别表示三项指标，则三元总体就用三维随机向量 $X=(X_1,X_2,X_3)'$ 来表示，对随机向量的研究仍然限于讨论离散型和连续型两类随机向量。

定义 3.2　设 $X=(X_1,X_2,\cdots,X_p)'$ 是 p 维随机向量，它的多元分布函数定义为

$$F(x)\sim F(x_1,x_2,\cdots,x_p)=P(X_1\leqslant x_1,X_2\leqslant x_2,\cdots,X_p\leqslant x_p),$$

将其记为 $X\sim F(x)$，其中 $x=(x_1,x_2,\cdots,x_p)'\in\mathrm{R}^p$，$\mathrm{R}^p$ 表示 p 维欧氏空间。

多维随机向量的统计特性可用它的分布函数来完整地描述。由定义容易验证，随机向量的分布函数具有如下的性质。

（1）$0\leqslant F(x_1,x_2,\cdots,x_p)\leqslant 1$。

（2）$F(x_1,x_2,\cdots,x_p)$ 是每个变量 x_i（$i=1,2,\cdots,p$）的单调非降函数且右连续。

（3）$F(-\infty,x_2,\cdots,x_p)=F(x_1,-\infty,\cdots,x_p)=\cdots=F(x_1,x_2,\cdots,-\infty)=0$

（4）$F(+\infty,+\infty,\cdots,+\infty)=1$。

另外，读者须注意的是随机向量的分布函数中 $(X_1\leqslant x_1,X_2\leqslant x_2,\cdots,X_p\leqslant x_p)$ 是随机事件 $\{X_i\leqslant x_i\}$（$i=1,2,\cdots,p$）的积事件，它们顺序的改变不影响乘积结果，故而不会影响

分布函数 $F(x_1,x_2,\cdots,x_p)$。这一性质可使我们在具体运用中变换 X 中各分量的次序，以简化推导过程。

定义 3.3 设 $X=(X_1,X_2,\cdots,X_p)'$ 是 p 维随机向量，若存在有限个或可列个 p 维数向量 $x_1,x_2,\cdots x_p$，使 $P(X=x_k)=p_k$ （$k=1,2,\cdots$），且满足 $p_1+p_2+\cdots=1$，则称 X 为离散型随机向量，并称 $P(X=x_k)=p_k$ （$k=1,2,\cdots$）为 X 的概率分布。

设 $X\sim F(x)=F(x_1,x_2,\cdots,x_p)$，若存在一个非负函数 $f(x_1,x_2,\cdots,x_p)$，使得对一切 $x=(x_1,x_2,\cdots,x_p)'\in\mathrm{R}^p$ 有

$$F(x)=F(x_1,x_2,\cdots,x_p)=\int_{-\infty}^{x_1}\cdots\int_{-\infty}^{x_p}f(t_1,t_2,\cdots,t_p)\mathrm{d}t_1\cdots\mathrm{d}t_p$$

则称 X 为连续型随机向量，称 $f(x_1,x_2,\cdots,x_p)$ 为 X 的分布密度函数，简称为密度函数或分布密度。

一个 p 元函数 $f(x_1,x_2,\cdots,x_p)$ 能作为 R^p 中某个随机向量的密度函数的条件为

（1）$f(x_1,x_2,\cdots,x_p)\geqslant 0$，$\forall(x_1,x_2,\cdots,x_p)'\in\mathrm{R}^p$。

（2）$\int_{-\infty}^{x_1}\cdots\int_{-\infty}^{x_p}f(t_1,t_2,\cdots,t_p)\mathrm{d}t_1\cdots\mathrm{d}t_p=1$。

离散型随机向量的统计性质可由它的概率分布完全确定，连续型随机向量的统计性质可由它的分布密度完全确定。

例 3.1 试证函数

$$f(x_1,x_2)=\begin{cases}\mathrm{e}^{-(x_1+x_2)}, & x_1\geqslant 0,\ x_2\geqslant 0\\ 0, & \text{其他}\end{cases}$$

为随机向量 $X=(X_1,X_2)'$ 的密度函数。

证明： 只要验证 $f(x_1,x_2)$ 满足密度函数的两个条件即可。

（1）显然，当 $x_1\geqslant 0,x_2\geqslant 0$ 时有 $f(x_1,x_2)\geqslant 0$

（2）
$$\int_{-\infty}^{+\infty}\int_{-\infty}^{+\infty}f(x_1,x_2)\mathrm{d}x_1\mathrm{d}x_2=\int_0^{+\infty}\int_0^{+\infty}\mathrm{e}^{-(x_1+x_2)}\mathrm{d}x_1\mathrm{d}x_2$$

$$=\int_0^{+\infty}\left[\int_0^{+\infty}\mathrm{e}^{-(x_1+x_2)}\mathrm{d}x_1\right]\mathrm{d}x_2$$

$$=\int_0^{+\infty}\mathrm{e}^{-x_2}\mathrm{d}x_2=-\mathrm{e}^{-x_2}\Big|_0^{+\infty}=1$$

定义 3.4　设$X=(X_1,X_2,\cdots,X_p)'$是p维随机向量，称由它的$q(<p)$个分量形成的子向量$X^{(i)}=(X_{i_1},X_{i_2},\cdots,X_{i_q})'$服从的分布为$X$的边缘（或边际）分布，相对应的把$X$的分布称为联合分布。通过变换$X$中各分量的次序，总可假定$X^{(1)}$正好是$X$的前$q$个分量构成的向量，其余$p-q$个分量构成的向量为$X^{(2)}$，即$X=\begin{bmatrix}X^{(1)}\\X^{(2)}\end{bmatrix}\begin{matrix}q\\p-q\end{matrix}$，相应的取值也可分为两部分$x=\begin{bmatrix}x^{(1)}\\x^{(2)}\end{bmatrix}$。

当X的分布函数是$F(x_1,x_2,\cdots,x_p)$时，$X^{(1)}$的分布函数即边缘分布函数为

$$\begin{aligned}F(x_1,x_2,\cdots,x_q)&=P(X_1\leqslant x_1,X_2\leqslant x_2,\cdots,X_q\leqslant x_q)\\&=P(X_1\leqslant x_1,X_2\leqslant x_2,\cdots,X_q\leqslant x_q,X_{q+1}\leqslant\infty,\cdots,X_p\leqslant\infty)\\&=F(x_1,x_2,\cdots,x_q,\infty,\cdots,\infty)\end{aligned}$$

当X有分布密度$f(x_1,x_2,\cdots,x_p)$时（亦称为联合分布密度函数），则$X^{(1)}$也有分布密度，其边缘密度函数为

$$f_1(x_1,x_2,\cdots,x_q)=\int_{-\infty}^{+\infty}\cdots\int_{-\infty}^{+\infty}f(x_1,x_2,\cdots,x_p)\mathrm{d}x_{q+1}\cdots\mathrm{d}x_p$$

例 3.2　求例 3.1 中向量$X=(X_1,X_2)'$各分量的边缘分布密度函数。

解： 因为$X=(X_1,X_2)'$密度函数为

$$f(x_1,x_2)=\begin{cases}\mathrm{e}^{-(x_1+x_2)}, & x_1\geqslant 0,\ x_2\geqslant 0\\0, & \text{其他}\end{cases}$$

所以X_1的密度函数为

$$f_1(x_1)=\int_{-\infty}^{+\infty}f(x_1,x_2)\mathrm{d}x_2=\begin{cases}\int_0^{+\infty}\mathrm{e}^{-(x_1+x_2)}\mathrm{d}x_2=\mathrm{e}^{-x_1}, & x_1\geqslant 0\\0, & \text{其他}\end{cases}$$

X_2的密度函数为

$$f_2(x_2)=\int_{-\infty}^{+\infty}f(x_1,x_2)\mathrm{d}x_1=\begin{cases}\mathrm{e}^{-x_2}, & x_2\geqslant 0\\0, & \text{其他}\end{cases}$$

定义 3.5　若p个随机变量$X_1,X_2,\cdots,X_p$的联合分布等于各自边缘分布的乘积，则称$X_1,X_2,\cdots,X_p$相互独立。

例 3.3 试问例 3.2 中 X_1 和 X_2 是否相互独立？

解：因为 X_1 和 X_2 的联合密度函数为

$$f(x_1,x_2)=\begin{cases}e^{-(x_1+x_2)}, & x_1\geqslant 0,\ x_2\geqslant 0\\ 0, & \text{其他}\end{cases}$$

边缘密度函数分别为

$$f_1(x_1)=\begin{cases}e^{-x_1}, & x_1\geqslant 0\\ 0, & \text{其他}\end{cases},\quad f_2(x_2)=\begin{cases}e^{-x_2}, & x_2\geqslant 0\\ 0, & \text{其他}\end{cases}$$

因而有

$$f(x_1,x_2)=f_1(x_1)\cdot f_2(x_2)$$

故 X_1 和 X_2 相互独立。

需要注意的是：由 $X_1,X_2,\cdots,X_p$ 相互独立，可推知任何 X_i 和 X_j（$i\neq j$）独立，但反之不真。

3.1.2 随机向量的数字特征

定义 3.6 设 $X=(X_1,X_2,\cdots,X_p)'$，若 $EX_i(i=1,\cdots,p)$ 存在且有限，则称 $EX=(EX_1, EX_2,\cdots,EX_p)'$ 为 X 的均值（向量）或数学期望。出于分析方便，常令 $\mu=EX$，$\mu_i=EX_i$（$i=1,\cdots,p$），即 $\mu=(\mu_1,\mu_2,\cdots,\mu_p)'$。容易推证均值（向量）具有以下性质。

（1）$E(AX)=AE(X)$。

（2）$E(AXB)=AE(X)B$。

（3）$E(AX+BY)=AE(X)+BE(Y)$。

其中，X、Y 为随机向量，A、B 为阶数适合运算的常数矩阵。

定义 3.7 设 $X=(X_1,\cdots,X_p)'$，$Y=(Y_1,\cdots,Y_p)'$，称

$$\begin{aligned}D(X)&=E(X-EX)(X-EX)'\\&=\begin{bmatrix}\mathrm{Cov}(X_1,X_1) & \mathrm{Cov}(X_1,X_2) & \cdots\mathrm{Cov}(X_1,X_p)\\ \mathrm{Cov}(X_2,X_1) & \mathrm{Cov}(X_2,X_2) & \cdots\mathrm{Cov}(X_2,X_p)\\ \vdots & \vdots & \vdots\\ \mathrm{Cov}(X_p,X_1) & \mathrm{Cov}(X_p,X_2) & \cdots\mathrm{Cov}(X_p,X_p)\end{bmatrix}\end{aligned}$$

为 X 的方差－协差阵或协方差阵。若将 $D(X)$ 简记为 Σ，$\mathrm{Cov}(X_i,X_j)$ 简记为 σ_{ij}，则有 $\Sigma=(\sigma_{ij})_{p\times p}$。

随机向量X和Y的协差阵为

$$\begin{aligned}\mathrm{Cov}(X,\ Y)&=E(X-EX)(Y-EY)'\\&=\begin{bmatrix}\mathrm{Cov}(X_1,\ Y_1) & \mathrm{Cov}(X_1,\ Y_2) & \cdots\mathrm{Cov}(X_1,\ Y_p)\\ \mathrm{Cov}(X_2,\ Y_1) & \mathrm{Cov}(X_2,\ Y_2) & \cdots\mathrm{Cov}(X_2,\ Y_p)\\ \vdots & \vdots & \vdots\\ \mathrm{Cov}(X_p,\ Y_1) & \mathrm{Cov}(X_p,\ Y_2) & \cdots\mathrm{Cov}(X_p,\ Y_p)\end{bmatrix}\end{aligned}$$

若$\mathrm{Cov}(X,Y)=0$，则称X和Y不相关。由X和Y相互独立易推得$\mathrm{Cov}(X,Y)=0$，即X和Y不相关，但反过来，当X和Y不相关时，一般不能推出X和Y相互独立。

容易证明协方差阵具有以下性质：

（1）$D(X)\geqslant 0$，即X的方差阵是非负定阵。

（2）对于常数向量a，有$D(X+a)=D(X)$。

（3）设A为常数矩阵，则$D(AX)=AD(X)A'$。

（4）$\mathrm{Cov}(AX,\ BY)=A\mathrm{Cov}(X,\ Y)B'$。

其中，a, A, B为大小适合运算的常数向量和矩阵。

3.1.3　随机向量数字特征的应用

自从金融市场产生以来，研究者对金融风险的计量方法及资产配置问题的研究就从未间断过，得出了多种风险计量方法及资产配置模型。

假如我们从金融市场上已经选出了N种证券，x_i表示投资到第i（$i=1,2,\cdots,N$）种证券的价值比率，即权数。p表示由这N种证券构成的一个证券组合，组合中的权数可以为负。例如，$x_i<0$就表示该组合投资者卖空了第i种证券，将所得资金连同自筹资金买入其他的证券。r_i表示第i种证券的收益率，r_p表示证券组合p的收益率。由于受金融市场波动及投资者个人理财行为等多种因素的影响，这里的r_i（$i=1,2,\cdots,N$）从而r_p一般呈现随机变化，从概率统计的角度来看，它们均是随机变量。

现在进一步假设$X=(x_1,x_2,\cdots,x_N)'$为证券组合p的资金投资比例系数向量（即权重向量），在一般的数理金融分析中也称$X=(x_1,x_2,\cdots,x_N)'$为一个投资组合；$r=(r_1,r_2,\cdots,r_N)'$为证券组合投资的收益率向量；$\mu=(\mu_1,\mu_2,\cdots,\mu_N)'$为$r$的期望向量，即$\mu=E(r)$；$\Sigma=(\sigma_{ij})_{N\times N}(\mathrm{Cov}(r_i,r_j))_{N\times N}$，$i,j=1,2,\cdots,N$。

尽管在1952年以前已有相关的投资理论，但它们所缺乏的是当诸多风险相关时，或投资组合有效或无效时，对分散化投资效应如何进行解释？对收益－风险如何进行权衡？马科维茨（Markwitz）的独特之处在于他认为分散化投资可有效降低投资风险，但一般不能消除风险，而且在其论文中证券组合的风险用方差来度量。另外，他是第一个给出了分散化投资理念的数学形式，即“整体风险不低于各部分风险之和”的金融版本。具体数学形式如下：

$$\sigma_p^2 = \sum_{i,j=1}^{N} x_i x_j \sigma_{ij} = \sum_{i=1}^{N} x_i^2 \sigma_i^2 + 2 \sum_{1 \leqslant i < j \leqslant N} x_i x_j \sigma_{ij}$$

$$= \sum_{i-1}^{N} x_i^2 \sigma_i^2 + 2 \sum_{1 \leqslant i < j \leqslant N} x_i x_j \rho_{ij} \sqrt{\sigma_{ii} \sigma_{jj}} = X' \Sigma X$$

其中 ρ_{ij} 是证券 i 和证券 j 的收益率之间的相关系数。上式说明了这样一个事实，即由于不同证券在一定时期的收益率之间常常存在着相互关联，因此它们构成的组合的预期风险并不等于这些个别证券预期风险的加权平均，这使得投资者可利用组合投资来降低整体风险。由此可知，分散化投资降低整体风险不只与组合中证券的个数有关，还与这些证券之间的相关性或协方差有关。

Markowitz 的投资组合理论基于一些基本的假设，具体包括以下几个方面。

（1）投资者事先就已知道投资证券收益率的概率分布。

（2）投资风险用证券收益率的方差或标准差来度量。

（3）投资者都遵守占优原则，即同一风险水平下，选择收益率较高的证券，而同一收益率水平下，选择风险较低的证券。这就是说投资者都是厌恶风险的。

（4）各种证券的收益率之间有一定的相关性，它们之间的相关程度可以用相关系数或收益率之间的协方差来表示。

（5）每一个证券都是无限可分的，这意味着，如果投资者愿意的话，他可以购买一个股份的一部分。

（6）投资者可以以一个无风险利率贷出或借入资金。

（7）税收和交易成本均忽略不计，即认为市场是一个无摩擦的市场。

基于以上假设，Markowitz 的组合投资模型为

（1）允许卖空时的数学模型

$$\begin{cases} \min \sigma_p^2 = X' \Sigma X \\ X' \mu \geqslant r_0 \\ X' \iota = 1 \end{cases}$$

其中 r_0 为证券组合的预期收益率，$\iota = (1, 1, \cdots, 1)'$。

这个模型有唯一的最优解

$$X^* = \Sigma^{-1} A' (A \Sigma^{-1} A')^{-1} B$$

其中

$$A = \begin{pmatrix} \mu_1 & \mu_2 & \cdots & \mu_N \\ 1 & 1 & \cdots & 1 \end{pmatrix}, \quad B = \begin{pmatrix} r_0 \\ 1 \end{pmatrix}$$

进一步分析可知，σ_p^2是r_0的二次函数，故此模型的有效边界为σ - r_p平面上开口向右的抛物线的上支部分。

（2）不允许卖空时的数学模型

$$\begin{cases} \min \sigma_p^2 = X'\Sigma X \\ X^{\mathrm{T}} r \geqslant r_0 \\ X^{\mathrm{T}} \iota = 1 \\ x_i \geqslant 0, i = 1, 2. \cdots, N \end{cases}$$

其中，r_0为投资者所需的最低收益率，$\iota = (1, 1, \cdots, 1)'$。

这个模型比上一个模型多了一个非负限制，也可以得到相应的解和有效边界，其中有效边界为由一系列开口向右的抛物线连接而成。

3.2　多元正态分布的定义及性质

与一元统计分析中一元正态分布所占的重要地位一样，多元正态分布在多元统计分析中也举足轻重，其中的许多重要理论和方法都是直接或间接建立在正态分布的基础上，它是多元统计分析的基础。另外，实际中遇到的随机向量常常是服从正态分布或近似服从正态分布。因此，现实世界中许多问题的处理方法都以总体服从正态分布或近似正态分布作为前提条件。

扩展阅读3-1

正态分布
与共同富裕

3.2.1　多元正态分布的定义

多元正态分布有多种定义方法，下面给出常用的三种等价定义。

定义 3.8　若p维随机向量$X = (X_1, X_2, \cdots, X_p)'$的密度函数为

$$f(x_1, \cdots, x_p) = \frac{1}{(2\pi)^{p/2} |\Sigma|^{1/2}} \exp\left\{ -\frac{1}{2}(x-\mu)'\Sigma^{-1}(x-\mu) \right\}$$

其中，$x = (x_1, \cdots, x_p)'$，μ是p维向量，Σ是p阶正定阵，则称X服从p元正态分布，也称X为p维正态随机向量，并且简记为$X \sim N_p(\mu, \Sigma)$。显然$p=1$时，即为一元正态分布密度函数。可以证明，μ为X的均值，Σ为X的协方差阵。

这里需要注意的是，当$|\Sigma| = 0$时，Σ^{-1}不存在，X也就不存在通常意义下的密度，这也是人们不常采用密度函数定义多元正态分布的原因。当$|\Sigma| = 0$时也有正态分布的其他定

义方式，具体见定义 3.8.1 和 3.8.2。

定义 3.8.1 称相互独立的标准正态变量$X_1, X_2, \cdots, X_p$的线性组合

$$Y=\begin{bmatrix} Y_1 \\ \vdots \\ Y_m \end{bmatrix}=A_{m\times p}\begin{bmatrix} X_1 \\ \vdots \\ X_p \end{bmatrix}+\mu_{m\times 1}$$

为m维正态随机向量，记为$Y \sim N_m(\mu, \Sigma)$，其中$\Sigma = AA'$。这里需要注意的是$\Sigma = AA'$的分解一般不是唯一的。

这里是用多个正态变量的任意线性组合给出多元正态随机向量的定义，其优点之一是多元正态的有些性质可用一元正态分布的性质得到。

定义 3.8.2 若X的特征函数为$\Phi(t)=\exp\left\{it'\mu-\frac{1}{2}t'\Sigma t\right\}$，其中$t$为实向量，则称$X$服从$p$元正态分布。

显然用特征函数定义，可以包括$|\Sigma|=0$的情况。

例 3.4 若$p=2$，$E(X_1)=\mu_1$，$E(X_2)=\mu_2$，$D(X_1)=\sigma_{11}$，$D(X_2)=\sigma_{22}$，$\rho_{12}=\sigma_{12}/\sqrt{\sigma_{11}}\sqrt{\sigma_{22}}$，则二元正态分布密度函数为

扩展阅读3-2

多元正态分布判定条件解释

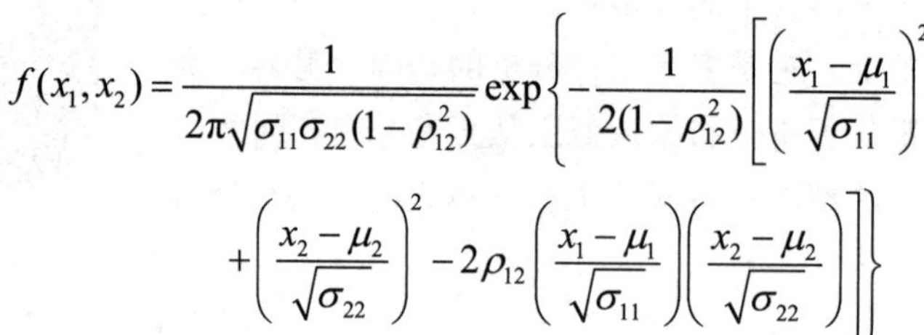

$$f(x_1,x_2)=\frac{1}{2\pi\sqrt{\sigma_{11}\sigma_{22}(1-\rho_{12}^2)}}\exp\left\{-\frac{1}{2(1-\rho_{12}^2)}\left[\left(\frac{x_1-\mu_1}{\sqrt{\sigma_{11}}}\right)^2 +\left(\frac{x_2-\mu_2}{\sqrt{\sigma_{22}}}\right)^2-2\rho_{12}\left(\frac{x_1-\mu_1}{\sqrt{\sigma_{11}}}\right)\left(\frac{x_2-\mu_2}{\sqrt{\sigma_{22}}}\right)\right]\right\}$$

解：因为协方差阵

$$\Sigma=\begin{pmatrix} \sigma_{11} & \sigma_{12} \\ \sigma_{21} & \sigma_{22} \end{pmatrix}$$

所以

$$\begin{aligned}\Sigma^{-1}&=\frac{1}{\sigma_{11}\sigma_{22}-\sigma_{12}^2}\begin{pmatrix} \sigma_{22} & -\sigma_{12} \\ -\sigma_{21} & \sigma_{11} \end{pmatrix}\\ &=\frac{1}{\sigma_{11}\sigma_{22}(1-\rho_{12}^2)}\begin{pmatrix} \sigma_{22} & -\rho_{12}\sqrt{\sigma_{11}}\sqrt{\sigma_{22}} \\ -\rho_{12}\sqrt{\sigma_{11}}\sqrt{\sigma_{22}} & \sigma_{11} \end{pmatrix}\end{aligned}$$

继而得到

$$\begin{aligned}(x-\mu)'\Sigma^{-1}(x-\mu)=&\{\sigma_{22}(x_1-\mu_1)^2+\sigma_{11}(x_2-\mu_2)^2\\ &-2\rho_{12}\sqrt{\sigma_{11}}\sqrt{\sigma_{22}}(x_1-\mu_1)(x_2-\mu_2)\}/\sigma_{11}\sigma_{22}(1-\rho_{12}^2)\end{aligned}$$

$$=\frac{1}{1-\rho_{12}^2}\left[\left(\frac{x_1-\mu_1}{\sqrt{\sigma_{11}}}\right)^2+\left(\frac{x_2-\mu_2}{\sqrt{\sigma_{22}}}\right)^2-2\rho_{12}\left(\frac{x_1-\mu_1}{\sqrt{\sigma_{11}}}\right)\left(\frac{x_2-\mu_2}{\sqrt{\sigma_{22}}}\right)\right]$$

将上述 $|\Sigma|$，Σ^{-1}，$(x-\mu)'\Sigma^{-1}(x-\mu)'$ 代到 p 元正态密度函数的数学表达式中，便可得到二元正态密度函数关于 $\mu_1,\mu_2,\sigma_{11},\sigma_{22},\rho_{12}$ 的表达式为

$$f(x_1,x_2)=\frac{1}{2\pi\sqrt{\sigma_{11}\sigma_{22}(1-\rho_{12}^2)}}\exp\left\{-\frac{1}{2(1-\rho_{12}^2)}\left[\left(\frac{x_1-\mu_1}{\sqrt{\sigma_{11}}}\right)^2+\left(\frac{x_2-\mu_2}{\sqrt{\sigma_{22}}}\right)^2-2\rho_{12}\left(\frac{x_1-\mu_1}{\sqrt{\sigma_{11}}}\right)\left(\frac{x_2-\mu_2}{\sqrt{\sigma_{22}}}\right)\right]\right\}$$

为了读者能够直观地看到二元正态密度函数的图形特征，我们基于 MATLAB 绘制了函数图像，如图 3-1 至图 3-3 所示。

图 3-1 中最高点的坐标是均值 (μ_1, μ_2)，如果用一个固定高度去切割二元正态密度函数曲面，其截口是一个椭圆，称为概率密度等高线。用不同高度去截，可得到一族椭圆。类似地，在 p 元正态分布中，概率密度的等高面是一族椭球。

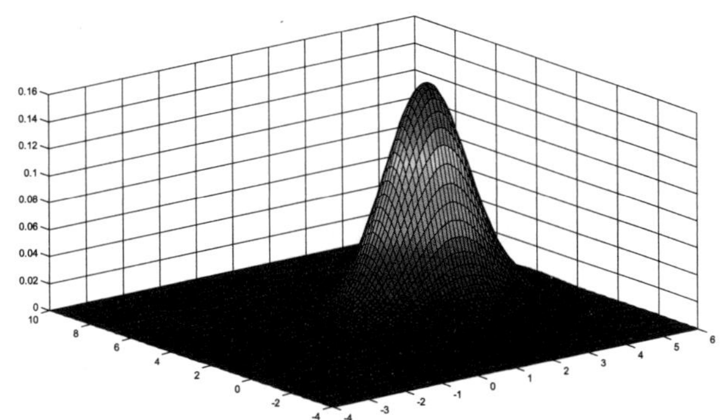

图 3-1　X_1 与 X_2 不相关，同方差，方差为 1

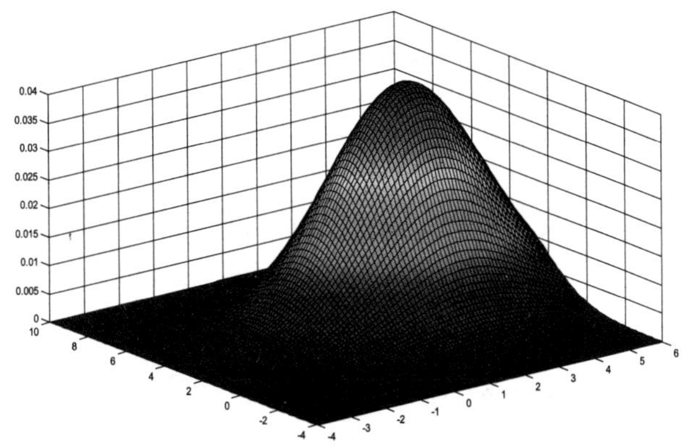

图 3-2　X_1 与 X_2 不相关，同方差，方差为 4

图 3-1 和图 3-2 给出的是不同方差大小的正态分布函数图形，对应较大的方差，(x_1, x_2) 的取值较分散，密度函数曲面较平缓；对应较小的方差，(x_1, x_2) 的取值集中在均值附近。当 X_1 与 X_2 相关程度较大时，图 3-3 显示密度函数曲面较陡立。

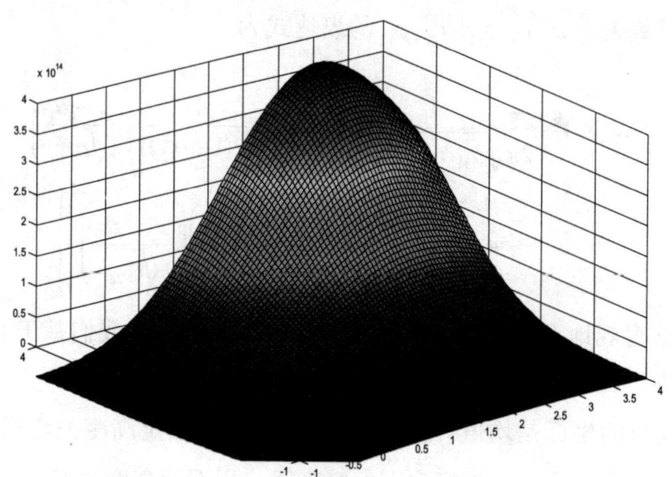

图 3-3　X_1 与 X_2 相关系数为 0.75，且方差均为 4

附：绘制正态分布密度函数图形的 MATLAB 程序代码


```
% 不相关，同方差，方差为 1。
xx1=linspace(-4, 6,100);
xx2=linspace(-4,10,100);
[x1,x2]=meshgrid(xx1,xx2);

R=0;
mu1=3;
mu2=4;
sigma11=1;
sigma22=1;

c1=1/(2*pi*sqrt((1-R.^2)*sigma11*sigma22));
Z1=(x1-mu1).^2/ sigma11;
Z2=(x2-mu2).^2/ sigma22;
c2=-2*(1-R.^2);
f=c1*exp((1/c2)*(Z1+Z2-2*R*sqrt(Z1*Z2)));
surf(x1,x2,f);

mesh(x1,x2,f);
colormap([0 0 1])    % 蓝色
colormap([1 0 1])    % 品红
colormap([1 0 0])    % 红
```

```
% 不相关，同方差，方差变大为 4。
xx1=linspace(-4, 6,100);
xx2=linspace(-4,10,100);
[x1,x2]=meshgrid(xx1,xx2);

R=0;
mu1=3;
mu2=4;
sigma11=4;
sigma22=4;

c1=1/(2*pi*sqrt((1-R.^2)*sigma11*sigma22));
Z1=(x1-mu1).^2/ sigma11;
Z2=(x2-mu2).^2/ sigma22;
c2=-2*(1-R.^2);
f=c1*exp((1/c2)*(Z1+Z2-2*R*sqrt(Z1*Z2)));
surf(x1,x2,f);

mesh(x1,x2,f);
colormap([1 0 0]);  % 红

colormap([0 0 1]);   % 蓝色
colormap([1 0 1]);  % 品红

% 高度相关，同方差，方差为 4。
xx1=linspace(-1, 4,100);
xx2=linspace(-1,4,100);
[x1,x2]=meshgrid(xx1,xx2);

R=0.75;
mu1=3;
mu2=4;
sigma11=4;
sigma22=4;

c1=1/(2*pi*sqrt((1-R.^2)*sigma11*sigma22));
Z1=(x1-mu1).^2/ sigma11;
Z2=(x2-mu2).^2/ sigma22;
c2=-2*(1-R.^2);
f=c1*exp((1/c2)*(Z1+Z2-2*R*sqrt(Z1*Z2)));
surf(x1,x2,f);
```

```
mesh(x1,x2,f);          % 网格状图形
colormap([0 0 1])       % 蓝色
colormap([1 0 1])       % 品红
colormap([1 0 0])       % 红

%MatLab 中输入的二元密度函数公式
f=(1/(2*pi*sqrt(sigma11*sigma22(1-R.^2))))exp(-1/(1-R.^2))*((x1-mu1).^2/ sigma11)+(x2-mu2).^2/) sigma22-2*R((x1-mu1) /sigma11))((x2-mu2)/sigma22)));
surf(x1,x2,f)
```

3.2.2 多元正态变量的基本性质

在讨论多元统计分析的理论和方法时，经常用到多元正态变量的某些性质，利用这些性质容易处理与正态分布有关的问题。

性质 1 若$X=(X_1,X_2,\cdots,X_p)'\sim N_p(\mu,\Sigma)$，$\Sigma$为对角阵，则$X_1,X_2,\cdots,X_p$相互独立。

性质 2 若$X\sim N_p(\mu,\Sigma)$，A为$s\times p$阶常数阵，d为s维常数向量，则

$$AX+d\sim N_s(A\mu+d,\ A\Sigma A')$$

即正态随机向量的线性组合依然服从正态分布。

性质 3 若$X\sim N_p(\mu,\Sigma)$，将$X,\ \mu,\ \Sigma$作如下剖分。

$$X=\begin{bmatrix}X^{(1)}\\X^{(2)}\end{bmatrix}\begin{matrix}q\\p-q\end{matrix}\qquad \mu=\begin{bmatrix}\mu^{(1)}\\\mu^{(2)}\end{bmatrix}\begin{matrix}q\\p-q\end{matrix}\qquad \Sigma=\overset{\quad q\qquad p-q}{\begin{bmatrix}\Sigma_{11}&\Sigma_{12}\\\Sigma_{21}&\Sigma_{22}\end{bmatrix}}\begin{matrix}q\\p-q\end{matrix}$$

则$X^{(1)}\sim N_p(\mu^{(1)},\ \Sigma_{11})$，$X^{(2)}\sim N_p(\mu^{(2)},\ \Sigma_{22})$。

这里需要注意的是：①多元正态分布的任何边缘分布均为正态分布，反之不真；②由于$\Sigma_{12}=\mathrm{Cov}(X^{(1)},X^{(2)})$，故$\Sigma_{12}=0$即表示$X^{(1)}$和$X^{(2)}$不相关。对多元正态变量而言，$X^{(1)}$和$X^{(2)}$不相关与独立是等价的。

例 3.5 若$X=(X_1,\ X_2,\ X_3)'\sim N_3(\mu,\ \Sigma)$，其中

$$\mu=\begin{pmatrix}\mu_1\\\mu_2\\\mu_3\end{pmatrix},\quad \Sigma=\begin{pmatrix}\sigma_{11}&\sigma_{12}&\sigma_{13}\\\sigma_{21}&\sigma_{22}&\sigma_{23}\\\sigma_{31}&\sigma_{32}&\sigma_{33}\end{pmatrix}，且\ a=(0,\ 0,\ 1)'，\ A=\begin{pmatrix}1&0&0\\0&0&-1\end{pmatrix}$$

①求$a'X$服从的分布；②求AX服从的分布；③若对X及其分布参数作以下剖分

$$X=\begin{pmatrix}X_1\\X_2\\\cdots\\X_3\end{pmatrix}=\begin{pmatrix}X^{(1)}\\\cdots\\X^{(2)}\end{pmatrix},\quad \mu=\begin{pmatrix}\mu_1\\\mu_2\\\cdots\\\mu_3\end{pmatrix}=\begin{pmatrix}\mu^{(1)}\\\cdots\\\mu^{(2)}\end{pmatrix},\quad \Sigma=\begin{pmatrix}\sigma_{11}&\sigma_{12}&\vdots\sigma_{13}\\\sigma_{21}&\sigma_{22}&\vdots\sigma_{23}\\\cdots&\cdots&\vdots\cdots\\\sigma_{31}&\sigma_{32}&\vdots\sigma_{33}\end{pmatrix}=\begin{pmatrix}\Sigma_{11}\vdots\Sigma_{12}\\\cdots\vdots\cdots\\\Sigma_{21}\vdots\Sigma_{22}\end{pmatrix}$$

试求$\boldsymbol{X}^{(1)}$的分布。

解：

（1） $$a'X=(0,\ 0,\ 1)\begin{pmatrix}X_1\\X_2\\X_3\end{pmatrix}=X_3\sim N(a'\mu,\ a'\Sigma a)$$

其中，$a'\mu=(0,\ 0,\ 1)\begin{pmatrix}\mu_1\\\mu_2\\\mu_3\end{pmatrix}=\mu_3$，$a'\Sigma a=(0,\ 0,\ 1)\begin{pmatrix}\sigma_{11}&\sigma_{12}&\sigma_{13}\\\sigma_{21}&\sigma_{22}&\sigma_{23}\\\sigma_{31}&\sigma_{32}&\sigma_{33}\end{pmatrix}\begin{pmatrix}0\\0\\1\end{pmatrix}=\sigma_{33}$

（2） $$AX=\begin{pmatrix}1&0&0\\0&0&-1\end{pmatrix}\begin{pmatrix}X_1\\X_2\\X_3\end{pmatrix}=\begin{pmatrix}X_1\\-X_3\end{pmatrix}\sim N_2(A\mu,\ A\Sigma A')$$

其中

$$A\mu=\begin{pmatrix}1&0&0\\0&0&-1\end{pmatrix}\begin{pmatrix}\mu_1\\\mu_2\\\mu_3\end{pmatrix}=\begin{pmatrix}\mu_1\\-\mu_3\end{pmatrix}$$

$$A\Sigma A'=\begin{pmatrix}1&0&0\\0&0&-1\end{pmatrix}\begin{pmatrix}\sigma_{11}&\sigma_{12}&\sigma_{13}\\\sigma_{21}&\sigma_{22}&\sigma_{23}\\\sigma_{31}&\sigma_{32}&\sigma_{33}\end{pmatrix}\begin{pmatrix}1&0\\0&0\\0&-1\end{pmatrix}=\begin{pmatrix}\sigma_{11}&-\sigma_{13}\\-\sigma_{31}&\sigma_{33}\end{pmatrix}$$

（3）由性质 3 可得

$$X^{(1)}=\begin{pmatrix}X_1\\X_2\end{pmatrix}\sim N_2(\mu^{(1)},\Sigma_{11})$$

其中

$$\mu^{(1)}=\begin{pmatrix}\mu_1\\\mu_2\end{pmatrix}\qquad \Sigma_{11}=\begin{pmatrix}\sigma_{11}&\sigma_{12}\\\sigma_{21}&\sigma_{22}\end{pmatrix}$$

顺便指出，多元统计分析及其他学科中的很多模型与方法，常假定数据来自多元正态总体。一般情况下，我们要判断已有的一组数据是否来自多元正态总体并不容易。但是，若反过来判断一组数据不是来自多元正态总体，则相对容易些。因为，如果$X=(X_1,\ \cdots,\ X_p)'$服从p元正态分布，则它的每个分量一定服从一元正态分布，因此将某个分量的n次观测值作直方图或P-P图，若其不呈现正态分布，则可以断定随机向量

$X=(X_1, \cdots, X_p)'$不可能服从p元正态分布。

当一组多元数据不服从正态分布时，可对数据进行变换，使其变为“接近正态”的数据。许多情况下常采用一些幂变换族x^λ，如x^{-1}，$\ln x$，$\sqrt[4]{x}$，$\sqrt{x}$，或x^2, x^3等。前部分可缩小x的大值，后部分可增大x的大值，经过变换后的数据，其正态性程度往往会得到改善。当然这里限定了多元数据取正值，如有某些负值，可把每个观测值都加上同一个常数使其为正。另外须说明的是不管选用哪种幂变换，正态性改进如何，应该对变换后数据的正态性进行验证（如用$Q-Q$图或其他方法），直到变换后数据符合正态性要求为止。

3.3 基于协方差阵及其分块矩阵分析股市风险

本节以股票市场风险为例向读者介绍协方差阵及其分块矩阵的应用。由于本节涉及协方差阵的特征根和特征向量，初次学习可能会有困难，若如此建议读者首先复习矩阵代数相关知识，或在学习第 8 章主成分分析后再学习本节内容。

股票市场由许多支股票组成，投资每一支股票的收益为一个随机变量，所以包含n支股票股市的收益可以用一个n维随机向量来表示，记为

$$\boldsymbol{r}=(r_1, r_2, \cdots, r_n)'$$

其中，r_i是第i支股票的收益。

如果想对股票市场的风险进行度量，一种自然的想法是将每支股票收益r_i的方差综合在一起。设σ_i^2表示r_i的方差，σ^2表示整个股票市场的风险，则按上述想法应有$\sigma^2=\sigma_1^2+\sigma_2^2+\cdots+\sigma_n^2$。然而，这种做法是有问题的，因为只有当$r_i$相互独立时，诸$r_i$之和的方差才等于各自方差之和。事实上，金融市场学认为股票市场中的各支股票因受宏观经济运行、重大事件等的影响，它们的收益并不是相互独立的，大多具有一定的相关性。因此，对股票市场的风险进行度量必须要考虑$r_1, \cdots, r_n$之间的相关性，即要考虑r_i和r_j之间的协方差。

将随机向量r的方差阵设为

$$V=\begin{bmatrix} v_{11} & v_{12} & \cdots & v_{1n} \\ v_{21} & v_{22} & \cdots & v_{2n} \\ \vdots & \vdots & \cdots & \vdots \\ v_{n1} & v_{n2} & \cdots & v_{nn} \end{bmatrix}$$

其中，v_{ii}是r_i的方差；v_{ij}是r_i和r_j的协方差（$i \neq j$）。V全面反映了市场上n支股票收益的不确定性。现在的问题是，股票市场由所有股票块构成，那我们怎样由各支股票的风险

得到股票组合的风险？

设 a_i 是投资第 i 支股票的金额，$i=1,2,\cdots,n$。于是，n 支股票构成的股票组合的收益为 $a_1r_1+a_2r_2+\cdots+a_nr_n=a'r$，其中 $a=(a_1,\ a_2,\cdots,\ a_n)'$。由于不同的股票组合实际是不同的投资金额产生的，因此也将 $a=(a_1,\ a_2,\cdots,\ a_n)'$ 称为投资比例向量或权重向量。

若以 $\sigma^2(a'r)$ 表示股票组合的方差，则有

$$\sigma^2(a'r)=\sum_{i=1}^{n}\sum_{j=1}^{n}a_ia_jv_{ij}=a'Va$$

在约束条件 $a'a=1$ 下，使上式达到最大的投资比例向量对应的股票组合就是风险最大的股票组合，相应地使上式达到最小的投资比例向量对应的股票组合就是风险最小的股票组合。由矩阵代数知识可知，矩阵 V 的最大特征根就是最大风险组合的方差，相应的特征向量就是最大风险组合的投资比例向量（最大风险方向）。所以，V 的特征根和特征向量能更好的反映股市收益的风险状况。因此，我们使用协方差阵的特征根作为股市风险的一种度量是合理的。

下面，我们进一步对最大特征根作行业板块分解。通过以上分析发现，协方差阵 V 的最大特征根和最小特征根从两个极端反映了股票组合的风险状况，尤其是矩阵 V 的最大特征根就是最大风险组合的方差，它包含了股票组合收益变化的绝大部分信息。假设 λ^* 是 $\boldsymbol{V}$ 的最大特征根，即

$$\lambda^*=\max_{a'a=1}a'Va$$

现将收益向量 $\boldsymbol{r}$ 按板块剖分成 k 组，即

$$r=\begin{bmatrix}r_{(1)}\\ \vdots\\ r_{(k)}\end{bmatrix}\begin{matrix}n_1\\ \vdots\\ n_k\end{matrix},\ n=n_1+\cdots+n_k$$

对 V 作相同的剖分，即

$$V=\begin{bmatrix}V_{11} & V_{12} & \cdots & V_{1k}\\ \vdots & \vdots & & \vdots\\ V_{k1} & V_{k2} & \cdots & V_{kk}\end{bmatrix}$$

其中，V_{ij} 为 $n_i\times n_j$ 矩阵，$i,j=1,2,\cdots,k$。

设对应 λ^* 的特征向量为 a^*，满足 $\lambda^*=a^{*'}Va^*$ 且 $a^{*'}a^*=1$。将 a^* 也按板块相应地剖分，即 $a^*=(a_{(1)}^*,\ a_{(2)}^*,\cdots,\ a_{(k)}^*)'$。于是

$$\lambda^*=a^{*'}Va^*=\sigma^2(a^{*'}r)=\sigma^2\left(\sum_{i=1}^{k}a_{(i)}^{*'}r_{(i)}\right)$$

由上式可知，股票市场风险λ^*是由各个板块$r_{(i)}$的波动引起的。

3.4 多元正态分布的参数估计

在实际应用中，多元正态分布中均值向量μ和协方差阵Σ通常是未知的，须利用样本来进行估计。参数的估计方法很多，我们采用最常用的最大似然估计法进行估计。

3.4.1 多元样本及其表示方式

多元统计分析关注的总体是多元总体，从多元总体中随机抽取n个个体，记为$X_{(1)}$，$X_{(2)}$，…，$X_{(n)}$，若$X_{(1)}$，$X_{(2)}$，…，$X_{(n)}$相互独立且与总体同分布，则称$X_{(1)}$，$X_{(2)}$，…，$X_{(n)}$为该总体的一个多元随机样本，亦称为简单随机样本。每个$X_{(\alpha)}=(X_{\alpha 1}, X_{\alpha 2}, \cdots, X_{\alpha p})'(\alpha=1, 2, \cdots, n)$称为一个样品，其中$X_{\alpha j}$为第$\alpha$个样品对第$j$个指标的观测值，显然每个样品都是$p$维向量，将$n$个样品对$p$项指标进行观测，并将全部观测结果用一个$n\times p$阶矩阵$X$表示如下：

$$X=\begin{bmatrix} X_{11} & X_{12} & \cdots & X_{1p} \\ X_{21} & X_{22} & \cdots & X_{2p} \\ \vdots & \vdots & & \vdots \\ X_{n1} & X_{n2} & \cdots & X_{np} \end{bmatrix}=\begin{bmatrix} X'_{(1)} \\ X'_{(2)} \\ \vdots \\ X'_{(n)} \end{bmatrix}$$

由于每个样品$X_{(\alpha)}=(X_{\alpha 1}, X_{\alpha 2}, \cdots, X_{\alpha p})'$对$p$项指标的观测值不能事先确定，所以我们将每个样品$X_{(\alpha)}$看作随机向量，因此$X$是一个随机矩阵，称为观测矩阵或样本资料阵。一旦观测值取定，则X就是一个数据矩阵，多元统计分析的方法大多采用各种技术手段从观测矩阵出发去挖掘相关信息。

除上述简单随机样本之外，还有其他样本，特别是在社会经济领域中，有些样本资料的来源不一定满足随机性的要求。例如，考察全国31个省市自治区所有规模以上企业的p项经济指标，以对企业的经济效益进行综合评价或排序，对于这样的研究目标，需要采用有别于一般概率方法的处理方法，这些方法将在后续有关章节中介绍。本章中所用的多元样本，特别是涉及有关定理和性质的数学证明的样本都是指简单随机样本。

值得注意的是：①多元样本中的每个样品，自身p项指标的观测值往往相关，但不同样品之间的观测值一定是相互独立的；②多元统计分析处理的多元样本观测数据一般都属于横截面数据，即在同一时间横截面上的数据，如某年的人口普查数据、工业普查数据、进出口额、城镇居民消费结构等。如果考虑的多元样本观测数据是按时间顺序排列的数据，对其进行的研究属于多元时间序列分析范畴，不属于本书讨论的范围。

3.4.2 多元样本的数字特征

定义 3.9 设$X_{(1)}, X_{(2)}, \cdots, X_{(n)}$为来自$p$元总体的样本，其中

$$X_{(\alpha)} = (X_{\alpha 1}, X_{\alpha 2}, \cdots, X_{\alpha p})',\quad \alpha = 1, 2, \cdots, n$$

（1）样本均值向量定义为

$$\overline{X} = \frac{1}{n}\sum_{\alpha=1}^{n} X_{(\alpha)} = (\overline{X}_1, \overline{X}_2, \cdots, \overline{X}_p)'$$

这是因为

$$\frac{1}{n}\sum_{\alpha=1}^{n} X_{(\alpha)} = \frac{1}{n}\left[\begin{pmatrix} X_{11} \\ X_{12} \\ \vdots \\ X_{1p} \end{pmatrix} + \begin{pmatrix} X_{21} \\ X_{22} \\ \vdots \\ X_{2p} \end{pmatrix} + \cdots + \begin{pmatrix} X_{n1} \\ X_{n2} \\ \vdots \\ X_{np} \end{pmatrix}\right]$$

$$= \frac{1}{n}\begin{bmatrix} X_{11} + X_{21} + \cdots + X_{n1} \\ X_{12} + X_{22} + \cdots + X_{n2} \\ \vdots \\ X_{1p} + X_{2p} + \cdots + X_{np} \end{bmatrix} = \begin{bmatrix} \overline{X}_1 \\ \overline{X}_2 \\ \vdots \\ \overline{X}_p \end{bmatrix}$$

（2）样本离差阵定义为

$$S_{p\times p} = \sum_{\alpha=1}^{n} (X_{(\alpha)} - \overline{X})(X_{(\alpha)} - \overline{X})' = (s_{ij})_{p\times p}$$

其展开形式为

$$S = \sum_{\alpha=1}^{n} (X_{(\alpha)} - \overline{X})(X_{(\alpha)} - \overline{X})'$$

$$= \sum_{\alpha=1}^{n}\left[\begin{pmatrix} X_{\alpha 1} - \overline{X}_1 \\ X_{\alpha 2} - \overline{X}_2 \\ \vdots \\ X_{\alpha p} - \overline{X}_p \end{pmatrix}(X_{\alpha 1} - \overline{X}_1, X_{\alpha 2} - \overline{X}_2, \cdots, X_{\alpha p} - \overline{X}_p)\right]$$

$$= \sum_{\alpha=1}^{n}\begin{bmatrix} (X_{\alpha 1} - \overline{X}_1)^2 & (X_{\alpha 1} - \overline{X}_1)(X_{\alpha 2} - \overline{X}_2) & \cdots & (X_{\alpha 1} - \overline{X}_1)(X_{\alpha p} - \overline{X}_p) \\ (X_{\alpha 2} - \overline{X}_2)(X_{\alpha 1} - \overline{X}_1) & (X_{\alpha 2} - \overline{X}_2)^2 & \cdots & (X_{\alpha 2} - \overline{X}_2)(X_{\alpha p} - \overline{X}_p) \\ \vdots & \vdots & & \vdots \\ (X_{\alpha p} - \overline{X}_p)(X_{\alpha 1} - \overline{X}_1) & (X_{\alpha p} - \overline{X}_p)(X_{\alpha 2} - \overline{X}_2) & \cdots & (X_{\alpha p} - \overline{X}_p)^2 \end{bmatrix}$$

$$=\begin{bmatrix} s_{11} & s_{12} & \cdots & s_{1p} \\ s_{21} & s_{22} & \cdots & s_{2p} \\ \vdots & \vdots & & \vdots \\ s_{p1} & s_{p2} & \cdots & s_{pp} \end{bmatrix} = (s_{ij})_{p\times p}$$

（3）样本方差－协差阵定义为

$$V_{p\times p} = \frac{1}{n}S = \frac{1}{n}\sum_{\alpha=1}^{n}(X_{(\alpha)}-\overline{X})(X_{(\alpha)}-\overline{X})' = (v_{ij})_{p\times p}$$

因为

$$\begin{aligned}\frac{1}{n}S &= \frac{1}{n}\sum_{\alpha=1}^{n}(X_{(\alpha)}-\overline{X})(X_{(\alpha)}-\overline{X})' \\ &= \left[\frac{1}{n}\sum_{\alpha=1}^{n}(X_{\alpha i}-\overline{X}_i)(X_{\alpha j}-\overline{X}_j)\right]_{p\times p} \\ &= (v_{ij})_{p\times p}\end{aligned}$$

（4）样本相关阵定义为

$$R_{p\times p} = (r_{ij})_{p\times p}$$

其中

$$r_{ij} = \frac{v_{ij}}{\sqrt{v_{ii}}\sqrt{v_{jj}}} = \frac{s_{ij}}{\sqrt{s_{ii}}\sqrt{s_{jj}}}$$

进一步，样本均值向量和离差阵也可用样本资料阵 X 直接表示，即 $\overline{X}_{p\times 1} = \frac{1}{n}X'1_n$，$S = X'\left(I_n - \frac{1}{n}1_n1_n'\right)X$。其中，

$$1_n = (1,1,\cdots,1)',\quad I_n = \begin{bmatrix} 1 & & 0 \\ & \ddots & \\ 0 & & 1 \end{bmatrix}$$

具体推导如下：

$$\overline{X}_{p\times 1} = \begin{bmatrix} \overline{X}_1 \\ \overline{X}_2 \\ \vdots \\ \overline{X}_p \end{bmatrix} = \frac{1}{n}\begin{bmatrix} X_{11}+X_{21}+\cdots+X_{n1} \\ X_{12}+X_{22}+\cdots+X_{n2} \\ \vdots \\ X_{1p}+X_{2p}+\cdots+X_{np} \end{bmatrix}$$

$$= \frac{1}{n}\begin{bmatrix} X_{11} & X_{21} & \cdots & X_{n1} \\ X_{12} & X_{22} & \cdots & X_{n2} \\ \vdots & \vdots & & \vdots \\ X_{1p} & X_{2p} & \cdots & X_{np} \end{bmatrix}\begin{pmatrix} 1 \\ 1 \\ \vdots \\ 1 \end{pmatrix} = \frac{1}{n}X'1_n$$

$$
\begin{aligned}
S &= \sum_{\alpha=1}^{n}(X_{(\alpha)}-\overline{X})(X_{(\alpha)}-\overline{X})' \\
&= X'X - n\overline{X}\,\overline{X}' \\
&= X'X - \frac{1}{n}X'1_n1_nX \\
&= X'\left(I_n - \frac{1}{n}1_n1_n\right)X
\end{aligned}
$$

3.4.3　μ和Σ的最大似然估计及性质

通过样本估计总体的参数称为参数估计，参数估计的原则和方法很多，最常用的估计方法是最大似然法，由此方法获得的μ和Σ的估计量具有很多优良性质。

设 $X_{(1)}, X_{(2)}, \cdots, X_{(n)}$ 是来自正态总体 $N_p(\mu,\Sigma)$ 容量为 n 的样本，每个样品 $X_{(\alpha)}=(X_{\alpha1}, X_{\alpha2}, \cdots, X_{\alpha p})'$，$\alpha=1, 2, \cdots, n$，样本资料阵为

$$
X=\begin{bmatrix} X_{11} & X_{12} & \cdots & X_{1p} \\ X_{21} & X_{22} & \cdots & X_{2p} \\ \vdots & \vdots & & \vdots \\ X_{n1} & X_{n2} & \cdots & X_{np} \end{bmatrix} = \begin{bmatrix} X'_{(1)} \\ X'_{(2)} \\ \vdots \\ X'_{(n)} \end{bmatrix}
$$

我们采用最大似然估计的方法对多元正态总体的参数μ和Σ进行估计。为简便推导，我们不妨忽略多元正态密度函数中的$(2\pi)^{-p/2}$项，于是相应的对数似然函数为

$$
\begin{aligned}
l(\mu,\Sigma) &= -\frac{n}{2}\ln|\Sigma| - \frac{1}{2}\sum_i (X_i-\mu)'\Sigma^{-1}(X_i-\mu) \\
&= -\frac{n}{2}\ln|\Sigma| - \frac{n}{2}(\overline{X}-\mu)'\Sigma^{-1}(\overline{X}-\mu) - \frac{1}{2}\sum_i (X_i-\overline{X})'\Sigma^{-1}(X_i-\overline{X})
\end{aligned}
$$

根据Σ的正定性，易知上式中含μ项(第二项)小于等于0，当且仅当$\mu=\overline{X}$时其值达到极大值0。因此，μ的最大似然估计量为$\mu=\overline{X}$。

下面，我们接着考虑现上面公式中的第三项，对其进行转化，得

$$
\begin{aligned}
-\frac{1}{2}\sum_i (X_i-\overline{X})'\Sigma^{-1}(X_i-\overline{X}) &= -\frac{1}{2}\mathrm{tr}\left\{\sum_i (X_i-\overline{X})'\Sigma^{-1}(X_i-\overline{X})\right\} \\
&= -\frac{1}{2}\mathrm{tr}\left\{\sum_i \Sigma^{-1}(X_i-\overline{X})(X_i-\overline{X})'\right\}
\end{aligned}
$$

$$= -\frac{1}{2}\mathrm{tr}\left\{\Sigma^{-1}\sum_i (X_i - \overline{X})(X_i - \overline{X})'\right\}$$

$$= -\frac{n}{2}\mathrm{tr}\left\{\Sigma^{-1}V\right\}$$

其中，$V = \frac{1}{n}\sum_i (X_i - \overline{X})(X_i - \overline{X})'$。另外，上面推导中使用了公式 $\mathrm{tr}(AB) = \mathrm{tr}(BA)$（$AB$ 和 BA 为适合运算的方阵）。

基于以上推导结果，对数似然函数 $l(\mu, \Sigma)$ 变为

$$l(\mu, \Sigma) = -\frac{n}{2}\ln|\Sigma| - \frac{n}{2}\mathrm{tr}\left\{\Sigma^{-1}V\right\}$$

于是，Σ 的最大似然估计量可由 $\log|\Sigma| + \mathrm{tr}(\Sigma^{-1}V)$ 达到极小求得。

令 $\Sigma^{-1}V = A$，则有

$$\log|\Sigma| + \mathrm{tr}(\Sigma^{-1}V) = \ln\left|VA^{-1}\right| + \mathrm{tr}(A)$$

$$= \ln|V| + \log\left|A^{-1}\right| + \mathrm{tr}(A)$$

$$= \ln|V| + \ln|A|^{-1} + \mathrm{tr}(A)$$

$$= \ln|V| - \ln|A| + \mathrm{tr}(A)$$

设 $\lambda_1, \lambda_2, \cdots, \lambda_p$ 为矩阵 A 的所有特征根，则 $|A| = \prod_i \lambda_i$，$\mathrm{tr}(A) = \sum_i \lambda_i$，将它们代入上式可将问题转化为求使 $\sum_{i=1}^{p}(\lambda_i - \ln\lambda_i)$ 达到极小值的 $\lambda_1, \cdots, \lambda_p$。

显而易见，$\forall\, \lambda \in (0, \infty)$，函数 $f(\lambda) = \lambda - \log\lambda$ 在 $\lambda = 1$ 时达到极小值。因此，当 $\lambda_1 = \lambda_2 = \cdots = \lambda_p = 1$ 时，上式达到极小，即当 A 的所有特征值均为 1 时，$\sum_{i=1}^{p}(\lambda_i - \log\lambda_i)$ 取到极小值。此时，矩阵 A 为单位阵，由 $\Sigma^{-1}V = A = I_n$，可得 Σ 的最大似然估计量为

$$\Sigma = \frac{1}{n}\sum_i (X_i - \overline{X})(X_i - \overline{X})' = \frac{1}{n}S = V$$

综上所述，使用最大似然估计法求出的 μ 和 Σ 的估计量分别为

$$\hat{\mu} = \overline{X}，\quad \hat{\Sigma} = \frac{1}{n}S$$

μ 和 Σ 的估计量有如下的基本性质：

（1）$E(\overline{X}) = \mu$，即 $\overline{X}$ 是 μ 的无偏估计。

$E\left(\frac{1}{n}S\right)=\frac{n-1}{n}\Sigma$，即$\frac{1}{n}S$不是$\Sigma$的无偏估计，而$E\left(\frac{1}{n-1}S\right)=\Sigma$，即$\frac{1}{n-1}S$是$\Sigma$的无偏估计。

（2）$\overline{X}$，$\frac{1}{n-1}S$分别是μ，Σ的有效估计。

（3）$\overline{X}$，$\frac{1}{n}S$ $\left(或\frac{1}{n-1}S\right)$分别是$\mu$，$\Sigma$的一致估计(相合估计)。

样本均值向量和样本离差阵在多元统计推断中具有十分重要的作用，下面的定理给出了它们具有的优良性质。

定理 设$\overline{X}, S$分别是正态总体$N_p(\mu, \Sigma)$的样本均值向量和离差阵，则

（1）$\overline{X}\sim N_p\left(\mu, \frac{1}{n}\Sigma\right)$。

（2）离差阵S可以转化成$S=\sum_{\alpha=1}^{n-1}Z_\alpha Z_\alpha'$，其中，$Z_1,Z_2,\cdots,Z_{n-1}$独立且都服从正态分布$N_p(0, \Sigma)$。

（3）$\overline{X}$和S相互独立。

（4）S为正定阵的充要条件是$n>p$。

3.5 Wishart 分布

在实际应用中，常用$\overline{X}, \frac{1}{n-1}S$来估计$\mu$，$\Sigma$，上节已指出样本均值向量$\overline{X}$的分布仍为正态分布，而离差阵$S$的分布又是什么呢？为此给出 Wishart 分布，并指出它是一元χ^2分布的推广，也是构成其他重要分布的基础。

Wishart 分布是 Wishart 在 1928 年推导出来的，为了纪念这位多元统计分析的先驱者，后人将其命名为 Wishart 分布。

定义 3.10 设$X_{(\alpha)}=(X_{\alpha 1}, X_{\alpha 2}, \cdots, X_{\alpha p})'\sim N_p(\mu_\alpha, \Sigma)$，$\alpha=1, 2, \cdots, n$，且相互独立，则将由$X_{(\alpha)}$组成的随机矩阵$W_{p\times p}=\sum_{\alpha=1}^{n}X_{(\alpha)}X_{(\alpha)}'$所服从的分布称为非中心 Wishart 分布，并记为$W_p(n, \Sigma, Z)$。其中，$Z=(\mu_1,\cdots,\mu_n)(\mu_1,\cdots,\mu_n)'=\sum_{\alpha=1}^{n}\mu_\alpha\mu_\alpha'$。非中心参数定义为

$(\mu_1,\cdots,\mu_n)'$，若 $\mu_\alpha=0$ （$\alpha=1,2,\cdots,n$），称为中心 Wishart 分布，记为 $W_p(n,\Sigma)$。当 $n\geqslant p,\Sigma>0$ 时，$W_p(n,\Sigma)$ 有密度存在，其表达式为

$$f(w)=\begin{cases}\dfrac{|w|^{\frac{1}{2}(n-p-1)}\exp\left\{-\dfrac{1}{2}tr(\Sigma^{-1}w)\right\}}{2^{\frac{np}{2}}\pi^{\frac{p(p-1)}{4}}|\Sigma|^{\frac{n}{2}}\prod_{i=1}^{p}p\left(\dfrac{n-i-1}{2}\right)}, & |w|>0\\ 0, & 其他\end{cases}$$

显然，当 $p=1,\Sigma=\sigma^2$ 时，$f(w)$ 就是 $\sigma^2\chi^2(n)$ 的分布密度，此时 $W=\sum_{\alpha=1}^{n}X_{(\alpha)}X_{(\alpha)}'=\sum_{\alpha=1}^{n}X_{(\alpha)}^2$，故 $\frac{1}{\sigma^2}\sum_{\alpha=1}^{n}X_{(\alpha)}^2\sim\chi^2(n)$。由此可知，Wishart 分布是 χ^2 分布在 p 维正态情况下的推广。

上面的定义中提到了随机矩阵 $W_{p\times p}=\sum_{\alpha=1}^{n}X_{(\alpha)}X'_{(\alpha)}$ 的分布，关于什么是随机矩阵的分布这里需要予以解释。随机矩阵的分布有不同的定义，我们在这里利用向量分布的定义给出矩阵分布的定义。

设有随机矩阵

$$X=\begin{bmatrix}X_{11} & X_{12} & \cdots & X_{1p}\\ X_{21} & X_{22} & \cdots & X_{2p}\\ \vdots & \vdots & & \vdots\\ X_{n1} & X_{n2} & \cdots & X_{np}\end{bmatrix}$$

将该矩阵的列向量(或行向量)一个接一个的连接起来，组成一个长向量，称为拉直向量，即将 $(X_{11},X_{12},\cdots,X_{1p},X_{21},X_{22},\cdots,X_{2p},\cdots X_{np})$ 的分布定义为该矩阵的分布。当 X 为对称阵时，由于 $p=n$，$X_{ij}=X_{ji}$，可只取其下三角部分组成一个长向量，即 $(X_{11},X_{21},\cdots,X_{n1},X_{22},\cdots,X_{n2},\cdots,X_{np})$。

可以证明，Wishart 分布具有如下的优良性质：

（1）若 $X_{(\alpha)}\sim N_p(\mu,\Sigma),\ \alpha=1,\cdots,n$ 且相互独立，则样本离差阵

$$S=\sum_{\alpha=1}^{n}(X_{(\alpha)}-\overline{X})(X_{(\alpha)}-\overline{X})'\sim W_p(n-1,\Sigma)$$

其中 $\overline{X}=\frac{1}{n}\sum_{\alpha=1}^{n}X_{(\alpha)}$。

（2）若 $S_i\sim W_p(n_i,\Sigma),\ i=1,\cdots,k$，且相互独立，则

$$S=S_1+S_2+\cdots S_k\sim W_p(n_1+\cdots+n_k,\Sigma)$$

（3）若 $X_{p\times p}\sim W_p(n,\Sigma)$，$C_{p\times p}$ 为非奇异阵，则

$$CXC' \sim W_p(n, C\Sigma C')。$$

练 习 题

1. 试说明多元联合分布和边际分布之间的关系。
2. 多元正态总体的均值向量和协方差阵的最大似然估计量具有哪些优良性质？
3. 简述多元正态分布的基本性质。
4. 设三维随机向量 $X \sim N_3(\mu, 2I_3)$，且

$$\mu = \begin{bmatrix} 5 \\ 0 \\ 0 \end{bmatrix}, \quad A = \begin{bmatrix} 0.2 & 1 & 0.2 \\ -0.2 & 0 & -0.2 \end{bmatrix}, \quad d = \begin{bmatrix} 1 \\ 2 \end{bmatrix}.$$

试求 $Y = AX + d$ 的分布。

5. 设令 X_1 表示舒张压，X_2 表示收缩压，假设某地区人的血压 $X=(X_1,X_2)' \sim N_2(\mu, D)$，现从该地区随机抽取 5 人，测得血压数据如表 3-1 所示。

表 3-1 血压数据

被测量者	1	2	3	4	5
舒张压 X_1	120	110	114	118	116
收缩压 X_2	80	70	75	77	72

求 μ, S 的无偏估计。

6. 设二维随机向量 $(X_1,X_2)'$ 服从二元正态分布，写出其联合分布密度函数。

7. 以城市为中心的地区是组成区域的重要元素，也是区域内经济和社会活动的聚集体。随着全球化和城市化的发展，区域或国家之间的竞争正日益演变为地区与地区之间的竞争，地区竞争力已成为整个竞争体系的关键所在，同时作为一定区域范围内的经济中心，通过扩散效应与周围地区存在着空间上的相互作用。所以，研究地区竞争力是实现可持续发展的需要。现抽取 2019 年 6 个沿海城市的地区竞争力代表指标，分别为 GDP、社会消费品零售总额、电力消费量和城镇单位就业人员，相关数据见表 3-2。

表 3-2 地区竞争力指标

地区	GDP/ 亿元	社会消费品零售总额 / 亿元	电力消费量（亿 kW • h）	城镇单位就业人员 / 万人
上海市	37987.6	15847.6	1568.58	716.1
江苏省	98656.8	37672.5	6264.36	1332.3
浙江省	2462	27343.8	4706.22	987.3
福建省	42326.6	18896.8	2402.34	639.6
广东省	107986.9	42951.8	6695.85	2064.6
海南省	5330.8	1951.1	354.89	102.2

数据来源：国家统计局 2019 年地区年度数据。

设各大城市的以上变量服从多元正态分布，请基于表中资料求均值向量和协方差阵的最大似然估计。

8. 设 $X=(X_1,X_2,X_3)\sim N_3(\mu,D)$，其中

$$\mu=(1,0,-2)',D=\begin{bmatrix}16 & -4 & 2\\ -4 & 4 & -1\\ 2 & -1 & 4\end{bmatrix}$$

试判断 X_2+2X_3 与 $\begin{bmatrix}X_2-X_3\\ X_1\end{bmatrix}$ 是否独立？

9. 设 X_i（$n_i\times p$ 矩阵）是来自 $N_p(\mu_i,\Sigma_i)$ 的简单随机样本，$i=1,2,3,\cdots,k$，

（1）已知 $\mu_1=\mu_2=...=\mu_k=\mu$ 且 $\Sigma_1=\Sigma_2=...=\Sigma_k=\Sigma$，求 μ 和 Σ 的估计。

（2）已知 $\Sigma_1=\Sigma_2=...=\Sigma_k=\Sigma$ 求 $\mu_1,\mu_2,...,\mu_k$ 和 Σ 的估计。

10. 已知随机向量（X_1,X_2）$'$ 的联合密度函数为

$$f(x_1,x_2)=\frac{2[(d-c)(x_1-a)+(b-a)(x_2-c)-2(x_1-a)(x_2-c)]}{(b-a)^2(d-c)^2}$$

其中 $a\leqslant x_1\leqslant b$，$c\leqslant x_2\leqslant d$。试求

（1）随机变量 X_1 和 X_2 的边缘密度函数、均值和方差。

（2）随机变量 X_1 和 X_2 的协方差和相关系数。

（3）随机变量 X_1 和 X_2 是否独立？

第4章 多元正态总体参数的检验

学习目标

1. 理解如何将现实中涉及的多总体比较问题转化为一个统计问题。
2. 熟悉 Hotelling T^2 分布和 Wilks 分布的定义及其与 F 分布的关系。
3. 掌握关于多元正态总体均值向量的检验方法。
4. 了解关于多元正态总体协方差阵的检验方法。
5. 了解进行相关假设检验的计算机程序与流程。

案例导入

乡村振兴是实现中华民族伟大复兴的一项重大任务，是包括产业振兴、人才振兴、文化振兴、生态振兴、组织振兴的全面振兴。乡村振兴战略是党中央充分考虑我国社会主要矛盾的变化，在继续推动发展的基础上，着力解决好发展不平衡不充分问题的体现。我们就是通过全面的乡村振兴，强化以工补农、以城带乡，推动构建工农互促、城乡互补、协调发展、共同繁荣的新型工农城乡关系。具体而言，乡村振兴旨在补齐农业农村发展的短板，缩小城乡区域发展差距和居民生活水平差距。由于我国城乡二元结构，城乡差距表现在产业、人才、文化、环境、基础治理水平等多个方面，因此城乡差距问题带有多维特征。从统计分析的视角来看，对城乡差距这个问题的量化分析可转化为一个多元统计问题，即把城乡分别看作是两个多维总体，进而对它们的均值水平或变异程度进行分析。

经济学、社会学、管理学、农业经济、心理学等领域中类似的例子不胜枚举。例如，研究者基于数据进行分析，可以判断不同类型企业对经营环境的评价是否存在显著差异、不同地区乡村振兴成效是否存在显著差异、两种竞争性论点哪一个会受到支持等。关于这类问题多元统计中给出了相应的分析方法，具体是采用统计推断中的假设检验原理与步骤进行分析，主要包括多元正态总体均值向量和协方差阵各种假设的检验。

4.1 单个总体均值向量的检验

在一元统计中，若 $X_1, X_2, \cdots, X_n$ 是来自总体 $N(\mu, \sigma^2)$ 的样本，$\overline{X}=\dfrac{1}{n}\sum_{i=1}^{n}X_i$，则统计量 $t=\dfrac{\sqrt{n}(\overline{X}-\mu)}{\hat{\sigma}}\sim t(n-1)$，其中

扩展阅读4-1

假设检验的基本步骤

$$\hat{\sigma}^2=\frac{1}{n-1}\sum_{i=1}^{n}(X_i-\overline{X})^2$$

由 t 统计量的定义易得

$$t^2=\frac{n(\overline{X}-\mu)^2}{\hat{\sigma}^2}=n(\overline{X}-\mu)'(\hat{\sigma}^2)^{-1}(\overline{X}-\mu)$$

且

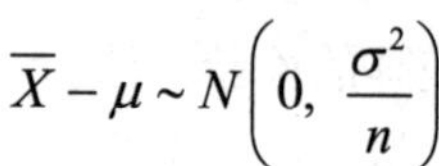

$$\overline{X}-\mu\sim N\left(0,\ \frac{\sigma^2}{n}\right)$$

另外，在一元统计中，若统计量 $t\sim t(n-1)$，则 $t^2\sim F(1,\ n-1)$，即可以将服从 t 分布的统计量转化为 F 统计量进行处理。

4.1.1 Hotelling T^2 分布的定义

定义 4.1 设 $X\sim N_p(\mu, \Sigma),\ S\sim W_p(n, \Sigma)$，且 X 和 S 相互独立，$n\geqslant p$，则称统计量 $T^2=nX'S^{-1}X$ 服从的分布为非中心 Hotelling T^2 分布，并记为 $T^2\sim T^2(p, n, \mu)$。当 $\mu=0$ 时，称 T^2 服从（中心）Hotelling T^2 分布，记为 $T^2(p, n)$。由于这一统计量的分布首先由哈罗德·霍特林（Harold Hotelling）给出，故称为 Hotelling T^2 分布。这里需要特别说明的是，我国著名统计学家许宝騄先生（1910—1970）在 1938 年用不同方法导出了 T^2 分布的密度函数，因表达式复杂，故这里略去。

将 T^2 统计量的公式与上面 t^2 统计量的公式进行比较，读者会发现 T^2 分布是一元统计中 t 分布的推广。

定理 若 $X\sim N_p(0, \Sigma),\ S\sim W_p(n, \Sigma)$，且 X 和 S 相互独立，令 $T^2=nX'S^{-1}X$，则 $\dfrac{n-p+1}{np}T^2\sim F(p,\ n-p+1)$ 这里省略证明过程，这个性质在后面章节会经常用到。

4.1.2　均值向量的检验

设有p元正态总体$N_p(\mu, \Sigma)$，从该总体中抽取容量为n的样本$X_{(1)}$，$X_{(2)}$，…，$X_{(n)}$，且$\overline{X}=\frac{1}{n}\sum_{\alpha=1}^{n}X_{(\alpha)}$，$S=\sum_{\alpha=1}^{n}(X_{(\alpha)}-\overline{X})(X_{(\alpha)}-\overline{X})'$。

1. Σ已知时均值向量的检验

H_0：$\mu=\mu_0$（μ_0为已知向量），　H_1：$\mu\neq\mu_0$

为了得到检验此假设的统计量，我们首先回顾一元统计中检验这种类型假设的统计量。在一元统计中，当σ^2已知时，检验用的统计量为

$$U=\frac{\overline{X}-\mu_0}{\frac{\sigma}{\sqrt{n}}}\sim N(0, 1)\text{（在原假设成立时）}$$

由此可得

$$U^2=\frac{n(\overline{X}-\mu_0)^2}{\sigma^2}=n(\overline{X}-\mu_0)(\sigma^2)^{-1}(\overline{X}-\mu_0)$$

仿照此数学表达式，我们可写出

$$\begin{aligned}T_0^2&=n(\overline{X}-\mu_0)'\Sigma^{-1}(\overline{X}-\mu_0)\\&=\left[\sqrt{n}(\overline{X}-\mu_0)\right]'\Sigma^{-1}\left[\sqrt{n}(\overline{X}-\mu_0)\right]\triangleq Y'\Sigma^{-1}Y\end{aligned}$$

其中，$Y=\sqrt{n}(\overline{X}-\mu_0)\sim N_p(0, \Sigma)$（在$H_0$成立时）。

根据二次型分布定理：若$X\sim N_p(0, \Sigma)$，则$X'\Sigma^{-1}X\sim\chi^2(p)$。于是，在$H_0$成立时

$$T_0^2=n(\overline{X}-\mu_0)'\Sigma^{-1}(\overline{X}-\mu_0)\sim\chi^2(p)$$

这就是检验H_0：$\mu=\mu_0$（μ_0为已知向量）的统计量。

给定检验水平α，查χ^2分布表使$P\left\{T_0^2>\lambda_\alpha\right\}=\alpha$，可求出临界值$\lambda_\alpha$，再用样本计算出$T_0^2$，若$T_0^2>\lambda_\alpha$，则拒绝$H_0$，否则接受$H_0$。

2. Σ未知时均值向量的检验

H_0：$\mu=\mu_0$（μ_0为已知向量），　H_1：$\mu\neq\mu_0$

当Σ未知时，统计中一个自然的想法是用Σ的无偏估计量$\frac{1}{n-1}S$替代Σ。由于$(n-1)S^{-1}$是Σ^{-1}的无偏估计量，而样本离差阵

$$S=\sum_{\alpha=1}^{n}(X_{(\alpha)}-\overline{X})(X_{(\alpha)}-\overline{X})'\sim W_p(n-1, \Sigma)$$

$$\sqrt{n}(\overline{X}-\mu_0)\sim N_p(0,\Sigma)\text{（在}H_0\text{成立时）}$$

故根据 T^2 统计量的定义，可得在 H_0：$\mu=\mu_0$ 成立时，统计量

$$T^2=(n-1)\left[\sqrt{n}(\overline{X}-\mu_0)'S^{-1}\sqrt{n}(\overline{X}-\mu_0)\right]\sim T^2(p,n-1)$$

再根据 Hotelling T^2 分布的性质得到

$$\frac{(n-1)-p+1}{(n-1)p}T^2\sim F(p,n-p)\quad\text{（在}H_0\text{成立时）}$$

给定检验水平 α，查 F 分布表，使 $P\left\{\frac{n-p}{(n-1)p}T^2>F_\alpha\right\}=\alpha$，可得到临界值 F_α，再用样本值计算出 T^2，若 $\frac{n-p}{(n-1)p}T^2>F_\alpha$，则拒绝 H_0，否则接受 H_0。

4.2　两个总体均值向量的检验

4.2.1　相等协差阵时均值向量的检验

设有两个总体分别服从 $N_p(\mu_1,\Sigma_1)$ 和 $N_p(\mu_2,\Sigma_2)$，从中抽取的样本如下：

$$X_{(\alpha)}=(X_{\alpha1},X_{\alpha2},\cdots,X_{\alpha p})'\sim N_p(\mu_1,\Sigma_1),\quad \alpha=1,2,\cdots,n$$

$$Y_{(\alpha)}=(Y_{\alpha1},Y_{\alpha2},\cdots,Y_{\alpha p})'\sim N_p(\mu_2,\Sigma_2),\quad \alpha=1,2,\cdots,m$$

且两组样本相互独立，$\overline{X}=\frac{1}{n}\sum_{i=1}^{n}X_{(i)}$，$\overline{Y}=\frac{1}{m}\sum_{i=1}^{m}Y_{(i)}$。我们的目的是对这两个 p 元正态总体的均值向量进行比较，即检验假设

$$H_0:\ \mu_1=\mu_2\qquad H_1:\ \mu_1\neq\mu_2$$

1. 当两总体的协方差阵相同且已知时（$\Sigma_1=\Sigma_2=\Sigma>0$）

为了得到检验上述假设的统计量，我们首先回忆一元统计中的情况。在一元统计中，检验两个一元正态总体均值是否存在显著差异所使用的统计量为

$$U=\frac{\overline{X}-\overline{Y}}{\sqrt{\frac{\sigma^2}{n}+\frac{\sigma^2}{m}}}\sim N(0,1)$$

因此

$$U^2=\frac{(\overline{X}-\overline{Y})^2}{\dfrac{\sigma^2}{n}+\dfrac{\sigma^2}{m}}=\frac{n\cdot m}{(n+m)\sigma^2}(\overline{X}-\overline{Y})^2$$

$$=\frac{n\cdot m}{(n+m)}(\overline{X}-\overline{Y})'(\sigma^2)^{-1}(\overline{X}-\overline{Y})\sim\chi^2(1)$$

在总体服从p元正态分布且Σ_1=Σ_2=Σ时，假设H_0：$\mu_1=\mu_2$成立意味着两组样本来源于相同的分布，因此两组样本的均值向量之差$\overline{X}-\overline{Y}$也服从正态分布，即

$$\overline{X}-\overline{Y}\sim N_p\left(0,\left(\frac{1}{n}+\frac{1}{m}\right)\Sigma\right)$$

或写为

$$\overline{X}-\overline{Y}\sim N_p\left(0,\frac{n+m}{nm}\Sigma\right)$$

进一步，$\overline{X}-\overline{Y}$的标准化变量

$$\sqrt{\frac{nm}{n+m}}\Sigma^{-\frac{1}{2}}(\overline{X}-\overline{Y})\sim N_p(0,I_p)$$

因此，在H_0成立时

$$T_0^2=\frac{n\cdot m}{n+m}(\overline{X}-\overline{Y})'\Sigma^{-1}(\overline{X}-\overline{Y})\sim\chi^2(p)$$

这就是检验的统计量。将上式与U^2的数学表达式比较不难发现，T_0^2统计量是一元情况下U^2统计量的推广。

给定检验水平α，查χ^2分布表使$P\left\{T_0^2>\lambda_\alpha\right\}=\alpha$，可求得临界值$\lambda_\alpha$，再用样本计算出$T_0^2$，若$T_0^2>\lambda_\alpha$，则拒绝$H_0$，否则接受$H_0$。

2. 当两总体的协方差阵相同但未知时（Σ_1=Σ_2=$\Sigma>0$）

当原假设H_0：$\mu_1=\mu_2$成立时，我们有

$$\overline{X}-\overline{Y}\sim N_p\left(0,\frac{n+m}{nm}\Sigma\right)$$

$$\sqrt{\frac{nm}{n+m}}(\overline{X}-\overline{Y})\sim N_p(0,\Sigma)$$

样本离差阵

$$S_1=\sum_{i=1}^{n}(X_{(i)}-\overline{X})(X_{(i)}-\overline{X})'\sim W_p(n-1,\Sigma)$$

$$S_2=\sum_{i=1}^{m}(Y_{(i)}-\overline{Y})(Y_{(i)}-\overline{Y})'\sim W_p(m-1,\Sigma)$$

且 S_1 与 S_2 独立，$S_1+S_2\sim W_p(n+m-2,\Sigma)$。又由于 $\overline{X}$ 和 $\overline{Y}$ 分别与 S_1 和 S_2 相互独立，所以，$\overline{X}-\overline{Y}$ 与 S=S_1+S_2 独立。于是，根据 Hotelling T^2 的定义有

$$\begin{aligned}T^2&=(n+m-2)\left[\sqrt{\frac{n\cdot m}{n+m}}(\overline{X}-\overline{Y})\right]'S^{-1}\left[\sqrt{\frac{n\cdot m}{n+m}}(\overline{X}-\overline{Y})\right]\\&\sim T^2(p,n+m-2)\end{aligned}$$

进一步，可得到检验假设 H_0：$\mu_1=\mu_2$，H_1：$\mu_1\neq\mu_2$ 的统计量

$$F=\frac{(n+m-2)-p+1}{(n+m-2)p}T^2\sim F(p,\ n+m-p-1)$$

给定检验水平 α，查 F 分布表，使 $P\{F>F_\alpha\}=\alpha$，可求出临界值 F_α，再由样本数据计算出 F，若 $F>F_\alpha$，则拒绝 H_0，否则接受 H_0。

4.2.2 不等协差阵时均值向量的检验

下述假设检验统计量的选取和上面的思路一样，故仅提出待检验的假设，然后给出统计量及其分布，为节省篇幅，对其推导不再赘述。

设

$$X_{(\alpha)}=(X_{\alpha1},X_{\alpha2},\cdots,X_{\alpha p})'\sim N_p(\mu_1,\Sigma_1),\quad \alpha=1,2,\cdots,n$$

$$Y_{(\alpha)}=(Y_{\alpha1},Y_{\alpha2},\cdots,Y_{\alpha p})'\sim N_p(\mu_2,\Sigma_2),\quad \alpha=1,2,\cdots,m$$

且两组样本相互独立，$\Sigma_1>0$，$\Sigma_2>0$。待检验的假设为

$$H_0:\ \mu_1=\mu_2\qquad H_1:\ \mu_1\neq\mu_2$$

1. 当 $n=m$ 时

令

$$Z_{(i)}=X_{(i)}-Y_{(i)},\quad i=1,2,\cdots,n;$$

$$\overline{Z}=\frac{1}{n}\sum_{i=1}^{n}Z_{(i)}=\overline{X}-\overline{Y}$$

$$\begin{aligned}S&=\sum_{j=1}^{n}(Z_{(i)}-\overline{Z})(Z_{(i)}-\overline{Z})'\\&=\sum_{j=1}^{n}(X_{(i)}-Y_{(i)}-\overline{X}+\overline{Y})(X_{(i)}-Y_{(i)}-\overline{X}+\overline{Y})'\end{aligned}$$

检验统计量为

$$F=\frac{(n-p)n}{p}\overline{Z}'S^{-1}\overline{Z}\sim F(p,\ n-p)\quad（在 H_0 成立时）$$

2. 当 $n\neq m$ 时

不妨假设 $n<m$。令

$$Z_{(i)}=X_{(i)}-\sqrt{\frac{n}{m}}Y_{(i)}+\frac{1}{\sqrt{n\cdot m}}\sum_{j=1}^{n}Y_{(j)}-\frac{1}{m}\sum_{j=1}^{m}Y_{(j)}$$

$$\overline{Z}=\frac{1}{n}\sum_{i=1}^{n}Z_{(i)}=\overline{X}-\overline{Y}$$

$$\begin{aligned}S&=\sum_{i=1}^{n}(Z_{(i)}-\overline{Z})(Z_{(i)}-\overline{Z})'\\&=\sum_{i=1}^{n}\left[(X_{(i)}-\overline{X})-\sqrt{\frac{n}{m}}\left(Y_{(i)}-\frac{1}{n}\sum_{j=1}^{n}Y_{(j)}\right)\right]\left[(X_{(i)}-\overline{X})-\sqrt{\frac{n}{m}}\left(Y_{(i)}-\frac{1}{n}\sum_{j=1}^{n}Y_{(j)}\right)\right]'\end{aligned}$$

检验统计量为

$$F=\frac{(n-p)n}{p}\overline{Z}'S^{-1}\overline{Z}\sim F(p,\ n-p)$$

4.3　多个正态总体均值向量的检验

多元方差分析是一元方差分析的推广。为使读者易于理解，本章首先回顾一元方差分析的方法，然后引出 Wilks 分布的定义，最后对多个正态总体均值向量进行检验。

4.3.1　一元方差分析回顾

设考虑的 k 个正态总体分别为 $N(\mu_1,\ \sigma^2),\ N(\mu_2,\ \sigma^2),\cdots,\ N(\mu_k,\ \sigma^2)$，现从 k 个总体分别抽取容量为 n_i 的样本如下，且各样本相互独立。

$$X_1^{(1)},X_2^{(1)},\cdots,X_{n_1}^{(1)}$$

$$\cdots\cdots$$

$$X_1^{(k)},X_2^{(k)},\cdots,X_{n_k}^{(k)}$$

欲检验的假设是 $H_0:\ \mu_1=\mu_2=\cdots=\mu_k$，$H_1:$ 至少存在 $i\neq j$ 使 $\mu_i\neq\mu_j$。

检验统计量为

$$F=\frac{\mathrm{SSA}/(k-1)}{\mathrm{SSE}/(n-k)}\sim F(k-1,\ n-k)\ (\text{在 } H_0 \text{ 成立时})$$

其中

$$\mathrm{SSA}=\sum_{i=1}^{k}n_i(\overline{X}_i-\overline{X})^2 \text{ 组间平方和}$$

$$\mathrm{SSE}=\sum_{i=1}^{k}\sum_{j=1}^{n_i}(X_j^{(i)}-\overline{X}_i)^2 \text{ 组内平方和}$$

$$\mathrm{SST}=\sum_{i=1}^{k}\sum_{j=1}^{n_i}(X_j^{(i)}-\overline{X})^2 \text{ 总平方和}$$

$$\overline{X}_i=\frac{1}{n_i}\sum_{j=1}^{n_i}X_j^{(i)}$$

$$\overline{X}=\frac{1}{n}\sum_{i=1}^{k}\sum_{j=1}^{n_i}X_j^{(i)},\quad n=n_1+\cdots+n_k$$

对于给定的检验水平 α，查 F 分布表，使 $P\{F>F_\alpha\}=\alpha$，以求出临界值 F_α，再用样本数据计算出 F，若 $F>F_\alpha$，则拒绝 H_0，否则接受 H_0。

4.3.2 Wilks 分布

在一元统计中，方差刻画了随机变量的分散程度，但在多元统计分析中方差拓展为协方差阵。如何用一个数量指标来反映协方差阵所刻画的分散程度呢？一些文献用行列式，一些用迹等，目前使用最多的是行列式。

定义 4.2 若 $X\sim N_p(\mu,\ \Sigma)$，则称协方差阵的行列式 $|\Sigma|$ 为 X 的广义方差；称 $\left|\frac{1}{n}S\right|$ 为样本广义方差，其中 $S=\sum_{\alpha=1}^{n}(X_{(\alpha)}-\overline{X})(X_{(\alpha)}-\overline{X})'$。

定义 4.3 若 $A_1\sim W_p(n_1,\ \Sigma)$，$n_1\geqslant p$，$A_2\sim W_p(n_2,\ \Sigma)$，$\Sigma>0$，且 A_1、A_2 相互独立，则称 $\Lambda\triangleq|A_1|/|A_1+A_2|$ 为 Wilks 统计量，Λ 的分布称为 Wilks 分布，简记为 $\Lambda\sim\Lambda(p,\ n_1,\ n_2)$，其中 $n_1,\ n_2$ 为自由度。

在实际应用中，经常把 Λ 统计量转化为 T^2 统计量进而转化为 F 统计量，利用 F 统计量来解决多元统计分析中有关检验问题。

当 $n_2=1$ 时，用 n 代替 n_1，可得到它们之间的关系式如下：

$$\Lambda(p,\ n,\ 1)=\frac{1}{1+\frac{1}{n}T^2(p,\ n)} \qquad n>p$$

即

$$T^2=n\cdot\frac{1-\Lambda(p,\ n,\ 1)}{\Lambda(p,\ n,\ 1)}$$

利用

$$\frac{n-p+1}{np}T^2\sim F(p,\ n-p+1)$$

得到

$$\frac{n-p+1}{p}\cdot\frac{1-\Lambda(p,\ n,\ 1)}{\Lambda(p,\ n,\ 1)}\sim F(p,\ n-p+1)$$

当$n_2=2$时，有如下关系

$$\frac{n-p}{p}\cdot\frac{1-\sqrt{\Lambda(p,\ n,\ 2)}}{\sqrt{\Lambda(p,\ n,\ 2)}}\sim F(2p,\ 2(n-p))$$

当$p=1$时有如下关系

$$\frac{n_1}{n_2}\cdot\frac{1-\Lambda(p,\ n_1,\ n_2)}{\Lambda(p,\ n_1,\ n_2)}\sim F(n_2,\ n_1)$$

当$p=2$时有如下关系

$$\frac{n_1-1}{n_2}\cdot\frac{1-\sqrt{\Lambda(2,\ n_1,\ n_2)}}{\sqrt{\Lambda(2,\ n_1,\ n_2)}}\sim F(2n_2,\ 2(n_1-1))$$

以上几个关系式说明对一些特殊的Λ统计量可以转化为F统计量，而当$n_2>2$，$p>2$时，可用χ^2统计量或F统计量来近似表示。

4.3.3　多个正态总体均值向量检验

设有k个p元正态总体$N_p(\mu_1,\ \Sigma),\ N_p(\mu_2,\ \Sigma),\cdots,\ N_p(\mu_k,\ \Sigma)$，从每个总体独立抽取样品，个数分别为$n_1,n_2,\cdots,n_k$，$n_1+n_2+\cdots+n_k\triangleq n$。对每个样品观测$p$个指标得到观测数据如下：

第一个总体

$$\begin{bmatrix} X_{11}^{(1)} & X_{12}^{(1)} & \cdots & X_{1p}^{(1)} \\ X_{21}^{(1)} & X_{22}^{(1)} & \cdots & X_{2p}^{(1)} \\ \vdots & \vdots & & \vdots \\ X_{n_1 1}^{(1)} & X_{n_1 2}^{(1)} & \cdots & X_{n_1 p}^{(1)} \end{bmatrix}\triangleq\begin{bmatrix} X_1^{(1)} \\ X_2^{(1)} \\ \vdots \\ X_{n_1}^{(1)} \end{bmatrix}$$

其中

$$X_i^{(1)} = (X_{i1}^{(1)}, X_{i2}^{(1)}, \cdots, X_{ip}^{(1)}), \quad i = 1, 2, \cdots, n_1$$

第二个总体

$$\begin{bmatrix} X_{11}^{(2)} & X_{12}^{(2)} & \cdots & X_{1p}^{(2)} \\ X_{21}^{(2)} & X_{22}^{(2)} & \cdots & X_{2p}^{(2)} \\ \vdots & \vdots & & \vdots \\ X_{n_2 1}^{(2)} & X_{n_2 2}^{(2)} & \cdots & X_{n_2 p}^{(2)} \end{bmatrix} \triangleq \begin{bmatrix} X_1^{(2)} \\ X_2^{(2)} \\ \vdots \\ X_{n_2}^{(2)} \end{bmatrix}$$

其中

$$X_i^{(2)} = (X_{i1}^{(2)}, X_{i2}^{(2)}, \cdots, X_{ip}^{(2)}), \quad i = 1, 2, \cdots, n_2$$

……

第 k 个总体

$$\begin{bmatrix} X_{11}^{(k)} & X_{12}^{(k)} & \cdots & X_{1p}^{(k)} \\ X_{21}^{(k)} & X_{22}^{(k)} & \cdots & X_{2p}^{(k)} \\ \vdots & \vdots & & \vdots \\ X_{n_k 1}^{(k)} & X_{n_k 2}^{(k)} & \cdots & X_{n_k p}^{(k)} \end{bmatrix} \triangleq \begin{bmatrix} X_1^{(k)} \\ X_2^{(k)} \\ \vdots \\ X_{n_k}^{(k)} \end{bmatrix}$$

其中

$$X_i^{(k)} = (X_{i1}^{(k)}, X_{i2}^{(k)}, \cdots, X_{ip}^{(k)}), \quad i = 1, 2, \cdots, n_k$$

所有总体总的样本均值向量为

$$\overline{X}_{1\times p} = \frac{1}{n}\sum_{\alpha=1}^{k}\sum_{i=1}^{n_\alpha} X_i^{(\alpha)} \triangleq (\overline{X}_1, \overline{X}_2, \cdots, \overline{X}_p)$$

各总体的样本均值向量为

$$\overline{X}_{1\times p}^{(\alpha)} = \frac{1}{n_\alpha}\sum_{i=1}^{n_\alpha} X_i^{(\alpha)} \triangleq (\overline{X}_1^{(\alpha)}, \overline{X}_2^{(\alpha)}, \cdots, \overline{X}_p^{(\alpha)}), \ \alpha = 1, 2, \cdots, k$$

其中

$$\overline{X}_j^{(\alpha)} = \frac{1}{n_\alpha}\sum_{i=1}^{n_\alpha} X_{ij}^{(\alpha)} \qquad j = 1, 2, \cdots, p$$

类似一元方差分析方法，诸平方和此处变成了离差阵，即

$$A = \sum_{\alpha=1}^{k} n_\alpha (\overline{X}^{(\alpha)} - \overline{X})'(\overline{X}^{(\alpha)} - \overline{X}) \qquad \text{组间离差阵}$$

$$E = \sum_{\alpha=1}^{k}\sum_{i=1}^{n_\alpha} (X_i^{(\alpha)} - \overline{X}^{(\alpha)})'(X_i^{(\alpha)} - \overline{X}^{(\alpha)}) \qquad \text{组内离差阵}$$

$$T=\sum_{\alpha=1}^{k}\sum_{i=1}^{n_\alpha}(X_i^{(\alpha)}-\overline{X})'(X_i^{(\alpha)}-\overline{X}) \qquad \text{总离差阵}$$

且这里 $T=A+E$。

欲检验假设：$H_0: \mu_1=\mu_2=\cdots=\mu_k$，$H_1:$ 至少存在 $i\neq j$ 使 $\mu_i\neq\mu_j$。采用似然比原则得到的检验统计量为

$$\Lambda=\frac{|E|}{|T|}=\frac{|E|}{|A+E|}\sim\Lambda(p,\ n-k,\ k-1)$$

对于给定的检验水平 α，查 Wilks 分布表求得临界值，然后做出统计判断。当查 Wilks 分布表不方便时，我们可以用 χ^2 分布或 F 分布来近似。

设 $\Lambda\sim\Lambda(p,\ n,\ m)$，令

$$V=-[n+m-(p+m+1)/2]\ln\Lambda=\ln\Lambda^{1/t}$$

$$R=\frac{1-\Lambda^{1/L}}{\Lambda^{1/L}}\cdot\frac{tL-2\lambda}{pm}$$

式中

$$t=n+m-(p+m+1)/2,\quad L=\left(\frac{p^2m^2-4}{p^2+m^2-5}\right)^{1/2},\quad \lambda=\frac{pm-2}{4}$$

则 V 近似服从 $\chi^2(pm)$；R 近似服从 $F(pm,\ tL-2\lambda)$。这里 $tL-2\lambda$ 不一定为整数，可用与它最近的整数作为 F 的自由度，且 $\min(p,m)>2$。

4.4　协方差阵的检验

4.4.1　单个正态总体协方差阵的检验

设 $X_{(\alpha)}=(X_{\alpha1},X_{\alpha2},\cdots,X_{\alpha p})'$（$\alpha=1$，$2$，$\cdots$，$n$）是抽自 p 元正态总体 $N_p(\mu,\ \Sigma)$ 容量为 n 的样本，Σ 未知，且 $\Sigma>0$。

1. **欲检验假设：** $H_0:\Sigma=I_p$，$H_1:\Sigma\neq I_p$

检验统计量为

$$\lambda=\exp\left\{-\frac{1}{2}\mathrm{tr}(S)\right\}|S|^{\frac{n}{2}}\left(\frac{\mathrm{e}}{n}\right)^{\frac{np}{2}}$$

其中

$$S=\sum_{\alpha=1}^{n}(X_{(\alpha)}-\overline{X})(X_{(\alpha)}-\overline{X})'$$

2. **欲检验假设：** $H_0:\Sigma=\Sigma_0\neq I_p$，$H_1:\Sigma\neq\Sigma_0\neq I_p$（$\Sigma_0>0$）

因为$\Sigma_0>0$，所以存在D ($|D|\neq 0$) 使$D\Sigma_0 D'=I_p$。令

$$Y_{(\alpha)}=DX_{(\alpha)}\qquad \alpha=1,2,\cdots,n$$

则

$$Y_{(\alpha)}\sim N_p(D\mu,D\Sigma D')\triangleq N_p(\mu^*,\Sigma^*)$$

因此，检验$\Sigma=\Sigma_0$等价于检验$\Sigma^*=I_p$。

检验统计量为

$$\lambda=\exp\left\{-\frac{1}{2}\mathrm{tr}(S^*)\right\}\left|S^*\right|^{\frac{n}{2}}\left(\frac{\mathrm{e}}{n}\right)^{\frac{np}{2}}$$

其中

$$S^*=\sum_{\alpha=1}^{n}(Y_{(\alpha)}-\overline{Y})(Y_{(\alpha)}-\overline{Y})'$$

对于给定的检验水平α，因为难以直接由λ分布求临界值λ_0，故通常采用统计量λ的近似分布。

在H_0成立时，可以证明$-2\ln\lambda$极限分布是$\chi^2_{p(p+1)/2}$。因此，当$n\gg p$时，我们可由样本计算出λ值，若$-2\ln\lambda>\chi^2_\alpha$，即$\lambda<\mathrm{e}^{-\chi^2_\alpha/2}$，则拒绝$H_0$，否则接受$H_0$。

4.4.2 多个正态总体协方差阵的检验

设有k个正态总体分别为$N_p(\mu_1,\Sigma_1)$，$\cdots$，$N_p(\mu_k,\Sigma_k)$，$\Sigma_i>0$且未知，$i=1,\cdots,k$。从k个总体中分别抽取容量为n_i的样本。

$$\boldsymbol{X}^{(i)}_{(\alpha)}=(X^{(i)}_{\alpha 1},\cdots,X^{(i)}_{\alpha p})',\ i=1,\cdots,k,\ \alpha=1,\cdots,n_i,\ \sum_{i=1}^{k}n_i\triangleq n$$

欲检验的假设是

$$H_0:\Sigma_1=\Sigma_2=\cdots=\Sigma_k,\ H_1:\{\Sigma_i\}\text{不全相等}$$

令$S=\sum_{i=1}^{k}S_i$，其中

$$S_i=\sum_{\alpha=1}^{n_i}(X^{(i)}_{(\alpha)}-\overline{X}^{(i)})(X^{(i)}_{(\alpha)}-\overline{X}^{(i)})',\ i=1,\cdots,k$$

$$\overline{X}^{(i)}=\frac{1}{n_i}\sum_{\alpha=1}^{n_i}X_{(\alpha)}^{(i)},\quad i=1,\ \cdots,\ k$$

检验统计量为

$$\lambda_k=n^{\frac{np}{2}}\prod_{i=1}^{k}\left|S_i\right|^{\frac{n_i}{2}}/\left|S\right|^{\frac{n}{2}}\prod_{i=1}^{k}n_i^{\frac{pn_i}{2}}$$

在实际应用中，将 n_i 改为 n_i-1，n 改为 $n-k$，得到修正的统计量记为 λ'_k，则 $-2\ln\lambda'_k$ 近似服从 $\chi_f^2\big/(1-D)$，其中

$$f=\frac{1}{2}p(p+1)(k-1)$$

$$D=\begin{cases}\dfrac{2p^2+3p-1}{6(p+1)(k-1)}\left(\displaystyle\sum_{i=1}^{k}\frac{1}{n_i-1}-\frac{1}{n-k}\right), & \text{至少有一对}n_i\neq n_j\\[2ex] \dfrac{(2p^2+3p-1)(k+1)}{6(p+1)k(n-1)}, & n_1=n_2=\cdots=n_k\end{cases}$$

4.5 实际应用

4.5.1 实例分析

例 4.1 人的出汗多少与人体内钠和钾的含量有一定的关系，现对 20 名健康成年女性的出汗量（X_1）、钠的含量（X_2）和钾的含量（X_3）进行测量，其数据（附录 B-3：表 4-1）。试检验 $H_0: \mu=\mu_0=(4,\ 50,\ 10)'$，$H_1: \mu\neq\mu_0$。

解：

经计算得到

$$\overline{X}=(4.64\ ,\ 45.4\ ,\ 9.965)'\ ,\quad \overline{X}-\mu_0=(0.64\ ,\ -4.6\ ,\ -0.035)'$$

$$S=\begin{bmatrix}54.71 & 190.19 & -34.37\\ 190.19 & 3795.98 & -107.16\\ -34.37 & -107.16 & 68.9255\end{bmatrix}$$

为了计算 $(\overline{X}-\mu_0)'S^{-1}(\overline{X}-\mu_0)$，令 $Y=S^{-1}(\overline{X}-\mu_0)$，则 $SY=(\overline{X}-\mu_0)$，于是得到如下方程组

$$\begin{bmatrix} 54.71 & 190.19 & -34.37 \\ 190.19 & 3795.98 & -107.16 \\ -34.37 & -107.16 & 68.9255 \end{bmatrix} \cdot \begin{bmatrix} y_1 \\ y_2 \\ y_3 \end{bmatrix} = \begin{bmatrix} 0.64 \\ -4.6 \\ -0.035 \end{bmatrix}$$

解之得到

$$y_1 = 0.0246\text{，}\ y_2 = -0.0022\text{，}\ y_3 = 0.0083$$

于是

$$(\overline{X} - \mu_0)' S^{-1} (\overline{X} - \mu_0) = (\overline{X} - \mu_0)' Y$$

$$= (0.64\text{，}-4.6\text{，}-0.035) \begin{bmatrix} 0.0246 \\ -0.0022 \\ 0.0083 \end{bmatrix}$$

$$= 0.0256$$

$$\begin{aligned} T^2 &= n(n-1)(\overline{X} - \mu_0)' S^{-1} (\overline{X} - \mu_0) \\ &= 20 \times 19 \times 0.0256 \doteq 9.73 \end{aligned}$$

$$F = \frac{17}{19 \times 3} \times 9.73 \doteq 2.90$$

对于给定的显著水平 $\alpha = 0.05$ 或 $\alpha = 0.01$，查 F 分布表得临界值 $F_{0.05}(3, 17) = 3.2$，$F_{0.01}(3, 17) = 5.18$。因此，在 $\alpha = 0.05$ 或 $\alpha = 0.01$ 时，均接受原假设 H_0，即认为与标准（此例为 $\mu_0 = (4, 50, 10)'$）无显著差异。

例 4.2 为了研究日、美两国在华投资企业对中国经营环境的评价是否存在差异，今从两国在华投资企业中各抽出 10 家企业，让其对中国的政治、经济、法律、文化等环境进行打分，其结果（附录 B-4：表 4-2）。表中 1—10 号为美国在华投资企业，11—20 号为日本在华投资企业。数据来源于国务院发展研究中心 APEC 在华投资企业情况调查。

解：

首先，将该例转化为一个统计问题，其描述是：设两组样本来自正态总体，分别记为

$$X_{(\alpha)} \sim N_4(\mu_1\text{，}\Sigma) \qquad \alpha = 1\text{，}\cdots\text{，}10$$

$$Y_{(\alpha)} \sim N_4(\mu_2\text{，}\Sigma) \qquad \alpha = 1\text{，}\cdots\text{，}10$$

且两组样本相互独立，具有共同未知的协方差阵 $\Sigma > 0$。欲检验的假设为

$$H_0: \mu_1 = \mu_2 \qquad H_1: \mu_1 \neq \mu_2$$

其次，计算检验上面假设的统计量

$$F = \frac{(n+m-2) - p + 1}{(n+m-2)p} T^2 \sim F(p\text{，}n+m-p-1)$$

经计算得到结果如下：

$$\overline{X}=(64\ ,\ 43\ ,\ 30.5\ ,\ 63)'\ ,\quad \overline{Y}=(51.5\ ,\ 51\ ,\ 40\ ,\ 70.5)'$$

$$S_1=\sum_{\alpha=1}^{10}(X_{(\alpha)}-\overline{X})(X_{(\alpha)}-\overline{X})'=\begin{bmatrix} 490 & -170 & -120 & -245 \\ -170 & 510 & 10 & 310 \\ -120 & 10 & 322.5 & 260 \\ -245 & 310 & 260 & 510 \end{bmatrix}$$

$$S_2=\sum_{\alpha=1}^{10}(Y_{(\alpha)}-\overline{Y})(Y_{(\alpha)}-\overline{Y})'=\begin{bmatrix} 502.5 & 60 & 175 & -7.5 \\ 60 & 390 & 50 & 195 \\ 175 & 50 & 450 & -100 \\ -7.5 & 195 & -100 & 322.5 \end{bmatrix}$$

$$S=S_1+S_2=\begin{bmatrix} 992.5 & -110 & 55 & -252.5 \\ -110 & 900 & 60 & 505 \\ 55 & 60 & 772.5 & 160 \\ -252.5 & 505 & 160 & 832.5 \end{bmatrix}$$

$$S^{-1}=\begin{bmatrix} 0.0011 & -0.0001 & -0.0002 & 0.0004 \\ -0.0001 & 0.0017 & 0.0001 & -0.0011 \\ -0.0002 & 0.0001 & 0.0014 & -0.0004 \\ 0.0004 & -0.0011 & -0.0004 & 0.0021 \end{bmatrix}$$

将这些量代入下面统计量的公式中

$$T^2=(n+m-2)\left[\sqrt{\frac{n\cdot m}{n+m}}(\overline{X}-\overline{Y})\right]' S^{-1}\left[\sqrt{\frac{n\cdot m}{n+m}}(\overline{X}-\overline{Y})\right]$$

$$F=\frac{(n+m-2)-p+1}{(n+m-2)p}T^2\sim F(p\ ,\ n+m-p-1)$$

得到 T^2=29.8625， $F=6.2214$ 。

对于显著水平 $\alpha=0.01$，查 F 分布表可得临界值 $F_{0.01}(4,\ 15)=4.89$ 。由于 $F>F_{0.01}(4,\ 15)$，故拒绝 H_0，即认为日、美两国在华投资企业对中国经营环境的评价存在显著差异。

4.5.2 基于 R 和 MATLAB 软件的实例分析

1. 基于 MATLAB 分析例 4.1 的程序代码与过程

输入代码：

```
data=table2array(S1(:,2:4))   # 数据格式设置，S1 为例 4.1 数据
X=mean(data)  # 计算均值向量
```

输出结果：

```
X =
4.6400   45.4000    9.9650
```

输入代码：

```
u0=[4 50 10]  # 赋值原假设向量
S=19*cov(data)  # 计算协方差矩阵
```

输出结果：

```
S =
     54.71    190.19    -34.37
    190.19   3795.98   -107.16
    -34.37   -107.16     68.93
```


输入代码：

```
S1=inv(S) # 计算求解协方差阵的逆矩阵
```

输出结果：

```
S1 =
    0.0309     -0.0012      0.0136
   -0.0012      0.0003     -0.0001
    0.0136     -0.0001      0.0211
```

输入代码：

```
Y=S1*(M-u0)'   # 计算向量 Y
```

输出结果：

```
Y =
    0.0246
   -0.0022
    0.0083
```

输入代码：

```
T2=20*19*(M-u0)*(inv(S))*(M-u0)'   # 计算 T^2
```

输出结果：

```
T2 =
```

```
    9.7388
```

输入代码：

```
F=17/(19*3)*T2   # 计算 F
```

输出结果：

```
F =
    2.9045
```

2. 基于 R 分析例 4.1 的程序代码与过程

导入数据

输入代码：

```
library('readxl')
data=read_excel('C:\\Users\\\\Desktop\\ 例 4.1 数据 .xlsx')
```

求均值和离差向量

输入代码：

```
x1=mean(data$X1)
x2=mean(data$X2)
x3=mean(data$X3)
x=c(x1,x2,x3)
u=c(4,50,10)
m=x+(-u)
```


输出结果：

```
> mean(data$X1)
[1] 4.64
> mean(data$X2)
[1] 45.4
> mean(data$X3)
[1] 9.965
> c(x1,x2,x3)
[1]  4.640 45.400  9.965
> x+(-u)
[1]   0.640  -4.600  -0.035
```

这些输出结果分别对应例 4.1 中的结果如下：

$$\overline{X}=(4.64\text{ , }45.4\text{ , }9.965)' \quad \overline{X}-\mu_0=(0.64\text{ , }-4.6\text{ , }-0.035)'$$

求离差阵 S 与 Y 向量

输入代码：

```
s1=cov(data)*19
y=solve(s1,m)
```

输出结果：

```
> cov(data)*19
        X1        X2        X3
X1    54.708    190.19    -34.3720
X2    190.190   3795.98   -107.1600
X3    -34.372   -107.16   68.9255
> solve(s1,m)
       Y1            Y2            Y3
 0.024616042    -0.002209935    0.008331981
```

这些输出结果分别对应例 5.1 中的以下结果：

$$S=\begin{bmatrix} 54.71 & 190.19 & -34.37 \\ 190.19 & 3795.98 & -107.16 \\ -34.37 & -107.16 & 68.9255 \end{bmatrix}$$

$$y_1 = 0.0246\text{，}\quad y_2 = -0.0022\text{，}\quad y_3 = 0.0083$$

计算 T 和 F 统计量

计算统计量使用的公式为

$$T^2 = n(n-1)(\overline{X}-\mu_0)' S^{-1}(\overline{X}-\mu_0)$$

$$F = \frac{n-p}{(n-1)\cdot p}\cdot T^2$$

输入代码：

```
z=t(m)%*%y
n=20
T=n*(n-1)*z
F=17*T/19/3
```

输出结果：

```
> n*(n-1)*z
         [,1]
[1,] 9.738773
> 17*T/19/3
         [,1]
[1,] 2.904546
```

这些输出结果分别对应例 4.1 中的以下结果：

$$T^2 = 9.73\text{，}\quad F = 2.90$$

3. 基于 R 分析例 4.2 的程序代码与过程

导入数据

输入代码：

```
library('readxl')
data=read_excel('C:\\Users\\Desktop\\ 例 4.2 外资企业经营环境数据 .xlsx')
```

求均值和协方差矩阵

输入代码：

```
mean(data$ 政治环境 [1:10])
mean(data$ 经济环境 [1:10])
mean(data$ 法律环境 [1:10])
mean(data$ 文化环境 [1:10])
mean(data$ 政治环境 [11:20])
mean(data$ 经济环境 [11:20])
mean(data$ 法律环境 [11:20])
mean(data$ 文化环境 [11:20])
```

输出结果：

```
> mean(data$ 政治环境 [1:10])
[1] 64
> mean(data$ 经济环境 [1:10])
[1] 43
> mean(data$ 法律环境 [1:10])
[1] 30.5
> mean(data$ 文化环境 [1:10])
[1] 63
> mean(data$ 政治环境 [11:20])
[1] 51.5
> mean(data$ 经济环境 [11:20])
[1] 51
> mean(data$ 法律环境 [11:20])
[1] 40
> mean(data$ 文化环境 [11:20])
[1] 70.5
```

求方差协差阵，输入代码：

```
> c1=c(64,43,30.5,63)
n1=as.matrix(data[1,]-c1)
x1=c(n1)%o%c(n1)
n2=as.matrix(data[2,]-c1)
x2=c(n2)%o%c(n2)
n3=as.matrix(data[3,]-c1)
```

```
x3=c(n3)%o%c(n3)
n4=as.matrix(data[4,]-c1)
x4=c(n4)%o%c(n4)
n5=as.matrix(data[5,]-c1)
x5=c(n5)%o%c(n5)
n6=as.matrix(data[6,]-c1)
x6=c(n6)%o%c(n6)
n7=as.matrix(data[7,]-c1)
x7=c(n7)%o%c(n7)
n8=as.matrix(data[8,]-c1)
x8=c(n8)%o%c(n8)
n9=as.matrix(data[9,]-c1)
x9=c(n9)%o%c(n9)
n10=as.matrix(data[10,]-c1)
x10=c(n10)%o%c(n10)
s1=x1+x2+x3+x4+x5+x6+x7+x8+x9+x10
```

输出结果：

	政治环境	经济环境	法律环境	文化环境
政治环境	490	-170	-120.0	-245
经济环境	-170	510	10.0	310
法律环境	-120	10	322.5	260
文化环境	-245	310	260.0	510


```
> c2=c(51.5,51,40,70.5)
n11=as.matrix(data[11,]-c2)
y1=c(n11)%o%c(n11)
n12=as.matrix(data[12,]-c2)
y2=c(n12)%o%c(n12)
n13=as.matrix(data[13,]-c2)
y3=c(n13)%o%c(n13)
n14=as.matrix(data[14,]-c2)
y4=c(n14)%o%c(n14)
n15=as.matrix(data[15,]-c2)
y5=c(n15)%o%c(n15)
n16=as.matrix(data[16,]-c2)
y6=c(n16)%o%c(n16)
n17=as.matrix(data[17,]-c2)
y7=c(n17)%o%c(n17)
n18=as.matrix(data[18,]-c2)
y8=c(n18)%o%c(n18)
n19=as.matrix(data[19,]-c2)
y9=c(n19)%o%c(n19)
n20=as.matrix(data[20,]-c2)
```

```
y10=c(n20)%o%c(n20)
s2=y1+y2+y3+y4+y5+y6+y7+y8+y9+y10
```

输出结果：

	政治环境	经济环境	法律环境	文化环境
政治环境	502.5	60	175	-7.5
经济环境	60	390	50	195
法律环境	175	50	450	100
文化环境	-7.5	195	-100	322.5

这些输出结果分别对应例 4.2 中的结果如下。

$$\overline{X}=(64\ ,\ 43\ ,\ 30.5\ ,\ 63)'\ ,\quad \overline{Y}=(51.5\ ,\ 51\ ,\ 40\ ,\ 70.5)'$$

$$S_1=\begin{bmatrix}490 & -170 & -120 & -245\\ -170 & 510 & 10 & 310\\ -120 & 10 & 322.5 & 260\\ -245 & 310 & 260 & 510\end{bmatrix},\quad S_2=\begin{bmatrix}502.5 & 60 & 175 & -7.5\\ 60 & 390 & 50 & 195\\ 175 & 50 & 450 & -100\\ -7.5 & 195 & -100 & 322.5\end{bmatrix}$$

求 $S=S_1+S_2$ 逆矩阵 S^{-1}

输入代码：

```
s3=s1+s2
s=solve(s3)
```


输出结果：

```
> solve(s3)
```

	政治环境	经济环境	法律环境	文化环境
政治环境	1.114184e-03	-9.100869e-05	-1.600573e-04	0.0004239040
经济环境	-9.100869e-05	1.697159e-03	9.749076e-05	-0.0010758478
法律环境	-1.600573e-04	9.749076e-05	1.375375e-03	-0.0003720207
文化环境	4.239040e-04	-1.075848e-03	-3.720207e-04	0.0020538886

这些输出结果对应例 4.2 中的结果如下：

$$S^{-1}=\begin{bmatrix}0.0011 & -0.0001 & -0.0002 & 0.0004\\ -0.0001 & 0.0017 & 0.0001 & -0.0011\\ -0.0002 & 0.0001 & 0.0014 & -0.0004\\ 0.0004 & -0.0011 & -0.0004 & 0.0021\end{bmatrix}$$

计算统计量的值

软件输入计算统计量使用的公式为

$$T^2=(n+m-2)\left[\sqrt{\frac{n\cdot m}{n+m}}(\overline{X}-\overline{Y})\right]'S^{-1}\left[\sqrt{\frac{n\cdot m}{n+m}}(\overline{X}-\overline{Y})\right]$$

$$F=\frac{(n+m-2)-p+1}{(n+m-2)p}T^2\sim F(p\ ,\ n+m-p-1)$$

代码如下：

```
T=(sqrt(5)*(c(64,43,30.5,63)-c(51.5,51,40,70.5)))%*%s%*%(sqrt(5)*
(c(64,43,30.5,63)-
c(51.5,51,40,70.5)))*18)
F=((10+10-2)-4+1)*T/(10+10-2)/4
```

输出结果：

```
> F
[,1]
[1,]        6.221353
```

即 $F=6.221353$。

4. 基于 MATLAB 分析例 4.2 的程序代码与过程

输入代码：

```
U=data(1:10,:); # 从例 4.2数据中提取美国企业数据
J=data(11:20,:); # 从例 4.2 数据中提取日本企业数据
X=mean(U(:,2:5))# 计算美国样本均值向量
```


输出结果：

```
X =
   64.0000    43.0000    30.5000    63.0000
```

输入代码：

```
Y=mean(J(:,2:5))# 计算日本样本均值向量
```

输出结果：

```
Y =
   51.5000    51.0000    40.0000    70.5000
```

输入代码：

```
S1=(10-1).*cov(U(:,2:5))# 计算美国样本方差 - 协差阵
```

输出结果：

```
S1 =
  490.0000   -170.0000   -120.0000   -245.0000
 -170.0000    510.0000     10.0000    310.0000
 -120.0000     10.0000    322.5000    260.0000
 -245.0000    310.0000    260.0000    510.0000
```

输入代码：

```
S2=(10-1).*cov(J(:,2:5))# 计算日本样本方差 - 协差阵
```

输出结果：

```
S2 =
  502.5000   60.0000  175.0000    -7.5000
   60.0000  390.0000   50.0000   195.0000
  175.0000   50.0000  450.0000  -100.0000
   -7.5000  195.0000 -100.0000   322.5000
```

输入代码：

```
S3=S1+S2# 求和
```

输出结果：

```
S3 =
  992.5000  -110.0000    55.0000  -252.5000
 -110.0000   900.0000    60.0000   505.0000
   55.0000    60.0000   772.5000   160.0000
 -252.5000   505.0000   160.0000   832.5000
```

程序代码：

```
S=inv(S3)# 求逆矩阵
```

输出结果：

```
S =
    0.0011   -0.0001   -0.0002    0.0004
   -0.0001    0.0017    0.0001   -0.0011
   -0.0002    0.0001    0.0014   -0.0004
    0.0004   -0.0011   -0.0004    0.0021
```


输入代码：

```
T2=(sqrt(10*10/(10+10))*(X-Y))*S*(sqrt(10*10/
(10+10))*(X-Y))'*(10+ 10-2)# 计算 T^2
```

输出结果：

```
T2 =
   29.8625
```

输入代码：

```
F=((10+10-2)-4+1)*T2/((10+10-2)*4)# 计算 F
```

输出结果：

```
F =
    6.2214
```

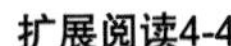

基于多元方差分析的我国中部...省新型工业化水平差异性研究

练 习 题

1. 简述多元统计分析中协方差阵的检验步骤。

2. 对某地区农村 6 名 2 周岁男童的身高、胸围、上半臂围进行测量，得到了相关数据，并计算得到均值向量为 $\overline{X}=(82.0,60.2,14.5)'$，样本离差阵的逆矩阵为

$$(S)^{-1}=(115.6924)^{-1}\begin{pmatrix} 4.3107 & -14.6210 & 8.9464 \\ -14.6210 & 3.172 & -37.3760 \\ 8.9464 & -37.3760 & 35.5936 \end{pmatrix}$$

根据历史资料，该地区城市 2 周岁男童这三项指标的均值向量为 $\mu_0=(90,58,16)'$，现欲在多元正态性的假定下检验该地区农村与城市男婴的均值向量是否有显著差异？[$\alpha=0.01$，$F_{0.01}(3,2)=99.2$，$F_{0.01}(3,3)=29.5$，$F_{0.01}(3,4)=16.7$]

3. 为了研究某种疾病，对一批人同时测量了 4 项指标：β 脂蛋白（X_1），甘油三酯（X_2），α 脂蛋白（X_3），前 β 脂蛋白（X_4），按不同年龄、不同性别分为三组（20 至 35 岁女性、20 至 25 岁男性和 35 至 50 岁男性），数据如附录 B-5：表 4-3~ 附录 B-7：表 4-5 所示。试问这三组的 4 项指标间有无显著性差异？（$\alpha=0.01$）

4. 基于 4.3 中给出的 3 组身体指标化验数据，试判断这 3 个组的协方差阵是否相等？（$\alpha=0.1$）

5. 对 4.3 中给出的 3 组身体指标化验数据，试同时检验这 3 个组的均值向量和协方差阵是否相等？（$\alpha=0.05$）

6. 试述威尔克斯（Wilks）统计量在多元方差分析中的重要意义。

7. 试述多元统计中霍特林 T^2 分布（Hotelling T^2）和威尔克斯（Wilks）Λ 分布分别与一元统计中 t 分布和 F 分布的关系。

8. 试对你感兴趣的实际经济问题，选择变量并收集数据，然后使用总体均值向量的检验方法进行比较分析。

9. 试对你感兴趣的实际经济问题，选择变量并收集数据，然后使用总体协方差阵的检验方法进行分析。

10. 收集 2022 年我国东、中、西部各省份刻画经济发展水平的指标数据，基于 SPSS 或 R 软件分析东、中、西部经济发展水平是否存在显著差异。

第 5 章
线性回归分析

学习目标

1. 理解线性回归分析的思路。
2. 理解线性回归分析的基本假设条件。
3. 熟悉最小二乘原理。
4. 掌握多元线性回归模型参数的 OLS 估计及其性质。
5. 掌握多元线性回归模型的假设检验。
6. 了解多元线性回归模型的应用与上机操作。

案例导入

弗兰西斯·高尔顿（Francis Galton，1822.2—1911.1），优秀的发明家、气象学家、统计学家、心理学家。1822 年 2 月 16 日，他出生于英格兰伯明翰的一个贵族家庭，身世显赫，家族在房地产、商业和金融等多个领域均有不俗的成就。高尔顿自小聪颖，智力超人，一生共发表和出版作品 300 多篇（本），于 1909 年被授予爵士。高尔顿除在其他诸多领域的贡献外，在统计学方面也做出了贡献。为了表述不同亲属之间的相似程度，他首先把回归系数这一统计学概念引入到遗传学，为人类遗传学的数量研究奠定了基础。1886 年，高尔顿发表了《遗传身高向平均值方向的回归》（*Regression Towards Mediocrity in Hereditary Stature*）的论文，他收集了 1078 对父子的身高数据，发现可以用回归方程描述父子平均身高的关系，且其中还蕴含有一个有趣的现象：超过平均身高更高的父母，其子女的身高一般会比他们矮一些；但低于平均身高的父母，其子女的身高往往更高一些。高尔顿把这种现象称为“向均值回归”（regression to the mean），好像有一种自然的驱动力，使人类身高的分布相对稳定而不向两极分化，即具有所谓的回归效应。更多解释请参考文献：Francis Galton. Regression towards Mediocrity in Hereditary Stature. Journal of the Anthropological Institute of Great Britain and Ireland, 1886(15): 246–263.

5.1 线性回归分析的认知

回归分析（regression analysis）是统计学中一个成熟且常用的量化分析技术，是研究一个变量（称为因变量或被解释变量）与另一个或一些变量（称为自变量或解释变量）因果关系的方法。回归模型是利用变量之间的函数关系来刻画感兴趣的因素之间的关系，模型中的变量是对相关因素的定量描述。在统计学习中，回归分析属于有指导或有监督学习，即以被解释变量为目标，使训练数据集有一个指导性目标，继而用训练集的解释变量和被解释变量“学习”或“训练”得出一个模型，并基于该模型对测试数据集中的被解释变量值进行预测。

在计量经济学中，模型分为单方程模型和联立方程模型，单方程模型以单一经济现象为研究对象，模型中只包括一个方程，是应用最为普遍的计量经济学模型。单方程计量经济学模型的理论与方法，不仅是计量经济学内容体系中最重要的组成部分，也是联立方程模型理论与方法的基础。

单方程计量经济学模型分为线性模型和非线性模型两大类。在线性模型中，变量之间的关系呈线性关系；在非线性模型中，变量之间的关系呈非线性关系。线性回归模型是线性模型的一种，它的数学基础是回归分析，即用回归分析方法建立的线性模型，用以揭示经济现象中的因果关系。基于最小二乘法的线性回归模型分析及其延伸拓展应用最为广泛，也是最为普遍的计量经济学模型，其分析特征属于模型驱动，是本章的重点内容。关于数据科学中以数据驱动为主导方式的统计研究。例如，机器学习回归方法等的讨论，这是另外一个范畴的问题，感兴趣的读者可参读相关文献（吴喜之，2019）。

扩展阅读5-1

因果关系

5.1.1 线性回归模型的特征

为说明线性回归模型的特征，我们考虑经济学中的一个例子。根据凯恩斯的绝对收入假设，消费理论认为消费是由收入唯一决定的，是收入的线性函数。随着收入的增加，消费也增加，但消费的增长低于收入的增长，即边际消费倾向递减。用数学的语言，它可被描述为

$$c = \alpha + \beta y$$

$$0 < \frac{\partial c}{\partial y} < 1, \ \frac{\partial c}{\partial y} < \frac{c}{y}$$

其中，c 表示消费额，y 表示收入。在这里，用一个线性方程描述消费与收入之间的关系。在该方程中，认为消费与收入之间的关系是准确实现的，即给定一个收入值，可以根据方程得到一个唯一确定的消费值。但是，现实中消费与收入之间的关系并不能准确实现，因

为有许多其他的原因影响这个关系。例如，

（1）消费除了受到收入的影响外，还受到其他一些因素的影响，诸如消费者所处群体的平均收入水平、消费习惯、对未来收入的预期等，尽管这些因素对消费的影响不是主要的，甚至是很微小的，但的确客观存在。

（2）关于消费与收入关系的线性描述其实是一种近似，即所假定的线性关系并不严格。

（3）采集到的收入数据具有近似性，即所给定的收入数据本身并不能绝对准确地反映收入水平等。所以，更符合实际情况的做法是将消费与收入之间的关系用如下方程进行描述：

$$c = \alpha + \beta y + \varepsilon$$

其中，ε是随机误差项。根据该方程，每给定一个收入y的值，消费c并不是唯一确定的，而是有许多值与其对应，它们的概率分布与随机误差项ε的概率分布相同。

将方程$c = \alpha + \beta y$与$c = \alpha + \beta y + \varepsilon$相比较，前者是一个确定性方程，方程中的参数$\alpha$和$\beta$不能用回归分析方法求得，所以它不是一个线性回归方程，因而也不是一个计量经济学方程。后者是一个随机方程，方程中的参数α和β可以用回归分析方法求得，所以它是一个线性回归方程，因而也是一个计量经济学方程。引入随机误差项，将变量之间的关系用一个线性随机方程来描述，对其中的参数进行估计，这就是线性回归模型的特征，也就是线性计量经济学模型的特征。

扩展阅读5-2

凯恩斯绝对收入假说

线性回归模型的一般形式为

$$Y = \beta_0 + \beta_1 X_1 + \beta_2 X_2 + \cdots + \beta_k X_k + \varepsilon$$

其中，Y表示被解释变量，$X_1, X_2, \cdots, X_k$为解释变量，ε为随机误差项，或称为扰动项。这个模型表示了被解释变量与解释变量之间总体上的关系，如果抽取了样本容量为n的样本，得到了（$Y, X_1, X_2, \cdots, X_k$）的n对样本观察值，即

$$（Y_i, X_{i1}, X_{i2}, \cdots, X_{ik}），\ i = 1, 2, \cdots, n$$

则有样本形式表达的线性回归模型，即

$$Y_i = \beta_0 + \beta_1 X_{i1} + \beta_2 X_{i2} + \cdots + \beta_k X_{ik} + \varepsilon_i，\ i = 1, 2, \cdots, n$$

若将常数项看作取值为 1 的虚拟变量，则上面模型中解释变量的个数为k+1，其前面的系数$\beta_0, \beta_1, \beta_2, \cdots, \beta_k$称为回归系数，是回归分析中待估计的参数。

客观经济现象一般非常复杂，很难用有限多个变量，以某一种确定的数学形式进行描述，这就是设置随机误差项的原因。随机误差项的误差来源有以下几种情况。

（1）解释变量中被忽略因素的影响。

（2）变量观测值的观测误差的影响。

（3）模型中变量关系的设定误差的影响。

（4）其他随机因素的影响。

5.1.2 线性回归模型的普遍性

我们在本章将线性回归模型作为主要内容，不只因为它是计量经济学模型的主要形式，更是因为在实际的经济现象中，变量之间的关系呈现线性或可转化为线性的情况大量存在，从而线性回归模型具有普遍性。

在实际经济活动中，经济变量的关系很复杂，直接表现为线性关系的情况很少。但是，这些复杂的关系中大部分可以使用一些简单的数学变换转化为线性关系。下面通过一些常见的例子进行解释说明。

1. 变量替换法

例如，商品的需求曲线是一种双曲线形式，商品需求量 q 与商品价格 p 之间的关系表现为非线性关系，即

$$\frac{1}{q}=a+b\frac{1}{p}$$

若令 $Y=1/q$，$X=1/p$，替换后上述方程变为 Y 关于变量 X 的线性函数，即

$$Y=a+bX$$

我们再考虑著名的拉弗曲线，它描述了税收 s 和税率 r 的关系是一种抛物线形式，即

$$s=a+br+cr^2，\ c<0$$

若令 $X_1=r, X_2=r^2$，替换后上述方程变为 s 关于变量 X_1 和 X_2 的线性函数，即

$$s=a+bX_1+cX_2，\ c<0$$

2. 对数变换法

例如，考虑经济学中的柯布-道格拉斯生产函数（Cobb-Douglas production function），它描述了产出量（Q）与投入要素资本（K）、劳动（L）之间的关系，即

$$Q=AK^{\alpha}L^{\beta}$$

其中，A，α，β 为参数。对上面方程两边取对数，可得

$$\ln Q=\ln A+\alpha\ln K+\beta\ln L$$

我们再考虑生产中成本 C 与产量 q 的关系，它们之间的关系可描述为

$$C=ab^q$$

上面方程两边取对数，可得

$$\ln(C)=\ln(a)+q\ln(b)$$

3. 级数展开法

在经济学中，通常用 CES 生产函数替代弹性生产函数（constant elasticity of substitution production function）

$$Q=A(\delta_1K^{-\rho}+\delta_2L^{-\rho})^{-\frac{1}{\rho}}\qquad(\ \delta_1+\delta_2=1\ )$$

的简称。其中，A，ρ为参数，δ_1,δ_2表示投入要素的产出贡献。

对上面方程两边取对数，得

$$\ln Q = \ln A - \frac{1}{\rho}\ln(\delta_1 K^{-\rho} + \delta_2 L^{-\rho})$$

将式中$\ln(\delta_1 K^{-\rho} + \delta_2 L^{-\rho})$在$\rho = 0$处进行泰勒（taylor）级数展开，仅保留$\rho$的线性项可得到一个近似的线性表达式。

从以上经济实例可以看出，实际经济活动中的许多问题，在经过一定的数学处理后可以转化为一个线性问题，因此采用线性回归模型对变量进行描述与分析有其普遍意义。对于无法转化为线性的非线性模型，我们仍然可以基于线性近似的方法对其参数进行估计，或构建相关检验方法。

5.1.3　线性回归模型的基本假设

对于线性回归模型，首先要考虑的是用回归分析的方法对模型中的参数进行估计，最常用的估计方法是普通最小二乘（ordinary least square, OLS）估计法。为了使参数的估计量具有优良的性质，需要对线性回归模型施加一些基本的假设条件。换言之，如果实际模型满足这些基本假设条件，普通最小二乘法就是一种适用的估计方法；如果实际模型不满足这些基本假设，最小二乘法就不再适用，得到的参数估计量会存在一定的缺陷，需要进一步发展其他的估计方法。

下面，我们考虑样本形式表达的线性回归模型

$$Y_i = \beta_0 + \beta_1 X_{i1} + \beta_2 X_{i2} + \cdots + \beta_k X_{ik} + \varepsilon_i\text{，}\quad i = 1,2,\cdots,n$$

该模型表明：在每个样本点上，即$i = 1,2,\cdots,n$的每一个取值上，被解释变量Y与解释变量$X_1,X_2,\cdots,X_k$之间都存在着线性随机关系，即模型由n组具有相同结构的随机方程构成。在方程中，被解释变量Y_i和随机误差项ε_i都是随机变量。

线性回归模型的基本假设条件如下。

（1）解释变量$X_1,X_2,\cdots,X_k$是确定性变量，且互不相关。

（2）随机误差项ε_i的均值为零，具有相同的方差或称为同方差。

$$E(\varepsilon_i) = 0\text{，}\quad \mathrm{Var}(\varepsilon_i) = \sigma^2\text{，}\quad i = 1,2,\cdots,n$$

（3）随机误差项在不同样本点之间独立，不存在序列相关。即

$$\mathrm{Cov}(\varepsilon_i,\varepsilon_j) = 0\text{，}\quad i \neq j\text{，}\quad i,j = 1,2,\cdots,n$$

（4）随机误差项与解释变量不相关。即

$$\mathrm{Cov}(X_{ij},\varepsilon_i) = 0\text{，}\quad i = 1,2,\cdots,n\text{，}\quad j = 1,2,\cdots,k$$

（5）随机误差项服从正态分布。即

$$\varepsilon_i \sim N(0,\sigma^2)，\quad i=1,2,\cdots,n$$

上述基本假设（正态性假设除外）亦称为线性回归模型的经典假设或高斯（Gauss）假设，满足该假设的线性回归模型，也称为经典线性回归模型（classical linear regression model, CLRM）。同时满足正态分布假设的线性回归模型，称为经典正态线性回归模型（classical normal linear regression model, CNLRM）。具体构建模型时，前 4 个假设是否成立需要进行检验。关于随机误差项服从正态分布的假设，根据中心极限定理，当样本容量 n 趋于无穷大时，对于任何实际模型都是满足的。

5.2 一元线性回归模型的参数估计

一元线性回归模型是最简单的线性回归模型，模型中只有一个解释变量，其参数估计方法最简单。本节通过最简单模型参数估计的介绍，使读者较清楚地理解参数估计方法的原理。一元线性回归模型的一般形式为

$$Y_i=\beta_0+\beta_1 X_i+\varepsilon_i \quad i=1,2,\cdots,n$$

在上述模型满足基本假设

$$E(\varepsilon_i)=0, \mathrm{Var}(\varepsilon_i)=\sigma^2,$$

$$\mathrm{Cov}(\varepsilon_i,\varepsilon_j)=0,$$

$$\mathrm{Cov}(X_i,\varepsilon_i)=0$$

$$i=1,2,\cdots,n，\quad j=1,2,\cdots,n，\quad i\neq j$$

的情况下，基于随机抽取的 n 组样本观测值 (Y_i,X_i)（$i=1,2,\cdots,n$），可以对模型中的参数进行估计。

模型参数估计的任务有两个：第一，获取反映变量数量关系的结构参数的估计量，即参数 β_0 和 β_1 的估计量；第二，获取随机误差项的分布参数，由于已经假设随机误差项的均值为零，所以分布参数仅剩误差项的方差了。在实际应用中，研究人员都不会忽视第一项任务，因为它对变量数量关系的经济解释非常重要；但第二项任务则常被忽视，它同样也十分重要。因为，模型中随机误差项的分布及其参数，对被解释变量估计值的分析具有重要的作用。

5.2.1 普通最小二乘法

普通最小二乘法 (ordinary least square，OLS) 是应用最多的参数估计方法，它是从最

小二乘原理出发的其他估计方法的基础，是必须熟练掌握的一种估计方法。

设已收集了 n 组样本观测数据 (Y_i, X_i)（$i=1,2,\cdots,n$），$\hat{\beta}_0$ 和 $\hat{\beta}_1$ 分别为一元回归模型中参数 β_0 和 β_1 的估计量，并且是最合理的参数估计量，则被解释变量的第 i 次观测值 Y_i（实测值）的估计值 $\hat{Y}_i$ 为

$$\hat{Y}_i = \hat{\beta}_0 + \hat{\beta}_1 X_i \qquad i=1,2,\cdots,n$$

这个方程称为估计的回归方程。由于我们是想用 $\hat{Y}_i$ 估计 Y_i，一个自然的想法是这些估计值应该与实测值越接近越好，但简单地将它们的差额（称为残差）相加会出现正负抵消，导致不能识别估计值与实测值的接近程度。因此，考虑下面的残差平方和，即

$$Q = \sum_{i=1}^{n}(Y_i - \hat{Y}_i)^2$$

由理想的 $\hat{\beta}_0$ 和 $\hat{\beta}_1$ 值会得到好的估计值 $\hat{Y}_i$（$i=1,2,\cdots,n$），它们应使上述的残差平方和达到最小，这就是最小二乘原则。下面，我们基于最小二乘原则求参数的估计量 $\hat{\beta}_0$ 和 $\hat{\beta}_1$。

由于

$$Q = \sum_{i=1}^{n}(Y_i - \hat{Y}_i)^2 = \sum_{i=1}^{n}[Y_i - (\hat{\beta}_0 + \hat{\beta}_1 X_i)]^2$$

是 $\hat{\beta}_0$ 和 $\hat{\beta}_1$ 二次函数且非负，所以存在极小值。当 Q 对 $\hat{\beta}_0$、$\hat{\beta}_1$ 的一阶偏导数为 0 时，Q 达到最小。即

$$\begin{cases} \dfrac{\partial Q}{\partial \hat{\beta}_0} = 0 \\ \dfrac{\partial Q}{\partial \hat{\beta}_1} = 0 \end{cases}$$

由上易得

$$\begin{cases} \sum_{i=1}^{n}(\hat{\beta}_0 + \hat{\beta}_1 X_i - Y_i) = 0 \\ \sum_{i=1}^{n}(\hat{\beta}_0 + \hat{\beta}_1 X_i - Y_i)X_i = 0 \end{cases}$$

整理后得

$$\begin{cases} \sum_{i=1}^{n} Y_i = n\hat{\beta}_0 + \hat{\beta}_1 \sum_{i=1}^{n} X_i \\ \sum_{i=1}^{n} Y_i X_i = \hat{\beta}_0 \sum_{i=1}^{n} X_i + \hat{\beta}_1 \sum_{i=1}^{n} X_i^2 \end{cases}$$

解之可得

$$\begin{cases}\hat{\beta}_0=\dfrac{\sum\limits_{i=1}^{n}X_i^2\sum\limits_{i=1}^{n}Y_i-\sum\limits_{i=1}^{n}X_i\sum\limits_{i=1}^{n}Y_iX_i}{n\sum\limits_{i=1}^{n}X_i^2-(\sum\limits_{i=1}^{n}X_i)^2}\\ \hat{\beta}_1=\dfrac{n\sum\limits_{i=1}^{n}Y_iX_i-\sum\limits_{i=1}^{n}Y_i\sum\limits_{i=1}^{n}X_i}{n\sum\limits_{i=1}^{n}X_i^2-\left(\sum\limits_{i=1}^{n}X_i\right)^2}\end{cases}$$

这就是基于最小二乘原则得到的参数估计量，称为参数的 OLS 估计量。

上面 OLS 估计量的公式较为繁杂，为了简化形式，我们采用样本值的离差形式表示参数估计量的计算公式。虽然现在有各种统计软件与计量经济学软件，参数估计量的计算不会带来负担，但离差形式的计算公式还有其他方面的应用，故下面给出有关公式，具体过程不作详细说明。

记

$$\bar{X}=\frac{1}{n}\sum_{i=1}^{n}X_i,\quad \bar{Y}=\frac{1}{n}\sum_{i=1}^{n}Y_i$$

$$\dot{x}_i=X_i-\bar{X},\quad \dot{y}_i=Y_i-\bar{Y}$$

于是，参数的 OLS 估计量可写为

$$\hat{\beta}_1=\frac{\sum\limits_{i=1}^{n}\dot{x}_i\dot{y}_i}{\sum\limits_{i=1}^{n}\dot{x}_i^2},\quad \hat{\beta}_0=\bar{Y}-\hat{\beta}_1\bar{X}$$

我们至此得到了模型参数的 OLS 估计量，完成了模型估计的第一个任务，下面进行模型估计的第二个任务，即求随机误差项方差的估计量。

设 $e_i=Y_i-\hat{Y}_i$，并称其为第 i 次观测的残差，即被解释变量的估计值与观测值之差，则随机误差项方差的估计量为

$$\hat{\sigma}^2=\frac{\sum\limits_{i=1}^{n}e_i^2}{n-2}$$

这个公式的推导过程见 $\hat{\sigma}^2$ 无偏性的证明。

关于模型参数的估计公式大家已经看到了，只要将获得的样本观测数据代入即可得到参数的“估计值”，或是参数的“点估计值”，即 $\hat{\beta}_0$ 和 $\hat{\beta}_1$ 表示的是具体值。但从另一方面来看，参数的 OLS 估计 $\hat{\beta}_0$ 和 $\hat{\beta}_1$ 是一个数学表达式，它们是被解释变量的观测 Y_i（$i=1,2,\cdots,n$）的函数，而这些 Y_i 是随机变量，所以 $\hat{\beta}_0$ 和 $\hat{\beta}_1$ 也是随机变量，故称之为“估

扩展阅读5-3

最小二乘法的起源

计量”。这一联系与区别大家要清楚，这样就好理解为什么在有些情况下将 $\hat{\beta}_0$ 和 $\hat{\beta}_1$ 看作随机变量，而在有些情况下又将 $\hat{\beta}_0$ 和 $\hat{\beta}_1$ 看作确定的数值。

*5.2.2　最大似然估计法

最大似然 (maximum likelihood，ML) 估计法，也称最大或然法，是另一种参数估计方法。虽然该估计方法较之最小二乘估计法应用不甚普遍，但它是那些基于最大似然原理构建的其他估计方法的基础，在计量经济学中占据很重要的地位。从方法原理来看，与最小二乘原理不同，最大似然原理从本质上揭示了由样本估计总体参数的内在机理。另外，计量经济学的理论发展更多地以最大似然原理为基础，针对一些特殊的计量经济学模型，最大似然方法是最合适的估计方法。

当从模型涉及的对象总体中随机抽取 n 组样本观测值后，最小二乘估计法认为最好最合理的参数估计量应使模型能够与样本数据最好地拟合。而最大似然估计法认为最好最合理的参数估计量，应使从模型涉及的对象总体中抽取到的该样本数据的概率最大。因此，最大似然估计法与最小二乘估计是依据不同原理构建的两种参数估计方法。

从总体中经过 n 次随机抽取得到样本容量为 n 的样本观测值，在任意一次随机抽取中，抽到的样本观测值都会有一定的概率，若总体分布形式及相关参数已知，则这个概率易于计算。若仅知道总体服从某种分布的数学形式，但不知道其分布的参数，则抽到的任意一次样本观测值的概率也未知，于是从总体中经随机抽取得到的所有随机样本的概率（联合概率）也不知道，但是这个概率与总体的未知参数有关，不同的参数取值会得到不同的联合概率，即这个联合概率是总体参数的函数，尽管其在连续型随机变量情况下呈现为联合密度函数，但其表示的或然性之实质是一样的。既然我们已经抽取到了样本容量为 n 的样本观测值，说明分布参数的真实取值易于此样本观测值的产生，故选择参数的可能取值集合中使观测值的联合概率达到最大的参数，这就是最大似然估计的原理。这里称样本观测值的联合概率函数为（变量的）似然函数，称通过最大化似然函数以求总体未知参数估计量的方法为最大似然法。

考虑一元线性回归模型

$$Y_i = \beta_0 + \beta_1 X_i + \varepsilon_i \qquad i = 1, 2, \cdots, n$$

且满足 $E(\varepsilon_i) = 0$， $\mathrm{Var}(\varepsilon_i) = \sigma^2$， $\varepsilon_i \sim N(0, \sigma^2)$。

设已收集了 n 组样本观测数据 (Y_i, X_i)（$i = 1, 2, \cdots, n$）， $\hat{\beta}_0$ 和 $\hat{\beta}_1$ 分别为一元回归模型中参数 β_0 和 β_1 的估计量，则 Y_i 服从正态分布，即

$$Y_i \sim N(\beta_0 + \beta_1 X_i, \sigma^2)$$

于是，Y_i的概率密度函数为

$$f(Y_i)=\frac{1}{\sigma\sqrt{2\pi}}\exp\left(-\frac{1}{2\sigma^2}(Y_i-\beta_0-\beta_1 X_i)^2\right),\quad i=1,2,\cdots,n$$

因为被解释变量 Y_i（$i=1,2,\cdots,n$）的各次观测相互独立，所以$Y_1,Y_2,\cdots,Y_n$的联合概率密度函数（似然函数）为

$$\begin{aligned}L(\beta_0,\beta_1,\sigma^2)&=f_Y(Y_1,Y_2,\cdots,Y_n)\\&=\frac{1}{(2\pi)^{\frac{n}{2}}\sigma^n}\exp\left(-\frac{1}{2\sigma^2}\sum_{i=1}^{n}(Y_i-\beta_0-\beta_1 X_i)^2\right)\end{aligned}$$

由于通过最大化似然函数与最大化对数似然函数在求极值点方面是等价的，所以对上式两端取对数，得

$$\begin{aligned}l(\beta_0,\beta_1,\sigma^2)&=\ln(L)\\&=-n\ln(\sqrt{2\pi}\sigma)-\frac{1}{2\sigma^2}\sum_{i=1}^{n}(Y_i-\beta_0-\beta_1 X_i)^2\end{aligned}$$

而最大化l等价于最大化

$$\sum_{i=1}^{n}(Y_i-\beta_0-\beta_1 X_i)^2$$

故将上式关于参数求导得到一阶条件，即

$$\begin{cases}\dfrac{\partial}{\partial\beta_0}\displaystyle\sum_{i=1}^{n}(Y_i-\beta_0-\beta_1 X_i)^2=0\\\dfrac{\partial}{\partial\beta_1}\displaystyle\sum_{i=1}^{n}(Y_i-\beta_0-\beta_1 X_i)^2=0\end{cases}$$

解上面的方程组可得模型参数的最大似然估计量为

$$\hat{\beta}_0=\frac{\sum_{i=1}^{n}X_i^2\sum_{i=1}^{n}Y_i-\sum_{i=1}^{n}X_i\sum_{i=1}^{n}Y_iX_i}{n\sum_{i=1}^{n}X_i^2-\left(\sum_{i=1}^{n}X_i\right)^2}$$

$$\hat{\beta}_1=\frac{n\sum_{i=1}^{n}Y_iX_i-\sum_{i=1}^{n}Y_i\sum_{i=1}^{n}X_i}{n\sum_{i=1}^{n}X_i^2-\left(\sum_{i=1}^{n}X_i\right)^2}$$

与最小二乘法得到的估计量相比较，发现在满足一系列基本假设的情况下，两种方法得到的估计结果相同。但是，随机误差项方差的估计量是不同的。令对数似然函数$l(\beta_0,\beta_1,\sigma^2)$关于$\sigma^2$的导数为零，即

$$\frac{\partial l}{\partial \sigma^2} = -\frac{n}{2\sigma^2} + \frac{1}{2\sigma^4}\sum_{i=1}^{n}(Y_i - \hat{\beta}_0 - \hat{\beta}_1 X_i)^2 = 0$$

解方程即可得到 σ^2 的最大似然估计量

$$\begin{aligned}\hat{\sigma}^2 &= \frac{1}{n}\sum_{i=1}^{n}(Y_i - \hat{\beta}_0 - \hat{\beta}_1 X_i)^2 \\ &= \frac{1}{n}\sum_{i=1}^{n}(Y_i - \hat{Y}_i)^2 = \frac{1}{n}\sum_{i=1}^{n}e_i^2\end{aligned}$$

这个结果与 σ^2 的最小二乘估计量

$$\hat{\sigma}^2 = \frac{\sum_{i=1}^{n}e_i^2}{n-2}$$

不一样。

5.2.3 参数估计量的优良性质

参数估计量的统计性质，即参数估计量的优劣，对分析参数估计量的可靠性及进行相关显著性检验有重要的作用。这里的衡量标准主要是线性性、无偏性和有效性。

1. 线性性

线性性是指参数的估计量是 $Y_1, Y_2, \cdots, Y_n$ 的线性函数。这一点从参数估计量的表达式中可以直接看出，无须证明。 95

因为 $Y_1, Y_2, \cdots, Y_n$ 是随机变量，所以参数估计量 $\hat{\beta}_0$ 和 $\hat{\beta}_1$ 也是随机变量，基于这种认识有下面的性质。

2. 无偏性

无偏性是指参数估计量的数学期望（均值）等于模型真实的参数值，即

$$E(\hat{\beta}_0) = \beta_0,\quad E(\hat{\beta}_1) = \beta_1$$

下面给出参数的最大似然估计量与普通最小二乘估计量无偏差性的证明。

由于

$$\hat{\beta}_0 = \frac{\sum_{i=1}^{n}X_i^2\sum_{i=1}^{n}Y_i - \sum_{i=1}^{n}X_i\sum_{i=1}^{n}Y_iX_i}{n\sum_{i=1}^{n}X_i^2 - \left(\sum_{i=1}^{n}X_i\right)^2}$$

$$\hat{\beta}_1 = \frac{n\sum_{i=1}^{n}Y_iX_i - \sum_{i=1}^{n}Y_i\sum_{i=1}^{n}X_i}{n\sum_{i=1}^{n}X_i^2 - \left(\sum_{i=1}^{n}X_i\right)^2}$$

于是，

$$\hat{\beta}_1=\frac{n\sum_{i=1}^{n}(\beta_0+\beta_1X_i+\varepsilon_i)X_i-\sum_{i=1}^{n}(\beta_0+\beta_1X_i+\varepsilon_i)\sum_{i=1}^{n}X_i}{n\sum_{i=1}^{n}X_i^2-\left(\sum_{i=1}^{n}X_i\right)^2}\in$$

$$=\frac{n\beta_1\sum_{i=1}^{n}X_i^2+n\sum_{i=1}^{n}X_i\varepsilon_i-\beta_1\left(\sum_{i=1}^{n}X_i\right)^2-\sum_{i=1}^{n}\varepsilon_i\sum_{i=1}^{n}X_i}{n\sum_{i=1}^{n}X_i^2-\left(\sum_{i=1}^{n}X_i\right)^2}$$

两端求数学期望得

$$E(\hat{\beta}_1)=\frac{\left[n\sum_{i=1}^{n}X_i^2-\left(\sum_{i=1}^{n}X_i\right)^2\right]\beta_1}{n\sum_{i=1}^{n}X_i^2-\left(\sum_{i=1}^{n}X_i\right)^2}=\beta_1$$

注意，在上面的推导中分别使用了关于线性回归模型的基本假设条件，以及数学期望的性质，具体是：随机误差项 ε_i 的零均值假设，即 $E(\varepsilon_i)=0$；随机误差项与解释变量不相关，即 $\mathrm{Cov}(X_i,\varepsilon_i)=0$ 或 $E(X_i\varepsilon_i)=0$；数学期望的运算，即

$$E\left(\sum_{i=1}^{n}X_i\varepsilon_i\right)=\sum_{i=1}^{n}(E(X_i\varepsilon_i))$$

$$E\left(\sum_{i=1}^{n}\varepsilon_i\sum_{i=1}^{n}X_i\right)=\left(\sum_{i=1}^{n}X_i\right)E\left(\sum_{i=1}^{n}\varepsilon_i\right)=\left(\sum_{i=1}^{n}X_i\right)\sum_{i=1}^{n}(E\varepsilon_i)$$

同样可以证明 $E(\hat{\beta}_0)=\beta_0$，留给读者自己完成。

3. 有效性（最小方差性）

参数估计量的有效性是指在所有线性、无偏估计量中，该参数估计量的方差最小。为了证明参数的最大似然估计量与普通最小二乘估计量的有效性，首先需要导出它们的方差。

根据参数的 OLS 估计量离差形式的表达式，即

$$\hat{\beta}_1=\frac{\sum_{i=1}^{n}\dot{x}_i\dot{y}_i}{\sum_{i=1}^{n}\dot{x}_i^2}，\quad \hat{\beta}_0=\bar{Y}-\hat{\beta}_1\bar{X}$$

进一步变换有

$$\hat{\beta}_1=\frac{\sum_{i=1}^{n}\dot{x}_i\dot{y}_i}{\sum_{i=1}^{n}\dot{x}_i^2}=\frac{\sum_{i=1}^{n}\dot{x}_i(Y_i-\bar{Y})}{\sum_{i=1}^{n}\dot{x}_i^2}$$

$$=\frac{\sum_{i=1}^{n}\dot{x}_iY_i}{\sum_{i=1}^{n}\dot{x}_i^2}-\frac{\bar{Y}\sum_{i=1}^{n}\dot{x}_i}{\sum_{i=1}^{n}\dot{x}_i^2}$$

因为$\sum_{i=1}^{n}\dot{x}_i=0$，若令

$$k_i=\frac{\dot{x}_i}{\sum_{i=1}^{n}\dot{x}_i^2}$$

则有

$$\begin{aligned}\hat{\beta}_1&=\sum_{i=1}^{n}k_iY_i\\&=\sum_{i=1}^{n}k_i(\beta_0+\beta_1X_i+\varepsilon_i)\\&=\beta_0\sum_{i=1}^{n}k_i+\beta_1\sum_{i=1}^{n}k_iX_i+\sum_{i=1}^{n}k_i\varepsilon_i\end{aligned}$$

容易证明

$$\sum_{i=1}^{n}k_i=0\text{，}\quad\sum_{i=1}^{n}k_iX_i=1$$

于是

$$\hat{\beta}_1=\beta_1+\sum_{i=1}^{n}k_i\varepsilon_i$$

继而对$\hat{\beta}_1$求方差，得

$$\operatorname{Var}(\hat{\beta}_1)=\operatorname{Var}\left(\beta_1+\sum_{i=1}^{n}k_i\varepsilon_i\right)$$

$$=\frac{\sum_{i=1}^{n}\dot{x}_i^2\sigma^2}{\left(\sum_{i=1}^{n}\dot{x}_i^2\right)^2}=\frac{\sigma^2}{\sum_{i=1}^{n}(X_i-\bar{X})^2}$$

关于$\hat{\beta}_0$的方差，由$\hat{\beta}_0=\bar{Y}-\hat{\beta}_1\bar{X}$，可类似得到

$$\operatorname{Var}(\hat{\beta}_0)=\frac{\sum_{i=1}^{n}X_i^2}{n\sum_{i=1}^{n}(X_i-\bar{X})^2}\sigma^2$$

进一步，由高斯—马尔可夫 (Gauss-Markov) 定理可知上述两个公式表示的参数估计量的方差，在所有线性无偏估计量的方差中最小。

*4. 随机误差项方差估计量的无偏性

我们已经知道随机误差项方差的普通最小二乘估计量为

$$\hat{\sigma}^2 = \frac{\sum_{i=1}^{n} e_i^2}{n-2}$$

下面首先给出 $\hat{\sigma}^2$ 的离差形式的表达式，然后证明 $E(\hat{\sigma}^2) = \sigma^2$ 。将一元线性回归模型

$$Y_i = \beta_0 + \beta_1 X_i + \varepsilon_i \qquad i = 1, 2, \cdots, n$$

采用离差形式表示，得

$$\dot{y}_i = \beta_1 \dot{x}_i + (\varepsilon_i - \bar{\varepsilon})$$

估计的回归方程 $\hat{Y}_i = \hat{\beta}_0 + \hat{\beta}_1 X_i$ （ $i = 1, 2, \cdots, n$ ）可改写为

$$\hat{\dot{y}}_i = \hat{\beta}_1 \dot{x}_i$$

于是

$$\begin{aligned}
\sum_{i=1}^{n} e_i^2 &= \sum_{i=1}^{n} (Y_i - \hat{Y}_i)^2 \\
&= \sum_{i=1}^{n} [(Y_i - \bar{Y}) - (\hat{Y}_i - \bar{Y})]^2 \\
&= \sum_{i=1}^{n} [(Y_i - \bar{Y})^2 - 2(Y_i - \bar{Y})(\hat{Y}_i - \bar{Y}) + (\hat{Y}_i - \bar{Y})^2] \\
&= \sum_{i=1}^{n} (Y_i - \bar{Y})^2 - \sum_{i=1}^{n} (\hat{Y}_i - \bar{Y})^2 \\
&= \sum_{i=1}^{n} \dot{y}_i^2 - \sum_{i=1}^{n} \hat{\dot{y}}_i^2 \\
&= \beta_1^2 \sum_{i=1}^{n} \dot{x}_i^2 + 2\beta_1 \sum_{i=1}^{n} \dot{x}_i (\varepsilon_i - \bar{\varepsilon}) + \sum_{i=1}^{n} (\varepsilon_i - \bar{\varepsilon})^2 - \hat{\beta}_1^2 \sum_{i=1}^{n} \dot{x}_i^2
\end{aligned}$$

因为

$$\begin{aligned}
E(\hat{\beta}_1^2) &= \operatorname{Var}(\hat{\beta}_1) + (E(\hat{\beta}_1))^2 \\
&= \frac{\sigma^2}{\Sigma \dot{x}_i^2} + \beta_1^2
\end{aligned}$$

$$E(\varepsilon_i - \bar{\varepsilon}) = 0\text{，}\quad E\left[\sum_{i=1}^{n} (\varepsilon_i - \bar{\varepsilon})^2\right] = (n-1)\sigma^2$$

所以

$$E\left(\sum_{i=1}^{n}e_i^2\right)=\beta_1^2\sum_{i=1}^{n}\dot{x}_i^2+2\beta_1\sum_{i=1}^{n}\dot{x}_iE(\varepsilon_i-\overline{\varepsilon})+\sum_{i=1}^{n}E(\varepsilon_i-\overline{\varepsilon})^2-\sum_{i=1}^{n}\dot{x}_i^2E(\hat{\beta}_1^2)$$

$$=\beta_1^2\sum_{i=1}^{n}\dot{x}_i^2-\sum_{i=1}^{n}\dot{x}_i^2\left(\frac{\sigma^2}{\sum_{i=1}^{n}\dot{x}_i^2}+\beta_1^2\right)+(n-1)\sigma^2$$

$$=(n-2)\sigma^2$$

即

$$E\left(\frac{1}{n-2}\sum_{i=1}^{n}e_i^2\right)=\sigma^2$$

根据上面的结论容易证明，由最大似然估计法得到的随机误差项方差的估计量不具有无偏性。

例 5.1　为研究我国文教科学卫生事业费支出的主要影响因素，收集了 1991—1997 年我国文教科学卫生事业费支出和我国财政收入的数据，如表 5-1 第 2 ～ 3 列所示。其中，ED_t 为第 t 年我国文教科学卫生事业费支出额（亿元），FI_t 为第 t 年我国财政收入额（亿元）。相关指标与计算数据（表 5-1）。试问①我国文教科学卫生事业费支出额与财政收入额之间是否存在线性关系？②若两者存在线性关系，请写出前者关于后者的线性回归模型。③试通过手工计算，求模型系数参数的 OLS 估计，并写出估计的回归方程。 99

表 5-1　相关指标与计算数据　　单位：亿元

年份	ED	FI	$\dot{ED}$	$\dot{FI}$	$\hat{ED}$	$ED-\hat{ED}$	$(ED-\hat{ED})/ED$
1991	708	3149	−551	−2351	734	−26	−0.037
1992	793	3483	−466	−2017	804	−11	−0.014
1993	958	4349	−301	−1151	1001	−43	−0.045
1994	1278	5218	19	−282	1196	82	0.064
1995	1467	6242	208	742	1424	43	0.029
1996	1704	7408	445	1908	1685	19	0.011
1997	1904	8651	645	3151	1963	−59	−0.031

解：

（1）绘制变量 ED 与 FI 的散点图，如图 5-1 所示。由图 5-1 可以直观看出，两个变量之间明显呈现线性趋势。另外，根据经济学知识，这两个变量之间也的确具有关系，即一个国家的财政收入会影响该国的文教科学卫生事业费支出。

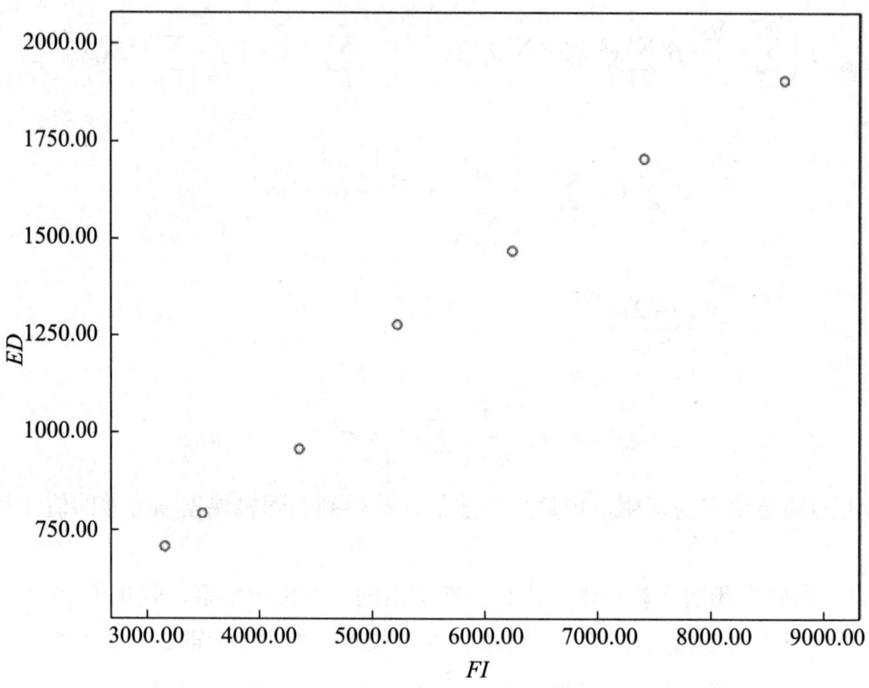

图 5-1　我国文教科学卫生事业费与财政收入的散点图

（2）构建如下的线性回归模型

$$ED_t = \beta_0 + \beta_1 FI_t + \varepsilon_t$$

其中，ε_t为随机误差项；β_0和β为模型中的系数参数。

（3）下面求参数的估计值。根据表 5-1 中的数据，经计算得到

$$\sum_t ED_t = 8812, \quad \sum_t FI_t = 38500, \quad \overline{ED} = 1259, \quad \overline{FI} = 5500$$

$$\sum_t FI_t^2 = 236869644, \quad \sum_t FI_t \cdot ED_t = 54078207$$

$$\sum_t \dot{FI}_t \cdot \dot{ED}_t = 5612207, \quad \sum_t \dot{FI}^2 = 25119644$$

将相关数据代入参数的 OLS 估计量公式中，即

$$\hat{\beta}_1 = \frac{\sum_{i=1}^{n} \dot{x}_i \dot{y}_i}{\sum_{i=1}^{n} \dot{x}_i^2}, \quad \hat{\beta}_0 = \bar{Y} - \hat{\beta}_1 \bar{X}$$

经手工计算得到（保留 3 位小数）

$$\hat{\beta}_0 = 30.052, \quad \hat{\beta}_1 = 0.223$$

由此可写出我国财政文教科学卫生事业费支出估计的回归方程为

$$\hat{ED}_t = 30.052 + 0.223 FI_t$$

5.3 多元线性回归模型的参数估计

在实际问题中，关注的目标变量一般会受多个因素的影响，即研究者感兴趣的变量往往受到多个刻画这些影响因素的自变量的影响，从而导致描述这些变量关系的线性回归模型中解释变量的个数较多。我们称含有多个解释变量的线性回归模型为多元线性回归模型。多元线性回归模型参数估计的原理与一元线性回归模型相同，只是计算更为复杂。出于分析方便之考虑，本节中我们将引入矩阵工具，读者将会发现，它不但在多元统计的其他方法中普遍使用，同时在回归分析的理论与应用中也不可或缺。

多元线性回归模型的一般形式为

$$Y = \beta_0 + \beta_1 X_1 + \beta_2 X_2 + \cdots + \beta_k X_k + \varepsilon$$

这个模型描述了被解释变量与解释变量之间总体（整体）上的关系。其中，变量 Y 被称为被解释变量（explained variable）、因变量（dependent variable）、回归子（regressand）或响应变量（response variable）； $X_1, X_2, \cdots, X_k$ 被称为解释变量（explaining/explanatory variable）、自变量（independent variable）、回归元（regressor variable）、控制变量（control variable）或协变量（covariate）； ε 为随机误差项，或扰动项。如果随机抽取到了样本容量为 n 的样本，得到（ $Y, X_1, X_2, \cdots, X_k$ ）的 n 对样本观察值，记为

$$(Y_i, X_{i1}, X_{i2}, \cdots, X_{ik}), \quad i = 1,2,\cdots,n$$

则有样本形式的线性回归模型

$$Y_i = \beta_0 + \beta_1 X_{i1} + \beta_2 X_{i2} + \cdots + \beta_k X_{ik} + \varepsilon_i, \quad i = 1,2,\cdots,n$$

上面模型中解释变量的个数为 k+1，其前面的系数 $\beta_0, \beta_1, \beta_2, \cdots, \beta_k$ 称为回归系数，是回归分析中首先要估计的参数。这里需要说明的是，由于模型中如果出现变量的非线性（不涉及参数），则其可通过变量替代转化为关于替代变量的线性形式，所以线性回归模型中的“线性”指的是关于模型参数的线性，而不是关于变量的线性。

在给定解释变量 $X_1, X_2, \cdots, X_k$ 条件下，称被解释变量 Y 的条件均值

$$E(Y \mid X_1, X_2, \cdots, X_k) = \beta_0 + \beta_1 X_1 + \beta_2 X_2 + \cdots + \beta_k X_k$$

为回归函数。其中， β_i （ $i = 1,2,\cdots,n$ ）表示在其他解释变量保持不变的情况下， X_i 每变化 1 个单位时 Y 均值的变化。换言之， β_i 给出了 X_i 的单位变化对被解释变量 Y 均值的“直接”或“纯净”（不含其他变量）影响。因此， β_i 也被称为偏回归系数 (partial regression coefficients)。

如果令

$$Y=\begin{bmatrix}Y_1\\Y_2\\\vdots\\Y_n\end{bmatrix}_{n\times1}\qquad X=\begin{bmatrix}1 & X_{11} & X_{12} & \cdots & X_{1k}\\1 & X_{11} & X_{22} & \cdots & X_{2k}\\\vdots & \vdots & \vdots & & \vdots\\1 & X_{n1} & X_{n2} & \cdots & X_{nk}\end{bmatrix}_{n\times(k+1)}$$

$$\beta=\begin{bmatrix}\beta_0\\\beta_1\\\beta_2\\\vdots\\\beta_k\end{bmatrix}_{(k+1)\times1}\qquad \varepsilon=\begin{bmatrix}\varepsilon_1\\\varepsilon_2\\\vdots\\\varepsilon_n\end{bmatrix}_{n\times1}$$

则由 n 个随机方程表示的样本形式的线性回归模型可写为如下的矩阵形式

$$Y=X\beta+\varepsilon$$

读者可以根据矩阵运算法则展开该矩阵方程，可更好地理解模型的矩阵形式。

在上面的模型满足 5.1.3 中线性回归模型的基本假设条件的情况下，我们就可以采用普通最小二乘法或最大似然法对模型中的参数进行估计。

5.3.1 参数的普通最小二乘估计

设已收集了 n 组样本观测数据 $(Y_i, X_{i1}, X_{i2},\cdots, X_{ik})$（$i=1,2,\cdots,n$），$\hat\beta_0,\hat\beta_1,\cdots,\hat\beta_k$ 分别为回归系数 $\beta_0,\beta_1,\beta_2,\cdots,\beta_k$ 的估计量，则被解释变量的第 i 次观测值 Y_i（实测值）的估计值 $\hat Y_i$ 为

$$\hat Y_i=\hat\beta_0+\hat\beta_1X_{i1}+\hat\beta_2X_{i2}+\cdots+\hat\beta_kX_{ik}\quad i=1,2,\cdots,n$$

于是，残差平方和为

$$\begin{aligned}Q&=\sum_{i=1}^{n}(Y_i-\hat Y_i)^2\\&=\sum_{i=1}^{n}[Y_i-(\hat\beta_0+\hat\beta_1X_{i1}+\hat\beta_2X_{i2}+\cdots+\hat\beta_kX_{ik})]^2\end{aligned}$$

根据最小二乘原理，参数估计值应该是下列方程组的解。即

$$\begin{cases}\dfrac{\partial}{\partial\hat\beta_0}Q=0\\\dfrac{\partial}{\partial\hat\beta_1}Q=0\\\dfrac{\partial}{\partial\hat\beta_2}Q=0\\\quad\vdots\\\dfrac{\partial}{\partial\hat\beta_k}Q=0\end{cases}$$

由此可得 $\hat{\beta}_0,\hat{\beta}_1,\cdots,\hat{\beta}_k$ 满足的线性代数方程组，即

$$\sum_{i=1}^{n}Y_i-\sum_{i=1}^{n}(\hat{\beta}_0+\hat{\beta}_1X_{i1}+\hat{\beta}_2X_{i2}+\cdots+\hat{\beta}_kX_{ik})=0$$

$$\sum_{i=1}^{n}Y_iX_{i1}-\sum_{i=1}^{n}(\hat{\beta}_0+\hat{\beta}_1X_{i1}+\hat{\beta}_2X_{i2}+\cdots+\hat{\beta}_kX_{ik})X_{i1}=0$$

$$\sum_{i=1}^{n}Y_iX_{i2}-\sum_{i=1}^{n}(\hat{\beta}_0+\hat{\beta}_1X_{i1}+\hat{\beta}_2X_{i2}+\cdots+\hat{\beta}_kX_{ik})X_{i2}=0$$

$$\cdots\cdots$$

$$\sum_{i=1}^{n}Y_iX_{ik}-\sum_{i=1}^{n}(\hat{\beta}_0+\hat{\beta}_1X_{i1}+\hat{\beta}_2X_{i2}+\cdots+\hat{\beta}_kX_{ik})X_{ik}=0$$

解此方程组，即可得到 $\hat{\beta}_0,\hat{\beta}_1,\cdots,\hat{\beta}_k$。这个方程组称为正规方程组，是一个重要的概念，在计量经济学后续课程中有重要的作用。

进一步考虑上述方程组，由于

$$\hat{Y}_i=\hat{\beta}_0+\hat{\beta}_1X_{i1}+\hat{\beta}_2X_{i2}+\cdots+\hat{\beta}_kX_{ik}\quad i=1,2,\cdots,n$$

所以

$$\sum_{i=1}^{n}(Y_i\text{-}\hat{Y}_i)=\sum_{i=1}^{n}e_i=0$$

$$\sum_{i=1}^{n}(Y_i\text{-}\hat{Y}_i)X_{i1}=\sum_{i=1}^{n}e_iX_{i1}=0$$

$$\sum_{i=1}^{n}(Y_i\text{-}\hat{Y}_i)X_{i2}=\sum_{i=1}^{n}e_iX_{i2}=0$$

$$\cdots\cdots$$

$$\sum_{i=1}^{n}(Y_i\text{-}\hat{Y}_i)X_{ik}=\sum_{i=1}^{n}e_iX_{ik}=0$$

这个方程组说明了残差之间的关系。首先，第一个方程说明了残差之和为 0，同时也说明了实测值的算术平均值与估计值的算术平均值相等，即

$$\bar{Y}=\bar{\hat{Y}}=\sum_{i=1}^{n}\hat{Y}_i$$

这两个结论在后面会经常用到。其次，第 2 至第 k 个方程说明了残差与解释变量之间的关系，若采用向量形式写出则是解释变量向量与残差向量的内积为0，从几何视角看两者正交。最后，这里的 k+1 个方程实际是对 n 个残差 $e_i=Y_i-\hat{Y}_i$（$i=1,2,\cdots,n$）的约束，即 n 个残差中可自由变化的 e_i 只有 $n-k-1$ 个，这对后面理解残差平方和的自由度很有作用。

为了给出多元线性回归模型系数参数 OLS 估计量的整体简洁表达式，我们将

$$Q=\sum_{i=1}^{n}e_i^2=\sum_{i=1}^{n}(Y_i-\hat{Y}_i)^2$$

表示为下面的矩阵形式

$$\hat{Y}=X\hat{\beta}$$

其中，$\hat{Y}=(\hat{Y}_1,\hat{Y}_2,\cdots,\hat{Y}_n)'$，$\hat{\beta}=(\hat{\beta}_0,\hat{\beta}_1,\cdots,\hat{\beta}_k)'$。于是

$$Q=e'e=(Y-X\hat{\beta})'(Y-X\hat{\beta})$$

其中，$\boldsymbol{e}=(e_1,e_2,\cdots,e_n)'$。

根据最小二乘原理，参数估计值应该是下列方程组

$$\frac{\partial}{\partial\hat{\beta}}(Y-X\hat{\beta})'(Y-X\hat{\beta})=0$$

的解。上式可写为

$$\frac{\partial}{\partial\hat{\beta}}(Y'-\hat{\beta}'X')(Y-X\hat{\beta})=0$$

从而有

$$\frac{\partial}{\partial\hat{\beta}}(Y'Y-\hat{\beta}'X'Y-Y'X\hat{\beta}+\hat{\beta}'X'X\hat{\beta})=0$$

$$\frac{\partial}{\partial\hat{\beta}}(Y'Y-2\hat{\beta}'X'Y+\hat{\beta}'X'X\hat{\beta})=0$$

$$-X'Y+X'X\hat{\beta}=0$$

此即

$$X'Y=X'X\hat{\beta}$$

于是，参数的最小二乘（OLS）估计 $\hat{\beta}=(\hat{\beta}_0,\hat{\beta}_1,\cdots,\hat{\beta}_k)'$ 为

$$\hat{\beta}=(X'X)^{-1}X'Y$$

随机误差项的均值为 0，方差的估计量为

$$\hat{\sigma}^2=\frac{e'e}{n-k-1}$$

该估计量的求解过程见其无偏性的证明中。

扩展阅读5-4

常用矩阵求导公式

*5.3.2 参数的最大似然估计

设 $X_i=(1,X_{i1},X_{i2},\cdots,X_{ik})$，$i=1,2,\cdots,n$，则线性回归模型

$$Y_i=\beta_0+\beta_1X_{i1}+\beta_2X_{i2}+\cdots+\beta_kX_{ik}+\varepsilon_i=X_i\beta+\varepsilon_i$$

由于在上面模型中，随机误差项 $\varepsilon_i \sim N(0,\sigma^2)$，故

$$Y_i \sim N(X_i\beta,\sigma^2)$$

于是，$Y=(Y_1,Y_2,\cdots,Y_n)'$ 的联合概率密度函数为

$$\begin{aligned}L(\hat{\beta},\sigma^2)&=f(Y_1,Y_2,\cdots,Y_n)\\&=\frac{1}{(2\pi)^{\frac{n}{2}}\sigma^n}\exp\left[-\frac{1}{2\sigma^2}\sum_{i=1}^{n}(Y_i-X_i\beta)^2\right]\\&=\frac{1}{(2\pi)^{\frac{n}{2}}\sigma^n}\exp\left[-\frac{1}{2\sigma^2}(Y-X\beta)'(Y-X\beta)\right]\end{aligned}$$

其中，矩阵X的行向量是$X_i=(1,X_{i1},X_{i2},\cdots,X_{ik})$，$i=1,2,\cdots,n$。

对数似然函数为

$$\begin{aligned}l(\beta,\sigma^2)&=\ln(L(\beta,\sigma^2))\\&=-n\ln\left(\sqrt{2\pi}\sigma\right)-\frac{1}{2\sigma^2}(Y-X\beta)'(Y-X\beta)\end{aligned}$$

这样一来，通过最大化对数似然函数求β转化为最小化

$$(Y-X\beta)'(Y-X\beta)$$

这其实与最小二乘法中的目标函数一样，因此参数的最大似然估计为

$$\hat{\beta}=(X'X)^{-1}X'Y$$

其结果与参数的普通最小二乘估计相同。

5.3.3　参数估计量的性质

在多元线性回归模型满足基本假设时，其系数参数的普通最小二乘估计和最大似然估计量具有线性性、无偏性和有效性。在有些教科书中还给出了一致性，其是指参数估计量在小样本下不完全具有无偏性和有效性，但随着样本容量的增加（$n\to\infty$时），参数估计量具有渐近无偏性和渐近有效性。对于满足基本假设的线性回归模型，因其系数参数的普通最小二乘估计量和最大似然估计量在小样本下就具有无偏性和有效性，当然也具有一致性。

1. 系数参数估计量的性质

1）线性性

由上可知，多元线性回归模型系数参数的普通最小二乘估计量和最大似然估计量均为

$$\hat{\beta}=(X'X)^{-1}X'Y$$

因此，易知参数估计量是被解释变量观测向量的线性函数。

2）无偏性

因为

$$
\begin{aligned}
E(\hat{\beta}) &= E[(X'X)^{-1}X'Y] \\
&= E\left[(X'X)^{-1}X'(X\beta+\varepsilon)\right] \\
&= \beta + (X'X)^{-1}E(X'\varepsilon) \\
&= \beta
\end{aligned}
$$

所以，多元线性回归模型系数参数的普通最小二乘估计量和最大似然估计量具有无偏性。注意，在上面推导中使用了$E(X'\varepsilon)=0$，即解释变量与随机误差项不相关的假设。

3）有效性

因为

$$
\begin{aligned}
\hat{\beta} &= (X'X)^{-1}X'Y \\
&= (X'X)^{-1}X'(X\beta+\varepsilon) \\
&= \beta + (X'X)^{-1}X'\varepsilon
\end{aligned}
$$

$E(\varepsilon\varepsilon')=\sigma^2 I$，$I$为单位矩阵。所以有

$$
\begin{aligned}
\operatorname{Var}(\hat{\beta}) &= E[(\hat{\beta}-E(\hat{\beta}))(\hat{\beta}-E(\hat{\beta}))]' \\
&= E[(\hat{\beta}-\beta)(\hat{\beta}-\beta)]' \\
&= E[(XX')^{-1}X'\varepsilon\varepsilon'X(X'X)^{-1}] \\
&= (X'X)^{-1}X'E(\varepsilon\varepsilon')X(X'X)^{-1} \\
&= (X'X)^{-1}X'\cdot\sigma^2 I\cdot X(X'X)^{-1} \\
&= \sigma^2(X'X)^{-1}
\end{aligned}
$$

根据高斯—马尔可夫定理，上式表示的方差在所有线性无偏估计量的方差中是最小的，因此系数参数的普通最小二乘估计和最大似然估计量具有有效性。

这里须说明的是，以向量形式表示的估计量的有效性的定义是：称一个无偏估计量$\hat{\beta}$比另一个无偏估计量$\hat{b}$更有效，如果两者的协方差阵之差，即$\operatorname{Var}(\hat{b})-\operatorname{Var}(\hat{\beta})$是非正定矩阵或半正定（positive semi-definite）矩阵。

如果$\operatorname{Var}(\hat{b})-\operatorname{Var}(\hat{\beta})$是一个半正定阵，则对任意满足$\tau'\tau=1$的$\tau\in\mathrm{R}^{k+1}$，有

$$
\tau'[\operatorname{Var}(\hat{b})-\operatorname{Var}(\hat{\beta})]\tau \geqslant 0
$$

让$\tau=(0,1,0,\cdots,0)'$，则有$\operatorname{Var}(\hat{b}_1)-\operatorname{Var}(\hat{\beta}_1)\geqslant 0$。类似可得到其他分量也有这种关系。其中，$\hat{\beta}=(\hat{\beta}_0,\hat{\beta}_1,\cdots,\hat{\beta}_k)'$，$\hat{b}=(\hat{b}_0,\hat{b}_1,\cdots,\hat{b}_k)'$。

根据这个定义及上面得出的$\operatorname{Var}(\hat{\beta})=\sigma^2(X'X)^{-1}$，可以证明$\hat{\beta}$比其余的线性无偏估计

量 $\hat{b}$ 更有效。具体证明由洪永淼（2011）提出。

***2. 随机误差项方差的估计量与性质**

由于残差向量

$$\begin{aligned} e &= Y - X\hat{\beta} \\ &= X\beta + \varepsilon - X(X'X)^{-1}X'(X\beta + \varepsilon) \\ &= \varepsilon - X(X'X)^{-1}X'\varepsilon \\ &= (I - X(X'X)^{-1}X')\varepsilon \\ &= M\varepsilon \end{aligned}$$

其中，$M = I - X(X'X)^{-1}X'$。所以，残差的平方和可改写为

$$e'e = \varepsilon'M'M\varepsilon$$

因为 $M = I - X(X'X)^{-1}X'$ 是对称等幂矩阵，即

$$M = M',\ M^2 = M'M = M$$

所以有

$$e'e = \varepsilon'M'M\varepsilon = \varepsilon'M\varepsilon$$

进一步，设 $A = \varepsilon'M$，$B = \varepsilon$，再利用矩阵迹的性质 $\mathrm{tr}(AB) = \mathrm{tr}(BA)$，我们有

$$\begin{aligned} E(e'e) &= E(\varepsilon'M\varepsilon) = E(\mathrm{tr}(\varepsilon'M\varepsilon)) = E(\mathrm{tr}(\varepsilon\varepsilon'M)) \\ &= \sigma^2\mathrm{tr}(I - X(X'X)^{-1}X') \\ &= \sigma^2(\mathrm{tr}I - \mathrm{tr}(X(X'X)^{-1}X')) \\ &= \sigma^2(\mathrm{tr}I - \mathrm{tr}(X'X(X'X)^{-1})) \\ &= \sigma^2(n - (k+1)) \end{aligned}$$

由此可得

$$\hat{\sigma}^2 = \frac{e'e}{n-k-1}$$

该估计量是随机误差项方差的无偏估计量。

5.3.4　关于样本容量的说明

由上面的参数估计过程可以看出，模型参数的估计是基于样本观测值进行的。事实上，线性回归模型或其他形式的计量经济学模型，其都是从观察已发生的经济活动的样本数据出发，探寻经济活动的内在规律，因此它对样本数据具有很强的依赖性。尽管随着 IT 技术的发展和数据收集能力快速提升，收集的数据越来越丰富且形式多样，但收集与整理数据依然是一项费力耗时的繁重工作，故选择合适的样本容量，既需要满足建模，又需要减

轻收集整理数据的负担，这具有重要的实用价值。

从建模需要而言，样本容量越大当然越好，这里需要讨论的是满足基本要求的样本容量和最小样本容量。

1）最小样本容量

所谓“最小样本容量”是指使用最小二乘估计法和最大似然估计法对模型参数进行估计，不管估计量的质量如何，必须要求的样本容量的下限。

考虑模型系数参数估计量

$$\hat{\beta}=(X'X)^{-1}X'Y$$

从上式可以看出，必须要求 $(X'X)^{-1}$ 存在。为此须有

$$|X'X|\neq 0$$

即 $X'X$ 应为 $k+1$ 阶满秩矩阵。由于矩阵乘积的秩不超过各个因子矩阵的秩，即

$$\mathrm{R}(AB)\leqslant\min(\mathrm{R}(A),\mathrm{R}(B))$$

其中符号 R 表示矩阵的秩。所以，只有当

$$\mathrm{R}(X)\geqslant k+1$$

时，矩阵 $X'X$ 才能为 $k+1$ 阶满秩矩阵。另外，X 为 $n\times(k+1)$ 阶矩阵，其秩最大为 $k+1$，因此必须有 $n\geqslant k+1$。这说明样本容量必须不少于模型中解释变量的个数（含常数项），这就是估计需要的最小样本容量。

2）满足基本要求的样本容量

虽然当 $n\geqslant k+1$ 时可以得到模型参数的估计量，但除了考虑参数估计量的质量优劣外，还要考虑模型构建的后续要求。例如，参数的统计检验要求样本容量必须足够大，Z 检验在 $n<30$ 时不能应用；t 检验是检验变量显著性的常用方法，经验表明，当 $n-k\geqslant 8$ 时 t 分布较为稳定，检验才较为有效。所以，一般经验认为，当 $n\geqslant 30$ 或者至少 $n\geqslant 3(k+1)$ 时，才能说满足模型估计的基本要求。

如果出现样本容量较小，甚至少于“最小样本容量”的情况，那么仅依靠样本信息无法完成模型估计。这种情况下就需要引入非样本信息。例如，先验信息和后验信息，并采用其他估计方法，如贝叶斯（Bayes）估计方法，才能完成模型的参数估计。

5.4 多元线性回归模型的统计检验

在对多元线性回归模型的参数估计后，我们就得到了回归系数的估计值及回归方程或模型，这个回归方程除基于专业知识可进行解释外。例如，是否符合经济预期等，还必须具有统计上的优良性。本节检验模型是否满足统计理论与方法上的要求，主要包括拟合优

度检验、方程的显著性检验和变量的显著性检验，在计量经济学中将这些检验统称为模型的统计检验。

5.4.1　拟合优度检验

拟合优度检验（goodness of fit）是检验估计的回归方程或模型对样本观测值的拟合程度。具体的检验的方法是构造一个可以表征拟合程度的指标，其是样本的函数。读者可能会有疑惑，前面采用普通最小二乘估计方法不是已经保证了模型最好地拟合了样本观测值，为什么还要考虑拟合程度？这里大家要理解普通最小二乘估计法所刻画的最好拟合，是同一个问题的内部比较，它是在设定的模型及观察到的样本数据等特定条件下的最好，而拟合优度检验所考虑的优劣是不同问题之间的比较。

1. **总平方和分解**

设

$$\mathrm{TSS}=\sum_{i=1}^{n}(Y_i-\bar{Y})^2$$

$$\mathrm{ESS}=\sum_{i=1}^{n}(\hat{Y}_i-\bar{Y})^2$$

$$\mathrm{RSS}=\sum_{i=1}^{n}(Y_i-\hat{Y}_i)^2$$

其中，Y_i为被解释变量的样本观测值；$\bar{Y}$为被解释变量的样本观测值的平均值；$\hat{Y}_i$为被解释变量的估计值。

TSS为总平方和，它反映了样本观测值总体离差的大小，体现总的变化情况；ESS为回归平方和，它反映了模型中解释变量所能解释的那部分离差的大小；RSS为残差平方和，它反映了样本观测值与估计值偏离的大小，是模型中不能用解释变量解释的那部分离差的大小。为了使读者能够理解这些平方和之间的关系，下面对总平方和TSS进行分解。

$$\begin{aligned}\mathrm{TSS}&=\sum_{i=1}^{n}(Y_i-\bar{Y})^2\\&=\sum_{i=1}^{n}[(Y_i-\hat{Y}_i)+(\hat{Y}_i-\bar{Y})]^2\\&=\sum_{i=1}^{n}(Y_i-\hat{Y}_i)^2+2\sum_{i=1}^{n}(Y_i-\hat{Y}_i)(\hat{Y}_i-\bar{Y})+\sum_{i=1}^{n}(\hat{Y}_i-\bar{Y})^2\end{aligned}$$

其中

$$\sum_{i=1}^{n}(Y_i-\hat{Y}_i)(\hat{Y}_i-\bar{Y})$$

$$
\begin{aligned}
&=\sum_{i=1}^{n}\hat{Y}_i(Y_i-\hat{Y}_i)-\bar{Y}\sum_{i=1}^{n}(Y_i-\hat{Y}_i)\\
&=\sum_{i=1}^{n}(\hat{\beta}_0+\hat{\beta}_1X_{i1}+\hat{\beta}_2X_{i2}+\cdots+\hat{\beta}_kX_{ik})(Y_i-\hat{Y}_i)-\bar{Y}\sum_{i=1}^{n}(Y_i-\hat{Y}_i)\\
&=\sum_{i=1}^{n}(\hat{\beta}_0+\hat{\beta}_1X_{i1}+\hat{\beta}_2X_{i2}+\cdots+\hat{\beta}_kX_{ik})e_i-\bar{Y}\sum_{i=1}^{n}e_i\\
&=\hat{\beta}_0\sum_{i=1}^{n}e_i+\hat{\beta}_1\sum_{i=1}^{n}X_{i1}e_i+\hat{\beta}_2\sum_{i=1}^{n}X_{i2}e_i+\cdots+\hat{\beta}_k\sum_{i=1}^{n}X_{ik}e_i-\bar{Y}\sum_{i=1}^{n}e_i\\
&=0
\end{aligned}
$$

上面的推导利用了 5.3.1 节中关于残差的性质。

于是

$$
\mathrm{TSS}=\sum_{i=1}^{n}(Y_i-\bar{Y})^2=\sum_{i=1}^{n}(Y_i-\hat{Y}_i)^2+\sum_{i=1}^{n}(\hat{Y}_i-\bar{Y})^2
$$

这样一来，总平方和可分解为残差平方和与回归平方和之和，即

$$
\mathrm{TSS}=\mathrm{RSS}+\mathrm{ESS}
$$

2. 可决系数

我们已经将总平方和分解为残差平方和与回归平方和之和，于是在总平方和一定时，回归平方和 ESS 越大，则残差平方和 RSS 越小，这样一来，比值 ESS / TSS 就会越大。换言之，ESS/TSS 越大越说明模型中包含的解释变量的解释能力越强，且模型拟合数据的程度也较大。另外，ESS/TSS 还能够对模型拟合不同样本容量 n 的样本观测数据的程度可以进行比较。而简单使用绝对量。例如，残差平方和 RSS，因其与样本容量 n 关系很大，对于不同容量的数据，一般当 n 较小时，RSS 值也较小，故不能因此而判断模型的拟合程度就大。

根据以上分析，定义 R^2 如下：

$$
R^2=\frac{\mathrm{ESS}}{\mathrm{TSS}}=1-\frac{\mathrm{RSS}}{\mathrm{TSS}}
$$

并称其为可决系数或判定系数，有些教科书也称其为（样本）测定系数。利用判定系数可以对模型的拟合优度进行检验。

从 R^2 的定义可知，其取值范围为 $0\leqslant R^2\leqslant 1$。在极端情况下，如果模型与样本观测数据完全拟合，即

$$
Y_i-\hat{Y}_i=0 \qquad i=1,2,\cdots,n
$$

这种情况下，$R^2=1$。当然，模型与样本观测数据完全拟合的情况一般不可能发生，R^2 不可能等于 1，但该量值越接近于 1，一般认为模型的拟合优度越高。

如读者所看到，这个拟合优度的检验量，只要得到了模型参数的估计量就容易求出来，这是它计算方面的优点。但是，实际应用发现使用 R^2 衡量模型与样本观测数据的拟合程

度存在缺陷。

一方面，如果在模型中增加解释变量的个数，可以证明模型的解释能力一般会增大，至少不减少，即回归平方和 ESS 一般会变大，从而会使 R^2 变大。这就给人一个错觉，欲使模型拟合程度高，只须将更多的解释变量纳入模型即可。这样一来，我们就不好判断模型拟合样本数据的程度高是真正的拟合的好，还是因模型包含更多的解释变量所致。另外，在样本容量一定的情况下，增加解释变量个数会导致自由度减少。

所以，在实际应用中，一种做法是对 R^2 进行调整，使用调整后的 R_{adj}^2 衡量模型对样本观察数据的拟合程度。

R_{adj}^2 的具体表达式为

$$R_{\text{adj}}^2=1-(1-R^2)\frac{n-1}{n-k-1}=1-\frac{\text{RSS}/(n-k-1)}{\text{TSS}/(n-1)}$$

其中，n 是样本容量，k 是解释变量的个数，$(n-k-1)$ 为残差平方和 RSS 的自由度，$(n-1)$ 为总平方和 TSS 的自由度。从上式可以看出，当解释变量的个数增加时，R^2 一般会增加，导致 $1-R^2$ 减少，而 $(n-1)/(n-k-1)$ 增大，这样就拟制了 R_{adj}^2 的增大。

实际应用中，关于 R_{adj}^2 多大才能说明模型通过了拟合优度检验并未有绝对的标准，应视具体情况而定。须说明的是，模型的拟合优度并不是判断模型质量的唯一标准，有时甚至为了追求模型的实际（如经济）意义，可以牺牲一点拟合优度。在下一部分，我们将推导 R^2 或 R_{adj}^2 与另一个统计量的关系，那时读者会对 R^2 或 R_{adj}^2 有更新的认识。

另一方面，从机器学习的视角来看，这里的可决系数没有经过交叉验证（cross-validation），即训练集（training set）和测试集（testing set）都是原始的样本观测数据，可决系数的值越接近于 1 就认为模型拟合的好的认识有些欠妥，因为拟合的好不能说明模型就好，可能会出现过拟合（overfitting）的情况。过拟合意味着模型没有普遍意义，缺乏外延拓展性，其仅适合用于构建模型的数据，不适合用于其他的样本数据。进一步的改进可使用带有惩罚项的判别准则，如 AIC 准则（akaike information criterion）和 BIC 准则（bayesian information criterion）。更多讨论请参阅吴喜之（2019），李高荣和吴密霞（2021）。

5.4.2 方程的显著性检验

尽管在得到估计的回归方程后，也做了拟合优度检验，但模型中被解释变量与解释变量之间的线性关系在总体上是否显著仍需要考虑，即对方程的显著性进行检验。前面介绍的可决系数虽可用来描述解释变量对被解释变量的解释程度，且由数值较大的 R^2 可以推测模型总体线性关系成立，但这种推测相对模糊，其缺乏统计意义上的严密性。因此，对方程的显著性进行检验很有必要。

扩展阅读5-5

假设检验的原理

1. **方程显著性的 F 检验**

检验模型中被解释变量与解释变量之间的线性关系在总体上是否显著成立，等价于检验方程

$$Y_i = \beta_0 + \beta_1 X_{i1} + \beta_2 X_{i2} + \cdots + \beta_k X_{ik} + \varepsilon_i \quad i = 1,2,\cdots,n$$

中的偏回归系数是否显著不为 0。按照假设检验的原理与程序，这里的原假设为

$$H_0 : \beta_1 = 0, \beta_2 = 0, \cdots, \beta_k = 0$$

备择假设为

$$H_1 : \beta_1, \beta_2, \cdots, \beta_k \text{不全为0}$$

由于

$$\varepsilon_i \sim N(0, \sigma^2)\text{，}\quad i = 1,2,\cdots,n$$

所以 Y_i（$i = 1,2,\cdots,n$）也服从正态分布，其方差为 σ^2。于是，根据 χ^2 分布和 F 分布的定义，构建统计量

$$F = \frac{\text{ESS}/k}{\text{RSS}/(n-k-1)}$$

在原假设 $H_0 : \beta_1 = 0, \beta_2 = 0, \cdots, \beta_k = 0$ 成立时，该统计量服从自由度为 $(k, n-k-1)$ 的 F 分布，即 $F \sim F(k, n-k-1)$。

进一步，根据变量的样本观测值和估计值，计算 F 统计量的数值。对于给定的显著性水平 α，查 F 分布表得到临界值 $F_\alpha(k, n-k-1)$。若

$$F > F_\alpha(k, n-k-1)$$

则拒绝原假设 H_0，即模型的线性关系显著成立，模型通过方程的显著性检验。否则模型的线性关系显著不成立，模型未通过方程的显著性检验。在实际应用中，由于显著性水平的设定影响临界值，所以其对检验结果有一定影响，可能出现这种情况，即在一个显著水平下假设显著成立，而在另一个显著水平下假设不成立，这体现了统计学意义上结论的严谨性与科学性。

2. **拟合优度检验与方程显著性检验的关系**

拟合优度检验和方程的显著性检验是从不同原理出发的两类检验，两者之间有差异，前者是从已估计出的方程或模型出发，检验它对样本观测数据的拟合程度，后者则是从样本观测数据出发检验模型总体线性关系的显著性。但是，这两者之间又有关联，模型对样本观测数据的拟合程度越高，模型总体线性关系的显著性越强。因此，探寻两者之间的数量关系并相互印证，在实际应用中具有显明的意义。

根据前面调整的可决系数和 F 统计量的定义公式：

$$R^2_{\text{adj}} = 1 - \frac{\text{RSS}/(n-k-1)}{\text{TSS}/(n-1)}\text{，}\quad F = \frac{\text{ESS}/k}{\text{RSS}/(n-k-1)}$$

容易得到

$$R_{adj}^2 = 1 - \frac{n-1}{n-k-1+kF}$$

或

$$F = \frac{R_{adj}^2/k}{(1-R_{adj}^2)/(n-k-1)}$$

这个公式说明，F 与 R_{adj}^2 同方向变化，当 $R_{adj}^2 = 0$ 时，$F = 0$；R_{adj}^2 越大 F 也越大；当 $R_{adj}^2 = 1$ 时，F 无穷大。因此，F 统计量不但可以检验方程的显著性，还可以对 R_{adj}^2 的显著性进行检验，即对 $H_0: \beta_1 = 0, \beta_2 = 0, \cdots, \beta_k = 0$ 进行检验等价于检验 $H_0: R_{adj}^2 = 0$。

例 5.2　对于给定的显著性水平 α =0.01，若方程显著性检验的临界值是 $F_{0.01}(2,13) = 6.70$，求 R_{adj}^2 的相对应值。

解： 方程显著性检验的临界值 $F_{0.01}(2,13) = 6.70$ 说明，只要 F 统计量的值大于 6.70，模型的线性关系在 99% 的水平下显著成立。另外，因为 $k = 2$，$n-k-1 = 13$，所以 $n = 16$，于是

$$R_{adj}^2 = 1 - \frac{n-1}{n-k-1+kF} = 1 - \frac{16-1}{16-2-1+2\times 6.7} = 0.432$$

若仅从 R_{adj}^2 为 0.432 来看，读者肯定认为估计的回归方程或模型质量不高，但实际上总体线性关系的显著性水平已经达到 99%。因此，在实际应用时，我们不必拘泥于 R_{adj}^2 值的大小，而应将其与方程显著性检验的 F 统计量值相结合，并重点关注基于模型的解释是否符合实际专业常理。

5.4.3　变量显著性检验

我们在上一部分介绍了回归方程显著性的 F 检验，其实际是对模型中所有解释变量整体影响被解释变量是否显著的检验，这个检验并未说明每个解释变量对被解释变量的影响都是显著的，因此必须对每个解释变量是否显著进行检验，以决定各个解释变量是否应该被保留在模型中。如果某个变量对被解释变量的影响不显著，应该将它从模型中剔除，以建立更为简单的模型，这就是对变量显著性进行检验的目的。本部分，我们介绍变量显著性的 t 检验方法。

如果估计的回归方程或模型中解释变量 X_i（$i = 1,2,\cdots,n$）显著，那么其回归系数参数 β_i 应该显著地不为 0。于是，在变量显著性的检验中需要构建的假设是

$$H_0: \beta_i = 0，\ H_1: \beta_i \neq 0$$

在 5.3.3 节参数估计量的有效性证明中，已经导出了系数参数估计量的方差为

$$\mathrm{Var}(\hat{\beta}) = \sigma^2 (X'X)^{-1}$$

若将矩阵 $(X'X)^{-1}$ 主对角线上 (i,i) 位置的元素记为 c_{ii}，则参数估计量 $\hat{\beta}_i$ 的方差为

$$\mathrm{Var}(\hat{\beta}_i) = \sigma^2 c_{ii}$$

其中 σ^2 为随机误差项的方差。

因为 $\hat{\beta}_i$ 是被解释变量的线性函数，所以其服从正态分布，又因为 $\hat{\beta}_i$ 是 β_i 的无偏估计量，因此

$$\hat{\beta}_i \sim N(\beta_i, \sigma^2 c_{ii})$$

其标准化变量

$$\frac{\hat{\beta}_i - \beta_i}{\sqrt{\sigma^2 c_{ii}}} \sim N(0,1)$$

但是，上式中 σ^2 未知，故用它的无偏估计量

$$\hat{\sigma}^2 = \frac{e'e}{n-k-1}$$

替代 σ^2，其中 $e = (e_1, e_2, \cdots, e_n)'$， $e_i = Y_i - \hat{Y}_i$， $i = 1, 2, \cdots, n$ 。可以证明

$$\frac{(n-k-1)\hat{\sigma}^2}{\sigma^2} = \frac{e'e}{\sigma^2} \sim \chi^2_{n-k-1}$$

且 $\hat{\sigma}^2$ 与 $\hat{\beta}$ 独立。证明过程参见洪永淼（2011）第三章。

于是，根据 t 分布的定义有

$$\frac{\dfrac{\hat{\beta}_i - \beta_i}{\sqrt{\sigma^2 c_{ii}}}}{\sqrt{\dfrac{\frac{e'e}{\sigma^2}}{n-k-1}}} = \frac{\hat{\beta}_i - \beta_i}{\sqrt{c_{ii}\dfrac{e'e}{n-k-1}}} \sim t(n-k-1)$$

若令

$$S_{\hat{\beta}_i} = \sqrt{c_{ii}\frac{e'e}{n-k-1}}$$

其表示估计量 $\hat{\beta}_i$ 的标准差，则统计量

$$t = \frac{\hat{\beta}_i}{\sqrt{c_{ii}\dfrac{e'e}{n-k-1}}} = \frac{\hat{\beta}_i}{S_{\hat{\beta}_i}}$$

在假设 $H_0: \beta_i = 0$ 成立时服从自由度为 $(n-k-1)$ 的 t 分布，即 $t \sim t(n-k-1)$。这个统计量就是用于检验变量显著性的 t 统计量，该检验也称为变量显著性的 t 检验。

对于给定的显著性水平 α，查 t 分布表求出临界值 $t_{\alpha/2}(n-k-1)$。然后，将系数参数的估计值与相关量代入 t 统计量的公式中，计算出 t 统计量值。如果 $|t| > t_{\alpha/2}(n-k-1)$，则拒绝原假设 H_0，即认为解释变量 X_i 是显著的，或者说变量通过了显著性检验。否则认为解释变量 X_i 不显著，未通过变量显著性检验。

例 5.3 表 5-2 是一农户家庭记录的近 10 年来用于其苹果园施肥的费用支出额数据，其中 Y 表示化肥费用支出额，X_1 表示化肥每袋价格，X_2 表示家庭年纯收入。试基于统计软件 SPSS 分析下列问题。

（1）X_1 和 X_2 各自与 Y 的关系。

（2）分析线性回归模型与数据的拟合程度。

（3）写出 Y 关于 X_1 和 X_2 的估计的回归方程并进行检验。

（4）分析估计的回归方程中解释变量的显著性。

（5）估计的回归方程或模型是否有合理的经济解释。

表 5-2 农户家庭相关指标数据 单位：元

年数	Y	X_1	X_2
1	591.9	23.56	7620
2	654.5	24.44	9120
3	623.6	32.07	10670
4	647	32.46	11160
5	674	31.15	11900
6	644.4	34.14	12920
7	680	35.3	14340
8	724	38.7	15960
9	757.1	39.63	18000
10	706.8	46.68	19300

解：这个问题从统计的视角来看，实际上是分析 X_1 和 X_2 如何影响 Y，可构建一个线性回归模型：

$$Y_i = \beta_0 + \beta_1 X_{i1} + \beta_2 X_{i2} + \varepsilon_i \quad i = 1, 2, \cdots, 10$$

（1）将数据输入 SPSS，然后点击分析→相关→双变量相关，如图 5-2 所示。

点击确定，输出结果如表 5-3 所示。由表 5-3 可知，Y 与 X_1 和 X_2 的相关系数分别为 0.753 和 0.878，且在 0.05 水平下都显著相关。

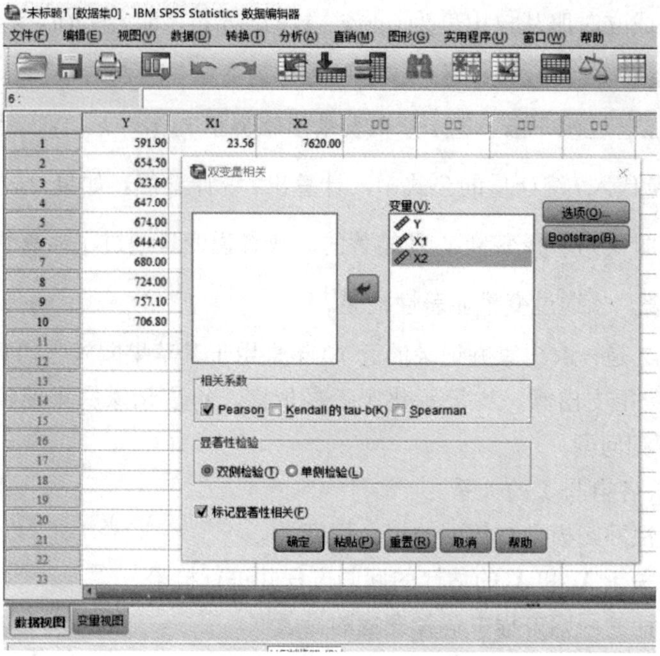

图 5-2 相关分析操作截图

由表 5-3 还可发现，变量 X_1 和 X_2 相关系数为 0.965，显著相关，因此本例的模型不符合 5.1.3 节中线性回归模型第一个基本假设。这种情况经常出现，违背了基本假设中解释变量互不相关的要求，称为解释变量出现了多重共线性性。后面我们会给出相关的处理方法，这里出于参数估计、检验与软件应用示范的考虑暂不考虑多重共线性性问题。

表 5-3 相关系数矩阵

		Y	X_1	X_2
Y	Pearson 相关性	1	0.753*	0.878**
	显著性（双侧）		0.012	0.001
	N	10	10	10
X_1	Pearson 相关性	0.753*	1	0.965**
	显著性（双侧）	0.012		0.000
	N	10	10	10
X_2	Pearson 相关性	0.878**	0.965**	1
	显著性（双侧）	0.001	0.000	
	N	10	10	10

* 在 0.05 水平（双侧）上显著相关。

** 在 0.01 水平（双侧）上显著相关。

（2）在 SPSS 窗口单击分析→回归→线性，因变量栏导入 Y，自变量栏导入与 X_1 和 X_2，如图 5-3 所示。单击“确定”按钮，输出结果分别如表 5-4 至表 5-6 所示。

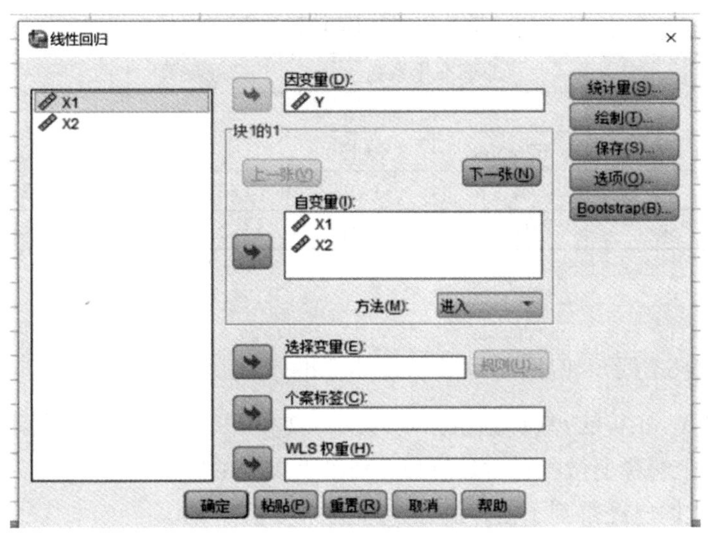

图 5-3　线性回归分析操作截图

由表 5-4 可知，可决系数 $R^2 = 0.902$，调整的可决系数 $R_{\text{adj}}^2 = 0.874$，说明模型拟合数据程度较高。

（3）如方差分析表 5-5 所示，总平方和 TSS=21648.741，回归平方和 ESS = 19531.894，残差平方和 RSS = 2116.847。F 统计量的值为 32.294，P 值（Sig.）为 0.000，说明方程通过了显著性检验，Y 关于 X_1 和 X_2 的线性关系成立，即化肥每袋价格（X_1）与家庭年纯收入（X_2）整体对化肥费用支出额（Y）有显著的影响。

如表 5-6 所示，回归模型偏回归系数的估计值分别为

$$\hat{\beta}_0 = 626.509,\quad \hat{\beta}_1 = -9.791,\quad \hat{\beta}_2 = 0.029$$

因此，估计的回归方程为

$$\hat{Y} = 626.509 - 9.791X_1 + 0.029X_2$$

表 5-4　模 型 汇 总

模型	R	R^2	调整 R^2	标准估计的误差
1	0.950*	0.902	0.874	17.389 85

a. 预测变量：（常量），X_2，X_1。

表 5-5　方差分析表（Anova[a]）

模型		平方和	df	均方	F	Sig.
1	回归	19 531.894	2	9765.947	32.294	0.000a
	残差	2 116.847	7	302.407		
	总计	21 648.741	9			

a. 因变量：Y

表 5-6　模型估计的系数[a]

模型		非标准化系数		标准系数	t	Sig.
		B	标准误差	试用版		
1	（常量）	626.509	40.130		15.612	0.000
	X_1	−9.791	3.198	−1.381	−3.062	0.018
	X_2	0.029	0.006	2.211	4.902	0.002

a. 因变量：Y

（4）如表 5-6 所示，偏回归系数估计的标准差分别为 $S_{\hat{\beta}_0}$=40.130，$S_{\hat{\beta}_1}$=3.198，$S_{\hat{\beta}_2}$=0.006。解释变量 X_1 和 X_2 的 t 统计量值分别为−3.062 和 4.902，在 0.05 的显著水平下均显著，这说明模型中两个解释变量各自对被解释变量都有显著的影响。

（5）上面我们已经得到了估计的回归方程

$$\hat{Y}=626.509-9.791X_1+0.029X_2$$

而且方程与数据的拟合程度也好，也通过了方程的显著性检验与变量的显著性检验，似乎就可以基于这个方程进行分析了。例如，两个解释变量在 0.05 的显著水平下均显著，说明各自对被解释变量都有显著的影响。偏回归系数估计值分别为 $\hat{\beta}_1$=−9.791，$\hat{\beta}_2$=0.029，说明化肥每袋价格（X_1）对化肥费用支出额（Y）有负向影响，家庭年纯收入（X_2）对化肥费用支出额（Y）有正向影响，后者符合经济学预期，但前者与经济常识相悖，特别是化肥每袋价格每增加 1 元可使化肥费用支出额平均减少 9.791 元，显然不合常理。这种通过了统计检验，但不符合实际专业常识的现象与前面提到的解释变量多重共线性有关系。另外，偏回归系数估计值绝对值的大小不能作为解释变量显著程度大小或重要性比较的依据，应该关注解释变量的 t 统计量值。例如，X_1 的 t 统计量值 −3.062，X_2 的 t 统计量值 4.902，这个值与解释变量标准化系数 −1.381 和 2.211 的大小一致。

上面的分析说明，估计的回归方程或模型虽然通过了相关统计检验，但不见得能通过经济检验，因此实际应用时分析者的专业背景知识也很重要。另外，读者应明白，虽然偏回归系数反映了相应解释变量对解释变量的纯净影响，但它的前提条件是解释变量之间不出现多重共线性性，否则解释变量的观测信息就会出现“重叠”。

5.5　多元线性回归模型的置信区间

多元线性回归模型的置信区间问题包括参数估计量的置信区间和被解释变量预测值的置信区间两种情况，在统计学中属于区间估计问题。所谓区间估计是研究用未知参数的点估计值（基于抽取的样本观测值算求得）作为近似值的精确程度和误差范围，是一个必须回答的重要问题。

5.5.1　参数估计量的置信区间

多元线性回归模型系数参数的估计量为

$$(\hat{\beta}_0,\hat{\beta}_1,\cdots,\hat{\beta}_k)' = \hat{\beta} = (X'X)^{-1}X'Y$$

由于抽样的随机性，所以估计量自然也具有随机性。在多次重复抽样中，各次抽样得到的样本观测数据不可能完全相同，所以依据估计量公式计算得到的点估计值一般也不相同。于是，我们设想以参数估计量的点估计值为中心，构建一个置信区间，该区间以一定的置信水平包含该参数。具体而言，以参数β_i的估计值为区间中心，构建区间$(\hat{\beta}_i-d,\hat{\beta}_i+d)$，其包含参数$\beta_i$的概率为给定的置信水平。其中，$d$称为边际误差。

在 5.4.3 节中，我们得到

$$\frac{\hat{\beta}_i-\beta_i}{S_{\hat{\beta}_i}} \sim t(n-k-1)$$

这样一来，对于给定的置信水平$1-\alpha$，若$t_{\alpha/2}$是自由度为$n-k-1$的t分布的临界值，则

$$P\left(-t_{\alpha/2}<\frac{\hat{\beta}_i-\beta_i}{S_{\hat{\beta}_i}}<t_{\alpha/2}\right)=1-\alpha$$

即

$$P(\hat{\beta}_i-t_{\alpha/2}\cdot S_{\hat{\beta}_i}<\beta_i<\hat{\beta}_i+t_{\alpha/2}\cdot S_{\hat{\beta}_i})=1-\alpha$$

这样就得到了参数β_i置信水平$1-\alpha$的置信区间为

$$(\hat{\beta}_i-t_{\alpha/2}\cdot S_{\hat{\beta}_i},\ \hat{\beta}_i+t_{\alpha/2}\cdot S_{\hat{\beta}_i})$$

其中，边际误差$d_i=t_{\alpha/2}\cdot S_{\hat{\beta}_i}$，即临界值的$S_{\hat{\beta}_i}$倍。

例 5.4　求例 5.3 中线性回归模系数参数置信水平 99% 和 95% 的置信区间。

解：例 5.3 中模型回归系数的估计值分别为

$$\hat{\beta}_0=626.509，\hat{\beta}_1=-9.791，\hat{\beta}_2=0.029$$

系数估计的标准差分别为$S_{\hat{\beta}_0}$=40.130，$S_{\hat{\beta}_1}$=3.198，$S_{\hat{\beta}_2}$=0.006。

本例中，$k=2$，$n=10$。对于给定的显著水平$\alpha=0.01$和$\alpha=0.05$，t分布的临界值分别为

$$t_{\alpha/2}(n-k-1)=t_{0.005}(7)=3.499，\ t_{\alpha/2}(n-k-1)=t_{0.025}(7)=2.365$$

对于置信水平 99%，显著水平$\alpha=0.01$，利用公式$d_i=3.499\cdot S_{\hat{\beta}_i}$计算边际误差，分别为

$$d_0=140.415，d_1=11.190，d_2=0.021$$

从而得到 β_0、β_1、β_2 的置信区间分别为

（486.094，766.924），（-20.981，1.399），（0.008，0.05）

对于置信水平 95%，显著水平 $\alpha = 0.05$，利用公式 $d_i = 2.365 \cdot S_{\hat{\beta}_i}$ 计算边际误差，分别为

$$d_0 = 95.907,\quad d_1 = 7.563,\quad d_2 = 0.014$$

从而得到 β_0、β_1、β_2 的置信区间分别为

（530.602，722.416），（-17.354，-2.228），（0.015，0.043）

由以上置信区间发现，不管置信水平如何，参数 β_2 的置信区间最短；置信水平越高，相应的置信区间越长。

在实际应用中，我们当然希望置信水平越高越好，置信区间越短越好。如何才能缩短置信区间？从置信区间公式不难看出：

①增大样本容量 n。在同样的置信水平下，n 越大，t 分布自由度为 $(n-k-1)$ 的临界值 $t_{\alpha/2}$ 越小。另外，增大样本容量，在一般情况下可使 $S_{\hat{\beta}_i}$ 减小，从而边际误差 $d_i = t_{\alpha/2} \cdot S_{\hat{\beta}_i}$ 变小。

②提高模型的拟合优度以减小残差平方和 $e'e$。设想一种极端情况，如果模型完全拟合样本观测数据，则残差平方和为 0，从而置信区间也为 0。

③提高样本观测数据的离散程度。一般情况下，样本观测值离散程度越大，c_{ii} 越小。

④置信水平越高，在其他情况不变时，临界值 $t_{\alpha/2}$ 越大，边际误差 $d_i = t_{\alpha/2} \cdot S_{\hat{\beta}_i}$ 越大，从而置信区间越长。如果要缩短置信区间，在其他情况不变时，就必须降低对置信水平的要求。

5.5.2 预测值的置信区间

在得到多元线性回归模型参数的估计量后，我们有

$$\hat{Y} = X\hat{\beta}$$

其中，$\hat{Y} = (\hat{Y}_1, \hat{Y}_2, \cdots, \hat{Y}_n)'$，$\hat{\beta} = (\hat{\beta}_0, \hat{\beta}_1, \cdots, \hat{\beta}_k)'$。如果给定样本以外所有解释变量的观测值 $X_0 = (1, X_{01}, X_{02}, \cdots, X_{0k})$，可得到被解释变量的预测值

$$\hat{Y}_0 = X_0\hat{\beta}$$

这个值是被解释变量预测值的点估计值。对于给定的置信水平，我们还可以给出预测值的置信区间。

设对应 $X_0 = (1, X_{01}, X_{02}, \cdots, X_{0k})$ 的实际值为 Y_0，$Y_0 = X_0\beta + \varepsilon_0$，那么预测误差为

$$e_0 = Y_0 - \hat{Y}_0$$

于是

$$E(e_0)=E(X_0\beta+\varepsilon_0-X_0\hat{\beta})$$
$$=E[\varepsilon_0+X_0\beta-X_0(X'X)^{-1}X'Y]$$
$$=E[\varepsilon_0+X_0\beta-X_0(X'X)^{-1}X'(X\beta+\varepsilon)]$$
$$=E[\varepsilon_0-X_0(X'X)^{-1}X'e]$$
$$=0$$
$$\mathrm{Var}(e_0)=E(e_0^2)$$
$$=E[\varepsilon_0-X_0(X'X)^{-1}X'\varepsilon]^2$$
$$=\sigma^2[1+X_0(X'X)^{-1}X_0']$$

e_0服从正态分布，即

$$e_0\sim N\left\{0,\sigma^2[1+X_0(X'X)^{-1}X_0']\right\}$$

记e_0方差的估计量为

$$\hat{\sigma}_{e_0}^2=\hat{\sigma}^2[1+X_0(X'X)^{-1}X_0']$$

标准差

$$\hat{\sigma}_{e_0}=\hat{\sigma}\sqrt{1+X_0(X'X)^{-1}X_0'}$$

则可得

$$t=\frac{\hat{Y}_0-Y_0}{\hat{\sigma}_{e_0}}\sim t(n-k-1)$$

于是，类似于参数估计量置信区间的构建过程，可得到置信水平$(1-\alpha)$下Y_0的置信区间为

$$(\hat{Y}_0-t_{\alpha/2}\cdot\hat{\sigma}\ \sqrt{1+X_0(X'X)^{-1}X_0'},\ \hat{Y}_0+t_{\alpha/2}\cdot\hat{\sigma}\ \sqrt{1+X_0(X'X)^{-1}X_0'})$$

*5.6 违背基本假设的情况

在5.1.3节中，为了使模型参数的估计量具有优良的性质，对线性回归模型设定了一些基本的假设，其中包括随机误差项序列同方差、不存在序列相关，以及解释变量不相关。但现实中，完全满足这些假设的情况很少见，经常出现违背一个或多个基本假设的情况，具体包括：随机误差项序列存在异方差性，随机误差项序列存在序列相关性，解释变量之间存在多重共线性。当然，除这三种情况，还有随机解释变量、解释变量与随机误差项相

关、模型设定偏误等违背基本假设的情况，由于后者几个问题相对复杂，且在中高级计量经济学中有专门讨论，本节我们重点考虑前三种情况。

5.6.1 异方差性

1. 异方差的概念

当一个线性回归模型违背同方差假设时，称为模型出现异方差性问题。对于模型

$$Y_i = \beta_0 + \beta_1 X_{i1} + \beta_2 X_{i2} + \cdots + \beta_k X_{ik} + \varepsilon_i \quad i = 1,2,\cdots,n$$

同方差性假设为 $\mathrm{Var}(\varepsilon_i) = \sigma^2$， $i = 1,2,\cdots,n$ 。如果出现 $\mathrm{Var}(\mu_i) = \sigma_i^2$（ $i = 1,2,\cdots,n$ ），即对于不同的样本点，随机误差项的方差不再是常数，而是互不相同，则认为随机误差项之间存在异方差 (heteroskedasticity)。

这里需要说明的是，对于每一次观测或每一个样本点，随机误差项都是随机变量，服从均值为 0 的正态分布，所谓异方差性是指这些随机变量服从的正态分布具有不同的方差。

2. 现实问题中的异方差性

为说明异方差性在现实问题中表现，下面我们以实际经济问题为例进行分析。

例如，我们根据需求理论，以服装需求量 Q 为被解释变量，选择收入 I、服装价格 p 和其他商品的价格 P 为解释变量，构建一个服装需求函数模型，即

$$Q_i = f(I_i, p_i, P_{i1}, \cdots P_{is}) + \varepsilon_i \quad i = 1,2,\cdots,n$$

在该模型中，解释变量中没有反映气候因素的变量，但它会对服装需求量产生影响，该影响则被包含在随机误差项中。如果该影响构成了随机误差项的主要部分，则可能出现异方差性。因为，对于不同收入的消费者而言，气候变化对服装需求量带来的影响是不同的。高收入者在气候变化时可较多地购买服装以适应气候的变化，而低收入者的适应能力则很有限。于是，不同收入的消费者的服装需求量偏离均值的程度是不同的，也就是说不同收入的消费者的服装需求量具有不同的方差，这就产生了异方差性。更进一步分析，在这个例子中，随机误差项的方差是随着解释变量 I（收入）的观测值的增大而增大。

一般经验告诉我们，采用截面数据作样本的计量经济学问题，由于解释变量以外的其他因素在不同样本点上的差异较大，所以往往存在异方差性。

3. 异方差性的后果

对于存在异方差性的线性回归模型，如果仍采用普通最小二乘法估计模型参数，则会产生一系列不良后果。

1）参数估计量不再有效

在 5.3.3 节关于参数估计量有效性的证明过程中，我们使用了误差项同方差的假设，即

$$E(\varepsilon\varepsilon') = \sigma^2 I$$

当模型出现异方差性时，其参数的普通最小二乘估计量仍然具有无偏性，但不再具有有效性，且在大样本情况下，参数估计量仍然不具有渐近有效性。

2）变量的显著性检验失去意义

在 5.4.3 节关于变量显著性的检验中，t 统计量的推导中，使用了随机误差项共同的方差 σ^2，而且使用了系数参数估计量的方差，即

$$\mathrm{Var}(\hat{\beta}) = \sigma^2 (X'X)^{-1}$$

得到的检验统计量

$$t = \frac{\hat{\beta}_i}{\sqrt{c_{ii}\dfrac{e'e}{n-k-1}}} = \frac{\hat{\beta}_i}{S_{\hat{\beta}_i}}$$

在假设 $H_0 : \beta_i = 0$ 成立时服从自由度为 $(n-k-1)$ 的 t 分布，即 $t \sim t(n-k-1)$。如果模型误差项出现了异方差，t 检验就失去意义，其他检验也如此。

3）模型的预测失效

由于异方差的存在产生了上述后果，使得模型不具有良好的统计性质。另外，在预测值置信区间的构建中也利用了随机误差项的同方差假设。所以，当随机误差项出现异方差时，模型的预测功能失效。

4. 异方差性的检验

我们知道了异方差的概念，且异方差会带来不良后果。于是，如何判断模型是否存在异方差，异方差以怎样的形式出现，无疑是需要解决的重要的问题。在一些统计学和计量经济学教科书和文献中，可以见到十多种检验方法，如图示检验法、等级相关系数法、戈里瑟检验、巴特列特检验、戈德菲尔特—夸特检验等。这些方法各有优缺点，尽管这些方法各有不同，但其思路却相同。具体而言，由于异方差性是相对于不同的解释变量观测数据，随机误差项具有不同的方差，因此异方差性的检验实际上是检验随机误差项的方差与解释变量观测值之间是否相关，各种检验方法一般是基于这个思路建立起来的。关于随机误差项方差的表示，一般的处理方法是：首先采用普通最小二乘法估计模型，其次求随机误差项的估计量（注意，该估计量是不严格的），我们称之为“近似估计量”，记为 $\tilde{e}_i$（$i = 1,2,\cdots,n$）。于是有

$$\mathrm{Var}(\varepsilon_i) = E(\varepsilon_i^2) \approx \tilde{e}_i^2$$

$$\tilde{e}_i = Y_i - (\hat{Y}_i)_{OLS}$$

即用 $\tilde{e}_i^2$ 来表示随机误差项的方差。

例如，图示检验法，以某一解释变量为横坐标，以 $\tilde{e}_i^2$ 为纵坐标，绘制样本的散点图，基于图直观判断两者的相关性。如果存在相关性，则原模型存在异方差性。

但是，图示检验法比较粗糙，只能大概进行判断，其他检验方法相对更为严格规范。例如，常用的戈里瑟检验，该方法以 $\tilde{e}_i^2$ 为被解释变量，以原始模型的某一解释变量 X_j 为解释变量，建立如下模型

$$\tilde{e}_i^2 = f(X_{ij}) + \nu_i \quad i = 1, 2, \cdots, n$$

选择解释变量 X_j 不同的函数形式，对方程进行估计并进行显著性检验，如果存在某一种函数形式，使上述模型显著成立，则说明原始模型存在异方差性。具体应用时，将原始模型中解释变量 $X_1, X_2, \cdots, X_k$ 逐个或选择多个作为 $\tilde{e}_i^2$ 的解释变量，反复进行试算。如果通过其他途径知道 $\tilde{e}_i^2$ 与哪一个变量相关，则检验过程会简化；如果进一步知道两者的函数关系形式，则检验过程会更为简单。在这些检验方法中，如果随机误差项的方差与解释变量观测值之间被证明存在相关性，则可以判断原模型存在异方差性。如果随机误差项的方差与解释变量观测值之间被证明不存在相关性，是否可以判断原模型不存在异方差性？严格讲不可以。但是在实际应用中，人们往往在证明了随机误差项的方差与解释变量观测值之间不存在相关性之后，就不再进行异方差性处理了。

5. 存在异方差时参数估计方法的修正

前面已说明，当线性回归模型存在异方差性时，采用普通最小二乘法估计模型参数会产生一系列不良后果。因此，我们需要对普通最小二乘法进行改进，发展新的参数估计方法，最常用的方法是加权最小二乘法（weighted least square，WLS）。

加权最小二乘法通过对原始模型进行加权处理，使其变换为一个新的不存在异方差性的模型，然后再采用普通最小二乘法估计其参数。我们首先通过一个简单例子说明这种处理方法。

如果在检验过程中已经发现

$$\mathrm{Var}(\varepsilon_i) = E(\varepsilon_i)^2 = \sigma_i^2 = f(X_{ij})\sigma^2$$

即随机误差项的方差与解释变量 X_j 之间存在相关性，则对原始模型两端同时乘以 $\sqrt{f(x_j)}$ 的倒数，得到变换后的模型

$$\frac{1}{\sqrt{f(X_{ij})}} Y_i = \beta_0 \frac{1}{\sqrt{f(X_{ij})}} + \beta_1 \frac{1}{\sqrt{f(X_{ij})}} X_{i1} + \beta_2 \frac{1}{\sqrt{f(X_{ij})}} X_{i2} + \cdots$$

$$+ \beta_k \frac{1}{\sqrt{f(X_{ij})}} x_{ik} + \frac{1}{\sqrt{f(X_{ij})}} \varepsilon_i \text{，} \quad i = 1, 2, \cdots, n$$

在这模型中，误差项的方差

$$\mathrm{Var}\left(\frac{1}{\sqrt{f(X_{ij})}} \varepsilon_i\right) = E\left(\frac{1}{\sqrt{f(X_{ij})}} \varepsilon_i\right)^2 = \frac{1}{f(X_{ij})} E(\varepsilon_i)^2 = \sigma^2$$

即变换后模型的误差具有同方差性。于是，采用普通最小二乘法估计其参数，得到参数 $\beta_0, \beta_1, \cdots, \beta_k$ 的无偏的、有效的估计量。这就是加权最小二乘法，在这里权就是 $1/\sqrt{f(X_{ij})}$。

一般情况下，若多元线性回归模型为 $Y = X\beta + \varepsilon$，且满足

$$E(\varepsilon) = 0$$

$$\mathrm{Var}(\boldsymbol{\varepsilon}) = E(\boldsymbol{\varepsilon}\boldsymbol{\varepsilon}') = \sigma^2 W$$

$$W = \begin{bmatrix} w_1 & & & \\ & w_2 & & \\ & & \ddots & \\ & & & w_n \end{bmatrix}$$

即存在异方差性。设 $W = DD'$，并用 D^{-1} 左乘回归模型 $Y = X\beta + \varepsilon$ 两端，得到变换后的模型为

$$D^{-1}Y = D^{-1}X\beta + D^{-1}\varepsilon$$

若令 $Y^*=D^{-1}Y$，$X^* = D^{-1}X$，$\varepsilon^* = D^{-1}\varepsilon$，则有

$$Y^* = X^*\beta + \varepsilon^*$$

变换后的模型具有同方差性。因为

$$\begin{aligned} E(\varepsilon^*\varepsilon^{*\prime}) &= E(D^{-1}\varepsilon\varepsilon' D^{-1\prime}) \\ &= D^{-1}E(\varepsilon\varepsilon')D^{-1\prime} \\ &= D^{-1}\sigma^2 W D^{-1\prime} \\ &= D^{-1}\sigma^2 DD' D^{-1\prime} \\ &= \sigma^2 I \end{aligned}$$

于是，采用普通最小二乘法估计变换后的模型，得参数估计量为

$$\begin{aligned} \hat{\beta} &= (X^{*\prime}X^*)^{-1}X^{*\prime}Y^* \\ &= (X'D^{-1\prime}D^{-1}X)^{-1}X'D^{-1\prime}D^{-1}Y \\ &= (X'W^{-1}X)^{-1}X'W^{-1}Y \end{aligned}$$

这就是原始模型系数参数的加权最小二乘估计量，其具有无偏性和有效性。

关于加权最小二乘估计量中的权矩阵 W，仍然是对原始模型首先采用普通最小二乘法进行估计，得到随机误差项的近似估计量，然后得到权矩阵的估计量，即

$$\hat{W} = \begin{pmatrix} \tilde{e}_1^2 & & & \\ & \tilde{e}_2^2 & & \\ & & \ddots & \\ & & & \tilde{e}_n^2 \end{pmatrix}$$

实际操作中，读者只需要在相关软件中选择加权最小二乘法，将上述权矩阵输入，估计过程即自动完成。实际使用时，经验的做法是人们通常并不对原始模型进行异方差性检验，而是直接选择加权最小二乘法，特别是采用截面数据进行回归时，如果确实存在异方差性，则会被有效地消除；如果不存在异方差性，则加权最小二乘法等价于普通最小二乘法。

5.6.2 序列相关性

1. 序列相关性的概念

序列相关（serial correlation）或自相关（autocorrelation）是指模型的随机误差项之间不再相互独立，而出现相关的情况。换言之，自相关是指“在时间（如时间序列数据）或空间（如横截面数据）中观察值序列的各成员之间存在相关”。（古亚拉提，2003）

在模型

$$Y_i = \beta_0 + \beta_1 X_{i1} + \beta_2 X_{i2} + \cdots + \beta_k X_{ik} + \varepsilon_i \quad i = 1,2,\cdots,n$$

中，随机误差项互相独立的基本假设是

$$\mathrm{Cov}(\varepsilon_i, \varepsilon_j) = 0 \qquad i \neq j，\ i,j = 1,2,\cdots,n$$

对于不同的样本点，如果随机误差项之间存在某种相关性，不再是完全互相独立，则认为出现了序列相关性。即

$$\mathrm{Cov}(\varepsilon_i, \varepsilon_j) \neq 0 \qquad i \neq j，\ i,j = 1,2,\cdots,n$$

由于随机误差项$E(\varepsilon_i) = 0$，故序列相关性还可表示为

$$E(\varepsilon_i \varepsilon_j) \neq 0 \qquad i \neq j，\ i,j = 1,2,\cdots,n$$

如果有

$$E(\varepsilon_i \varepsilon_{i-1}) \neq 0 \qquad i = 2,3,\cdots,n$$

则称随机误差序列$\varepsilon_1,\varepsilon_2,\cdots,\varepsilon_n$一阶序列相关，或称为一阶自相关。当数据为时间序列数据时，随机误差序列$\varepsilon_1,\varepsilon_2,\cdots,\varepsilon_n$一阶自相关的产生机制可设定为

$$\varepsilon_i = \rho\varepsilon_{i-1} + \nu_i \quad -1 \leqslant \rho \leqslant 1$$

它刻画了误差项依赖于其上期值与一个纯随机项，依赖过去值的程度由ρ来测度。ρ称为自相关系数（coefficients of autocorrelation），其值介于 -1 和 1。

2. 现实问题中的序列相关性

为了说明现实问题中误差序列的相关性，我们考虑基于时间序列数据构建的居民总消费函数模型，即

$$C_t = \beta_0 + \beta_1 I_t + \varepsilon_t \quad t = 1,2,\cdots,n$$

其中，C表示居民总消费额，I表示总收入，t表示年份。根据经济学理论，居民总消费除受收入影响外，还受其他因素的影响，如消费习惯等，但这些因素未在模型的解释变量中出现，它们对总消费额C的影响蕴含在随机误差项中。如果这些因素的影响构成了随机误差项的主要成分，则可能出现序列相关性。因为，对于不同的年份，由于消费习惯等因素的惯性，其对总消费额的影响具有一定的内在规律性。一般情况下，前一年的正向影响往往导致后一年也产生正向影响。于是，在不同年份的观测之间，随机误差项出现了相关性。

实际应用经验总结发现，对于时间序列数据，由于解释变量以外的其他因素在时间上

的连贯性，导致它们对被解释变量的影响具有惯性，从而使误差项序列出现相关性。

3. 序列相关性的后果

对于存在序列相关性的线性回归模型，如果仍采用普通最小二乘法估计模型参数，则会产生一系列不良后果。

1）参数估计量不再有效

在 5.3.3 节关于参数估计量有效性的证明过程中，我们使用了误差项同方差的假设，即

$$E(\varepsilon\varepsilon') = \sigma^2 I$$

当模型出现序列相关性时，其参数的普通最小二乘估计量仍然具有无偏性，但不再具有有效性，且在大样本情况下，参数估计量仍然不具有渐近有效性。

2）变量的显著性检验失去意义

在 5.4.3 关于变量显著性的检验中，t 统计量的推导中，使用了随机误差项同方差 σ^2 和互相独立的假设，如果出现了序列相关性，t 检验就失去意义。

3）模型的预测失效

由于序列相关性产生了上述后果，使得模型不具有良好的统计性质。所以，当随机误差项出现序列相关时，模型的预测功能失效。

4. 序列相关性的检验

关于序列相关性的检验有多种方法，如冯诺曼比检验法、回归检验法、D.W. 检验等。这些检验方法具有共同的思路，首先采用普通最小二乘法估计模型，得到随机误差项的“近似估计量”，记为 $\tilde{e}_i$（$i=1,2,\cdots,n$）。于是有

$$\mathrm{Var}(\varepsilon_i) = E(\varepsilon_i^2) \approx \tilde{e}_i^2$$

$$\tilde{e}_i = Y_i - (\hat{Y}_i)_{\mathrm{OLS}}$$

即用残差的平方 $\tilde{e}_i^2$ 来近似随机误差项的方差。

其次，分析“近似估计量” $\tilde{e}_1,\tilde{e}_2\cdots,\tilde{e}_n$ 之间的相关性，以判断随机误差项 $\varepsilon_1,\varepsilon_2\cdots,\varepsilon_n$ 是否存在序列相关性。

1）回归检验法

回归检验法是以 $\tilde{e}_i$ 作为被解释变量，以各种可能的相关量，诸如 $\tilde{e}_{i-1}$，$\tilde{e}_{i-2}$，$\tilde{e}_i^2$ 等为解释变量，构建各种模型，如

$$\tilde{e}_i = \rho\tilde{e}_{i-1} + \varepsilon_i \qquad i=2,3,\cdots,n$$

$$\tilde{e}_i = \rho_1\tilde{e}_{i-1} + \rho_2\tilde{e}_{i-2} + \varepsilon_i \qquad i=3,4,\cdots,n$$

等。对这些模型进行估计并进行显著性检验，如果存在某一种函数形式，使得模型显著成立，则说明原始模型存在序列相关性。回归检验法在具体应用时需要反复进行试算，其优点是一旦确认了模型存在序列相关性，同时也就发现了误差项之间相关的具体形式，而且它适用于任何类型的序列相关性问题的检验。

2）冯诺曼比检验法

冯诺曼比检验法是采用统计量

$$\frac{\sum_{i=2}^{n}(\tilde{e}_i-\tilde{e}_{i-1})^2/(n-1)}{\sum_{i=1}^{n}(\tilde{e}_i-\bar{\tilde{e}})^2/n}$$

检验误差项的序列相关性，该统计量被称为冯诺曼比，其中 $\bar{\tilde{e}}$ 是 $\tilde{e}_1,\tilde{e}_2\cdots,\tilde{e}_n$ 的算术平均值。当样本容量足够大时（大于 30），该统计量近似服从正态分布。

3）D.W. 检验

D.W. 检验是由杜宾和瓦尔森（Durbin 和 Watson）于 1951 年提出，是最具应用价值的诊断方法，但是它仅适用于一阶自相关的检验。D.W. 检验的统计量为

$$\text{D.W.}=\frac{\sum_{i=2}^{n}(\tilde{e}_i-\tilde{e}_{i-1})^2}{\sum_{i=1}^{n}\tilde{e}_i^2}$$

它是计算该统计量的值，根据样本容量 n 和解释变量数目 k 查 D.W. 分布表，得到临界值 d_{l} 和 d_{u}，然后按照下列判断准则分析计算得到的 D.W. 值，以判断模型的自相关状态。

如果

$0<\text{D.W.}<d_{\mathrm{l}}$	判定存在正自相关
$d_{\mathrm{l}}<\text{D.W.}<d_{\mathrm{u}}$	不能确定
$d_{\mathrm{u}}<\text{D.W.}<4-d_{\mathrm{u}}$	判定无自相关
$4-d_{\mathrm{u}}<\text{D.W.}<4-d_{\mathrm{l}}$	不能确定
$4-d_{\mathrm{l}}<\text{D.W.}<4$	判定存在负自相关

根据上述判断准则，当 D.W. 值在 2 附近时，模型不存在一阶自相关。下面，我们对上面的判断准则进行解释说明。

直观来看，如果模型存在正自相关，则对于相邻的样本观测，$\tilde{e}_i$ 都较大或较小，因此 $|\tilde{e}_i-\tilde{e}_{i-1}|$ 较小，于是 D.W. 值会较小；如果模型存在负自相关，则对于相邻的样本观测，若 $\tilde{e}_i$ 较大则 $\tilde{e}_{i-1}$ 较小，若 $\tilde{e}_i$ 较小则 $\tilde{e}_{i-1}$ 较大，在这种情况下 $|\tilde{e}_i-\tilde{e}_{i-1}|$ 较大，因此 D.W. 值也较大；如果模型不存在自相关，则 $\tilde{e}_i$ 与 $\tilde{e}_{i-1}$ 随机关联，$|\tilde{e}_i-\tilde{e}_{i-1}|$ 取值较为适中，因此 D.W. 的值也适中。

进一步，我们对 D.W. 统计量进行变换，得

$$\text{D.W.}=\frac{\sum_{i=2}^{n}\tilde{e}_i^2+\sum_{i=2}^{n}\tilde{e}_{i-1}^2-2\sum_{i=2}^{n}\tilde{e}_i\tilde{e}_{i-1}}{\sum_{i=1}^{n}\tilde{e}_i^2}$$

当 n 较大时，$\sum_{i=2}^{n}\tilde{e}_i^2$，$\sum_{i=2}^{n}\tilde{e}_{i-1}^2$，$\sum_{i=1}^{n}\tilde{e}_i^2$ 近似相等，因此上式可以近似化简为

$$\text{D.W.} \approx 2\left(1-\frac{\sum_{i=2}^{n}\tilde{e}_i\tilde{e}_{i-1}}{\sum_{i=1}^{n}\tilde{e}_i^2}\right) \triangleq 2(1-\hat{\rho})$$

其中

$$\hat{\rho}=\frac{\sum_{i=2}^{n}\tilde{e}_i\tilde{e}_{i-1}}{\sum_{i=1}^{n}\tilde{e}_i^2}$$

为自相关系数的估计量。

因此，$0 \leqslant \text{D.W.} \leqslant 4$，且若存在完全一阶正相关，$\hat{\rho} \approx 1$，$\text{D.W.} \approx 0$；若存在完全一阶负相关，$\hat{\rho} \approx -1$，$\text{D.W.} \approx 4$；若完全不相关，$\hat{\rho} \approx 0$，$\text{D.W.} = 2$。

从判断准则中看到，存在一个不能确定的 D.W. 值区域，这是该检验方法的一大缺陷。D.W. 检验虽然只能检验一阶自相关，但在实际经济问题中，一阶自相关是出现最多的一类序列相关，而且经验表明，如果不存在一阶自相关，一般也不存在高阶序列相关。所以，在实际应用中，对于序列相关问题一般只进行 D.W. 检验。

另外需要注意的是，使用 D.W. 检验时，回归模型的解释变量中不能包含被解释变量的滞后项，否则 D.W. 检验失效。如果出现回归模型的解释变量中包含被解释变量滞后项的情况，可采用 Durbin-Watson h 检验。杜宾证明了在大样本情况下，当 $H_0:\rho=0$ 成立时，h 统计量

$$h=\hat{\rho}\sqrt{\frac{n}{1-n\cdot\text{Var}(\hat{\beta}_j)}} \sim N(0.1)$$

或

$$h=\left(1-\frac{1}{2}\text{D.W.}\right)\sqrt{\frac{n}{1-n\cdot S_{\hat{\beta}_j}^2}} \sim N(0.1)$$

其中，$\hat{\beta}_j$ 是模型中一阶滞后变量的系数参数估计量。后续检验按照通常的假设检验流程进行即可。

例 5.5 美国经济学家杜森贝利（Duesenberry）分析发现人们的消费具有惯性，前期高消费水平会影响下一期消费，这说明消费除受当期收入影响外，可能还受前期消费的影响。这样一来，在构建消费函数模型时，解释变量中除包含当期收入外，还应包含被解释变量消费的滞后项——前期消费。高铁梅等（2009）提出利用我国 1979—2006 年的相关数据，得到了估计的回归方程为

$$\hat{C}_t = 223.04 + 0.44I_t + 0.45C_{t-1}$$

$$S_{\hat{\beta}_i} = （60.96）（0.06）（0.089）$$

$$R^2 = 0.999, \quad F = 15034.69$$

其中，C_t表示第t年居民消费，I_t表示第t年居民可支配收入，C_{t-1}表示上一年的居民消费。

软件计算结果显示 D.W.=1.8，若给定显著水平 $\alpha = 0.05$，查 D.W. 统计量表，得到 $d_1 = 1.26$，$d_u = 1.56$，d_u <D.W.<4− d_u，因此判定模型存在负自相关。但是，本例模型中被解释变量的滞后项 C_{t-1} 充当了解释变量，因此 D.W.=1.8 不能作为依据判断模型是否存在一阶自相关，应该采用 Durbin-Watson h 检验，即将 D.W.=1.8，$n = 28$，$S_{\hat{\beta}_2} = 0.089$ 代入 h 统计量的计算公式，经计算得到 $h = 0.6$。对于给定的显著水平 $\alpha = 0.05$，查标准正态分布表得临界值 $Z_{0.025} = 1.96$。因此，不能拒绝模型不存在一阶自相关的假设 $H_0 : \rho = 0$。

5. 存在序列相关性时参数估计方法的修正

1）广义最小二乘法

前面已说明，当线性回归模型存在序列相关性时，采用普通最小二乘法估计模型参数会产生一系列不良后果。因此，我们需要对普通最小二乘法进行改进，发展新的参数估计方法，最常用的方法是广义最小二乘（generalized least square, GLS）法和差分法。广义最小二乘法，顾名思义，是最具有普遍意义的最小二乘法，普通最小二乘法和加权最小二乘法是它的特例。

当多元线性回归模型

$$Y = X\beta + \varepsilon$$

误差项存在序列相关性和异方差性时，其随机误差

$$E(\varepsilon) = 0$$

$$\mathrm{Var}(\varepsilon) = E(\varepsilon\varepsilon') = \sigma^2\Omega$$

$$\Omega = \begin{pmatrix} w_1 & w_{12} & \cdots & w_{1n} \\ w_{21} & w_2 & \cdots & w_{2n} \\ \cdots & \cdots & \cdots & \cdots \\ w_{n1} & w_{n2} & \cdots & w_n \end{pmatrix}$$

令 $\Omega = DD'$，并用 D^{-1} 左乘 $Y = X\beta + \varepsilon$ 两端，得到变换后的模型为

$$D^{-1}Y = D^{-1}X\beta + D^{-1}\varepsilon$$

设 $Y^*=D^{-1}Y$，$X^* = D^{-1}X$，$\varepsilon^* = D^{-1}\varepsilon$，则有

$$Y^* = X^*\beta + \varepsilon^*$$

因为

$$\begin{aligned} E(\varepsilon^* \varepsilon^{*\prime}) &= E(D^{-1}\varepsilon\varepsilon' D^{-1\prime}) \\ &= D^{-1}E(\varepsilon\varepsilon')D^{-1\prime} \\ &= D^{-1}\sigma^2 \Omega D^{-1\prime} \\ &= D^{-1}\sigma^2 DD' D^{-1\prime} \\ &= \sigma^2 I \end{aligned}$$

所以，变换后的模型的随机误差项 ε^* 满足同方差性且相互独立。

于是，采用普通最小二乘法估计变换后的模型，得参数估计量为

$$\begin{aligned} \hat{\beta} &= (X^{*\prime}X^*)^{-1}X^{*\prime}Y^* \\ &= (X'D^{-1\prime}D^{-1}X)^{-1}X'D^{-1\prime}D^{-1}Y \\ &= (X'\Omega^{-1}X)^{-1}X'\Omega^{-1}Y \end{aligned}$$

这就是原始模型系数参数向量 β 的广义最小二乘（GLS）估计量，其具有无偏性和有效性。

关于矩阵 Ω，首先对原模型 $Y = X\beta + \varepsilon$ 采用普通最小二乘法进行估计，得到随机误差项的近似估计量；其次，由近似估计量生成矩阵 Ω 的估计量，即

$$\hat{\Omega} = \begin{pmatrix} \tilde{e}_1^2 & \tilde{e}_1\tilde{e}_2 & \cdots & \tilde{e}_1\tilde{e}_n \\ \tilde{e}_2\tilde{e}_1 & \tilde{e}_2^2 & \cdots & \tilde{e}_2\tilde{e}_n \\ \cdots & \cdots & \cdots & \cdots \\ \tilde{e}_n\tilde{e}_1 & \tilde{e}_n\tilde{e}_2 & \cdots & \tilde{e}_n^2 \end{pmatrix}$$

实际使用时，经验的做法是人们通常并不对原始模型进行异方差性和序列相关性检验，而是直接选择广义最小二乘法，如果确实存在异方差性和序列相关性，则会被有效地消除；如果不存在异方差性和序列相关性，则广义最小二乘法等价于普通最小二乘法。

2）差分法

差分法的思路是将原模型变换为差分模型，其分为一阶差分法和广义差分法，该方法是消除序列相关性的有效方法，应用非常广泛。

（1）一阶差分法。一阶差分法是将原模型

$$Y_i = \beta_0 + \beta_1 X_{i1} + \beta_2 X_{i2} + \cdots + \beta_k X_{ik} + \varepsilon_i \qquad i = 1, 2, \cdots, n$$

变换为

$$\Delta Y_i = \beta_1 \Delta X_{i1} + \beta_2 \Delta X_{i2} + \cdots + \beta_k \Delta X_{ik} + \varepsilon_i - \varepsilon_{i-1} \qquad i = 2, 3, \cdots, n$$

其中

$$\Delta Y_i = Y_i - Y_{i-1}，\ \Delta X_{ij} = X_{ij} - X_{(i-1)j} \qquad i = 2, 3, \cdots, n，\ j = 1, 2, \cdots, k$$

如果原模型存在完全一阶正相关，即

$$\varepsilon_i = \varepsilon_{i-1} + \nu_i \quad i = 2,3,\cdots,n$$

其中 ν_i 不存在序列相关。于是，对于差分模型，在其满足其他基本假设时，可使用普通最小二乘法估计参数，得到原模型参数无偏和有效的估计量。

在实际问题中，完全一阶正相关的情况很少见，但差分模型还是被经常使用，因为只要存在一定程度的一阶正相关，差分模型可有效克服相关性。另一种方法是采用广义差分法，但估计过程相对复杂。

（2）广义差分法。广义差分法可以用来处理所有类型的序列相关带来的问题，一阶差分法是它的一个特例。如果考虑的原始模型为

$$Y_i = \beta_0 + \beta_1 X_{i1} + \beta_2 X_{i2} + \cdots + \beta_k X_{ik} + \varepsilon_i \qquad i = 1,2,\cdots,n$$

其中

$$\varepsilon_i = \rho_1 \varepsilon_{i-1} + \rho_2 \varepsilon_{i-2} + \cdots + \rho_l \varepsilon_{i-l} + \nu_i$$

将原始模型进行变换，得

$$\begin{aligned}
&Y_i - \rho_1 Y_{i-1} - \cdots - \rho_l Y_{i-l} \\
&= \beta_0(1 - \rho_1 - \cdots - \rho_l) + \beta_1(X_{i1} - \rho_1 X_{(i-1)1} - \cdots - \rho_l X_{(i-l)1}) \\
&+ \cdots + \beta_k(X_{ik} - \rho_1 X_{(i-1)k} - \cdots - \rho_l X_{(i-l)k}) + \varepsilon_i \\
&\qquad i = 1+l, 2+l, \cdots, n
\end{aligned}$$

称上述模型为广义差分模型，该模型误差项消除了序列相关性。在其他基本假设满足时，采用普通最小二乘法对该模型进行估计，得到的参数估计量即为原始模型参数的无偏和有效的估计量。

在应用广义差分法时，其前提是已知不同样本观察之间随机误差项的系数 $\rho_1, \rho_2, \cdots, \rho_l$，但实际上它们是未知的，所以必须首先对它们进行估计。研究人员发展了多种估计方法，例如科克伦—奥科特（Cochrane-Orcutt）迭代法、杜宾（Durbin）两步法等。这些方法的基本思路首先是采用普通最小二乘法估计原始模型，以得到随机误差项的“近似估计值”；其次，利用“近似估计值”求出 $\rho_1, \rho_2, \cdots, \rho_l$ 的估计量。关于科克伦 - 奥科特迭代法、杜宾两步法的更多资料参见李子奈和潘文卿（2010）。

5.6.3 多重共线性

1. 多重共线性的概念

多重共线性（multi-collinearity）是指多元线性回归模型中的若干个解释变量之间出现相关的情况。考虑模型

$$Y_i = \beta_0 + \beta_1 X_{i1} + \beta_2 X_{i2} + \cdots + \beta_k X_{ik} + \varepsilon_i \qquad i = 1,2,\cdots,n$$

基本假设中对解释变量的要求是它们相互独立。如果解释变量 $X_1, X_2, \cdots, X_k$ 中有某两个或

多个出现相关，则解释变量之间存在多重共线性。一种不常见的极端情况是如果存在不全为 0 的 $l_1, l_2, \cdots, l_k$，使

$$l_1 X_{i1} + l_2 X_{i2} + \cdots + l_k X_{ik} = 0$$

即某个解释变量可表示为其余解释变量的线性组合，则称解释变量 $X_1, X_2, \cdots, X_k$ 之间存在完全共线性（perfect multicollinearity）。

如果存在不全为 0 的 $l_1, l_2, \cdots, l_k$，使

$$l_1 X_{i1} + l_2 X_{i2} + \cdots + l_k X_{ik} + v_i = 0$$

其中 v_i 为随机扰动项，则称解释变量之间存在近似共线性（approximate multi-collinearity）。

下面采用矩阵工具对上述情况进行描述。多元线性回归模型的矩阵形式为

$$Y = X\beta + \varepsilon$$

当解释变量之间存在完全共线性时，矩阵 X 的秩 $R(X) < k+1$。在这种情况下，矩阵

$$X = \begin{bmatrix} 1 & X_{11} & X_{12} & \cdots & X_{1k} \\ 1 & X_{11} & X_{22} & \cdots & X_{2k} \\ \vdots & \vdots & \vdots & & \vdots \\ 1 & X_{n1} & X_{n2} & \cdots & X_{nk} \end{bmatrix}_{n\times(k+1)}$$

中至少有 1 列可表示为其余列（第一列除外）的线性组合。例如，若第一列 X_1 可表示为第二列 X_2 的线性组合，即 X_2=cX_1（c 为常数），即模型中解释变量 X_2 与 X_1 的相关系数为 1，从而 X_2 对被解释变量的影响可由 X_1 替代。

2. 现实问题中的多重共线性

为了说明现实问题中的多重共线性，我们根据需求理论，以运动鞋的需求量 Q 为被解释变量，选择个人收入 I、运动鞋价格 p 和其他商品的价格 P 为解释变量，构建如下模型：

$$Q_i = f(I_i, p_i, P_{i1}, \cdots, P_{is}) + \varepsilon_i \quad i = 1, 2, \cdots, n$$

直观来看，该模型中解释变量收入 I 与运动鞋价格 p 之间不应该相关，因为商品的价格一般不随购买者的收入而发生变化。但是，实际调查发现，它们之间确实存在一定的相关性，即高收入者一般购买高档运动鞋，而低收入者一般购买低档运动鞋。另外，不同收入水平的消费者常去的商场或店铺档次不同，而相同品牌的运动鞋在不同档次的商场或店铺售卖的价格也不同。于是，模型中解释变量 I 与 p 之间就产生了多重共线性。

时间序列变量，特别是经济时间序列变量的变化往往存在共同趋势。例如，宏观经济变量，如 GDP、消费、投资、房地产价格等，在经济繁荣与衰退时期均呈现增长或下降趋势，这些变量的样本数据之间往往呈现一定的相关性。

实际应用发现，基于时间序列数据并以简单线性形式构建的多元线性回归模型，一般存在多重共线性；基于截面数据构建的回归模型，虽多重共线性问题不甚严重，但有时也可能存在。

3. **多重共线性的后果**

当多元线性回归模型存在多重共线性，如果仍采用普通最小二乘法对模型参数进行估计，会产生一系列不良后果。

1）参数估计量在完全共线性下不存在

在 5.3.1 节中，我们已得到多元线性模型

$$Y = X\beta + \varepsilon$$

系数参数的普通最小二乘参数估计量为

$$\hat{\beta} = (X'X)^{-1}X'Y$$

如果出现完全共线性，则 $R(X) < k+1$，导致估计量公式中的 $(X'X)^{-1}$ 不存在，这样我们就得不到系数参数的估计量。

2）参数普通最小二乘估计量的方差在近似共线性下增大

当模型解释变量之间存在近似共线性时，系数参数的普通最小二乘估计量存在，但参数估计量方差存在问题。观察参数估计量方差

$$\mathrm{Var}(\hat{\beta}) = \sigma^2 (X'X)^{-1}$$

由于出现近似共线性时 $|X'X| \approx 0$，从而导致 $(X'X)^{-1}$ 主对角线上元素较大，故使参数的普通最小二乘估计量的方差变大，不能对总体参数做出准确推断。

为进一步说明参数的普通最小二乘估计量的方差变大的机理，我们考虑二元线性回归模型

$$Y_i = \beta_0 + \beta_1 X_{i1} + \beta_2 X_{i2} + \varepsilon_i \qquad i = 1,2,\cdots,n$$

设解释变量完全相关，即 $X_2 = cX_1$，其中

$$X_1 = (X_{11}, X_{21}, \cdots, X_{n1})', \quad X_2 = (X_{12}, X_{22}, \cdots, X_{n2})'$$

在离差形式下易得

$$\mathrm{Var}(\hat{\beta}_1) = \frac{\sigma^2 \sum_{i=1}^{n} x_{i2}^2}{\sum_{i=1}^{n} x_{i1}^2 \sum_{i=1}^{n} x_{i2}^2 - \left(\sum_{i=1}^{n} x_{i1} x_{i2}\right)^2}$$

$$= \frac{\sigma^2 \Big/ \sum_{i=1}^{n} x_{i1}^2}{1 - \left[\left(\sum_{i=1}^{n} x_{i1} x_{i2}\right)^2 \Big/ \sum_{i=1}^{n} x_{i1}^2 \sum_{i=1}^{n} x_{i2}^2\right]} = \frac{\sigma^2}{\sum_{i=1}^{n} x_{i1}^2} \cdot \frac{1}{1 - r^2}$$

其中

$$r^2 = \frac{\left(\sum_{i=1}^{n} x_{i1} x_{i2}\right)^2}{\sum_{i=1}^{n} x_{i1}^2 \sum_{i=1}^{n} x_{i2}^2}$$

且$r^2 \leqslant 1$，其是解释变量X_1与X_2（样本）相关系数的平方。

定义

$$\mathrm{VIF}(\hat{\beta}_1)=\frac{1}{1-r^2}$$

并称其为方差膨胀因子（variance inflation factor, VIF），其倒数（$1-r^2$）称为容忍度或容差（tolerance）。

当X_1与X_2不相关时，有$r^2=0$，$\mathrm{VIF}(\hat{\beta}_1)=1$，于是

$$\mathrm{Var}(\hat{\beta}_1)=\frac{\sigma^2}{\sum_{i=1}^{n} x_{i1}^2}$$

当X_1与X_2近似共线性时，$0<r^2<1$，此时$\mathrm{VIF}(\hat{\beta}_1)>1$，且

$$\mathrm{Var}(\hat{\beta}_1)=\frac{\sigma^2}{\sum_{i=1}^{n} x_{i1}^2}\cdot \mathrm{VIF}(\hat{\beta}_1)>\frac{\sigma^2}{\sum_{i=1}^{n} x_{i1}^2}$$

当X_1与X_2共线性时，$r^2=1$，$\mathrm{VIF}(\hat{\beta}_1)=+\infty$。方差膨胀因子随相关程度大小的变化情况如表5-7所示。

表 5-7　方差膨胀因子

相关系数平方	0	0.5	0.8	0.9	0.95	0.96	0.97	0.98	0.99	0.999
方差膨胀因子	1	2	5	10	20	25	33	50	100	1000

3）系数参数估计量经济含义不合理

如果多元线性回归模型中的解释变量具有线性相关性。例如，X_1与X_2相关，则X_1和X_2的系数不能反映各自与被解释变量的结构关系，而是反映它们对被解释变量的共同影响。因此，X_1和X_2的系数失去了应有的含义，经常显示出反常现象。例如，其正负与实际预期不一致。实际经济问题分析经验告诉我们，在利用多元线性回归模型进行实证分析时，若系数参数的估计值与经济预期相悖，则首先应考虑解释变量之间是否存在多重共线性。

4）变量的显著性检验和模型的预测功能失去意义

当多元线性回归模型解释变量之间存在多重共线性时，系数参数的最小二乘估计量的方差与标准差会变大，使基于样本数据计算而得的t统计量值变小，从而较大倾向做出系数参数与0无显著差异的推断，致使模型可能将重要的解释变量排除在外。另外，系数参数估计量标准差变大会使预测区间变长，导致预测失去意义。

4. 多重共线性的检验

多重共线性的检验方法主要是统计方法，如可决系数检验法、逐步回归检验法等。

1）可决系数检验法

设多元线性回归模型为

$$Y_i = \beta_0 + \beta_1 X_{i1} + \beta_2 X_{i2} + \cdots + \beta_k X_{ik} + \varepsilon_i, \quad i = 1,2,\cdots,n$$

如果模型的可决系数 R^2 和方程的显著性检验的 F 值较大，而变量的显著性检验的 t 值较小，通不过显著性检验，则说明模型中所有解释变量整体对被解释变量的影响是显著的，但各个解释变量之间因其存在多重共线性而使各自对被解释变量的独立影响难以分离辨析，导致变量的 t 检验不显著。这样就可以初步判断模型是否存在多重共线性。

进一步，将模型中每个解释变量分别对其余的解释变量进行回归，计算相应回归方程的可决系数。如果某个变量 X_j（$j=1,2,\cdots,k$）关于其余解释变量的回归方程的可决系数较大，则 X_j 与其余解释变量之间存在多重共线性。

对于上述具有较大可决系数的方程还可以进行检验。设 $R_{j\cdot}^2$ 为解释变量 X_j（$j=1,2,\cdots,k$）关于其余解释变量回归方程的可决系数，构建统计量 F_j 如下：

$$F_j = \frac{R_{j\cdot}^2/(k-1)}{(1-R_{j\cdot}^2)/(n-k)} \sim F(k-1, n-k)$$

若 X_j 与其余解释变量之间存在较强的共线性，则 $R_{j\cdot}^2$ 较大程度接近于 1，从而 $1-R_{j\cdot}^2$ 较小，这样一来 F_j 取值偏大。因此，可利用 F_j 统计量检验假设 H_0：X_j 与其余解释变量之间无显著的线性关系。

与此检验等价的一个检验是比较包含与不包含变量 X_j 的两个模型，如果两个模型的可决系数很接近，则说明 X_j 与其余解释变量之间存在共线性。

2）逐步回归法

逐个向模型中引入解释变量并进行估计，然后根据模型可决系数的变化情况判断新引入变量与原有解释变量之间的关系。如果可决系数变化很不显著，则说明新引入的变量与模型既有的其他变量之间存在共线性关系；如果可决系数变化显著，则说明新引入的变量可作为独立解释变量存在。

5. 存在多重共线性时参数估计方法的修正

前面已说明，当线性回归模型存在多重共线性时，采用普通最小二乘法估计模型参数会产生一系列不良后果。因此，我们需要对普通最小二乘法进行改进，常用的改进途径有三种，分别是剔除引起共线性的变量、差分法和降低参数估计量的方差。

1）剔除引起共线性的变量

解决多重共线性问题的有效方法是找出引起多重共线性的解释变量，并将其从模型中剔除出去。上面检验多重共线性的方法，同时也是解决模型多重共线性问题的方法，尤以逐步回归法应用最为广泛。

2）差分法

由于时间序列变量，特别是经济时间序列变量，其增量之间的线性相依程度往往远小于总量之间的线性相依程度。因此，对于呈现线性关系的时间序列变量，可将其原始模型转化为差分模型，这样可有效地消除原始模型中的多重共线性。

例 5.6　表 5-8 是某家庭共 16 期的可支配收入（Y，元）与消费支出（CE，元）数据，以及相关计算结果。其中 $\Delta Y_t = Y_t - Y_{t-1}$，$\Delta CE_t = CE_t - CE_{t-1}$，$t$ 为时期且 t>1。

图 5-4 和图 5-5 分别为家庭可支配收入与消费支出的散点图即增量之间的散点图。如图 5-4 和图 5-5 所示，可支配收入与消费支出之间的线性相关程度明显高于相应增量之间的相关程度。进一步分析发现，消费支出 CE 对可支配收入 Y 进行回归，可决系数为 0.988，ΔCE 对 ΔY 进行回归，可决系数为 0.769。实际应用中，当两个变量之间的可决系数大于 0.8 时，一般认为两者之间存在线性关系。所以，消费支出 CE 对可支配收入 Y 的回归模型被认为具有多重共线性，而 ΔCE 对 ΔY 的回归模型，即差分模型，可认为不具有多重共线性。

表 5-8　家庭可支配收入与消费支出

时期	Y / 元	CE / 元	CE/Y	ΔY / 元	ΔCE / 元	$\Delta CE/\Delta Y$
1	4901	2976	0.6072			
2	5489	3309	0.6028	588	333	0.5663
3	6076	3638	0.5996	587	329	0.5605
4	7164	4021	0.5613	1088	383	0.3520
5	8792	4694	0.5339	1628	673	0.4134
6	10133	5773	0.5697	1441	1079	0.7488
7	11784	6542	0.5552	1651	769	0.4658
8	14704	7451	0.5067	2920	909	0.3113
9	16466	9360	0.5684	1762	1909	1.083
10	18320	10556	0.5762	1854	1196	0.6451
11	21280	11362	0.5339	2960	806	0.2723
12	25864	13146	0.5083	4584	1784	0.3892
13	34501	15952	0.4624	8637	2806	0.3249
14	47111	20182	0.4284	12610	4230	0.3354
15	59405	27216	0.4581	12294	7034	0.5721
16	68498	34529	0.5041	9093	7313	0.8042

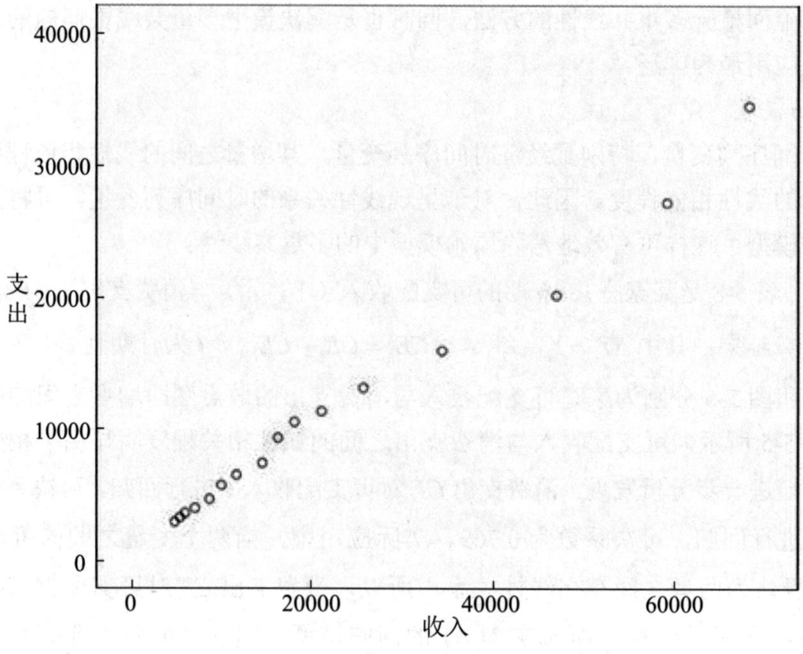

图 5-4　可支配收入与消费支出散点图

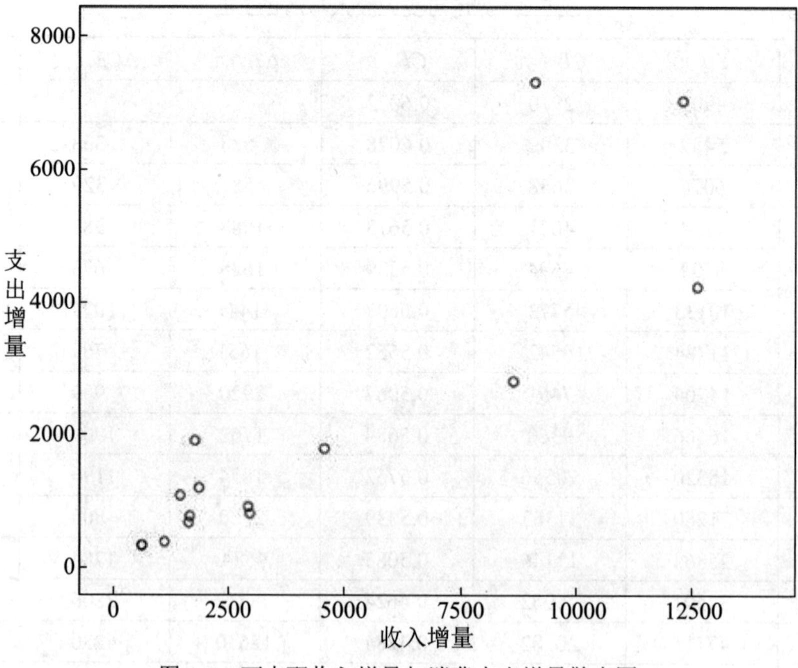

图 5-5　可支配收入增量与消费支出增量散点图

依据表 5-8 第 4 列和第 7 列数据，我们绘制了图 5-6。如图 5-6 所示，CE/Y 与 $\Delta CE/\Delta Y$ 分别随时期数变化的对比图，观察发现前者的变化具有一定的规律，线性关系明显，而后者的变化随机性更强，线性相依的程度明显较弱。

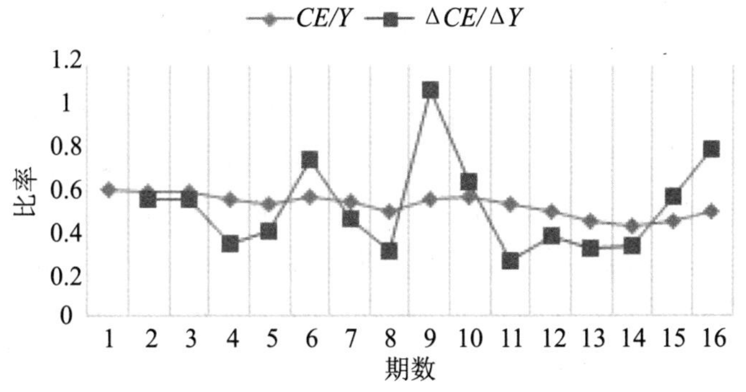

图 5-6 CE/Y与$\Delta CE/\Delta Y$对比图

3）降低参数估计量的方差

多重共线性会使模型参数估计量具有较大的方差，因此一种可行的思路是直接减小参数估计量的方差，这样的做法虽未解决多重共线性问题，但却消除了多重共线性导致的不良后果。

因为多重共线性与样本有关，同一模型在不同样本数据下的共线性情况不一样，即同样的模型在一个样本下存在多重共线性，而在另一样本下可能不存在多重共线性。因此，我们可通过增大样本容量降低参数估计量的方差。

20 世纪 70 年代发展的岭回归法 (ridge regression) 是一种用于解决模型多重共线性问题的有偏估计方法，它以牺牲最小二乘估计的无偏性为代价，通过引入偏误从而降低参数估计量的方差。岭回归又称为脊回归，其实质上是一种改良的最小二乘估计法，估计量为

$$\hat{\beta} = (X'X + \lambda I)^{-1} X'Y$$

其中λ为大于0的常数。显然，与普通最小二乘估计量相比，上面的估计量具有较小的方差。

但是，岭估计中λ的选择比较复杂，Hoerl 和 Kennard（1975）提出了一种估计方法。首先，对原始模型的解释变量与被解释变量的离差进行标准化处理，即

$$x_{ij}^* = \frac{x_{ij}}{\sqrt{\sum_{i=1}^{n} x_{ij}^2}}, \quad y_i^* = \frac{y_i}{\sqrt{\sum_{i=1}^{n} y_i^2}}, \quad j = 1,2,\cdots,k$$

得到模型

$$y_i^* = \beta_1^* x_{i1}^* + \beta_2^* x_{i2}^* + \cdots + \beta_k^* x_{ik}^* + \varepsilon_i^* \quad i = 1,2,\cdots,n$$

其次，使用普通最小二乘法估计该模型，得到系数参数与随机误差项方差的估计值，记为$\hat{\beta}_1^*, \hat{\beta}_2^*, \cdots, \hat{\beta}_k^*$和$\hat{\sigma}^2$。令

$$\hat{\lambda} = \frac{(k-1)\hat{\sigma}^2}{\sum_{j=1}^{k} (\hat{\beta}_j^*)^2}$$

并选择$\hat{\lambda}$作为λ的估计值。

5.7 实际应用

例 5.7 1998 年，我国停止住房实物分配，开始实行住房分配货币化、供给商品化、社会化，自此我国房地产行业进入了市场化阶段。为分析住房改革后我国房地产价格（简称为房价，元 /m^2）的影响因素，首先基于相关经济理论筛选了影响房地产价格的主要因素，具体包括：土地购置费（元 /m^2）、国内生产总值（GDP，万亿元）、城镇居民可支配收入（简称为可支配收入，元）、货币供给量（M2, 亿元）、贷款利息（%）。其次，通过查阅相关资料并分析整理，我们得到了相关指标连续 12 年的数据，如表 5-9 所示。须说明的是表中的贷款利息是

表 5-9 房价与相关指标数据

编号	房价 /（元 /m^2）	土地购置费 /（元 /m^2）	GDP/ 万亿元	可支配收入 / 元	M2/ 亿元	贷款利息 /%
1	2063	375.4	84402.28	5425.1	104498.5	8.64
2	2053	500	89677.05	5854	119897.9	6.39
3	2112	733.9	99214.55	6280	134610.3	5.85
4	2170	1038.8	109655.2	6859.6	158301.9	5.85
5	2250	1445.8	120332.7	7702.8	185007	5.31
6	2359	2055.2	135822.8	8472.2	221222.8	5.31
7	2778	2574.5	159878.3	9421.6	254107	5.31
8	3168	2904.4	184937.4	10493	298755.7	5.58
9	3367	3814.5	216314.4	11759.45	345603.6	5.58
10	3864	4873.2	265810.3	13785.81	403442.2	6.12
11	3800	5995.6	314045.4	15780.76	475166.6	7.47
12	4681	6023.7	340506.9	17175	606225	5.31

五年期贷款利率，其他指标数据也以 1998 年为基准进行了调整。下面，我们利用多元线性回归模型和 SPSS 软件对房价的影响因素进行分析。

1. 房价关于所有解释变量的线性回归模型及缺陷分析

本案例使用 SPSS 19.0 软件进行分析。首先，将表 5-9 中的数据复制粘贴到 SPSS 数据框中，并对变量进行命名。其次，以房价为被解释变量，土地购置费、GDP、可支配收入、M2、贷款利息为解释变量进行回归分析。

（1）在 SPSS 窗口选择分析（analyze）→回归（regression）→线性（linear）。

（2）在左侧框中选择房价到因变量（dependent）框中，选择土地购置费、GDP、可支配收入、M2、贷款利息到自变量 [independent（s）] 框中。如图 5-7 所示

（3）单击“统计量”（statistics）按钮，打开对话框，如图 5-8 所示。

（4）选择估计（estimates）、模型拟合度（model Fit）、共线性诊断（collinearity diagnostics），并单击“继续（continue）”按钮。

（5）单击“确定（OK）”按钮。输出结果如表 5-10、表 5-11 和表 5-12 所示。

由表 5-10 可知，可决系数 R^2 =0.975，调整的可决系数为 0.955，因此数据拟合模型的程度很高。

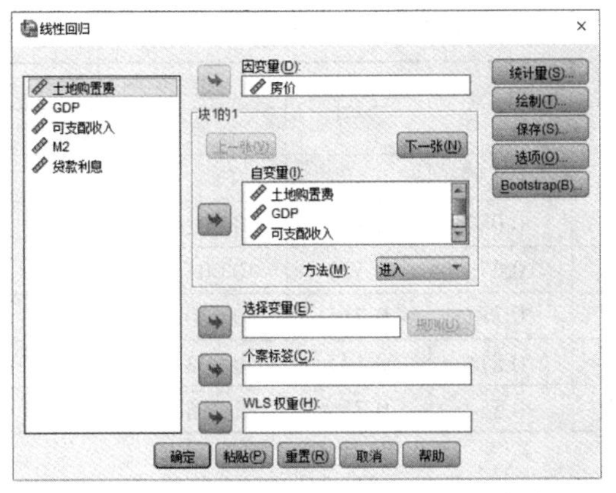

图 5-7　数据和线性回归变量选择截图

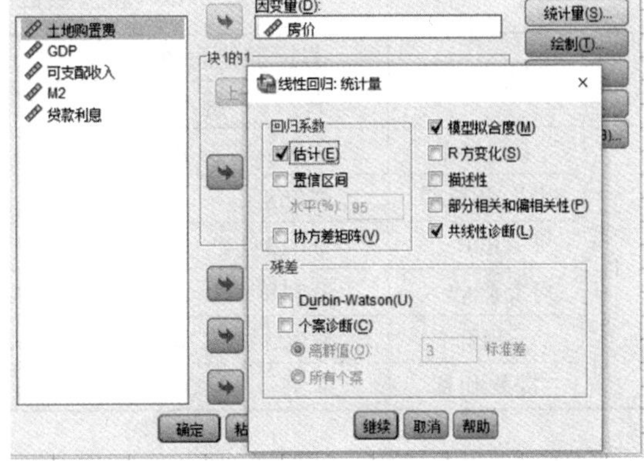

图 5-8　统计量选择截图

表 5-10　模型汇总[a]

模型	R	R^2	调整 R^2	标准估计的误差
1	0.988*	0.975	0.955	186.89124

a. 预测变量：（常量），贷款利息，GDP，M2，土地购置费，可支配收入。

由表 5-11 可知，当模型包含所有自变量（解释变量）时，回归方程 F 检验的统计量值为 47.480，其 P 值（Sig.）均小于 0.001，故拒绝模型回归系数均为 0 的原假设，回归方程通过了显著性检验，说明所有解释变量整体对房价具有显著地影响。

表 5-12 为模型回归系数的估计结果与相关统计量计算结果，表中分别给出了非标准化回归系数（unstandardized coefficients）和标准化回归系数（standardized coefficients）；t 列为解释变量显著性检验 t 统计量的值；Sig. 为变量 t 检验统计量的概率（P 值）；共线性统计量（collinearity statistics）给出了各个解释变量的容差或称容忍度（tolerance）和方差膨胀因子值（VIF）；容差是 1/VIF，容差越小，提示越可能存在多重共线性。这两个诊断多重共线性的量易于理解，一般认为容差小于 0.1 或方差膨胀因子（VIF）大于 10，则表示解释变量之间存在严重的多重共线性。另有些资料认为 VIF ＞ 5 时应质疑是否存在多重共线性问题。观察表 5-12 发现，除贷款利息外其他解释变量的方差膨胀因子很高，说明解释变量之间存在严重的多重共线性，所以尽管回归方程的可决系数很大，且通过了方程的显著性检验，但由于解释变量间存在多重共线性，可支配收入系数估计值为负与实际经济预期不一致，并且各个解释变量未通过 t 检验。

表 5-11　方差分析表（Anova[b]）

模型		平方和	df	均方	F	Sig.
1	回归	8291968.237	5	1658393.647	47.480	0.000[a]
	残差	209570.013	6	34928.336		
	总计	8501538.250	11			

a. 预测变量：（常量），贷款利息，GDP，M2，土地购置费，可支配收入。
b. 因变量：房价

表 5-12 模型系数[a]估计及显著性检验

模型		非标准化系数		标准系数	t	Sig.	共线性统计量	
		B	标准误差	试用版			容差	VIF
1	(常量)	2321.057	3149.738		0.737	0.489		
	土地购置费	0.058	0.671	0.136	0.087	0.934	0.002	603.419
	GDP	0.013	0.019	1.338	0.679	0.523	0.001	946.163
	可支配收入	−0.318	0.833	−1.429	−0.381	0.716	0.000	3421.036
	M2	0.005	0.006	0.938	0.814	0.447	0.003	323.499
	贷款利息	−37.859	106.856	−0.044	−0.354	0.735	0.265	3.778

a. 因变量：房价

上面分析说明，房价对所有解释变量进行回归的模型存在缺陷，不是一个好的模型。

2. 最佳线性回归模型的选择

鉴于上面线性回归模型存在的缺陷，我们须从模型中剔除存在多重共线性的变量，本例选取向后法进行变量筛选。在线性回归窗口方法（method）框下拉列表中选择向后（backward）项，其余选项不变，如图 5-9 所示。

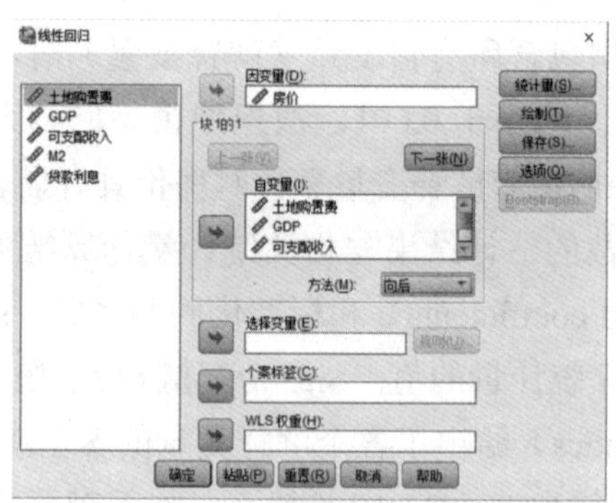

图 5-9 向后选择法窗口截图

表 5-13 给出了向后选择法下解释变量的筛选过程。从表中可以看到，模型 1 包含所有变量，后面的几个模型依据给定的判别标准依次剔除了土地购置费、贷款利息、可支配收入、GDP 四个解释变量，最终得到模型 5 时，解释变量仅保留货币供应量。

表 5-13 输入／移去的变量[b]

模型	输入的变量	移去的变量	方法
1	贷款利息, GDP, M2, 土地购置费, 可支配收入	.	输入
2	.	土地购置费	向后（准则：F-to -remove >= .100 的概率）。
3	.	贷款利息	向后（准则：F-to -remove >= .100 的概率）。
4	.	可支配收入	向后（准则：F-to -remove >= .100 的概率）。
5	.	GDP	向后（准则：F-to -remove >= .100 的概率）。

a. 已输入所有请求的变量。

b. 因变量：房价

表 5-14 给出了各个模型的拟合优度情况。观察发现，随着解释变量的减少，模型的可决系数也逐渐减少，但由于解释变量减少带来自由度增加，所以调整的可决系数却逐渐增大。

表 5-14 模型汇总[e]（向后法）

模型	R	R^2	调整 R^2	标准估计的误差
1	0.988[a]	0.975	0.955	186.89124
2	0.988[b]	0.975	0.961	173.13585
3	0.987[c]	0.975	0.965	163.55478
4	0.987[d]	0.973	0.968	158.23660
5	0.986[e]	0.973	0.970	152.64526

a. 预测变量：（常量），贷款利息，GDP，M2，土地购置费，可支配收入。
b. 预测变量：（常量），贷款利息，GDP，M2，可支配收入。
c. 预测变量：（常量），GDP，M2，可支配收入。
d. 预测变量：（常量），GDP，M2。
e. 预测变量：（常量），M2。

表 5-15 给出了相关模型方程显著性检验 F 统计量的值。观察发现，随着模型中冗余解释变量个数的减少，F 统计量逐渐增大。

表 5-15 方差分析表[f]（向后法）

模型		平方和	df	均方	F	Sig.
1	回归	8291968.237	5	1658393.647	47.480	0.000[a]
	残差	209570.013	6	34928.336		
	总计	8501538.250	11			
2	回归	8291706.098	4	2072926.524	69.153	0.000[b]
	残差	209832.152	7	29976.022		
	总计	8501538.250	11			
3	回归	8287536.917	3	2762512.306	103.271	0.000[c]
	残差	214001.333	8	26750.167		
	总计	8501538.250	11			
4	回归	8276188.852	2	4138094.426	165.267	0.000[d]
	残差	225349.398	9	25038.822		
	总计	8501538.250	11			
5	回归	8268532.492	1	8268532.492	354.864	0.000[e]
	残差	233005.758	10	23300.576		
	总计	8501538.250	11			

a. 预测变量：（常量），贷款利息，GDP，M2，土地购置费，可支配收入。
b. 预测变量：（常量），贷款利息，GDP，M2，可支配收入。
c. 预测变量：（常量），GDP，M2，可支配收入。
d. 预测变量：（常量），GDP，M2。
e. 预测变量：（常量），M2。
f. 因变量：房价

表5-16给出了各个模型回归系数的估计值、变量的显著性检验及容差和方差膨胀因子。将最初的模型 1 与最终的模型 5 相比较，模型 1 中的每个解释变量未通过显著性检验，且容差很小而 VIF 很大，存在严重的多重共线性；模型 5 中的解释变量通过了显著性检验，而且容差和 VIF 较模型 1 有较大改善，说明多重共线性得到了有效的控制。

表 5-16　回归系数估计及显著性检验[a]（向后法）

模型		非标准化系数		标准系数	t	Sig.	共线性统计量	
		B	标准误差	试用版			容差	VIF
1	（常量）	2321.057	3149.738		0.737	0.489		
	土地购置费	0.058	0.671	0.136	0.087	0.934	0.002	603.419
	GDP	0.013	0.019	1.338	0.679	0.523	0.001	946.163
	可支配收入	−0.318	0.833	−1.429	−0.381	0.716	0.000	3421.036
	M2	0.005	0.006	0.938	0.814	0.447	0.003	323.499
	贷款利息	−37.859	106.856	−0.044	−0.354	0.735	0.265	3.778
2	（常量）	2073.876	1235.924		1.678	0.137		
	GDP	0.013	0.017	1.273	0.754	0.476	0.001	809.161
	可支配收入	−0.254	0.365	−1.143	−0.696	0.509	0.001	765.126
	M2	0.005	0.003	0.853	1.545	0.166	0.012	86.448
	贷款利息	−34.696	93.034	−0.040	−0.373	0.720	0.300	3.337
3	（常量）	1669.074	558.338		2.989	0.017		
	GDP	0.008	0.009	0.760	0.821	0.435	0.004	272.451
	可支配收入	−0.156	0.240	−0.703	−0.651	0.533	0.003	370.768
	M2	0.005	0.003	0.932	1.933	0.089	0.014	73.798
4	（常量）	1315.785	128.081		10.273	0.000		
	GDP	0.002	0.004	0.220	0.553	0.594	0.019	53.781
	M2	0.004	0.002	0.768	1.930	0.086	0.019	53.781
5	（常量）	1362.927	92.208		14.781	0.000		
	M2	0.006	0.000	0.986	18.838	0.000	1.000	1.000

a. 因变量：房价

另外，将房价关于 M2 进行回归，点击统计量，在打开窗口的残差框中勾选 Durbin-Watson(U)，单击“继续”按钮，再单击“确定”按钮（图 5-10），输出如表 5-17 所示结果。从表中可以看到 D.W. 统计量为 1.614。称 D.W. 临界值表可得在显著水平 $\alpha=0.01$ 时，$d_l=0.697$，$d_u=1.023$。由于 d_u <D.W.< 4− d_u，因此判断无自相关性。

通过上述分析，我们得到最佳模型（估计的回归方程）为

$$\hat{Y}=1362.927+0.006\times \text{M2}$$
$$(14.781)\quad(18.838)$$

$$R^2=0.973,\quad F=354.864$$

其中，Y 为房地产价格（房价），括号中的值为系数估计量的 t 值。

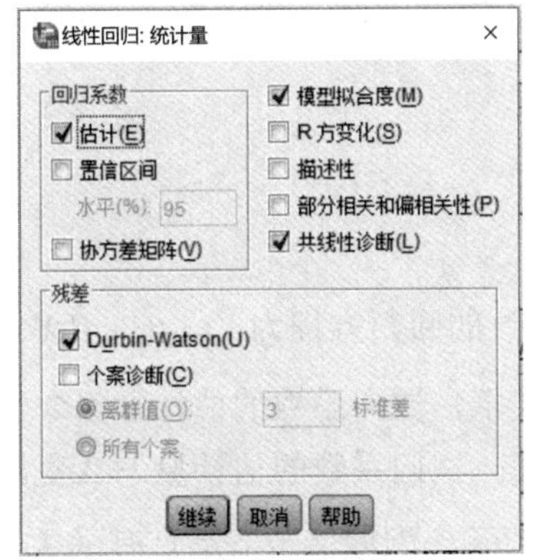

图 5-10　自相关诊断窗口截图

表 5-17　模型汇总[b]（房价关于 M2 回归）

模型	R	R^2	调整 R^2	标准估计的误差	Durbin-Watson
1	0.986[a]	0.973	0.970	152.64526	1.614

a. 预测变量：（常量），M2。
b. 因变量：房价

3. M2 影响房地产价格的经济学分析

由最终模型 5 可知，货币供给量（M2）对房地产价格会产生正向影响。根据宏观经济学理论，货币传导机制就是通过调节货币供给量来调整投资者的行为。中央银行采用降低法定存款准备金率和再贴现、再贷款利率，通过公开市场操作等方式向金融机构投放更多的基础货币，再通过银行体系的货币创造功能，成倍放大了向社会供给的货币量，以促进企业和个人的投资，提高其消费能力，增加产出水平，反之亦然。

针对房地产市场，一方面，扩大的货币供给量使得银行体系的可控资金增加，向社会可提供的贷款量也增加，房地产开发商可以用少量的自有资金去开发资金需求量大的项目，个人购房所需的银行贷款资金也随着整个社会的货币供给量增多而随之增加。因此，货币供给量增加，银行提供的住房贷款增加，市场中的需求增加，房价便会上涨。另一方面，由于货币供应量的增加，银行流动性扩大，利率则会降低，也会使人们转向非货币资产的投资领域。人们对房地产的需求增加，房价也随之上涨。

练　习　题

1. 设 Y_t 为第 t 年的社会消费品零售总额（单位：亿元），X_{t1} 为第 t 年居民收入总额（单位：亿元），X_{t2} 为第 t 年全社会固定资产投资总额（单位：亿元）。收集数据后估计出的回归方程为 $\hat{Y}_t = 9800 - 0.26X_{t1} + 1.23X_{t2}$。试问该模型是否存在缺陷？

2. 设 $Y_i = \beta_0 + \beta_1 X_i + \varepsilon_i$，$i = 1,2,\cdots,n$，且满足经典的假设条件，$\hat{Y}_i = \hat{\beta}_0 + \hat{\beta}_1 X_i$，

$e_i = Y_i - \hat{Y}_i$，$\hat{y}_i = \hat{Y}_i - \bar{\hat{Y}}_i$。试证明

（1）$\sum e_i \hat{Y}_i = 0$；

（2）$\sum e_i \hat{y}_i = 0$。

3. 设 $Y = \beta_0 + \beta_1 X + \varepsilon$，估计的回归方程为 $\hat{Y} = \hat{\beta}_0 + \hat{\beta}_1 X$。

（1）若将解释变量扩大K倍，试问系数的估计量怎么变化？

（2）若将解释变量增加K，试问系数的估计量怎么变化？

4. 家庭消费 C（元）与其可支配收入 Y（元）有关系，总体回归模型设为 $C_i=\alpha+\beta Y_i+\varepsilon_i$，收集了 19 个家庭的数据，然后利用 OLS 法进行估计，得

$$\hat{C}_i=15+0.81Y_i,\quad R^2=0.81$$

$$t\text{ 值}=(13.1)\quad(18.7)$$

经查 t 分布临界值表有 $t_{0.025}(19)=2.0930$，$t_{0.05}(19)=1.729$，$t_{0.025}(17)=2.1098$，$t_{0.05}(17)=1.7396$。

（1）检验可支配收入 Y 的显著性（$\alpha=0.05$）。

（2）计算斜率参数估计的标准差。

（3）评价该模型的拟合情况。

5. 设 $Y_i = \beta_0 + \beta_1 X_i + \varepsilon_i$，估计的回归方程为 $\hat{Y}_i = \hat{\beta}_0 + \hat{\beta}_1 X_i$，$i=1,2,\cdots,n$。试证明可决系数 $R^2 = \hat{\beta}_1\left(\sum x_i^2 / \sum y_i^2\right)$。其中 $x_i = X_i - \bar{X}$，$y_i = Y_i - \bar{Y}$。

6. 设估计出的回归方程为

$$\hat{Y}_i=81.7230+3.6541X_i$$

且

$$\sum(X_i-\bar{X})^2=4432.1,\quad \sum(Y_i-\bar{Y})^2=68113.6,$$

试求可决系数和相关系数。

7. 设多元线性回归模型为 $Y = X\beta + \varepsilon$，满足经典的假设条件，定义 $n\times n$ 阶的投影矩阵（projection matrix）$P = X(X'X)^{-1}X'$，$M = I_n - X(X'X)^{-1}X'$。

试证明（1）$P=P'$，$P^2=P$，$M=M'$，$M^2=M$。

（2）$PX=X$，$MX=0$。

8. 表 5-18 是物价上涨率 P（%）和失业率 U（%）的数据。

（1）以物价上涨率 P 为纵轴，分别以失业率 U 和 $1/U$ 为水平轴，绘制散点图。根据散点图判断物价上涨率与失业率之间的关系，并说明适合拟合怎样的模型？

（2）构建两个模型

$$模型1：P=\beta_{01}+\beta_{11}\frac{1}{U}+\varepsilon_{(1)}$$

$$模型2：P=\beta_{02}+\beta_{12}U+\varepsilon_{(2)}$$

依据表 5-18 的数据，分别得到了两个模型对应的估计回归方程为

$$模型1：\hat{P}=-6.319+19.134\frac{1}{U}$$

$$模型2：\hat{P}=8.642-2.867U$$

试对两个模型进行比较选择。

表 5-18　物价上涨率与失业率数据　　%

期数	P	U	$1/U$
1	0.6	2.8	0.3571
2	0.1	2.8	0.3571
3	0.7	2.5	0.4000
4	2.3	2.3	0.4348
5	3.1	2.1	0.4762
6	3.3	2.1	0.4762
7	1.6	2.2	0.4545
8	1.3	2.5	0.4000
9	0.7	2.9	0.3448
10	-0.1	3.2	0.3125

9. 基于凯恩斯绝对收入假说，利用我国连续 17 年的城镇居民人均可支配收入 Y 和人均消费支出 CON 的统计数据，基于 OLS 估计法得到了 Y 关于 CON 估计的回归方程为

$$\hat{Y}=237.432+0.482\text{CON}$$

$$R^2=0.999，\quad F=16151，\quad \text{D.W.}=1.205$$

进一步，将上述估计的残差关于 CON 进行辅助回归，得到辅助回归模型相关统计量的结果为

$$R^2=0.635，\quad F=26.041，\quad \text{D.W.}=1.91。$$

请根据以上资料回答以下问题。

（1）解释模型中系数 237.432 和 0.482 的意义。

（2）简述异方差性。

（3）对该模型是否存在异方差性进行检验。

10. 有人根据我国连续 23 年的财政收入 Y 和国内生产总值 GDP 的统计数据，建立了一元线性回归模型，估计的回归方程为

$$\hat{Y}=11480+0.26\text{GDP}$$

（2.5199）（22.7229）

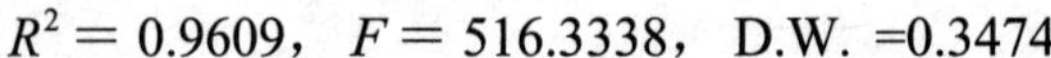

$$R^2 = 0.9609,\quad F = 516.3338,\quad \text{D.W.} = 0.3474$$

请回答以下问题。

（1）何谓计量经济模型的自相关性？

（2）试检验该模型是否存在一阶自相关及相关方向，为什么？

（3）自相关会给构建的模型带来什么影响？（临界值，$d_l = 1.257$，$d_u = 1.437$）

11. 表 5-19 给出了被解释变量 Y 与解释变量 X_1，X_2 的数据。如果将 Y 关于 X_1 和 X_2 进行回归，且直接使用 OLS 法进行估计，请回答您能得到模型系数参数估计吗？为什么？

表 5-19　变 量 数 据

Y	−10	−8	−6	−4	−2	0	2	4	6	8	10
X_1	1	2	3	4	5	6	7	8	9	10	11
X_2	4	7	10	13	16	19	22	25	28	31	34

12. 请根据您的兴趣，选择实际经济问题并收集具有时效性的样本数据，基于相关理论构建总体关系模型，并使用统计软件完成回归分析的全过程。

第6章 聚类分析

学习目标

1. 了解聚类分析的思路。
2. 熟悉系统聚类算法。
4. 掌握样品与样品之间的距离与相似系数的定义。
3. 熟悉类与类之间距离的几种定义方式。

案例导入

农业、农村、农民所构成的“三农”问题是一个古老而现实的难题，它不仅是一个经济问题，也是一个社会问题和政治问题；不仅是一个提高农民收入、稳定农业生产、改变农村落后面貌的问题，也是一个事关国计民生的根本性问题和社会主义现代化建设的全局性问题。

习近平总书记在十九大报告中提出“要坚持农业农村优先发展，按照产业兴旺、生态宜居、乡风文明、治理有效、生活富裕的总要求，建立健全城乡融合发展体制机制和政策体系，加快推进农业农村现代化。”对乡村振兴的成效进行评价是综合审视乡村振兴水平、制定乡村发展战略和模式、综合部署乡村振兴各要素，以及进行乡村振兴实践的重要基础。从产业兴旺、生态宜居、乡风文明、治理有效、生活富裕五个维度出发，采用统计方法筛选指标，构建乡村振兴成效评估的简化指标体系，无疑具有重要的作用。本节的聚类分析方法可以帮助研究者筛选指标，以构建简化实用的指标体系。

6.1 聚类分析认知

聚类分析（cluster analysis）又称群分析，它是依据研究对象（样品或指标）多方面的特征进行分类的一种多元统计方法，这里的术语“类”，通俗地讲是指相似对象的集合。这种方法技术是基于“物以类聚”的思路，将相似程度高的对象归在同一类（同质性强），相似程度低的对象归为不同的类（同质性弱），从而实现对研究对象的分类。聚类有两个方向，对样品聚类称为Q-型聚类分析，对变量聚类称为R-型聚类分析。

聚类分析起源于分类学，在传统的分类学中，研究者主要依据经验和专业知识采用定性方法进行分类。但是，定性分类往往具有较高的主观性和随意性，难以揭示对象之间内在的本质属性和规律。随着生产技术和科学的发展，人类的认识不断加深，分类越来越细，要求也越来越高，有时需要定性和定量分析相结合进行分类，于是数学工具逐渐被引进，形成了数值分类学。随着多元统计分析方法与技术的发展和引进，聚类分析又逐渐从数值分析学中分离出来，进而形成了一个相对独立的分支。在统计学习中，因为仅根据对象的相似程度对其分类，而研究者事先并不知道具体的类，故聚类属于无监督学习。

在社会、经济、管理等领域的研究中存在着大量的分类问题。例如，在我国精准扶贫方略中首先重要的工作是精准识别，贫困户的初步筛选可根据其家庭年人均纯收入、“两不愁”“三保障”情况对农户进行分类，再经过规定的标准流程进行确认。在脱贫户返贫和边缘户致贫的监测与帮扶工作中，需要依据国家当时制定的标准对农户进行分类，还要分致贫原因实施分类指导与帮扶。在对工业企业经济效益进行分析时，研究对象是我国31个省市自治区独立核算的工业企业经济效益，一般不是对每个省、市、自治区进行分析，而较好的做法是选取能反映企业经济效益的代表性指标，如百元固定资产实现利税、资金利税率、产值利税率、百元销售收入实现利润、全员劳动生产率等，根据这些指标对31个省市自治区进行分类，然后再根据分类结果对企业经济效益进行综合评价。总之，需要分类的问题很多，因此聚类分析这个多元统计工具越来越受到人们的重视，它在许多领域都得到了广泛的应用，如数据挖掘、模式识别等领域。

聚类分析内容非常丰富，有系统聚类法、有序样品聚类法、动态聚类法、模糊聚类法、图论聚类法、聚类预报法等。聚类算法很多，最常用的聚类算法有两种，即层次聚类（hierarchical clustering）和 K 均值聚类（k-means clustering）。层次聚类又分为聚合（agglomerative）（自下而上）和分裂（splitting）（自上而下）两种方法，前者也称为分层聚合技术或系统聚类法。聚合法首先将诸对象各自分为一类，然后将相似的两类合并成一个新类，重复此过程直到满足停止条件，得到层次化的类别。分裂法先将诸对象归为一类，然后将其中差异程度最大的对象分到两个新类，重复此过程直到满足停止条件。K 均值聚类是基于中心的聚类方法，通过迭代将对象分到 K 个类中，使得每个对象与其所属类的中心或均值最近，这样就得到 K 个“平坦的”、非层次化的类别，形成对空间的划分。K 均值聚类算法由麦克奎因（MacQueen）于1967年提出。本书重点介绍系统聚类法，对其他方法感兴趣的读者可参阅相关资料（方开泰和潘恩沛，1982；何晓群，2015）。

扩展阅读6-1

参考资料

值得一提的是聚类分析可与其他分析方法联合使用。例如，将聚类分析与判别分析、主成分分析、回归分析相结合，效果往往更好。

6.2 距离和相似系数

为了对样品（或指标）进行分类，需要刻画样品之间的相似程度。目前使用最多的方法有两种：一种是用相似系数，性质越接近的样品，它们的相似系数的绝对值越接近 1，而彼此无关的样品，它们的相似系数的绝对值接近于零。比较相似的样品归为一类，不怎么相似的样品归为不同的类。另一种是将一个样品看作 p 维空间的一个点，并在空间定义距离，距离较近的点归为一类，距离较远的点归为不同的类。相似系数和距离有各种各样的定义，且这些定义与变量的类型关系极大。

设有 n 个样品，每个样品观测 p 项指标（变量），原始资料阵为

$$\begin{array}{cc} & \begin{array}{cccc} \text{变量}1 & \text{变量}2 & \cdots & \text{变量}p \end{array} \\ X = \begin{array}{c} X_1 \\ X_2 \\ \vdots \\ X_n \end{array} & \begin{pmatrix} x_{11} & x_{12} & \cdots & x_{1p} \\ x_{21} & x_{22} & \cdots & x_{2p} \\ \vdots & \vdots & & \vdots \\ x_{n1} & x_{n2} & \cdots & x_{np} \end{pmatrix} \end{array}$$

其中 $x_{ij}(i=1,2,\cdots,n; j=1,2,\cdots,p)$ 为第 i 个样品的第 j 个指标的观测数据。第 i 个样品 X_i 由矩阵 X 的第 i 行所描述，所以任何两个样品 X_K 与 X_L 之间的相似性，可以通过矩阵 X 中的第 K 行与第 L 行的数据来刻划；任何两个变量之间的相似性，可以通过矩阵 X 中第 K 列与第 L 列的数据来描述。

6.2.1 样品聚类常用的距离和相似系数

1. 距离

对样品聚类称为 Q- 型聚类分析。如果把 n 个样品（X 中的 n 个行）看成 p 维空间中 n 个点，则两个样品的相似程度可用 p 维空间中两点的距离来度量。令 d_{ij} 表示样品 X_i 与 X_j 的距离，常用的距离有以下三种。

1）明氏（Minkowski）距离——L_q 范数距离

$$d_{ij}(q) = \left(\sum_{\alpha=1}^{p} | x_{i\alpha} - x_{j\alpha} |^q \right)^{\frac{1}{q}}$$

上式中，当 $q=1$ 时，$d_{ij}(1) = \sum_{\alpha=1}^{p} | x_{i\alpha} - x_{j\alpha} |$，称为绝对距离；当 $q=2$ 时，$d_{ij}(2) = \left(\sum_{\alpha=1}^{p} | x_{i\alpha} - x_{j\alpha} |^2 \right)^{\frac{1}{2}}$，称为欧氏距离；当 $q=\infty$ 时，$d_{ij}(\infty) = \max\limits_{i \leqslant \alpha \leqslant p} |x_{i\alpha} - x_{j\alpha}|$，称为切比雪夫距离。

当各指标（变量）的观测数据相差悬殊时，采用明氏距离并不合理，常需要先对数据标准化，然后用标准化后的数据计算距离。

明氏距离特别是其中的欧氏距离是人们较为熟悉且使用最多的距离。但是，明氏距离存在缺陷，主要表现在两个方面：第一，它与各指标的量纲有关；第二，它没有考虑指标之间的相关性，欧氏距离也不例外。除此之外，从统计的角度上看，使用欧氏距离要求一个向量的各分量不相关且具有相同的方差，或者说各坐标对欧氏距离的贡献是同等的且变差大小也是相同的，这时使用欧氏距离才合适，效果也较好，否则就有可能不能如实反映情况，甚至导致错误结论。因此一个合理的做法就是对坐标加权，这就产生了“统计距离”。例如，设 $P=(x_1,x_2,\cdots,x_p)'$，$Q=(y_1,y_2,\cdots,y_p)'$，且 Q 的坐标是固定的，点 P 的坐标相互独立地变化。若用 $s_{11},s_{22},\cdots,s_{pp}$ 分别表示 p 个变量 $x_1,x_2,\cdots,x_p$ 的 n 次观测的样本方差，则可定义 P 到 Q 的统计距离如下：

$$d(P,Q)=\sqrt{\frac{(x_1-y_1)^2}{s_{11}}+\frac{(x_2-y_2)^2}{s_{22}}+\cdots+\frac{(x_p-y_p)^2}{s_{pp}}}$$

上式中各加项的权重分别是 $k_1=1/s_{11},k_2=1/s_{22},\cdots,k_p=1/s_{pp}$，即对相应坐标之差的平方除以样本方差。当取 $y_1=y_2=\cdots=y_p=0$ 时，$d(P,Q)$ 就是点 P 到原点 O 的距离。当 $s_{11}=s_{22}=\cdots=s_{pp}$ 时，$d(P,Q)$ 就是欧氏距离。

2）马氏（Mahalanobis）距离

马氏距离由印度统计学家马哈啦诺比斯于 1936 年提出，故称为马氏距离。这一距离在多元统计分析中起着十分重要的作用，下面给出定义。

设 Σ 表示指标的协方差阵，即 $\Sigma=(\sigma_{ij})_{p\times p}$，其中

$$\sigma_{ij}=\frac{1}{n-1}\sum_{\alpha=1}^{n}(x_{\alpha i}-\bar{x}_i)(x_{\alpha j}-\bar{x}_j)\qquad i,j=1,\cdots,p$$

$$\bar{x}_i=\frac{1}{n}\sum_{\alpha=1}^{n}x_{\alpha i}\qquad \bar{x}_j=\frac{1}{n}\sum_{\alpha=1}^{n}x_{\alpha j}$$

如果 Σ^{-1} 存在，则两个样品之间的马氏距离定义为

$$d_{ij}^2(\mathrm{M})=(X_i-X_j)'\Sigma^{-1}(X_i-X_j)$$

上式中的 X_i 为第 i 个样品的 p 个指标的观测值构成的向量，即原始资料阵的第 i 行向量，样品 X_j 意义类似。

一个样品 X 到总体 G 的马氏距离定义为

$$d^2(X,G)=(X-\mu)'\Sigma^{-1}(X-\mu)$$

其中 μ 为总体的均值向量，Σ 为协方差阵。

马氏距离既排除了各指标之间相关性的干扰，而且还不受各指标量纲的影响。除此之

外，它还有一些优点。例如，可以证明对原数据作线性交换后，马氏距离保持不变等。

3）兰氏距离

该距离由 Lance 和 Williams 最早提出，故称兰氏距离。

$$d_{ij}(\mathrm{L})=\frac{1}{p}\sum_{\alpha=1}^{p}\frac{|x_{i\alpha}-x_{j\alpha}|}{x_{i\alpha}+x_{j\alpha}} \qquad i,j=1,\cdots,n$$

此距离仅适用于一切 $x_{ij}>0$ 的情况，这个距离有助于克服各指标之间量纲的影响，但没有考虑指标之间的相关性。

计算任何两个样品 X_i 与 X_j 之间的距离 d_{ij}，其值越小表示两个样品相似程度越大，d_{ij} 值越大表示两个样品相似程度越小。如果已经计算出所有样品两两之间的距离，则可将这些距离排成一个距离阵 D，即

$$D=\begin{bmatrix} d_{11} & d_{12} & \dots & d_{1n} \\ d_{21} & d_{22} & \dots & d_{2n} \\ \vdots & \vdots & & \vdots \\ d_{n1} & d_{n2} & \dots & d_{nn} \end{bmatrix}$$

其中 $d_{11}=d_{22}=\dots=d_{nn}=0$。由于 D 是一个实对称阵，所以只须计算上三角形部分或下三角部分即可。根据 D 可对 n 个点进行分类，距离近的点归为一类，距离远的点归为不同的类。

以上三种距离的定义适用于间隔尺度变量，如果变量是有序尺度或名义尺度时，也有相应定义距离的方法，感兴趣的读者可参考张尧庭和方开泰（1982）提出的相关文献。

2. 相似系数

测量样品之间的相似程度，除了用距离度量外，还可用相似系数进行度量，常用的相似系数如下所述。

1）夹角余弦

这个度量相似程度的方法是受相似形的启发而得来的，观察图 6-1，图中曲线 *AB* 和 *CD* 尽管长度不一，但形状相似。当长度不是主要关注点时，要定义一种相似系数，使 *AB* 和 *CD* 呈现出比较密切的关系，则夹角余弦是一个合适的选择。

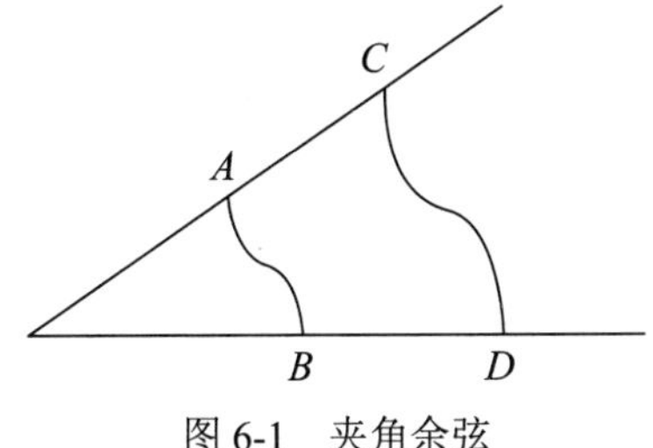

图 6-1 夹角余弦

将任何两个样品 X_i 与 X_j 看成 p 维空间的两个向量，这两个向量夹角的余弦记为 $\cos\theta_{ij}$，即

$$\cos\theta_{ij}=\frac{\sum_{\alpha=1}^{p}x_{i\alpha}x_{j\alpha}}{\sqrt{\sum_{\alpha=1}^{p}x_{i\alpha}^2\cdot\sum_{\alpha=1}^{p}x_{j\alpha}^2}}\qquad -1\leqslant\cos\theta_{ij}\leqslant 1$$

当 $\cos\theta_{ij}=1$ 时，说明两个样品 X_i 与 X_j 完全相似；$\cos\theta_{ij}$ 越接近 1，说明 X_i 与 X_j 越相似；$\cos\theta_{ij}=0$ 时，说明 X_i 与 X_j 完全不一样；$\cos\theta_{ij}$ 越接近 0，说明 X_i 与 X_j 差别越大。把所有样品两两之间的夹角余弦都计算出来，可将其排成如下的矩阵，称为相似系数矩阵。

$$\Theta=\begin{bmatrix}\cos\theta_{11} & \cos\theta_{12} & \cdots & \cos\theta_{1n}\\ \cos\theta_{21} & \cos\theta_{22} & \cdots & \cos\theta_{2n}\\ \vdots & \vdots & \vdots & \\ \cos\theta_{n1} & \cos\theta_{n2} & \cdots & \cos\theta_{nn}\end{bmatrix}$$

其中 $\cos\theta_{11}=\cos\theta_{22}=\ldots=\cos\theta_{nn}=1$。$\Theta$ 是一个实对称阵，所以只须计算上三角部分或下三角部分，根据 Θ 可对 n 个样品进行分类，把比较相似的样品归为一类，不怎么相似的样品归为不同的类。

2）相关系数

通常所说的相关系数一般指变量间的相关系数，这里也可用来度量样品间的相似程度。第 i 个样品与第 j 个样品之间的相关系数定义为

$$r_{ij}=\frac{\sum_{\alpha=1}^{p}(x_{i\alpha}-\bar{x}_i)(x_{j\alpha}-\bar{x}_j)}{\sqrt{\sum_{\alpha=1}^{p}(x_{i\alpha}-\bar{x}_i)^2\cdot\sum_{\alpha=1}^{p}(x_{j\alpha}-\bar{x}_j)^2}},\quad -1\leqslant r_{ij}\leqslant 1$$

其中

$$\bar{x}_i=\frac{1}{p}\sum_{\alpha=1}^{p}x_{i\alpha}\qquad \bar{x}_j=\frac{1}{p}\sum_{\alpha=1}^{p}x_{j\alpha}$$

实际上，r_{ij} 就是两个向量 $X_i-\bar{X}_i$ 与 $X_j-\bar{X}_j$ 的夹角余弦，其中 $\bar{X}_i=(\bar{x}_i,\cdots,\bar{x}_i)'$，$\bar{X}_j=(\bar{x}_j,\cdots,\bar{x}_j)'$。若将原始数据标准化，则 $\bar{X}_i=\bar{X}_j=0$，这时 $r_{ij}=\cos\theta_{ij}$。如果计算出了所有样品两两之间的相关系数，则可将它们排成一个矩阵，即样品相关系数矩阵如下：

$$R=(r_{ij})=\begin{bmatrix}r_{11} & r_{12} & \cdots & r_{1n}\\ r_{21} & r_{22} & \cdots & r_{2n}\\ \vdots & \vdots & & \vdots\\ r_{n1} & r_{n2} & \cdots & r_{nn}\end{bmatrix}$$

其中 $r_{11}=r_{22}=\ldots=r_{nn}=1$，可根据 R 对 n 个样品进行分类。

6.2.2 指标聚类常用的距离和相似系数

对指标聚类称为R-型聚类分析。p个指标（变量）之间相似程度的度量方法与样品相似性的度量类似，但此时是在n维空间中来研究的，对变量之间的相似性的度量是基于原始资料矩阵X中p列元素之间的关系。

1. 距离

1）明氏距离

$$d_{ij}(q)=\left(\sum_{\alpha=1}^{n}|x_{\alpha i}-x_{\alpha j}|^{q}\right)^{\frac{1}{q}}$$

2）马氏距离

设Σ表示样品的协方差阵，即

$$\Sigma=(\sigma_{ij})_{n\times n}$$

其中，

$$\sigma_{ij}=\frac{1}{p-1}\sum_{\alpha=1}^{p}(x_{i\alpha}-\overline{x}_{i})(x_{j\alpha}-\overline{x}_{j})\qquad i,j=1,\cdots,n$$

$$\overline{x}_{i}=\frac{1}{p}\sum_{\alpha=1}^{p}x_{i\alpha}\qquad \overline{x}_{j}=\frac{1}{p}\sum_{\alpha=1}^{p}x_{j\alpha}$$

如果Σ^{-1}存在，则马氏距离为

$$d_{ij}^{2}(\mathrm{M})=(x_{i}-x_{j})'\Sigma^{-1}(x_{i}-x_{j})$$

3）兰氏距离

$$d_{ij}(L)=\sum_{\alpha=1}^{n}\frac{|x_{\alpha i}-x_{\alpha j}|}{x_{\alpha i}+x_{\alpha j}}$$

此公式仅适用于一切$x_{ij}>0$的情况。

2. 相似系数

1）夹角余弦

$$\cos\theta_{ij}=\frac{\sum_{\alpha=1}^{n}x_{\alpha i}x_{\alpha j}}{\sqrt{\sum_{\alpha=1}^{n}x_{\alpha i}^{2}\cdot\sum_{\alpha=1}^{n}x_{\alpha j}^{2}}}\qquad -1\leqslant\cos\theta_{ij}\leqslant 1$$

将原始资料矩阵X中p个列两两之间的相似系数得到后，可将其排成一个矩阵Θ_1，即

$$\Theta_{1}=\begin{bmatrix}\cos\theta_{11} & \cos\theta_{12} & \cdots & \cos\theta_{1p}\\ \cos\theta_{21} & \cos\theta_{22} & \cdots & \cos\theta_{2p}\\ \vdots & \vdots & \vdots & \\ \cos\theta_{p1} & \cos\theta_{p2} & \cdots & \cos\theta_{pp}\end{bmatrix}$$

其中 $\cos\theta_{11}=\cos\theta_{22}=\ldots=\cos\theta_{pp}=1$，根据 Θ_1 对 p 个变量进行分类。

2）相关系数

$$r_{ij}=\frac{\sum_{\alpha=1}^{n}(x_{\alpha i}-\overline{x}_i)(x_{\alpha j}-\overline{x}_j)}{\sqrt{\sum_{\alpha=1}^{n}(x_{\alpha i}-\overline{x}_i)^2.\sum_{\alpha=1}^{n}(x_{\alpha j}-\overline{x}_j)^2}} \qquad -1\leqslant r_{ij}\leqslant 1$$

把 p 个变量两两之间的相关系数都得到后，排成的相关系数矩阵为

$$R=(r_{ij})=\begin{bmatrix} r_{11} & r_{12} & \cdots & r_{1p} \\ r_{21} & r_{22} & \cdots & r_{2p} \\ \vdots & \vdots & & \vdots \\ r_{p1} & r_{p2} & \cdots & r_{pp} \end{bmatrix}$$

其中 $r_{11}=r_{22}=\ldots=r_{pp}=1$，可根据 R 对 p 个变量进行分类。

在实际应用中，对样品聚类常用距离，对指标聚类常用相似系数。由于样品聚类和指标聚类在方法原理上是一样的，所以对两者就不严格区分了。

6.3 系统聚类方法

上一节介绍了几种度量样品和指标相似程度的方法，我们据此可以判断两样品或两指标之间的相似程度。但当将相似程度高的样品或指标聚为一类后，后续计算就出现了单一样品（或指标）类与包含两个以上的样品（或指标）的类之间相似程度的度量问题。如读者已看到的一样，采用距离度量相似程度有不同的方法，计算类与类之间的距离也有不同的定义方法。例如，类与类之间的距离可以定义为两类中最近的两个样品之间的距离，或者定义为两类中最远的两个样品之间的距离，也可定义为两类重心之间的距离等。类与类中采用不同的方法定义距离，就产生了不同的系统聚类方法。本节介绍常用的八种系统聚类方法，即最短距离法、最长距离法、中间距离法、重心法、类平均法、可变类平均法、可变法、离差平方和法。

扩展阅读6-2

聚类算法

尽管系统聚类分析方法很多，但归类的步骤基本上是一样的，所不同的仅是类与类之间的距离采用不同的方法进行定义，从而得到不同的计算距离的公式。这些公式虽其数学形式不同，但最后可将它们整理为一个统一的公式，易于通过计算机进行运算。

为叙述方便，在以下的讨论中用 d_{ij} 表示样品 X_i 与 X_j 之间距离，用 D_{ij} 表示类 G_i 与 G_j 之间的距离。

6.3.1 最短距离法

最短距离法也称为单一链接算法或最近邻算法（nearest neighbor algorithm）。定义类 G_i 与 G_j 之间的距离为两类最近样品的距离，即

$$D_{ij}=\min_{X_i\in G_i,X_j\in G_j} d_{ij}$$

若 G_p 与 G_q 合并成一个新类，记为 G_r，则任一类 G_k 与 G_r 的距离为

$$D_{kr}=\min_{X_i\in G_k,X_j\in G_r} d_{ij}=\min\left\{\min_{X_i\in G_k,X_j\in G_p} d_{ij},\min_{X_i\in G_k,X_j\in G_q} d_{ij}\right\}=\min\left\{D_{kp},D_{kq}\right\}$$

最短距离法聚类的步骤如下：

第一步，定义样品之间距离，计算样品两两之间的距离，得一距离阵，记为 $D_{(0)}$。开始时每个样品自成一类，显然这时 $D_{ij}=d_{ij}$。

第二步，找出 $D_{(0)}$ 非对角线上的最小元素，设为 D_{pq}，将 G_p 和 G_q 合并成一个新类，记为 G_r，即 $G_r=\left\{G_p,G_q\right\}$。

第三步，给出计算新类与其他类的距离公式，即

$$D_{kr}=\min\left\{D_{kp},D_{kq}\right\}$$

将 $D_{(0)}$ 中第 p、q 行及 p、q 列用上面公式合并一个新行新列，新行新列对应 G_r，所得到的矩阵记为 $D_{(1)}$。

第四步，对 $D_{(1)}$ 重复上述对 $D_{(0)}$ 的第二步、第三步操作得 $D_{(2)}$。重复此过程，直到所有的元素合并成一类为止。

如果某一步 $D_{(k)}$ 中非对角线最小的元素不止一个，则对应这些最小元素的类可以同时合并。为理解最短距离法的计算步骤，下面用简单的数字例子予以说明。

例 6.1 抽取五个样品，每个样品只测量一项指标，测量值分别是 1，2，3.5，7，9，试用最短距离法对这五个样品进行分类。

解：（1）定义样品间的距离采用绝对距离，计算样品两两之间的距离，得距离阵 $D_{(0)}$，如表 6-1 所示。

表 6-1　$D_{(0)}$ 中的元素

	$G_1=\{X_1\}$	$G_2=\{X_2\}$	$G_3=\{X_3\}$	$G_4=\{X_4\}$	$G_5=\{X_5\}$
$G_1=\{X_1\}$	0				
$G_2=\{X_2\}$	1	0			

续表

	$G_1=\{X_1\}$	$G_2=\{X_2\}$	$G_3=\{X_3\}$	$G_4=\{X_4\}$	$G_5=\{X_5\}$
$G_3=\{X_3\}$	2.5	1.5	0		
$G_4=\{X_4\}$	6	5	3.5	0	
$G_5=\{X_5\}$	8	7	5.5	2	0

（2）$D_{(0)}$ 中非对角线上的最小元素是 1，即 $D_{12}=d_{12}=1$，将 G_1 与 G_2 并成一个新类，记为 $G_6=\{X_1,X_2\}$。

（3）计算新类 G_6 与其他类的距离，计算公式为

$$D_{i6}=\min\{D_{i1},D_{i2}\},\qquad i=3,\ 4,\ 5$$

即在表 $D_{(0)}$ 的前两列取较小的一列得距离矩阵 $D_{(1)}$，如表 6-2 所示。

表 6-2　$D_{(1)}$ 中的元素

	G_6	G_3	G_4	G_5
$G_6=\{X_1,X_2\}$	0			
$G_3=\{X_3\}$	1.5	0		
$G_4=\{X_4\}$	5	3.5	0	
$G_5=\{X_5\}$	7	5.5	2	0

（4）找出 $D_{(1)}$ 中非对角线最小元素是 1.5，并将相应的两类 G_3 和 G_6 合并为一个新类 G_7，$G_7=\{X_1,X_2,X_3\}$，然后再按公式计算各类与 G_7 的距离，即将 G_3，G_6 相应的两行两列归并一行一列，新的行列由原来的两行（列）中较小的元素组成，计算得距离矩阵 $D_{(2)}$，如表 6-3 所示。

表 6-3　$D_{(2)}$ 中的元素

	G_7	G_4	G_5
$G_7=\{X_1,X_2,X_3\}$	0		
$G_4=\{X_4\}$	3.5	0	
$G_5=\{X_5\}$	5.5	2	0

（5）$D_{(2)}$ 中非对角线最小元素是 2，将 G_4 与 G_5 合并成 $G_8=\{X_4,X_5\}$，最后再按公式计算 G_7 与 G_8 的距离，即将 G_4，G_5 相应的两行两列归并一行一列，新的行列由原来的两

行（列）中较小的元素组成，得到距离矩阵 $D_{(3)}$，如表 6-4 所示。

表 6-4 $D_{(3)}$ 中的元素

	G_7	G_8
$G_7=\{X_1,X_2,X_3\}$	0	
$G_8=\{X_4,X_5\}$	3.5	0

最后，将 G_7 和 G_8 合并成 G_9，上述并类过程可用如下的树状图（谱系图，dendrogram）表达，其中横坐标的刻度是并类的距离，如图 6-2 所示。

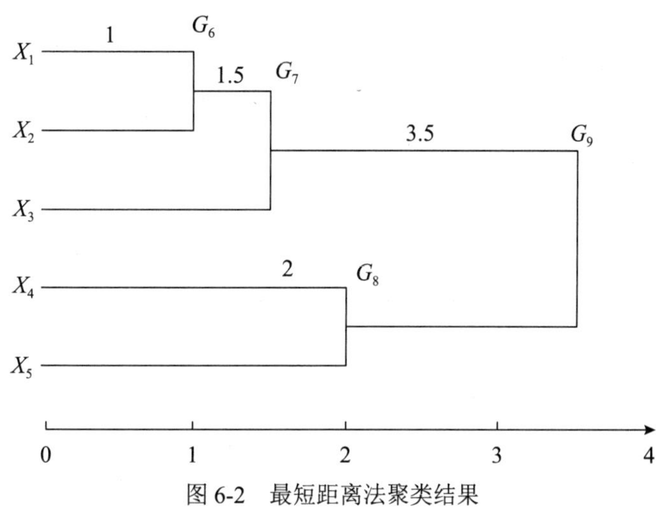

图 6-2 最短距离法聚类结果

观察上图发现，本例分两类 $\{X_1,X_2,X_3\}$ 及 $\{X_4,X_5\}$ 比较合适。实际应用中有时给出一个阈值 T，要求类与类之间的距离小于 T，因此有些样品可能归不了类。

最短距离法也可用于指标（变量）分类，分类时可以用距离，也可以用相似系数，但用相似系数时应找最大的元素并类。

6.3.2 最长距离法

最长距离法也称为完全链接法或最远近邻算法（farthest neighbor algorithm）。定义 G_i 与类 G_j 之间距离为两类最远样品的距离，即

$$D_{pq}=\max_{X_i\in G_p,X_j\in G_q} d_{ij}$$

最长距离法与最短距离法的并类步骤完全一样，也是将各样品先各自当作一类，然后将非对角线上最小元素对应的两类合并。设某一步将类 G_p 与 G_q 合并为 G_r，则任一类 G_k 与 G_r 的距离采用最长距离，其公式为

$$D_{kr}=\min_{X_i\in G_k,X_j\in G_r}d_{ij}=\max\left\{\max_{X_i\in G_k,X_j\in G_p}d_{ij},\max_{X_i\in G_k,X_j\in G_q}d_{ij}\right\}=\max\left\{D_{kp},D_{kq}\right\}$$

将非对角线最小元素对应的两类合并，直至所有的样品都合并为一类。

综上可知，最长距离法与最短距离法的不同之处有两个方面：一是类与类之间的距离定义不同，二是计算新类与其他类的距离所用的公式不同。后面将要介绍的其他系统聚类法之间的不同点也表现在这两个方面，而并类步骤完全一样，所以下面介绍其他系统聚类方法时主要指出这两个方面，即定义和公式。

对例 6.1 使用最长距离法，按聚类步骤可得下列表 6-5 至表 6-8 的结果。

表 6-5　最长距离法求得的 $D_{(0)}$

	G_1	G_2	G_3	G_4	G_5
$G_1=\{X_1\}$	0				
$G_2=\{X_2\}$	1	0			
$G_3=\{X_3\}$	2.5	1.5	0		
$G_4=\{X_4\}$	6	5	3.5	0	
$G_5=\{X_5\}$	8	7	5.5	2	0

表 6-6　最长距离法求得的 $D_{(1)}$

	G_6	G_3	G_4	G_5
$G_6=\{X_1,X_2\}$	0			
$G_3=\{X_3\}$	2.5	0		
$G_4=\{X_4\}$	6	3.5	0	
$G_5=\{X_5\}$	8	5.5	2	0

表 6-7　最长距离法求得的 $D_{(2)}$

	G_6	G_7	G_3
$G_6=\{X_1,X_2\}$	0		
$G_7=\{X_4,X_5\}$	8	0	
$G_3=\{X_3\}$	2.5	5.5	0

表　6-8　最长距离法求得的 $D_{(3)}$

	G_7	G_8
$G_7=\{X_4,X_5\}$	0	
$G_8=\{X_1,X_2,X_3\}$	8	0

最后将 G_7 和 G_8 合并成 G_9，聚类结果如图 6-3 所示。观察发现聚类结果与最短距离法分类情况一致，只是并类的距离不同。

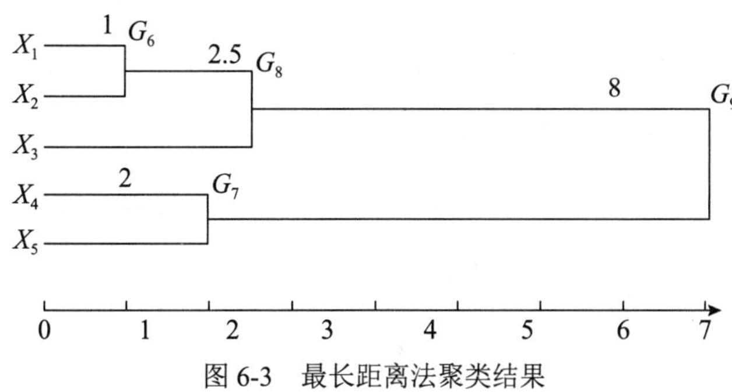

图 6-3　最长距离法聚类结果

6.3.3　中间距离法

中间距离法在定义类与类之间的距离时既不采用两类之间最近的距离，也不采用两类之间最远的距离，而是采用介于两者之间的距离，故称为中间距离法。

如果在某一步将类 G_p 与类 G_q 合并为 G_r，任一类 G_k 和 G_r 的距离公式为

$$D_{kr}^2=\frac{1}{2}D_{kp}^2+\frac{1}{2}D_{kq}^2+\beta D_{pq}^2,\quad -\frac{1}{4}\leqslant\beta\leqslant 0$$

当 $\beta=-\frac{1}{4}$ 时，由初等几何可知 D_{kr} 就是图 6-4 中三角形的中线。

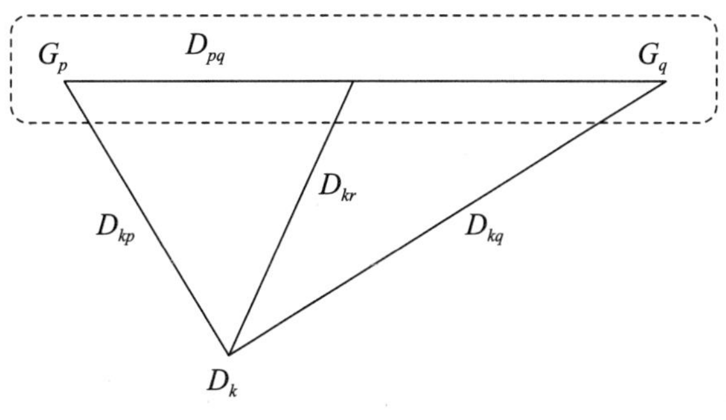

图 6-4　中间距离法

如果用最短距离法，则 $D_{kr}=D_{kp}$；如果用最长距离法，则 $D_{kr}=D_{kq}$；如果取夹在这两边的中线作为 D_{kr}，则 $D_{kr}=\sqrt{D_{kp}^2/2+D_{kq}^2/2-D_{pq}^2/4}$。由于距离公式中的量都是距离的平方，出于上机计算上的方便，可将表 $D_{(0)},D_{(1)},D_{(2)},\cdots$ 中的元素都用相应元素的平方代替而得矩阵 $\boldsymbol{D}_{(0)}^2,\boldsymbol{D}_{(1)}^2,\boldsymbol{D}_{(2)}^2,\cdots$

6.3.4 重心法

重心法定义两类之间的距离为两类重心之间的距离，这种定义方式涉及每类包含的样品个数。设 G_p 和 G_q 的重心（即该类样品的均值）分别是 $\bar{x}_p$ 和 $\bar{x}_q$（注意它们一般是 p 维向量），则 G_p 和 G_q 之间的距离是 $D_{pq}=d_{\bar{x}_p\bar{x}_q}$。

设聚类到某一步，G_p 与 G_q 分别包含 n_p、n_q 个样品，将 G_p 和 G_q 合并为 G_r，则 G_r 包含的样品个数为 $n_r=n_p+n_q$，它的重心是 $\bar{x}_r=(n_p\bar{x}_p+n_q\bar{x}_q)/n_r$，某一类 G_k 的重心是 $\bar{x}_k$，它与新类 G_r 的距离（如果最初样品之间的距离采用欧氏距离）为

$$
\begin{aligned}
D_{kr}^2 &= d_{\bar{x}_k\bar{x}_r}^2=(\bar{x}_k-\bar{x}_r)'(\bar{x}_k-\bar{x}_r)\\
&=[\bar{x}_k-(n_p\bar{x}_p+n_q\bar{x}_q)/n_r]'[\bar{x}_k-(n_p\bar{x}_p+n_q\bar{x}_q)/n_r]\\
&=\bar{x}_k{}'\bar{x}_k-2\frac{n_p}{n_r}\bar{x}_k{}'\bar{x}_p-\frac{1}{2}\frac{n_q}{n_r}\bar{x}_k{}'\bar{x}_q+\frac{1}{n_r{}^2}(n_p^2\bar{x}_p{}'\bar{x}_q+2n_pn_q\bar{x}_p{}'\bar{x}_q+n_q^2\bar{x}_q{}'\bar{x}_q)
\end{aligned}
$$

利用 $\bar{x}_k'\bar{x}_k=(n_p\bar{x}_k'\bar{x}_k+n_q\bar{x}_k'\bar{x}_k)/n_r$，并代入上式得

$$
\begin{aligned}
D_{kr}^2 &= \frac{n_p}{n_r}(\bar{x}_k{}'\bar{x}_k-2\bar{x}_k{}'\bar{x}_p+\bar{x}_p{}'\bar{x}_p)+\frac{n_q}{n_r}(\bar{x}_k{}'\bar{x}_k-2\bar{x}_k{}'\bar{x}_q+\bar{x}_q{}'\bar{x}_q)\\
&\quad-\frac{n_pn_q}{n_r{}^2}(\bar{x}_p{}'\bar{x}_p-2\bar{x}_p{}'\bar{x}_q+\bar{x}_q{}'\bar{x}_q)\\
&=\frac{n_p}{n_r}D_{kp}^2+\frac{n_q}{n_r}D_{kq}^2-\frac{n_p}{n_r}\frac{n_q}{n_r}D_{pq}^2
\end{aligned}
$$

显然，当 $n_p=n_q$ 时即为中间距离法的公式。

如果样品之间的距离不是欧氏距离，可根据不同情况给出不同的距离公式。重心法的归类步骤与以上三种方法基本上一样，所不同的是每合并一次类，就要重新计算新类的重心及新类的距离。

6.3.5 类平均法

重心法虽有很好的代表性，但并未充分利用各样品的信息，下面给出的类平均法，它将两类所含样品两两之间距离的平方进行平均，并将此定义为两类之间的距离，即

$$
D_{pq}^2=\frac{1}{n_pn_q}\sum_{X_i\in G_p}\sum_{X_j\in G_q}d_{ij}^2
$$

设聚类到某一步，将 G_p 和 G_q 合并为 G_r，则任一类 G_k 与 G_r 的距离为

$$
D_{kr}^2=\frac{1}{n_kn_r}\sum_{X_i\in G_k}\sum_{X_j\in G_r}d_{ij}^2=\frac{1}{n_kn_r}\left(\sum_{X_i\in G_k}\sum_{X_j\in G_p}d_{ij}^2+\sum_{X_i\in G_k}\sum_{X_j\in G_q}d_{ij}^2\right)
$$

$$=\frac{n_p}{n_r}D_{kp}^2+\frac{n_q}{n_r}D_{kq}^2$$

类平均法的聚类步骤与上述方法完全类似，此处不再详述。

6.3.6 可变类平均法

由于类平均法公式中没有考虑 G_p 与 G_q 之间距离 D_{pq} 的影响，所以给出可变类平均法，此法定义两类之间的距离同上，只是将任一类 G_k 与新 G_r 的距离修改为

$$D_{kr}^2=\frac{n_p}{n_r}(1-\beta)D_{kp}^2+\frac{n_q}{n_r}(1-\beta)D_{kq}^2+\beta D_{pq}^2$$

其中 β 是可变的且 $\beta<1$。

6.3.7 可变法

此法定义两类之间的距离仍同上，而新类 G_r 与任一类的 G_k 的距离定义为

$$D_{kr}^2=\frac{1-\beta}{2}(D_{kp}^2+D_{kq}^2)+\beta D_{pq}^2$$

其中 β 是可变的，且 $\beta<1$。显然在可变平均法中取 $\frac{n_p}{n_r}=\frac{n_q}{n_r}=\frac{1}{2}$，即为上式。

可变平均法与可变法的分类效果与 β 的选择密切相关，如果 β 接近 1，一般分类效果不好，在实际应用中 β 常取负值。

6.3.8 离差平方和法

这个方法是沃德（Ward）提出来的，故又称为 Ward 法。设将 n 个样品分为 k 个类，记为 $G_1,G_2,\cdots,G_k$，用 $X_i^{(t)}$ 表示 G_t 中的第 i 个样品［注意 $X_i^{(t)}$ 是 p 维向量］，n_t 表示 G_t 中的样品个数，$\overline{X}^{(t)}$ 是 G_t 的重心，则 G_t 中样品的离差平方和为

$$S_t=\sum_{i=1}^{n_t}(X_i^{(t)}-\overline{X}^{(t)})'(X_i^{(t)}-\overline{X}^{(t)})$$

k 个类的类内离差平方和为

$$S=\sum_{t=1}^{k}S_t=\sum_{t=1}^{k}\sum_{i=1}^{n_t}(X_i^{(t)}-\overline{X}^{(t)})'(X_i^{(t)}-\overline{X}^{(t)})$$

Ward 法的基本思想来自于方差分析，如果分类正确，同类样品的离差平方和应当较小，

类与类的离差平方和应当较大。具体做法是先将 n 个样品各自看成一类，然后每次缩小一类，每缩小一类离差平方和就要增大，选择使 S 增加最小的两类合并（因为如果分类正确，同类样品的离差平方和应当较小），直到所有的样品归为一类。

表面上来看，Ward 法与前面所述的方法差异较大，但如果将 G_p 与 G_q 的距离定义为

$$G_{pq}^2 = S_r - S_p - S_q$$

其中 $G_r = G_p \cup G_q$，就可将 Ward 法和前七种系统聚类方法统一起来，且可以证明 Ward 法合并类的距离公式为

$$D_{kr}^2 = \frac{n_k + n_p}{n_r + n_k} D_{kp}^2 + \frac{n_k + n_q}{n_r + n_q} D_{kq}^2 - \frac{n_k}{n_r + n_k} D_{pq}^2$$

6.4 实际应用

例 6.2 根据信息基础设施的发展水平，对包括 19 个国家和中国台湾地区的 20 个样品进行 Q- 型聚类分析，相关指标与数据如附录 B-8：表 6-9 所示。这里的样品选择涵盖了发达国家、新兴工业化国家、拉美国家、亚洲发展中国家、转型国家等不同类型的国家和中国台湾地区。反映信息基础设施的指标主要有 6 个，分别是：Call 为每千人拥有电话线数，Movecall 为每千户居民蜂窝移动电话数，Fee 为高峰时期每三分钟国际电话的成本，Computer 为每千人拥有的计算机数，Mips 为每千人中计算机功率 (每秒百万指令)，Net 为每千人互联网络户主数。

由于数据存在量纲和数量级的差别，在聚类之前首先对数据进行标准化处理，样品之间的距离采用欧氏距离。下面分别用最长距离法、重心法、离差平方和法，基于 SPSS 软件进行聚类分析，输出结果分别如图 6-5 至图 6-7 所示。

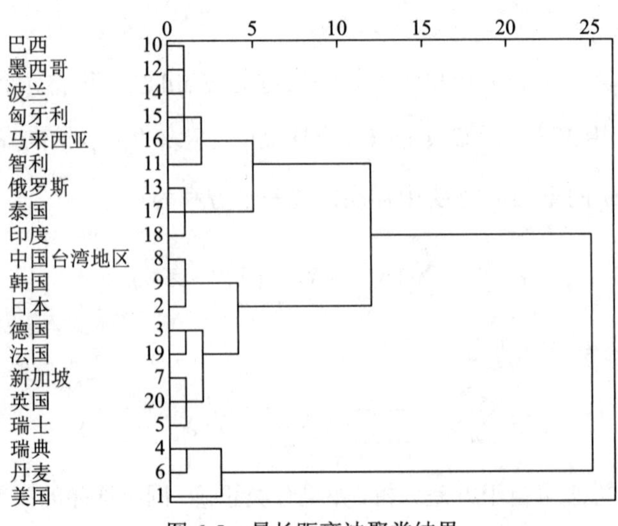

图 6-5　最长距离法聚类结果

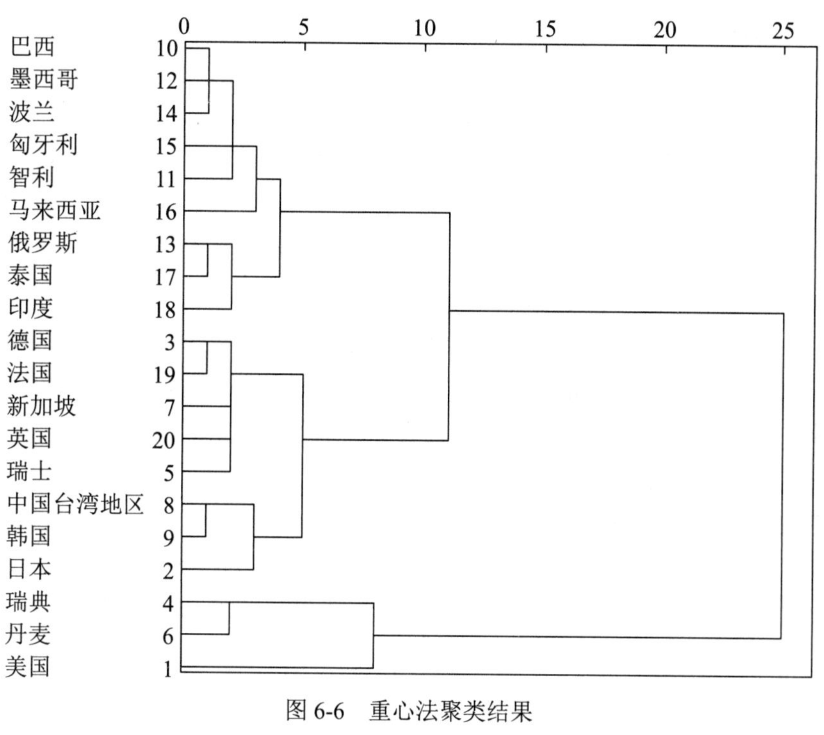

图 6-6 重心法聚类结果

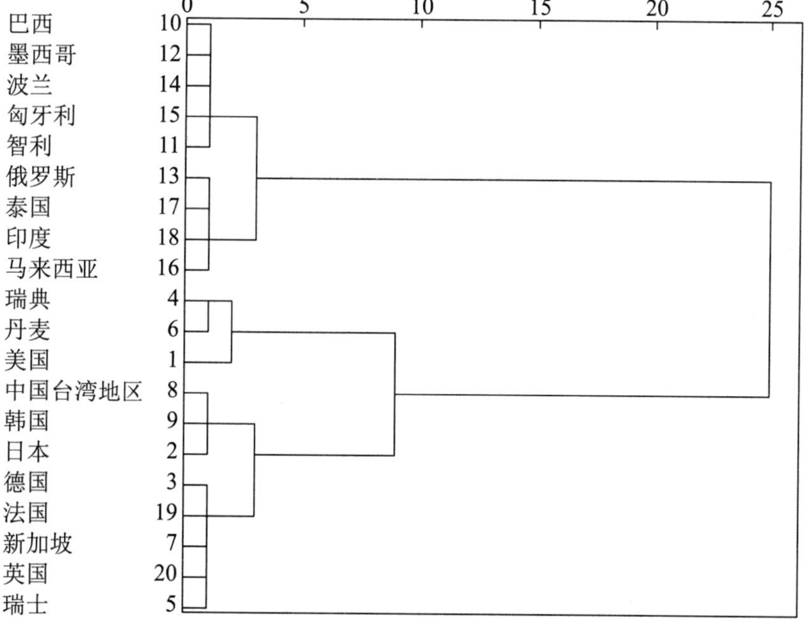

图 6-7 离差平方和法聚类结果

从聚类图看，本例采用三种方法的聚类结果基本一致，而最长距离法和重心法所得结果更接近，结合实际情况采用离差平方和法的聚类结果把这里的 19 个国家和中国台湾地区分为如下两类。

第Ⅰ类：巴西、墨西哥、波兰、匈牙利、智利、俄罗斯、泰国、印度、马来西亚。

第Ⅱ类：瑞典、丹麦、美国、中国台湾地区、韩国、日本、德国、法国、新加坡、英国、瑞士。

其中，第Ⅰ类中的国家当时为转型国家和亚洲、拉美发展中国家，这些国家经济较不发达，基础设施薄弱，属于信息基础设施比较落后的国家；第Ⅱ类中的国家和地区是美、日、欧洲发达国家与新兴工业化国家、中国台湾、新加坡、韩国。新兴工业化国家和地区的基础设施在当时发展迅速，努力赶超发达国家，而发达国家中美国、瑞典、丹麦的信息基础设施发展最为良好。

当然，随着经济发展和世界格局的变化，现在的情况与过去差异较大。例如，中国大陆地区实施改革开放以来，经济一直高速发展，信息基础设施建设投入不断加大，基础设施水平提升很快，现在远远超过了部分当时优于中国大陆的国家和地区，中国台湾地区与大陆今夕发展的差异便是很好的例证。

附：使用 SPSS 分析例 6.2 的操作过程

（1）导入数据，检查数据格式。

（2）分析→分类→系统聚类，“图”中勾选“树状图（谱系图）”，在“方法”中选择相应分析方法（分别选择最长距离法、重心法、Ward 法），其中“区间”选择平方欧式距离，“标准化”选择“Z 得分”。如图 6-8 所示。

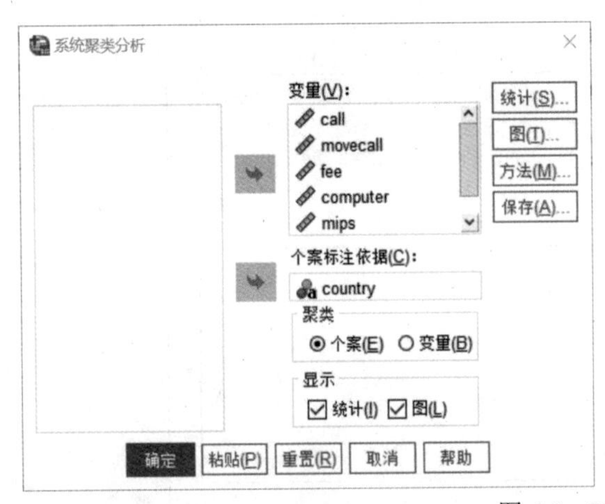

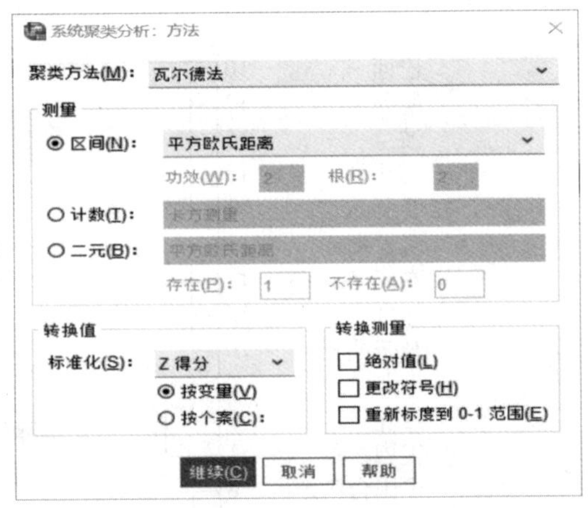

图 6-8 SPSS 操作

单击“确定”按钮后，输出聚类树状图与其他结果，输出的树状图分别如图 6-5 至图 6-7 所示。

例 6.3 基于 SPSS 软件，根据地区制造业竞争力情况，对中国 31 个省、市、自治区进行聚类。本例筛选的反映地区制造业竞争力指标如表 6-9 所示，收集的各项指标数据如附录 B-9：表 6-11 所示。数据来源于《中国工业统计年鉴 2017》，大部分二级指标可以直接从统计年鉴中直接得到，部分指标经进一步的计算得到。其中，X_1 为资产总计（亿元），X_2 为平均用工人数（万人），X_3 为工业销售产值（亿元，当年价格），X_4 为出口交货值（亿元），X_5 为利润总额（亿元），X_6 为市场占有率（%），X_7 为亏损企业亏损额（亿元），X_8 为负债合计（亿元），X_9 为成本合计（亿元），X_{10} 为流动资产比（%）。

解：由于不同指标的量纲不同，因此首先对数据进行标准化，本文选择归一化的方法进行标准化。指标体系中的大部分指标都是值越大表示该地区的竞争力越强，而亏损企业亏损额、负债和成本则是值越小表示竞争力越强，因此在使用这三个指标时首先计算其倒数，然后进行归一化处理。

表 6-9　反映地区制造业竞争力的指标

一级指标	二级指标	含义 / 计算方法
产业投入	资产 / 亿元	—
	平均用工人数 / 万人	—
产业效益	工业销售产值 / 亿元	—
	出口交货值 / 亿元	—
	利润总额 / 亿元	—
产业市场绩效	市场占有率 /%	地区工业销售产值 / 全国工业销售产值
	亏损企业亏损额 / 亿元	—
产业潜力	负债 / 亿元	—
	成本 / 亿元	包括主营业务成本、管理费用、营业费用和财务费用
	流动资产比 /%	流动资产 / 总资产

利用 SPSS 软件进行聚类分析，过程如下：

1）数据预处理与输入

首先，利用 Excel 对数据进行预处理，并将处理后数据导入 SPSS，部分数据如图 6-9 所示。

*未标题1 [数据集0] - IBM SPSS Statistics 数据编辑器

文件(F) 编辑(E) 视图(V) 数据(D) 转换(T) 分析(A) 直销(M) 图形(G) 实用程序(U) 窗口(W) 帮助(H)

	地区名称	资产	平均用工人数	工业销售产值	出口交货值	利润总额	市场占有率	亏损企业亏损额	负债	成本	流动资产比
1	北京市	.19366496	.06461330	.08622180	.02937229	.10486489	.09747244	.00233604	.00776231	.00492921	.90058450
2	天津市	.19554645	.09617046	.16398409	.07698802	.18033687	.15821062	.00419626	.00641573	.00293013	.67050758
3	河北省	.33399107	.22542560	.27622384	.04775270	.23646243	.27587059	.00398017	.00371698	.00142042	.30567955
4	山西省	.11166800	.05893144	.04362597	.02865785	.00693095	.04444596	.00354929	.01010132	.01077950	.47010337
5	内蒙古	.13792623	.05005889	.07721766	.00470134	.04971056	.07830393	.00263930	.00956843	.00629878	.12864700
6	辽宁省	.27680754	.12944074	.12299870	.06525710	.07080562	.12799577	.00084761	.00370151	.00364889	.65392494
7	吉林省	.14400307	.08239409	.14157575	.01247463	.12818079	.14108990	.00653586	.01191859	.00329694	.52631279
8	黑龙江省	.07498255	.04691816	.05646614	.00376026	.03643321	.05695183	.00472835	.02013010	.00890912	.64633190
9	上海市	.34295087	.15026946	.19618250	.22682090	.27599727	.21660076	.00146655	.00386320	.00201532	.96295163
10	江苏省	1.00000000	.77497413	1.00000000	.72507774	1.00000000	1.00000000	.00000000	.00000000	.00000000	.70320955

图 6-9　SPSS 数据示意截图

2）进行聚类分析

（1）选择分析—分类—系统聚类，如图 6-10 所示。

图 6-10　系统聚类选择截图

（2）将地区名称选到标记个案中，其余指标选到变量中，如图 6-11 所示。

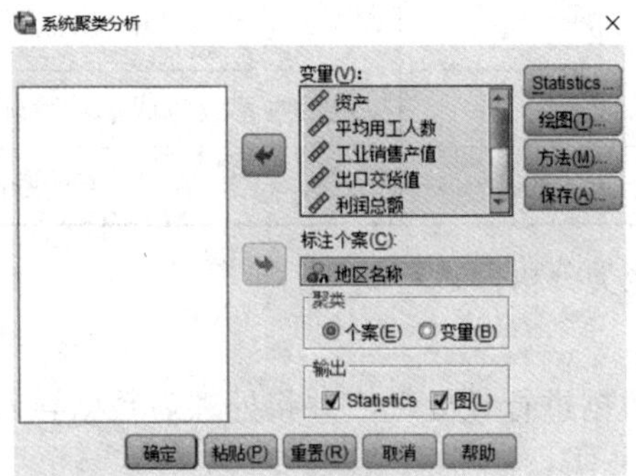

图 6-11　变量与样品名称选择截图

（3）点击绘图，勾选谱系图，选择图的方向，单击“继续”按钮，如图 6-12 所示。

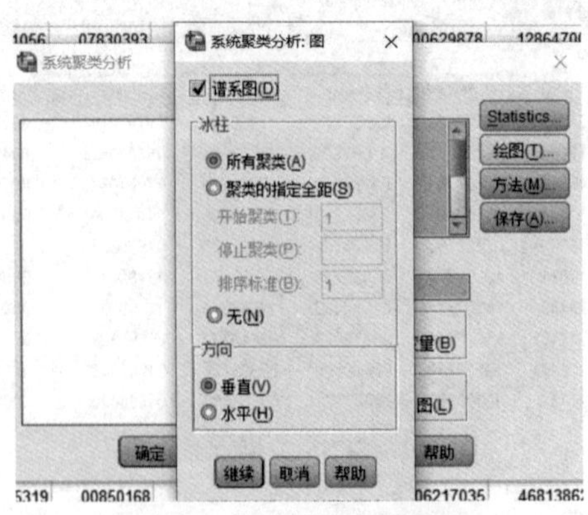

图 6-12　谱系图选择截图

（4）单击“方法”，聚类方法中选择组之间的链接，区间选择平方 Euclidean 距离，单击“继续”按钮，如图 6-13 所示。

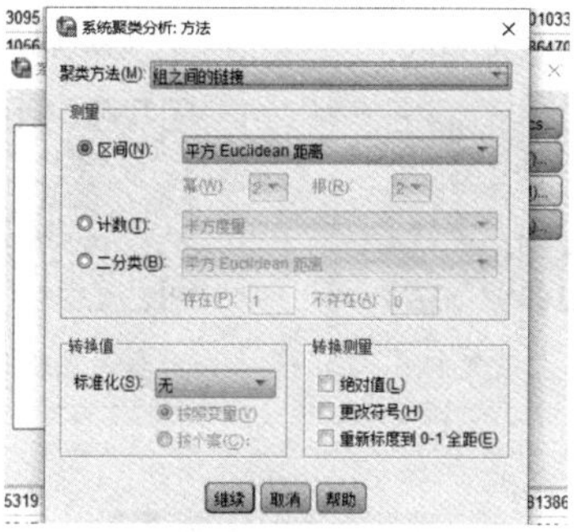

图 6-13　距离选择截图

（5）完成所有的设置，点击确定，得到聚类分析谱系图 6-14。

由图可知，若将地区分为三类，则第一类包括江苏、山东、广东 3 个省份，属于制造业竞争力最强的一类地区；第二类仅包含西藏，是制造业竞争力最弱的一个省份；其余省份构成第三类，制造业竞争力一般。若对其进一步细分，则黑龙江、贵州、山西、云南、甘肃、宁夏、海南、吉林、陕西、天津、重庆、广西、辽宁为一类，多为西北、东北和西南地区；安徽、四川、湖北、福建、江西、湖南、河北为一类，多为中部地区；上海和北京为一类，属于经济发达地区；内蒙古、新疆和青海为一类，制造业竞争力不强。

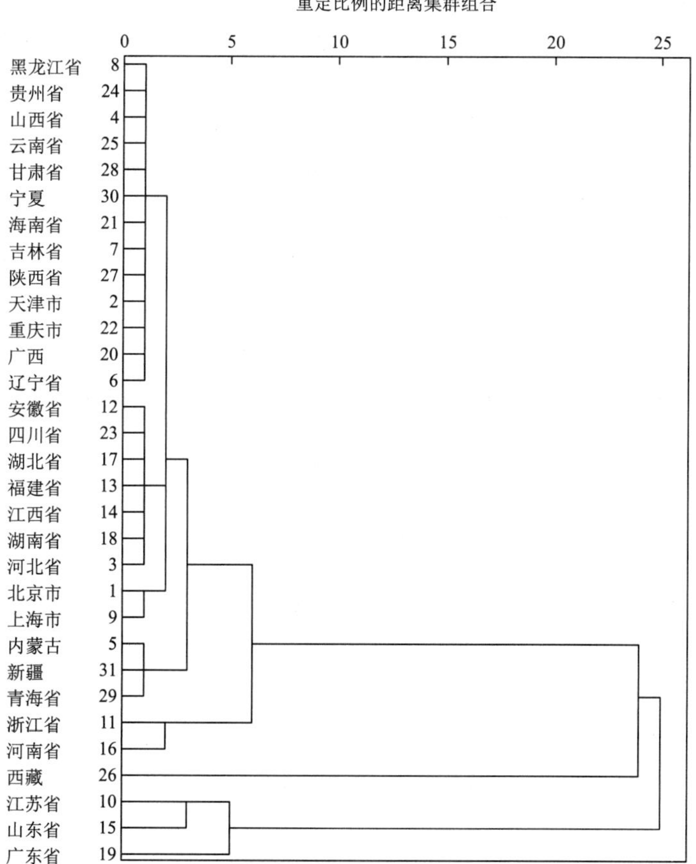

图 6-14　聚类结果谱系

扩展阅读6-3

拓展案例

练 习 题

1. 简述系统聚类法。

2. 简述 K 均值聚类法。

3. 为检测某类产品的重量，现抽取 6 个样品，每个样品只测一个指标，测量值分别为 1，2，3，6，9，11。试用最短距离法、重心法进行聚类分析。

4. 改革开放以来，我国人口与经济空间格局发生了很大变化，人口分布与区域经济发展差异成为我国当前面临的一个突出问题。收集 2018 年我国 31 个省份人口城乡结构、出生率、死亡率和自然增长率数据如附录 B-10：表 6-12 所示，请基于表中数据使用系统聚类法对 31 个省份进行聚类，并对结果进行分析。

5. 抽取某省 10 个城市，并收集其经济实力指标数据见附录 B-11：表 6-13，试利用系统聚类法对城市进行分类。

6. 附录 B-12：表 6-14 是某年我国 16 个省份农民支出情况的抽样调查数据，每个省份调查了反映平均生活消费支出情况的六个方面的情况。试基于统计分析软件用不同的方法进行聚类分析，并比较何种方法与人们观察到的实际情况较接近。

7. 附录 B-13：表 6-15 是 15 个上市公司某年的一些主要财务指标，使用 K 均值法分别对这些公司进行聚类。

8. 收集实际经济问题的数据，对样品及指标分别进行聚类分析。

9. 对练习题 8 中的问题使用另一种不同的聚类方法进行分析，并对聚类结果进行比较。

第7章 判别分析

学习目标

1. 掌握判别分析的原理。
2. 了解判别分析适合解决的实际问题类型。
3. 掌握距离判别法和 Fisher 判别法。
4. 了解 Bayes 判别法的思路和使用场景。
5. 了解判别分析法的上机操作与应用。

案例导入

在经济学中，经济增长方式是指经济增长的具体模式，是经济运行过程、经济增长手段和经济增长目标及其结果的一个统一体。换言之，它是指导经济增长的各种要素的组合方式及推动经济实现增长的方式。关于经济增长方式的提法很多，对其内涵也有许多不同的认识，如高效型与低效型、数量型与质量型、速度型与效益型、内向型与外向型等。但无论从哪个视角进行剖析，经济增长方式的本质是对各种生产要素的合理分配与使用，从这一意义来看，可将其分为两种基本的类型，即粗放型和集约型。粗放型方式的主要特征是依靠扩张生产要素的投入量而带动经济增长，集约型方式的主要特征是依靠提高生产要素质量及使用效率而带动经济增长。在基本类型的基础上还可进一步将其细分为四种类型，即粗放型、粗放集约型、集约型和集约粗放型。世界各个国家因自身资源禀赋、发展历史、科技水平等的不同，在经济发展的不同时期会采取各自不同的经济增长方式。

综上所述，我们可将经济增长方式分为四个类型，每个类型会包含一些国家作为样品。如果让您依据经济发展的指标，将中国作为一个新样品，如何判断现阶段中国应该采取怎样的经济增长方式？

7.1 判别分析认知

判别分析（discrimination analysis）是判别样品所属类型的一种统计方法，它是在对一些已知对象已分为若干类别的情况下，基于新样品的数据信息判断其归属的类别。该方法产生于20世纪30年代，在自然科学、社会科学、经济学、管理学等领域有着广泛的应用。例如，我们可以根据农户的家庭年人均可支配纯收入、生活、穿衣、住房、教育、医疗等方面的情况，判断一家农户是否为贫困户；根据一个国家的人均GDP、人均消费水平、一二三产业产值占比等指标，判断一个国家经济发展是发达国家还是发展中国家等；根据一个驾驶员的生理指标判断其是否酒驾；在医疗诊断中，根据患者的多种体检指标来判断此人是否为新冠患者。在实际问题的分析中，需要判别的问题几乎随处可见，不胜枚举。

判别分析是依据已掌握的若干样本的历史信息形成类别，继而建立判别公式和判别规则，最后对关注的新对象（样品）根据判别规则判定该对象的类别归属。因此，判别分析要求研究者具有一定的先验信息，即事先知道一组多元观察信息（训练样本，training sample），已形成类别，即研究者已经掌握了感兴趣样品的分类信息，对样品进行了分类。对具有相关观察信息的新样品（测试样本，test sample），我们的目的是借助判别规则尽可能准确地判断或分配新样品到已有的类中。由此可知，判别分析不同于聚类分析，后者并无类别的先验信息，需要对一组样品进行聚类分析以确定类别。实际应用中，除自然的分类，研究者常将这两个方法相结合使用。

扩展阅读7-1

判别函数建立的方法

判别分析包含的内容和方法很多，从不同的视角有不同的分类。从判别的组数来分，可分为两组判别分析和多组判别分析；从区分不同总体使用的数学模型来分，可分为线性判别分析和非线性判别分析；从判别时针对的变量来分，可分为逐步判别和序惯判别等；从判别准则来分，可分为距离准则、Fisher判别和Bayes判别。判别分析的分类，如图7-1所示。

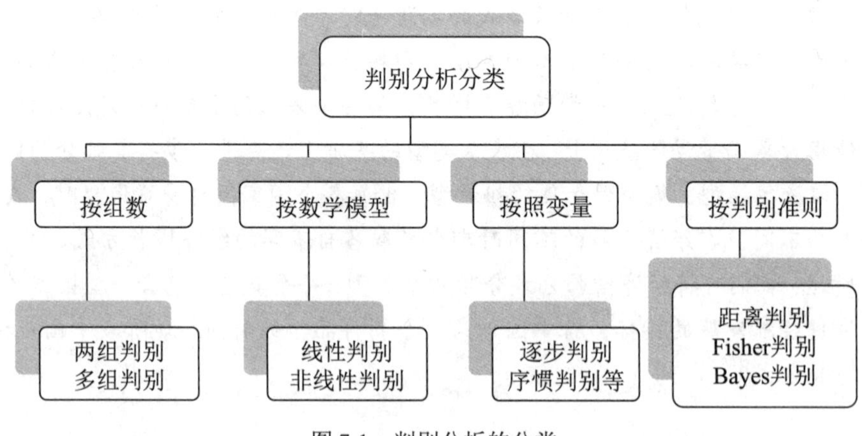

图7-1　判别分析的分类

7.2 距离判别法

7.2.1 两个总体的距离判别法

设有总体 G_1 和 G_2，从 G_1 中抽取 n_1 个样品，从 G_2 中抽取 n_2 个样品，每个样品测量 p 个指标，具体情况如表 7-1 所示。我们的问题是：若有一个新样品，其观测值为 $X=(x_1,x_2,\cdots,x_p)'$，试问将 X 判归于哪一类？

表 7-1 从两个总体抽取的样品

总体 G_1					总体 G_2				
样品变量	x_1	x_2	$\cdots$	x_p	样品变量	x_1	x_2	$\cdots$	x_p
$X_1^{(1)}$	$x_{11}^{(1)}$	$x_{12}^{(1)}$	$\cdots$	$x_{1p}^{(1)}$	$X_1^{(2)}$	$x_{11}^{(2)}$	$x_{12}^{(2)}$	$\cdots$	$x_{1p}^{(2)}$
$X_2^{(1)}$	$x_{21}^{(1)}$	$x_{22}^{(1)}$	$\cdots$	$x_{2p}^{(1)}$	$X_2^{(2)}$	$x_{21}^{(2)}$	$x_{22}^{(2)}$	$\cdots$	$x_{2p}^{(2)}$
$\vdots$	$\vdots$	$\vdots$		$\vdots$	$\vdots$	$\vdots$	$\vdots$		$\vdots$
$X_{n_1}^{(1)}$	$x_{n_1 1}^{(1)}$	$x_{n_1 2}^{(1)}$	$\cdots$	$x_{n_1 p}^{(1)}$	$X_{n_2}^{(2)}$	$x_{n_2 1}^{(2)}$	$x_{n_2 2}^{(2)}$	$\cdots$	$x_{n_2 p}^{(2)}$
均值	$\bar{x}_1^{(1)}$	$\bar{x}_2^{(1)}$	$\cdots$	$\bar{x}_p^{(1)}$	均值	$\bar{x}_1^{(2)}$	$x_2^{(2)}$	$\cdots$	$\bar{x}_p^{(2)}$

首先计算 X 到 G_1 和 G_2 的距离，分别记为 $D(X,G_1)$ 和 $D(X,G_2)$，按最近距离准则判别归类，即

$$\begin{cases} x\in G_1 & \text{当} D(X,G_1)<D(X,G_2) \\ x\in G_2 & \text{当} D(X,G_1)>D(X,G_2) \\ \text{待判} & \text{当} D(X,G_1)=D(X,G_2) \end{cases}$$

令 $\overline{X}^{(i)}=(\bar{x}_1^{(i)},\cdots,\bar{x}_p^{(i)})'$，$i=1,2$。如果距离定义采用欧氏距离，则可计算出

$$D(X,G_1)=\sqrt{(X-\overline{X}^{(1)})'(X-\overline{X}^{(1)})}=\sqrt{\sum_{\alpha=1}^{p}(x_\alpha-\bar{x}_\alpha^{(1)})^2}$$

$$D(X,G_2)=\sqrt{(X-\overline{X}^{(2)})'(X-\overline{X}^{(2)})}=\sqrt{\sum_{\alpha=1}^{p}(x_\alpha-\bar{x}_\alpha^{(2)})^2}$$

然后比较 $D(X,G_1)$ 和 $D(X,G_2)$ 大小，按上面的距离最近准则判别归类。

由于马氏距离具有优良的性质，且在多元统计分析中经常用到，这里针对马氏距离对上述准则进行较详细地讨论。设 $\mu^{(1)},\mu^{(2)},\Sigma^{(1)},\Sigma^{(2)}$ 分别为 G_1,G_2 的均值向量和协方差阵，距离采用马氏距离，即

$$D^2(X,G_i)=(X-\mu^{(i)})'(\Sigma^{(i)})^{-1}(X-\mu^{(i)}),\quad i=1,2$$

下面，依据两总体协方差阵是否相同分以下两种情况讨论判别准则。

1. 当 $\Sigma^{(1)}=\Sigma^{(2)}=\Sigma$ 时

我们考察 $D^2(X,G_2)$ 与 $D^2(X,G_1)$ 之差，即

$$\begin{aligned}D^2(X,G_2)-D^2(X,G_1)&=X'\Sigma^{-1}X-2X'\Sigma^{-1}\mu^{(2)}+\mu^{(2)\prime}\Sigma^{-1}\mu^{(2)}\\&\quad-[X'\Sigma^{-1}X-2X'\Sigma^{-1}\mu^{(1)}+\mu^{(1)\prime}\Sigma^{-1}\mu^{(1)}]\\&=[2X'\Sigma^{-1}(\mu^{(1)}-\mu^{(2)})-(\mu^{(1)}+\mu^{(2)})'\Sigma^{-1}(\mu^{(1)}-\mu^{(2)})\\&=2[X-\frac{1}{2}(\mu^{(1)}+\mu^{(2)})]'\Sigma^{-1}(\mu^{(1)}-\mu^{(2)})\end{aligned}$$

若令 $\overline{\mu}=\frac{1}{2}(\mu^{(1)}+\mu^{(2)})=(\overline{\mu}_1,\cdots,\overline{\mu}_p)'$，则上式变为

$$D^2(X,G_2)-D^2(X,G_1)=2(X-\overline{\mu}))'\Sigma^{-1}(\mu^{(1)}-\mu^{(2)})=2W(X)$$

其中 $W(X)=(X-\overline{\mu})'\Sigma^{-1}(\mu^{(1)}-\mu^{(2)})$。

于是，判别准则可写为

$$\begin{cases}x\in G_1,\text{当}W(x)>0 & \text{即}D^2(X,G_2)>D^2(X,G_1)\\x\in G_2,\text{当}W(x)<0 & \text{即}D^2(X,G_2)<D^2(X,G_1)\\\text{待判，当}W(x)=0 & \text{即}D^2(X,G_2)=D^2(X,G_1)\end{cases}$$

当 Σ，$\mu^{(1)}$ 和 $\mu^{(2)}$ 已知时，令 $a=\Sigma^{-1}(\mu^{(1)}-\mu^{(2)})\triangleq(a_1,\cdots,a_p)'$，则

$$\begin{aligned}W(X)=(X-\overline{\mu})'a=a'(X-\overline{\mu})&=(a_1,\cdots,a_p)\begin{pmatrix}x_1-\overline{\mu}_1\\\vdots\\x_p-\overline{\mu}_p\end{pmatrix}\\&=a_1(x_1-\overline{\mu}_1)+\cdots+a_p(x_p-\overline{\mu}_p)\end{aligned}$$

显然，$W(X)$ 是 $x_1,\cdots,x_p$ 的线性函数，故称 $W(X)$ 为线性判别函数，a 为判别系数。

当 Σ，$\mu^{(1)}$ 和 $\mu^{(2)}$ 未知时，可基于样本资料对其进行估计。设 $(X_1^{(i)},X_2^{(i)},\cdots,X_{n_i}^{(i)})$ 为来自 G_i 的样本（$i=1,2$），则这些参数的估计量为

$$\hat{\mu}^{(1)}=\frac{1}{n_1}\sum_{i=1}^{n_1}X_i^{(1)}=\overline{X}^{(1)},\quad\hat{\mu}^{(2)}=\frac{1}{n_2}\sum_{i=1}^{n_2}X_i^{(2)}=\overline{X}^{(2)}$$

$$\hat{\Sigma}=\frac{1}{n_1+n_2-2}(S_1+S_2)$$

其中 $S_i=\sum_{\alpha=1}^{n_i}(X_\alpha^{(i)}-\overline{X}^{(i)})(X_\alpha^{(i)}-\overline{X}^{(i)})'$，$\overline{X}=\frac{1}{2}(\overline{X}^{(1)}+\overline{X}^{(2)})$。

于是，线性判别函数为

$$W(X)=(X-\overline{X})'\hat{\Sigma}^{-1}(\overline{X}^{(1)}-\overline{X}^{(2)})$$

当两个总体为一元正态总体时，其分布分别为 $N(\mu_1,\sigma^2)$ 和 $N(\mu_2,\sigma^2)$，判别函数变为

$$W(X)=\left(X-\frac{\mu_1+\mu_2}{2}\right)\cdot\frac{1}{\sigma^2}\cdot(\mu_1-\mu_2)=(X-\overline{\mu})\cdot\frac{1}{\sigma^2}\cdot(\mu_1-\mu_2)$$

不妨设 $\mu_1<\mu_2$，这时 $W(X)$ 的符号取决于 $X>\overline{\mu}$ 或 $X<\overline{\mu}$。当 $X<\overline{\mu}$ 时，判 $X\in G_1$；当 $X>\overline{\mu}$ 时，判 $X\in G_2$。从这个过程可以看出，采用距离构建的判别准则颇为合理，但从图 7-2 又可以看出，用这个判别法有时也会出现错判。如 X 来自 G_1，但却落入 D_2，被判为属于 G_2，错判的概率为图中阴影的面积，记为 $P(2|1)$，类似地有 $P(1|2)$，显然 $P(2|1)=P(1|2)=1-\Phi(\frac{\mu_1-\mu_2}{2\sigma})$。

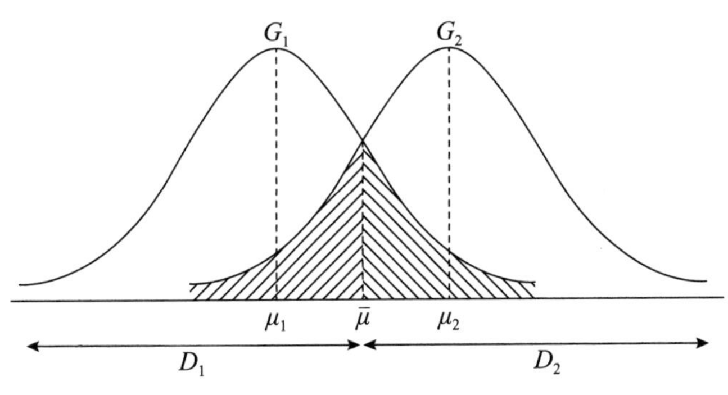

图 7-2　两总体错判情况

当两总体分布差别不大时，即 $|\mu_1-\mu_2|$ 小，错判概率就会变大，这时作判别分析是没有意义的。因此，只有当两个总体的均值有显著差异时，作判别分析才有意义。

2. 当 $\Sigma^{(1)}\neq\Sigma^{(2)}$ 时

按距离最近准则，类似地有

$$\begin{cases}x\in G_1 & 当D(X,G_1)<D(X,G_2)\\ x\in G_2 & 当D(X,G_1)>D(X,G_2)\\ 待判 & 当D(X,G_1)=D(X,G_2)\end{cases}$$

判别函数仍然为

$$\begin{aligned}W(X)&=D^2(X,G_2)-D^2(X,G_1)\\&=(X-\mu^{(2)})'(\Sigma^{(2)})^{-1}(X-\mu^{(2)})-(X-\mu^{(1)})'(\Sigma^{(1)})^{-1}(X-\mu^{(1)})\end{aligned}$$

不过这个判别函数是X的二次函数。

7.2.2 多个总体的距离判别法

与两个总体的讨论类似，下面说明多个总体的距离判别。设有k个总体G_1， G_2，…，G_k，它们的均值向量与协方差阵分别为$\mu^{(i)}$， $\Sigma^{(i)}$， $i=1,2,\cdots,k$。从每个总体G_i中抽取n_i个样品，$i=1,2,\cdots,k$，每个样品测量p个指标，具体情况如表 7-2 所示。任取一个新样品，其观测值为$X=(x_1,x_2,\cdots,x_p)'$，我们欲判别X归属的类别。

表 7-2 从k个总体抽取的样品

总体 G_1					…	总体 G_k				
样品变量	x_1	x_2	…	x_p		样品变量	x_1	x_2	…	x_p
$X_1^{(1)}$	$x_{11}^{(1)}$	$x_{12}^{(1)}$	…	$x_{1p}^{(1)}$		$X_1^{(k)}$	$x_{11}^{(k)}$	$x_{12}^{(k)}$	…	$x_{1p}^{(k)}$
$X_2^{(1)}$	$x_{21}^{(1)}$	$x_{22}^{(1)}$	…	$x_{2p}^{(1)}$		$X_2^{(k)}$	$x_{21}^{(k)}$	$x_{22}^{(k)}$	…	$x_{2p}^{(k)}$
⋮	⋮	⋮		⋮		⋮	⋮	⋮		⋮
$X_{n_1}^{(1)}$	$x_{n_11}^{(1)}$	$x_{n_12}^{(1)}$	…	$x_{n_1p}^{(1)}$		$X_{n_k}^{(k)}$	$x_{n_k1}^{(k)}$	$x_{n_k2}^{(k)}$	…	$x_{n_kp}^{(k)}$
均值	$\overline{x}_1^{(1)}$	$\overline{x}_2^{(1)}$	…	$\overline{x}_p^{(1)}$		均值	$\overline{x}_1^{(k)}$	$\overline{x}_2^{(k)}$	…	$\overline{x}_p^{(k)}$

记$\overline{X}^{(i)}=(\overline{x}_1^{(i)},\overline{x}_2^{(i)},\cdots,\overline{x}_p^{(i)})'$， $i=1,2,\cdots,k$。

1. 当$\Sigma^{(1)}=\cdots=\Sigma^{(k)}=\Sigma$时

X到G_i的距离$D^2(X,G_i)=(X-\mu^{(i)})'(\Sigma^{(i)})^{-1}(X-\mu^{(i)})$， $i=1,2,\cdots,k$。判别函数为

$$W_{ij}(X)=\frac{1}{2}[D^2(X,G_j)-D^2(X,G_i)]$$

$$=[X-\frac{1}{2}(\mu^{(i)}+\mu^{(j)})]'\Sigma^{-1}(\mu^{(i)}-\mu^{(j)}) \quad i,j=1,2,\cdots,k$$

相应的判别准则为

$$\begin{cases} x\in G_i & 若W_{ij}>0,对一切j\neq i \\ 待判 & 若有一个W_{ij}=0 \end{cases}$$

实际应用中，当Σ， $\mu^{(i)}$（$i=1,2,\cdots,k$）未知时，可基于样本资料对其进行估计。设$X_1^{(i)},X_2^{(i)},\cdots,X_{n_i}^{(i)}$为来自$G_i$的样本，$i=1,2,\cdots,k$，则$\mu^{(i)}$和$\Sigma$的估计分别为

$$\hat{\mu}^{(i)}=\frac{1}{n_i}\sum_{\alpha=1}^{n_1}X_\alpha^{(i)}=\overline{X}^{(i)}, \quad i=1,2,\cdots,k$$

$$\hat{\Sigma}=\frac{1}{n-k}\sum_{i=1}^{k}S_i$$

其中 $n=n_1+n_2+\cdots+n_k$，$S_i=\sum_{\alpha=1}^{n_i}(X_\alpha^{(i)}-\overline{X}^{(i)})(X_\alpha^{(i)}-\overline{X}^{(i)})'$ 为 G_i 的样本离差阵。

2. 当 $\Sigma^{(1)}$，$\Sigma^{(2)},\cdots$，$\Sigma^{(k)}$ 不相等时

这种情况下的判别函数为

$$W_{ij}(X)=(X-\mu^{(j)})'(\Sigma^{(j)})^{-1}(X-\mu^{(j)})-(X-\mu^{(i)})'(\Sigma^{(i)})^{-1}(X-\mu^{(i)})$$

$$W_{ij}(X)=(X-\mu^{(j)})'(\Sigma^{(j)})^{-1}(X-\mu^{(j)})-(X-\mu^{(i)})'(\Sigma^{(i)})^{-1}(X-\mu^{(i)})$$

相应的判别准则为

$$\begin{cases} x\in G_i & 若W_{ij}>0,对一切j\neq i \\ 待判 & 若有一个W_{ij}=0 \end{cases}$$

当 $\mu^{(i)}$，$\Sigma^{(i)}$（$i=1,2,\cdots,k$）未知时，可用其估计量替代。设 $X_1^{(i)},X_2^{(i)},...,X_{n_i}^{(i)}$ 为来自 G_i 的样本，$i=1,2,\cdots,k$，则 $\mu^{(i)}$ 和 $\Sigma^{(i)}$ 的估计分别为

$$\hat{\mu}^{(i)}=\frac{1}{n_i}\sum_{\alpha=1}^{n_1}X_\alpha^{(i)}=\overline{X}^{(i)}，\hat{\Sigma}^{(i)}=\frac{1}{n_i-1}S_i，i=1,2,\cdots,k$$

7.2.3　判别效果检验

检验判别效果可借助错判概率和错判率，前面已对错判概率进行了说明，下面解释错判率。

常用的一种验证方法是交叉核实法，该方法的原理是：为了判断对第 i 个观测样品的判别是否正确，用删除第 i 个观测样品后的数据集计算判别函数，然后用此判别函数判别第 i 个样品。对所有观测样品依次进行。

交叉核实法的检查比较严格，可说明所选判别方法的有效性。在样本容量不大时，通过改变样本检验判别方法是否稳定。

设有 k 个总体 G_1，G_2，…，G_k，从每个总体 G_i 中抽取 n_i 个样品，m_{ij} 表示来自总体 G_i 但被判为属于 G_j 的样品数，$i=1,2,\cdots,k$，$n=n_1+n_2+\cdots+n_k$。简单错判率定义为

$$p=\frac{1}{n}\sum_{i=1}^{k}\sum_{\substack{j=1\\j\neq i}}^{k}m_{ij}$$

即所有 k 个总体中错判样品数的占比。

若考虑 k 个总体出现的概率，设 q_i 是第 i 个总体 G_i 出现的先验概率，p_i 是总体 G_i 的错判概率，则定义加权错判率为 $p=\sum_{i=1}^{k}q_ip_i$。

例 7.1 考虑两个3维总体 G_1 和 G_2，每个总体各有5个样品，另有4个样品，分别记为1、2、3、4号样品，且1号、2号样品来自 G_1，3号、4号样品来自 G_2，其观测数据如表 7-3 所示。

表 7-3 待判样品观测数据

样品或数量	x_1	x_2	x_3
1	68.5	79.3	1950
2	69.9	96.9	2840
3	77.6	93.8	5233
4	69.3	90.3	5158

经计算，我们得到了两个总体样本均值向量、样本协方差阵分别为

$$\overline{X}^{(1)}=\begin{pmatrix}75.88\\94.08\\5343.4\end{pmatrix},\quad \overline{X}^{(2)}=\begin{pmatrix}70.44\\91.74\\3430.2\end{pmatrix}$$

$$S_1=\sum_{\alpha=1}^{5}(X_\alpha^{(1)}-\overline{X}^{(1)})(X_\alpha^{(1)}-\overline{X}^{(1)})'$$

$$=\begin{pmatrix}36.228 & 56.022 & 448.74\\56.022 & 344.228 & -252.24\\448.74 & -252.24 & 12987.2\end{pmatrix}$$

$$S_2=\sum_{\alpha=1}^{5}(X_\alpha^{(2)}-\overline{X}^{(2)})(X_\alpha^{(2)}-\overline{X}^{(2)})'$$

$$=\begin{pmatrix}86.812 & 117.682 & -4895.74\\117.682 & 188.672 & -11316.54\\-4895.74 & -11316.54 & 2087384.8\end{pmatrix}$$

现将这4个样品当作待判样品，使用判别分析方法进行判别，并分析判别结果。

解：

首先，由 S_1 和 S_2 计算 $S=S_1+S_2$，得

$$S=\begin{pmatrix}123.04 & 173.704 & -4447\\173.704 & 532.9 & -11568.78\\-4447 & -11568.78 & 2100372\end{pmatrix}$$

于是

$$\hat{\Sigma}=\frac{1}{n_1+n_2-2}(S_1+S_2)=\frac{1}{8}S$$

$$=\begin{bmatrix}15.38 & 21.713 & -555.875\\21.713 & 66.6125 & -1446.0975\\-555.875 & -1446.0975 & 262546.5\end{bmatrix}$$

$$\hat{\Sigma}^{-1}=\begin{bmatrix} 0.120896 & -0.03845 & 0.0000442 \\ -0.03845 & 0.029278 & 0.0000799 \\ 0.0000442 & 0.0000799 & 0.00000434 \end{bmatrix}$$

其次，求线性判别函数 $W(X)=(X-\overline{X})'\hat{\Sigma}^{-1}(\overline{X}^{(1)}-\overline{X}^{(2)})$。

$$a=\hat{\Sigma}^{-1}(\overline{X}^{(1)}-\overline{X}^{(2)})=(0.6523,\quad 0.0122,\quad 0.00873)'$$

$$W(X)=(X-\overline{X})'a=a'(X-\overline{X})=a'\left[X-\frac{1}{2}(\overline{X}^{(1)}+\overline{X}^{(2)})\right]$$

$$=0.6523x_1+0.0122x_2+0.00873x_3-87.1525$$

最后，判别待判样品的归类。将 4 个待判样品代入判别函数中，依据判别准则得到判别结果如表 7-4 所示。这个结果说明判别结果与待判样品的原有事实归属一致。

表 7-4　待判样品判别结果

样品号	判别函数 $W(X)$ 的值	归属类别
1	−24.47899	2
2	−15.58135	2
3	10.29443	1
4	4.18289	1

7.3　Fisher 判别法

Fisher 判别法是 1936 年提出来的，该方法对总体的分布并未提出特定的要求。本节首先介绍两总体 Fisher 判别法，然后介绍多总体 Fisher 判别法。

7.3.1　协方差阵不等的两总体 Fisher 判别法

1. 基本思想

Fisher 判别法的基本思想是：从两个 p 维总体中分别抽取若干个样品，借助方差分析的思想构造一个线性判别函数。该函数亦被称为典型判别函数、Fisher 判别函数或判别式。线性判别函数为

$$y=c_1x_1+c_2x_2+\cdots+c_px_p$$

其中，$c_1,c_2,\cdots,c_p$ 确定的原则是使两组间的离差最大，而使每组内部的离差最小。在得到判别函数后，对于一个新样品，将它的 p 维观测值代入判别函数中求出 y 值，然后将其与判别临界值（或称分界点，后面给出）进行比较，就可以判别它应归属于哪一个总体。

2. 判别函数推导

假设有两个总体 G_1 和 G_2，从第一个总体中抽取 n_1 个样品，从第二个总体中抽取 n_2 个样品，每个样品观测 p 个指标，得到的观测数据如表 7-5 所示。

若新建立的判别函数为 $y = c_1x_1 + c_2x_2 + \cdots + c_px_p$，将两总体的样品观测值分别代入判别函数的表达式中，得

$$y_\alpha^{(1)} = c_1x_{\alpha1}^{(1)} + c_2x_{\alpha2}^{(1)} + \cdots + c_px_{\alpha p}^{(1)}，\quad \alpha = 1,2,\cdots,n_1$$

$$y_\alpha^{(2)} = c_1x_{\alpha1}^{(2)} + c_2x_{\alpha2}^{(2)} + \cdots + c_px_{\alpha p}^{(2)}，\quad \alpha = 1,2,\cdots,n_2$$

表 7-5　从两个总体抽取的样品数据

总体 G_1

样品与变量	x_1	x_2	…	x_p
$X_1^{(1)}$	$x_{11}^{(1)}$	$x_{12}^{(1)}$	…	$x_{1p}^{(1)}$
$X_2^{(1)}$	$x_{21}^{(1)}$	$x_{22}^{(1)}$	…	$x_{2p}^{(1)}$
⋮	⋮	⋮		⋮
$X_{n_1}^{(1)}$	$x_{n_11}^{(1)}$	$x_{n_12}^{(1)}$	…	$x_{n_1p}^{(1)}$
均值	$\bar{x}_1^{(1)}$	$\bar{x}_2^{(1)}$	…	$\bar{x}_p^{(1)}$

总体 G_2

样品与变量	x_1	x_2	…	x_p
$X_1^{(2)}$	$x_{11}^{(2)}$	$x_{12}^{(2)}$	…	$x_{1p}^{(2)}$
$X_2^{(2)}$	$x_{21}^{(2)}$	$x_{22}^{(2)}$	…	$x_{2p}^{(2)}$
⋮	⋮	⋮		⋮
$X_{n_2}^{(2)}$	$x_{n_21}^{(2)}$	$x_{n_22}^{(2)}$	…	$x_{n_2p}^{(2)}$
均值	$\bar{x}_1^{(2)}$	$\bar{x}_2^{(2)}$	…	$\bar{x}_p^{(2)}$

进一步有

$$\bar{y}^{(1)} = \frac{1}{n_1}\sum_{\alpha=1}^{n_1} y_\alpha^{(1)} = \sum_{k=1}^{p} c_k\bar{x}_k^{(1)} \text{ 第一组样品的“重心”}$$

$$\bar{y}^{(2)} = \frac{1}{n_2}\sum_{\alpha=1}^{n_2} y_\alpha^{(2)} = \sum_{k=1}^{p} c_k\bar{x}_k^{(2)} \text{ 第二组样品的“重心”}$$

为了使判别函数能够很好地区分来自不同总体的样品，我们自然希望如下两种情况。

（1）来自不同总体样品的均值 $\bar{y}^{(1)}$ 与 $\bar{y}^{(2)}$ 差异愈大愈好。

（2）对于由来自第一个总体的样品计算的 $y_\alpha^{(1)}$（$\alpha = 1,\cdots,n_1$）希望其内部差异越小越好，即它们的离差平方和 $\sum_{\alpha=1}^{n_1}(y_\alpha^{(1)} - \bar{y}^{(1)})^2$ 愈小愈好，同样也希望 $\sum_{\alpha=1}^{n_2}(y_\alpha^{(2)} - \bar{y}^{(2)})^2$ 愈小愈好。由此可知，这实际上是希望下式愈大愈好。

$$I = \frac{(\bar{y}^{(1)} - \bar{y}^{(2)})^2}{\sum_{\alpha=1}^{n_1}(y_\alpha^{(1)} - \bar{y}^{(1)})^2 + \sum_{\alpha=1}^{n_2}(y_\alpha^{(2)} - \bar{y}^{(2)})^2}$$

为简便计，设

$$Q = Q(c_1, c_2, \cdots, c_p) = (\bar{y}^{(1)} - \bar{y}^{(2)})^2$$

为两总体的组间离差。

$$F=F(c_1,c_2,\cdots,c_p)=\sum_{\alpha=1}^{n_1}(y_\alpha^{(1)}-\overline{y}^{(1)})^2+\sum_{\alpha=1}^{n_2}(y_\alpha^{(2)}-\overline{y}^{(2)})^2$$

为组内离差，于是

$$I=Q/F$$

为求出使I达到最大的$c_1,c_2,\cdots,c_p$，对$I=Q/F$两边取对数有

$$\ln I=\ln Q-\ln F$$

令

$$\frac{\partial \ln I}{\partial c_k}=\frac{\partial \ln Q}{\partial c_k}-\frac{\partial \ln F}{\partial c_k}=0\,,\qquad k=1,2,\cdots,p$$

则

$$\frac{1}{Q}\cdot\frac{\partial Q}{\partial c_k}=\frac{1}{F}\cdot\frac{\partial F}{\partial c_k}$$

即

$$\frac{1}{I}\cdot\frac{\partial Q}{\partial c_k}=\frac{\partial F}{\partial c_k}$$

由于

$$\begin{aligned}Q&=(\overline{y}^{(1)}-\overline{y}^{(2)})^2=(\sum_{k=1}^{p}c_k\overline{x}_k^{(1)}-\sum_{k=1}^{p}c_k\overline{x}_k^{(2)})^2\\&=\left[\sum_{k=1}^{p}c_k(\overline{x}_k^{(1)}-\overline{x}_k^{(2)})\right]^2\overset{\Delta}{=}\left(\sum_{k=1}^{p}c_kd_k\right)^2\end{aligned}$$

其中$d_k=\overline{x}_k^{(1)}-\overline{x}_k^{(2)}$。于是有

$$\frac{\partial Q}{\partial c_k}=2(\sum_{i=1}^{p}c_id_i)d_k$$

$$\begin{aligned}F&=\sum_{i=1}^{n_1}(y_i^{(1)}-\overline{y}^{(1)})^2+\sum_{i=1}^{n_2}(y_i^{(2)}-\overline{y}^{(2)})^2\\&=\sum_{i=1}^{n_1}\left[\sum_{k=1}^{p}c_k(x_{ik}^{(1)}-\overline{x}_k^{(1)})\right]^2+\sum_{i=1}^{n_2}\left[\sum_{k=1}^{p}c_k(x_{ik}^{(2)}-\overline{x}_k^{(2)})\right]^2\\&=\sum_{i=1}^{n_1}\left[\sum_{k=1}^{p}c_k(x_{ik}^{(1)}-\overline{x}_k^{(1)})\cdot\sum_{l=1}^{p}c_l(x_{il}^{(1)}-\overline{x}_l^{(1)})\right]\\&\quad+\sum_{i=1}^{n_2}\left[\sum_{k=1}^{p}c_k(x_{ik}^{(2)}-\overline{x}_k^{(2)})\cdot\sum_{l=1}^{p}c_l(x_{il}^{(2)}-\overline{x}_l^{(2)})\right]\end{aligned}$$

$$=\sum_{k=1}^{p}\sum_{l=1}^{p}c_k c_l\left[\sum_{i=1}^{n_1}(x_{ik}^{(1)}-\overline{x}_k^{(1)})(x_{il}^{(1)}-\overline{x}_l^{(1)})+\sum_{i=1}^{n_2}(x_{ik}^{(2)}-\overline{x}_k^{(2)})(x_{il}^{(2)}-\overline{x}_l^{(2)})\right]$$

$$=\sum_{k=1}^{p}\sum_{l=1}^{p}c_k c_l s_{kl}$$

其中

$$s_{kl}=\sum_{i=1}^{n_1}(x_{ik}^{(1)}-\overline{x}_k^{(1)})(x_{il}^{(1)}-\overline{x}_l^{(1)})+\sum_{i=1}^{n_2}(x_{ik}^{(2)}-\overline{x}_k^{(2)})(x_{il}^{(2)}-\overline{x}_l^{(2)})$$

所以，$\frac{\partial F}{\partial c_k}=2\sum_{l=1}^{p}c_t s_{kl}$。从而有

$$\frac{2}{I}(\sum_{l=1}^{p}c_l d_l)d_k=2\sum_{l=1}^{p}c_l s_{kl}$$

即

$$\frac{1}{I}(\sum_{l=1}^{p}c_l d_l)d_k=\sum_{l=1}^{p}c_l s_{kl},\quad k=1,2,\cdots,p$$

令$\beta=\frac{1}{I}\sum_{l=1}^{p}c_l d_l$，这里$\beta$是常数因子，不依赖于$k$，它对方程组的解只起到共同扩大$\beta$倍的作用，不影响它的解$c_1,c_2\cdots,c_p$之间的相对比例关系，对判别结果来说没有影响，所以取$\beta=1$，于是有方程组

$$\sum_{l=1}^{p}c_l s_{kl}=d_k,\quad k=1,2,\cdots,p$$

即

$$\begin{cases}s_{11}c_1+s_{12}c_2+\cdots+s_{1p}c_p=d_1\\ s_{21}c_1+s_{22}c_2+\cdots+s_{2p}c_p=d_2\\ \qquad\cdots\\ s_{p1}c_1+s_{p2}c_2+\cdots+s_{pp}c_p=d_p\end{cases}$$

其矩阵形式为

$$\begin{pmatrix}s_{11}&s_{12}&\dots&s_{1p}\\ s_{21}&s_{22}&\dots&s_{2p}\\ \vdots&\vdots&&\vdots\\ s_{p1}&s_{p2}&\dots&s_{pp}\end{pmatrix}\begin{pmatrix}c_1\\ c_2\\ \vdots\\ c_p\end{pmatrix}=\begin{pmatrix}d_1\\ d_2\\ \vdots\\ d_p\end{pmatrix}$$

故

$$\begin{pmatrix} c_1 \\ c_2 \\ \vdots \\ c_p \end{pmatrix} = \begin{pmatrix} s_{11} & s_{12} & \cdots & s_{1p} \\ s_{21} & s_{22} & \cdots & s_{2p} \\ \vdots & \vdots & & \vdots \\ s_{p1} & s_{p2} & \cdots & s_{pp} \end{pmatrix}^{-1} \begin{pmatrix} d_1 \\ d_2 \\ \vdots \\ d_p \end{pmatrix}$$

需要说明的是：本教材有几处利用极值原理求极值时，只给出必要条件的数学推导，而有关充分条件的论证省略了，因为在通常遇到的实际问题中，根据问题本身的性质就能确定有最大值（或最小值），如果所求的驻点只有一个，这时就不需要根据极值存在的充分条件判定它是极大还是极小就能肯定这唯一的驻点就是所求的最大值（或最小值），为了避免过多的数学知识或数学推导，这里未追求数学上的完整性。

在得到判别函数后，欲建立判别准则需确定判别临界值（分界点）y_0，在两总体先验概率相等的假设下，一般常取y_0为$\bar{y}^{(1)}$与$\bar{y}^{(2)}$的加权平均值，即

$$y_0 = \frac{n_1 \bar{y}^{(1)} + n_2 \bar{y}^{(2)}}{n_1 + n_2}$$

如果由原始数据求出了$\bar{y}^{(1)}$与$\bar{y}^{(2)}$且满足$\bar{y}^{(1)} > \bar{y}^{(2)}$，则建立判别准则为：对一个新样品$X = (x_1, x_2, \cdots, x_p)'$，将其代入判别函数中去，计算所得的值设为$y$，若$y > y_0$，则判定$X \in G_1$；若$y < y_0$，则判定$X \in G_2$（图 7-3（a））。如果$\bar{y}^{(1)} < \bar{y}^{(2)}$，则建立判别准则为：若$y > y_0$，则判定$X \in G_2$；若$y < y_0$，则判定$X \in G_1$（图 7-3（b））（注：这里为简单直观起见，仅给出了两个一元正态总体同方差时的图示）。

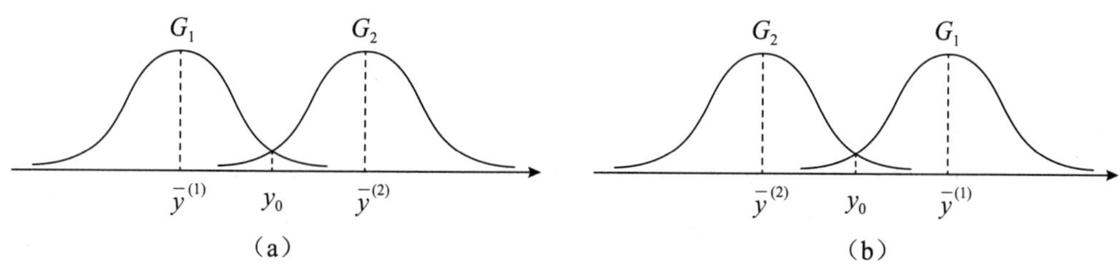

图 7-3　两总体 Fisher 判别

3. 计算步骤

（1）建立判别函数。

首先，求$I = \dfrac{Q(c_1, c_2, \cdots, c_p)}{F(c_1, c_2, \cdots, c_p)}$的最大值点$c_1, c_2, \cdots, c_p$。根据极值原理，解方程组

$$\begin{cases}\dfrac{\partial \ln I}{\partial c_1}=0\\ \dfrac{\partial \ln I}{\partial c_2}=0\\ \quad\vdots\\ \dfrac{\partial \ln I}{\partial c_p}=0\end{cases}$$

可得到$c_1,c_2,\cdots,c_p$。其次，写出判别函数$y=c_1x_1+c_2x_2+\cdots+c_px_p$。

（2）计算判别临界值y_0，然后根据判别准则对新样品判别分类。

（3）检验判别效果。当两个总体服从正态分布且协方差阵相同时，即两个总体的分布分别为$N_p(\mu_1,\Sigma)$和$N_p(\mu_2,\Sigma)$，检验的假设为

$$H_0:\mu_1=\mu_2 \quad H_1:\mu_1\neq\mu_2$$

检验此假设的统计量为

$$F=\frac{(n_1+n_2-2)-p+1}{(n_1+n_2-2)p}T^2 \overset{H_0\text{成立时}}{\sim} F(p,n_1+n_2-p-1)$$

其中

$$T^2=(n_1+n_2-2)\left[\sqrt{\frac{n_1n_2}{n_1+n_2}}(\overline{X}^{(1)}-\overline{X}^{(2)})'S^{-1}\sqrt{\frac{n_1n_2}{n_1+n_2}}(\overline{X}^{(1)}-\overline{X}^{(2)})\right]$$

$$S=(s_{ij})_{p\times p},\quad s_{ij}=\sum_{\alpha=1}^{n_1}(x_{\alpha i}^{(1)}-\overline{x}_i^{(1)})(x_{\alpha j}^{(1)}-\overline{x}_j^{(1)})+\sum_{\alpha=1}^{n_2}(x_{\alpha i}^{(2)}-\overline{x}_i^{(2)})(x_{\alpha j}^{(2)}-\overline{x}_j^{(2)})$$

$$\overline{X}^{(i)}=(\overline{x}_1^{(i)},\overline{x}_2^{(i)},\cdots,\overline{x}_p^{(i)})',\quad i=1,2$$

对于给定的检验水平α，查F分布表，确定临界值F_α，若$F>F_\alpha$，则拒绝H_0，认为判别有效；否则认为判别无效。

实际应用中，参与构造判别函数的样品个数不宜太少，否则会影响判别式的优良性；其次，选择的指标（变量）不宜过多，指标过多不仅使用不方便，而且影响预报的稳定性。所以，认真仔细选择与分类有密切关系的指标对建立判别函数来说很重要，应使两总体均值之间的差异尽量大些。

扩展阅读7-2

Fisher与t分布

7.3.2 多总体 Fisher 判别法

类似上面两总体 Fisher 判别法，我们下面给出多总体情况下的 Fisher 判别法。

设有k个总体$G_1,G_2,\cdots,G_k$，从各总体中抽取的样品数分别为$n_1,n_2,\cdots,n_k$，令$n=n_1+n_2+$

$\cdots+n_k$。$x_\alpha^{(i)}=(x_{\alpha 1}^{(i)},x_{\alpha 2}^{(i)},\cdots,x_{\alpha p}^{(i)})'$ 为来自第 i 个总体的第 α 个样品的观测向量，$\alpha=1,2,\cdots,n_i$，$i=1,2,\cdots,k$。于是，从 k 个总体分别得到的 k 组 p 维观察值可表示为

$$\begin{aligned}
G_1:&\quad x_1^{(1)},x_2^{(1)},\cdots,x_{n_1}^{(1)}\\
G_2:&\quad x_1^{(2)},x_2^{(2)},\cdots,x_{n_2}^{(2)}\\
&\cdots\\
G_k:&\quad x_1^{(k)},x_2^{(k)},\cdots,x_{n_k}^{(k)}
\end{aligned}$$

Fisher 判别的思想是投影，它是将上述 k 组 p 维观察投影到某一个方向，使投影组之间尽可能地分散，对这种分散程度的衡量采取一元方差分析的思路。

设 $c=(c_1,c_2,\cdots,c_p)'$ 是 R^p 中的任一向量，$y(x)=c_1x_1+c_2x_2+\cdots+c_px_p\triangleq c'x$ 为向量 $x=(x_1,x_2,\cdots,x_p)'$ 在 c 方向上的投影。于是，上述 k 组 p 维观察在 c 方向上的投影为

$$\begin{aligned}
G_1:&\quad c'x_1^{(1)},c'x_2^{(1)},\cdots,c'x_{n_1}^{(1)}\\
G_2:&\quad c'x_1^{(2)},c'x_2^{(2)},\cdots,c'x_{n_2}^{(2)}\\
&\cdots\\
G_k:&\quad c'x_1^{(k)},c'x_2^{(k)},\cdots,c'x_{n_k}^{(k)}
\end{aligned}$$

由此可以求出 k 组数据的组间平方 SSG 和与组内平方和 SSE，即

$$\mathrm{SSG}=\sum_{i=1}^{k}n_i(c'\bar{x}^{(i)}-c'\bar{x})^2=c'\left[\sum_{i=1}^{k}n_i(\bar{x}^{(i)}-\bar{x})(\bar{x}^{(i)}-\bar{x})'\right]c=c'Ac$$

其中，$A=\sum_{i=1}^{k}n_i(\bar{x}^{(i)}-\bar{x})(\bar{x}^{(i)}-\bar{x})'$，为各总体样本方差阵之和；$\bar{x}^{(i)}$ 为来自总体 G_i 的样品的样本均值向量，$\bar{x}$ 为总均值向量。

$$\mathrm{SSE}=\sum_{i=1}^{k}\sum_{j=1}^{n_i}(c'x_j^{(i)}-c'\bar{x}^{(i)})^2=c'\left[\sum_{i=1}^{k}\sum_{j=1}^{n_i}(x_j^{(i)}-\bar{x}^{(i)})(x_j^{(i)}-\bar{x}^{(i)})'\right]c=c'Ec$$

其中 $E=\sum_{i=1}^{k}\sum_{j=1}^{n_i}(x_j^{(i)}-\bar{x}^{(i)})(x_j^{(i)}-\bar{x}^{(i)})'$，为组内离差阵。

如果 k 个总体 $G_1,G_2,\cdots,G_k$ 的均值之间有显著差异，则

$$F=\frac{\mathrm{SSG}/(k-1)}{\mathrm{SSE}/(n-k)}=\frac{n-k}{k-1}\cdot\frac{c'Ac}{c'Ec}$$

应充分地大，或

$$\lambda(c)=\frac{c'Ac}{c'Ec}$$

应充分地大。

为求 λ 的最大值，根据极值存在的必要条件，令 $\partial\lambda/\partial c=0$。利用向量求导的公式，得

$$\frac{\partial \lambda}{\partial c}=\frac{2Ac}{(c'Ec)^2}\cdot(c'Ec)-\frac{2Ec}{(c'Ec)^2}\cdot(c'Ac)$$
$$=\frac{2Ac}{c'Ec}-\frac{2Ec}{c'Ec}\cdot\frac{c'Ac}{c'Ec}$$
$$=\frac{2Ac}{c'Ec}-\frac{2Ec}{c'Ec}\cdot\lambda$$

因此

$$\frac{\partial \lambda}{\partial C}=0\Rightarrow\frac{2Ac}{c'Ec}-\frac{2\lambda Ec}{c'Ec}=0\Rightarrow Ac=\lambda Ec$$

这说明λ及c恰好是A、E矩阵的广义特征根及其对应的特征向量。由于一般都要求组内离差阵E是正定的，由代数知识可知，上式非零特征根个数m不超过$\min(k-1,p)$，又因为A是非负定的，所以非零特征根必为正根，记为$\lambda_1\geqslant\lambda_2\geqslant\cdots\geqslant\lambda_m>0$，于是可构造判别函数为

$$y_l(x)=c^{(l)\prime}x,\qquad l=1,2,\cdots,m$$

对于每个判别函数必须给出一个用以衡量判别能力的指标p_l，定义为

$$p_l=\frac{\lambda_l}{\sum_{i=1}^{m}\lambda_i},\qquad l=1,2,\cdots,m$$

m_0个判别函数$y_1,y_2\cdots,y_{m_0}$的判别能力定义为

$$sp_{m_0}\triangleq\sum_{l=1}^{m_0}p_l=\frac{\sum_{l=1}^{m_0}\lambda_l}{\sum_{i=1}^{m}\lambda_i}$$

如果sp_{m_0}达到某个特定的值（如85%），则认为m_0个判别函数就够了。

在得到了判别函数之后，如何对待判的样品进行分类？Fisher判别法本身并未给出最合适的分类法，在实际应用中可以选用下列分类法之一进行分类。

（1）当只取一个判别函数，即$m_0=1$时，此时有以下两种可供选用的方法。

① 非加权法。若$|y(x)-\overline{y}^{(l)}|=\min\limits_{1\leqslant j\leqslant k}|y(x)-\overline{y}^{(j)}|$，则判$x\in G_l$。

② 加权法。将$\overline{y}^{(1)},\overline{y}^{(2)},\cdots,\overline{y}^{(k)}$按大小次序排列，记为$\overline{y}_{(1)}\leqslant\overline{y}_{(2)}\leqslant\cdots\leqslant\overline{y}_{(k)}$，相应判别函数的标准差排为$\sigma_{(i)}$。令

$$d_{i,i+1}=\frac{\sigma_{(i+1)}\overline{y}_{(i)}+\sigma_{(i)}\overline{y}_{(i+1)}}{(\sigma_{(i+1)}+\sigma_{(i)})},\quad i=1,2,\cdots,k-1$$

则 $d_{i,i+1}$ 可作为 G_i 与 G_{i+1} 之间的分界点。如果 x 使得 $d_{i-1,i} \leqslant y(x) \leqslant d_{i,i+1}$，则判 $x \in G_i$。

（2）当 $m_0 > 1$ 时，也有类似两种选用的方法：

① 非加权法。记 $\overline{y}_l^{(i)} = c^{(l)\prime}\overline{x}^{(i)}$，$l = 1,2,\cdots,m_0$，$i = 1,2,\cdots,k$。对待判样品 $x = (x_1, x_2, \cdots, x_p)'$，计算 $y_l(x) = c^{(l)\prime}x$

$$D_i^2 = \sum_{l=1}^{m_0}[y_l(x) - \overline{y}_l^{(i)}]^2, \quad i = 1,2,\cdots,k$$

若 $D_\gamma^2 = \min\limits_{1 \leqslant i \leqslant k} D_i^2$，则判 $x \in G_\gamma$。

② 加权法。考虑到每个判别函数的判别能力不同，记

$$D_\gamma^2 = \sum_{l=1}^{m_0}[y_l(x) - \overline{y}_l^{(i)}]^2 \lambda_l$$

其中 λ_l 是由 $Ac = \lambda Ec$ 求出的特征值。若 $D_\gamma^2 = \min\limits_{1 \leqslant i \leqslant k} D_i^2$，则判 $x \in G_\gamma$。

7.4 Bayes 判别法

7.3 中介绍了 Fisher 判别法，但读者应看到随着总体个数的增加，需要建立的判别函数或判别式个数也随着增加，这会带来较大的计算负担。我们可以换个思路，即对多个总体的判别不是建立判别式，而是计算新样品归属于各总体的条件概率 $P(l \mid x)$，$l = 1,2,\cdots,k$，再对这 k 个概率进行比较，然后将新样品判为条件概率最大的那个总体，称这种判别方法为 Bayes 判别法。

扩展阅读7-3

贝叶斯统计

7.4.1 Bayes 判别法的基本思想

Bayes 统计的思想是假设研究者对关注的对象事先已有一定的认知，常用先验概率分布描述这种认知。然后获取一个样本，用样本来修正原来的认知，得到后验概率分布，并据此进行后续的统计推断。Bayes 判别法就是利用 Bayes 统计的思想作判别分析。

设有 k 个总体 $G_1, G_2, \cdots, G_k$，它们的先验概率分别记为 $q_1, q_2, \cdots, q_k$（它们可以由经验给出也可以估出）。各总体的密度函数分别设为 $f_1(x), f_2(x), \cdots, f_k(x)$（在离散情形是概率分布），在观测到一个样品 x 的情况下，可用著名的 Bayes 公式计算它来自第 g 个总体的后验概率（为区别于先验概率，将它称为后验概率）。

$$P(g\mid x)=\frac{q_g f_g(x)}{\sum_{i=1}^{k} q_i f_i(x)},\quad g=1,2,\cdots,k$$

若 $P(h\mid x)=\max\limits_{1\leqslant g\leqslant k} P(g\mid x)$ 时，则判 x 来自第 h 个总体。

7.4.2 多元正态总体的 Bayes 判别法

在实际问题中遇到的许多总体往往服从正态分布，下面给出 p 元正态总体的Bayes判别法。

1. 判别函数的导出

由前面叙述已知，使用 Bayes 判别法作判别分析，首先需要知道 k 个总体的先验概率 q_g 和密度函数 $f_g(x)$（如果是离散情形则是概率分布律，$g=1,2,\cdots,k$）。对于先验概率，如果没有更好的办法确定，可用样品频率代替，即令 $q_g=n_g/n$，其中 n_g 为用来建立判别函数的已知分类数据中来自（或归属）第 g 个总体的样品数目，且 $n_1+n_2+\cdots+n_k=n$；或在缺乏任何有效先验信息的场景下，简单化地令先验概率相等，即 $q_g=1/k$，这时可以认为先验概率不起作用。

最大似然判别法则（ML 法则）判断一个新样品 x 归于或来自第 h 个总体 G_h，如果似然函数 $L_h(x)=f_h(x)=\max\limits_{g} f_g(x)$。若有几个 $f_g(x)$ 给出了相同的最大值，那么它们中的任何一个相对应的总体都可被选择。

进一步，如果 k 个总体 $G_1,G_2,\cdots,G_k$ 均服从 p 元正态分布，$G_g\sim N_p(\mu^{(g)},\Sigma^{(g)})$（$g=1,2,\cdots,k$），其密度函数为

$$f_g(x)=(2\pi)^{-p/2}\,|\,\Sigma^{(g)}\,|^{-1/2}\exp\left\{-\frac{1}{2}(x-\mu^{(g)})'\Sigma^{(g)-1}(x-\mu^{(g)})\right\}$$

其中，$\mu^{(g)}$ 和 $\Sigma^{(g)}$ 分别是第 g 个总体的均值向量和协方差阵。把 $f_g(x)$ 代入 $P(g\mid x)$ 的表达式中，因为我们只关心寻找使 $P(g\mid x)$ 最大的 g，而分式中的分母都相同，故判别准则变为

$$q_h f_h(x)=\max_{g} q_g f_g(x)$$

将各总体的密度函数代入 $q_g f_g(x)$，得到

$$q_g f_g(x)=q_g\cdot(2\pi)^{-p/2}\,|\,\Sigma^{(g)}\,|^{-1/2}\exp\left\{-\frac{1}{2}(x-\mu^{(g)})'\Sigma^{(g)-1}(x-\mu^{(g)})\right\}$$

上式两端同时取对数得到

$$\ln q_g f_g(x)=\ln(2\pi)^{-p/2}+\ln q_g-\frac{1}{2}\,|\,\Sigma^{(g)}\,|-\frac{1}{2}x-\mu^{(g)})'\Sigma^{(g)-1}(x-\mu^{(g)})$$

由于上式右端第一项为常量，且对数函数严格单调递增，因此 $\max_g q_g f_g(x)$ 等价于 $\max_g \ln q_g f_g(x)$，从而等价于对下式最大化。

$$Z(g|x)=\ln q_g-\frac{1}{2}\ln|\Sigma^{(g)}|-\frac{1}{2}(x-\mu^{(g)})'\Sigma^{(g)-1}(x-\mu^{(g)})$$

$$=\ln q_g-\frac{1}{2}\ln|\Sigma^{(g)}|-\frac{1}{2}x'\Sigma^{(g)-1}x-\frac{1}{2}\mu^{(g)\prime}\Sigma^{(g)-1}\mu^{(g)}+x'\Sigma^{(g)-1}\mu^{(g)}$$

即问题转化为 $\max_g Z(g|x)$。

2. 总体协方差阵相等时的情况

由上面 $Z(g|x)$（$g=1,2,\cdots,k$）的公式可以看出，其涉及 k 个总体的协方差阵、协方差阵的逆矩阵及行列式，而且关于 x 还是二次函数，因此实际计算量很大。如果进一步假设 k 个总体的协方差阵相同，即 $\Sigma^{(1)}=\Sigma^{(2)}=\cdots=\Sigma^{(k)}=\Sigma$，则

$$Z(g|x)=\ln q_g-\frac{1}{2}\ln|\Sigma|-\frac{1}{2}x'\Sigma^{-1}x-\frac{1}{2}\mu^{(g)\prime}\Sigma^{-1}\mu^{(g)}+x'\Sigma^{-1}\mu^{(g)}$$

由于上式中第二、第三项 $\frac{1}{2}\ln|\Sigma|$ 和 $\frac{1}{2}x'\Sigma^{-1}x$ 与 g 无关，因此 $\max_g Z(g|x)$ 变为下式关于 g 最大化，即最大化

$$y(g|x)=\ln q_g-\frac{1}{2}\mu^{(g)\prime}\Sigma^{-1}\mu^{(g)}+x'\Sigma^{-1}\mu^{(g)}$$

这个判别函数是线性的，如果进一步假设先验概率相等，即在总体协方差阵和先验概率相等时，此判别法退化为距离判别法，换言之，Bayes 判别法是距离判别法的推广。

3. 后验概率计算及其与判别函数的关系

在进行分类计算时，主要根据判别函数 $y(g|x)$ 的大小，而它不是后验概率 $P(g|x)$，但是在我们得到了 $y(g|x)$ 之后，可以求出 $P(g|x)$。由前面推导可知

$$\ln q_g f_g(x)=\ln(2\pi)^{-p/2}+\ln q_g-\frac{1}{2}|\Sigma^{(g)}|-\frac{1}{2}x-\mu^{(g)})'\Sigma^{(g)-1}(x-\mu^{(g)})$$

当诸总体的协方差阵 $\Sigma^{(1)}=\Sigma^{(2)}=...=\Sigma^{(k)}=\Sigma$ 时，上式变为

$$\ln q_g f_g(x)=\ln(2\pi)^{-p/2}+\ln q_g-\frac{1}{2}|\Sigma|-\frac{1}{2}(x-\mu^{(g)})'\Sigma^{-1}(x-\mu^{(g)})$$

$$=\ln(2\pi)^{-p/2}+\ln q_g-\frac{1}{2}|\Sigma|-\frac{1}{2}x'\Sigma^{-1}x-\frac{1}{2}\mu^{(g)\prime}\Sigma^{-1}\mu^{(g)}+x'\Sigma^{-1}\mu^{(g)}$$

注意到

$$y(g|x)=\ln q_g-\frac{1}{2}\mu^{(g)\prime}\Sigma^{-1}\mu^{(g)}+x'\Sigma^{-1}\mu^{(g)}$$

因此得到

$$\ln q_g f_g(x)=\ln(2\pi)^{-p/2}+\ln q_g-\frac{1}{2}|\Sigma|-\frac{1}{2}x'\Sigma^{-1}x-\frac{1}{2}\mu^{(g)}{}'\Sigma^{-1}\mu^{(g)}+x'\Sigma^{-1}\mu^{(g)}$$

$$=y(g|x)+\ln(2\pi)^{-p/2}-\frac{1}{2}|\Sigma|-\frac{1}{2}x'\Sigma^{-1}x\overset{\Delta}{=}y(g|x)+\Delta(x)$$

上式中的 $\Delta(x)$ 与 g 无关。

于是

$$q_g f_g(x)=\exp\{y(g|x)+\Delta(x)\}$$

进而得到

$$P(g|x)=\frac{q_g f_g(x)}{\sum_{i=1}^{k}q_i f_i(x)}=\frac{\exp\{y(g|x)+\Delta(x)\}}{\sum_{i=1}^{k}\exp\{y(i|x)+\Delta(x)\}}$$

$$=\frac{\exp\{y(g|x)\}\exp\{\Delta(x)\}}{\sum_{i=1}^{k}\exp\{y(i|x)\}\exp\{\Delta(x)\}}$$

$$=\frac{\exp\{y(g|x)\}}{\sum_{i=1}^{k}\exp\{y(i|x)\}}$$

这样一来，我们就可由

$$P(g|x)=\frac{\exp\{y(g|x)\}}{\sum_{i=1}^{k}\exp\{y(i|x)\}}$$

计算后验概率。

由上式 $P(g|x)$ 的数学表达式可以看出，如果第 h 个总体的 $y(g|x)$ 最大，其对应的后验概率 $P(h|x)$ 也会最大。因此，实际中我们只须把样品 x 代入判别式中，即分别计算 $y(g|x)$，$g=1,2,\cdots,k$。然后，对 $y(1|x),y(2|x),\cdots,y(k|x)$ 进行比较，如果第 h 个总体的 $y(h|x)$ 最大，即

$$y(h|x)=\max_{1\leqslant g\leqslant k}y(g|x)$$

则将新样品 x 判归为第 h 个总体。

7.4.3 基于最小期望错判损失的 Bayes 判别法

设 k 个总体 $G_1,G_2,\cdots,G_k$ 的密度函数分别为 $f_1(x),f_2(x),\cdots,f_k(x)$，它们的先验概率分别为 $q_1,q_2,\cdots,q_k$，且 $q_1+q_2+\cdots+q_k=1$。$D_1,D_2,\cdots,D_k$ 表示对 p 维空间的一个划分，即 $D_1,D_2,\cdots,D_k$ 两两的交集 $D_i\cap D_j$ 为空集，$D_1\cup D_2\cup\cdots\cup D_k=\mathrm{R}^p$。如果这个划分合适，正

好对应k个总体，则判别准则为：若x落入D_h，则判定样品x来自总体G_h。显然，这里的判断结果与划分有关，于是如何最佳的划分就是需要解决的问题。

设$P(h|g)$表示将来自总体G_g的样品错判为来自总体G_h概率，则

$$P(h|g)=P(x\in D_h|G_g)=\int_{D_h}f_g(x)\mathrm{d}x\text{，}\quad h\neq g$$

且$P(g|g)=1-\sum_{\substack{h=1\\h\neq g}}^{k}P(h|g)$。

定义损失函数$L(h|g)$，它表示将本来是第g个总体G_g的样品错判为第h个总体G_h的损失。将G_g中的样品x错判为来自其他总体的期望错判损失（expected cost misclassification, ECM）为

$$\mathrm{ECM}(g)=\sum_{\substack{h=1\\h\neq g}}^{k}P(h|g)L(h|g)$$

这个期望错判损失出现的先验概率为q_g，以此概率为权重进行加权求和，得到总期望错判损失ECM为

$$\mathrm{ECM}(D_1,D_2,\cdots,D_k)=\sum_{g=1}^{k}q_g\cdot\left[\sum_{\substack{h=1\\h\neq g}}^{k}P(h|g)L(h|g)\right]$$

一个最优的分类规则相当于选择能使上式达到最小的一个划分。

进一步可以证明，使上式$\mathrm{ECM}(D_1,D_2,\cdots,D_k)$达到最小的划分可通过将样品$x$判定为使

$$\sum_{\substack{g=1\\g\neq h}}^{k}q_gf_g(x)L(h|g)$$

最小的总体G_h（$h=1,2,\cdots,k$）来定义。当使上式达到最小的总体不止一个时，可将x判定其中任一个总体即可。具体证明参见Anderson（1984）。

在实际应用中$L(h|g)$往往不易确定，因此常在数学模型中假设各种错判的损失皆相等，即

$$L(g|x)=\begin{cases}0 & h=g\\1 & h\neq g\end{cases}$$

这样一来，错判损失相同时最小ECM的判别规则为若对任意的$g\neq h$，$q_hf_h(x)>q_gf_g(x)$，则将x判为来自总体G_h；或者等价地表述为若对任意的$g\neq h$，$\ln q_hf_h(x)>\ln q_gf_g(x)$，则将$x$判为来自总体$G_h$。

显然，由最小 ECM 的判别规则易得后验概率

$$P(h|x)=\frac{q_h f_h(x)}{\sum_{i=1}^{k} q_i f_i(x)} > \frac{q_g f_g(x)}{\sum_{i=1}^{k} q_i f_i(x)} = P(g|x)$$

反之亦成立。因此，在错判损失相同时，最小 ECM 的判别规则等价于后验概率最大化判别规则。

例 7.2 我国在进行精准扶贫时期，将农户分为贫困户和非贫困户，前者称为建档立卡户，后者称为非建档立卡户。现将所有建档立卡户群体记为 G_1，非建档立卡户群体记为 G_2，两个群体出现的先验概率分别为 q_1 和 q_2，分布密度函数分别为 $f_1(x), f_2(x)$。试基于最小期望错判损失的 Bayes 判别法给出判断一新农户是贫困户的判别准则。

解：

这里有两个总体 G_1 和 G_2，根据总期望错判损失

$$\text{ECM}(D_1, D_2, \cdots, D_k) = \sum_{g=1}^{k} q_g \cdot \left[\sum_{\substack{h=1 \\ h\neq g}}^{k} P(h|g)L(h|g)\right]$$

得到

$$\begin{aligned}
\text{ECM}(D_1, D_2) &= q_1 P(2|1)L(2|1) + q_2 P(1|2)L(1|2) \\
&= q_1 L(2|1)(1-P(1|1)) + q_2 L(1|2)P(1|2) \\
&= q_1 L(2|1)\left[1-\int_{D_1} f_1(x)\mathrm{d}x\right] + q_2 L(1|2)\int_{D_1} f_2(x)\mathrm{d}x \\
&= q_1 L(2|1) - q_1 L(2|1)\int_{D_1} f_1(x)\mathrm{d}x + q_2 L(1|2)\int_{D_1} f_2(x)\mathrm{d}x \\
&= q_1 L(2|1) + \int_{D_1}\left[L(1|2)q_2 f_2(x) - L(2|1)q_1 f_1(x)\right]\mathrm{d}x
\end{aligned}$$

欲使 $\text{ECM}(D_1, D_2)$ 最小，必须

$$L(1|2)q_2 f_2(x) - L(2|1)q_1 f_1(x) \leqslant 0$$

即

$$\frac{f_1(x)}{f_2(x)} \geqslant \frac{L(1|2)}{L(2|1)} \cdot \frac{q_2}{q_1}$$

在这种情况下，将新农户判归为贫困群体。如果

$$\frac{f_1(x)}{f_2(x)} < \frac{L(1|2)}{L(2|1)} \cdot \frac{q_2}{q_1}$$

则将新农户判归为非贫困群体。

7.5　逐步判别法

前面介绍的判别方法都是用已给变量$x_1, x_2, \cdots, x_p$建立判别式，但这些变量在判别式中所起的作用，一般来说是不同的，也就是说各变量在判别式中的判别能力不同，有些可能起重要作用，有些可能作用相对小。如果将判别能力小的变量保留在判别式中，不仅会增加计算量，而且还会影响判别效果；如果将其中重要的变量忽略了，这时作出的判别效果也一定不好。因此，如何筛选出具有显著判别能力的变量来建立判别式就成为必须要考虑的一个问题。既有文献中已经给出很多种方法，这里仅介绍一种常用的逐步判别法。

逐步判别法与逐步回归法的思想类似，都是采取“有进有出”的做法，即逐步引入变量，每引入一个“最重要”的变量进入判别式，同时也考虑较早引入判别式中的某些变量，如果其判别能力随新引入变量变得不显著了（例如，其作用被后引入的某几个变量的组合所代替），应及时从判别式中将其剔除，直到判别式中没有不重要的变量需要剔除，而剩余的变量也没有重要的变量可引入，逐步筛选结束。这个筛选过程实质就是作假设检验，通过检验找出显著性变量，剔除不显著变量。

扩展阅读7-4

逐步判别法应用文献

7.6　实 际 应 用

7.6.1　案例简介

在研究地区经济发展状况时，我们选取了5项指标，并从国家统计局官方网站收集了全国31个省份这些指标2019年的数据，经过整理得到附录B-14：表7-6。本例将31个省份分为两类样本，一类为训练样本，包含29个省份（样品）；另一类为验证样本（待判样品，含2个省份）。其中，训练样本分为3组子样本，表中分别标记为第1组、第2组和第3组，第1组、第2组子样本的样本容量为6，第3组子样本的样本容量为17。表中各项指标的名称及意义如下。

X_1：地区生产总值——按市场价格计算的一个地区所有常住单位在一定时期内生产活动的最终成果。

X_2：全社会固定资产投资——以货币形式表现的在一定时期内全社会建造和购置固定资产的工作量及与此有关费用的总称。

X_3：社会消费品零售总额——批发和零售业、住宿和餐饮业及其他行业直接售给城乡居民和社会集团的消费品零售额。其中，对居民的消费品零售额，是指售予城乡居民用于生活消费的商品金额；对社会集团的消费品零售额，是指售给机关、社会团体、部队、学校、 企事业单位、居委会或村委会等，公款购买的用作非生产、非经营使用与公共消费的商品金额。

X_4：居民人均可支配收入——居民家庭全部现金收入能用于安排家庭日常生活的那部分收入。它是家庭总收入扣除交纳的所得税、个人交纳的社会保障费及调查户的记账补贴后的收入。

X_5：规模以上工业企业资产总计——符合规模以上工业企业标准的公司资产总合计。

我们欲使用 SPSS 软件进行判别分析。

7.6.2 基于 SPSS 的判别分析操作步骤

（1）输入数据后，选择菜单项分析（analyze）→分类（classify）→判别分析（discriminate），打开“判别分析”对话框，如图 7-4 所示。

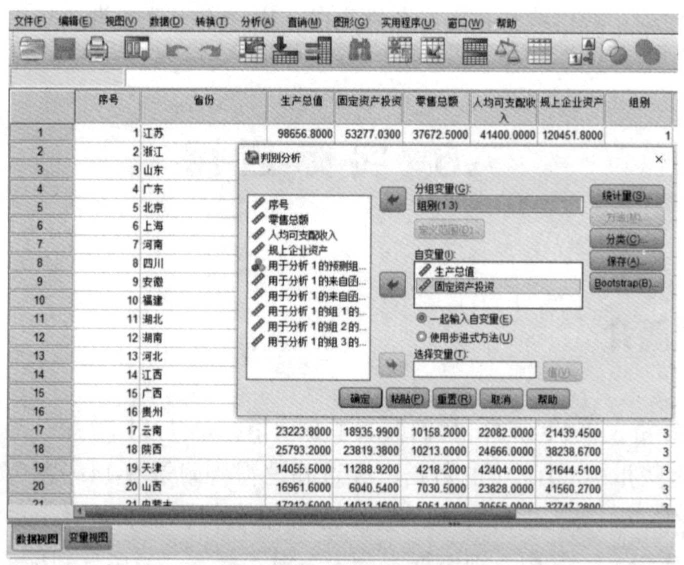

图 7-4 “判别分析”窗口

将组别变量移入“分组变量（grouping variable）”列表框中，将自变量“生产总值”“固定资产投资”等选入自变量（independents）列表框中。

若勾选了“一起输入自变量（enter independents together）”单选按钮，则使用所有自变量进行判别分析。若勾选了“使用步进式方法（use stepwise method）”单选按钮，则可以根据不同自变量对判别贡献的大小进行变量筛选，此时对话框右侧中的“方法（method）”按钮被激活，可以通过点击该按钮设置变量筛选的方法及变量筛选的标准。

（2）单击定义范围（define range）按钮，在打开的子对话框中定义分组变量的取值范围。本例中分组变量的取值范围为 1 到 3，所以在最小值（minimum）和最大值（maximum）

框中分别输入 1 和 3，如图 7-5 所示。单击“Continue”按钮，返回主对话框。

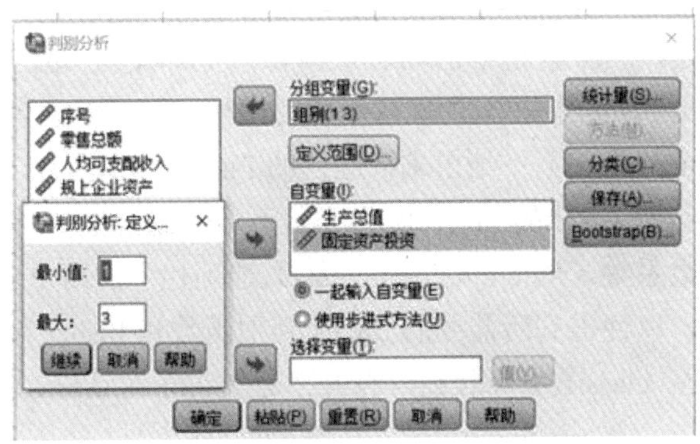

图 7-5　分组变量取值范围设置窗口

（3）如果不想使用全部的样本进行分析，单击箭头选择（select）按钮，则将选择的一个变量移入选择变量（selection variable）列表框，并单击值（rule）按钮，设置选择条件。这样一来，只有满足选择条件的观测才能参与判别分析。

（4）单击“统计量（statistics）”按钮，在跳出的统计量子对话框中指定输出的描述统计量和判别函数系数，具体如图 7-6 所示。该对话框中各选项的含义如下。

描述性（descriptives）选项栏：输出原始数据的描述性统计量。

均值（means）：输出各类中所有自变量的均值、组内标准差及总样本的均值和标准差。

单变量 ANOVA（univariate ANOVA）：进行单因素方差分析，检验的原假设为不同组别中自变量的均值不存在显著差异。

Box's M：对各组的协方差矩阵是否相等进行检验。

矩阵（matrices）选项栏：输出各种不同的协方差阵和相关系数矩阵。

组内相关阵（within-groups correlation matrix）：平均组内相关系数矩阵，它是由平均组内协方差阵计算得到的。

组内协方差阵（within-groups covariance matrix）：平均组内协方差阵，它是由各组的协方差阵平均后得到的。

分组协方差阵（separate-groups covariance matrix）：分别输出各个类（组）的协方差阵。

总体协方差（total covariance matrix）：总体协方差阵。

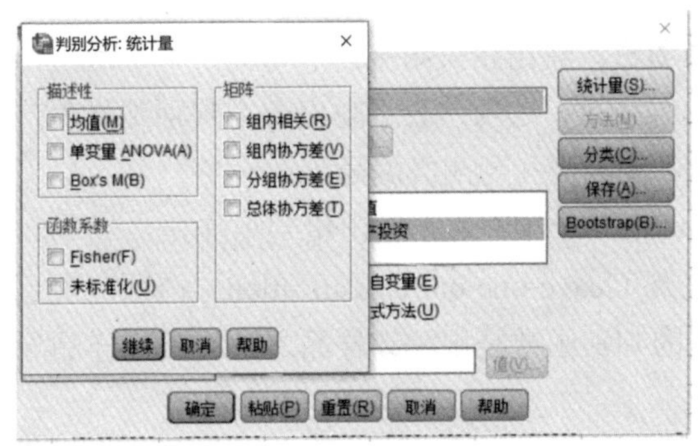

图 7-6　统计量设置窗口

函数系数（function coefficients）选项栏：输出不同的判别函数系数。

Fisher's：给出 Bayes 线性判别函数的系数。这里需说明的是：这个选项不是给出 Fisher 判别函数的系数。这个复选框的名字之所以为 Fisher's，是因为按判别函数值最大进行归类这种思想是由 Fisher 提出来的。这里极易混淆，请读者注意分辨。

未标准化（unstandardized）：给出未标准化的 Fisher 判别函数，即典型判别函数的系数。注意 SPSS 默认给出标准化的 Fisher 判别函数系数。

这里我们选勾函数系数（function coefficients）选项栏中的两个选项 Fisher's 和未标准化（unstandardized），以便得到所需要的 Bayes 判别函数和 Fisher 判别函数。

（5）单击"分类（classify）"按钮，打开"分类"子对话框，如图 7-7 所示。

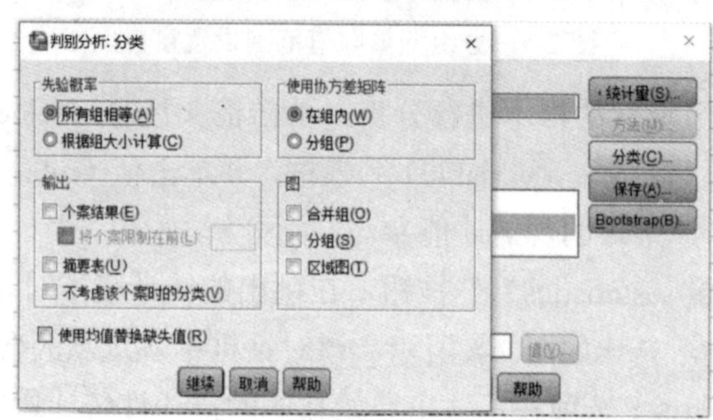

图 7-7 "分类"子对话框

对话框中各选项的含义如下。

先验概率（prior probabilities）选项栏：用于设定在 Bayes 判别法中各类的先验概率。

所有组相等（all groups equal）：表示各类先验概率相等。

根据组大小计算（compute from group sizes）：表示用样本频率代替先验概率。本例中各组样本容量不一样，故应选勾根据组大小计算。

使用协方差阵（use covariance matrix）选项栏：用于指定计算判别函数所使用的协方差阵。

在组内（within-groups）：表示使用平均协差阵计算判别函数。

分组（separate-groups）：表示计算判别函数时使用各组自身的协方差阵。具体选用应根据各组协方差阵是否相等考虑，实际中可比较两种情况下的结果是否存在显著差异，若结果存在显著差异需要选勾分组（separate-groups），否则选勾在组内（within-groups）。

输出（display）选项栏：输出相关结果。

个案结果（casewise result）选项：表示输出一个判别结果表，该表中给出了每个样品的判别分数、后验概率、实际类和预测类编号等。

摘要表（summary table）选项：表示输出错判矩阵。

不考虑个案时的分类（leave-one-out calssification）选项：表示输出每个样品的分类结果，这里的分类所依据的判别函数是由除该样品之外的其他样品导出的，因此也称为"交互验证"。

图（plots）选项栏：可以指定输出几种直观地展现分类结果的统计图。

本例中，我们在分类子对话框中的选择如图 7-8 所示。

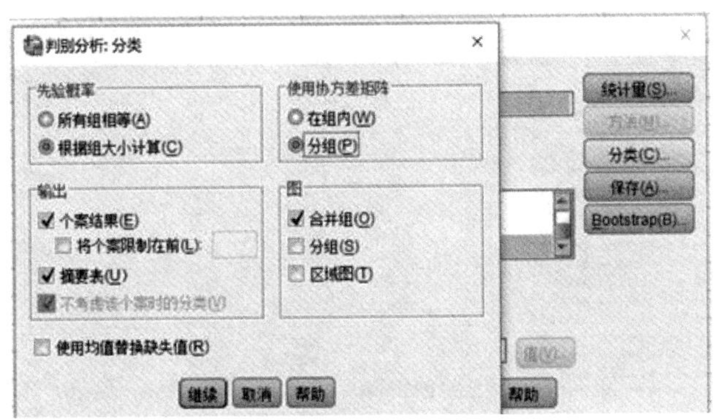

图 7-8　“分类”子对话框选择

（6）单击“保存（save）”按钮，打开“保存”子对话框（图 7-9），指定在数据文件中生成代表判别分类结果和判别函数值的新变量。

生成的新变量的含义如下。

组成员预测（predicted group membership）：存放判别样品所属类别的值，本例在原始 SPSS 数据表中显示为 Dis_1。

判别得分（discriminant scores）：存放 Fisher 判别函数值的值，有几个典型判别函数就有几个判别函数值变量。本例有 3 个组别，2 个判别函数，计算的 29 个样品的判别函数值在 SPSS 数据表中显示为 Dis1_1 和 Dis2_1。

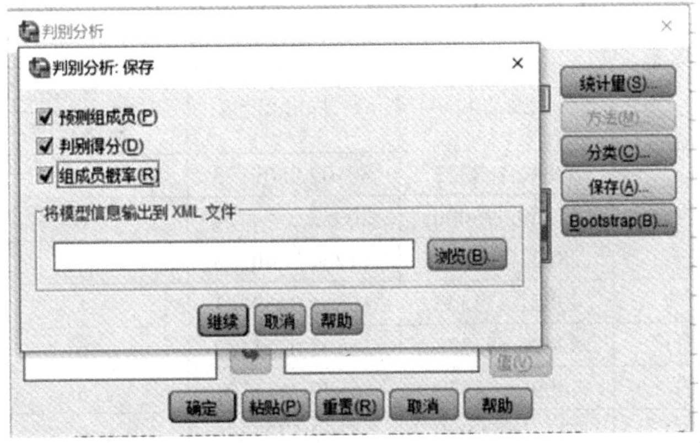

图 7-9　“保存”子对话框选择

样品判归组别的后验概率（probabilities of group membership）：存放样品属于各类的 Bayes 后验概率值，总体分为几个组别就生成几个后验概率变量，这些值在 SPSS 数据表中显示为 Dis1_2、Dis2_2 和 Dis3_2.

本例 SPSS 数据表中保存的上述变量值如图 7-10 所示

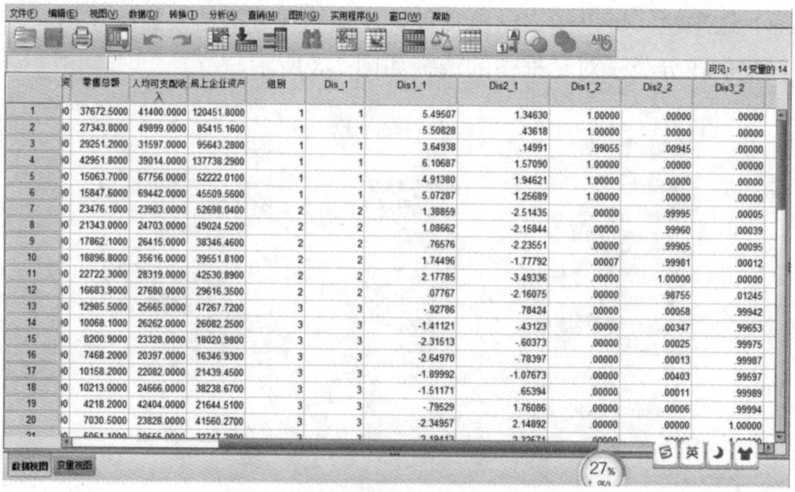

图 7-10　SPSS 数据表中保存的变量

（7）返回判别分析主界面，单击“确定（OK）”按钮，运行判别分析过程。

7.6.3　案例输出结果分析

1. Fisher 判别法的相关输出结果

1）描述统计分析输出结果

表 7-6 输出的组统计量是各组变量的描述统计分析，有效的 *N* 一列显示了各组的样本容量（样品数目）。

表 7-6　组统计量

组别		均值	标准差	有效的 *N*（列表状态）	
				未加权的	已加权的
1	生产总值	68846.483333	30107.0809135	6	6.000
	固定资产投资	32259.095000	20952.5774924	6	6.000
	零售总额	28021.766667	11261.7540383	6	6.000
	人均可支配收入	49851.333333	15661.8459661	6	6.000
	规上企业资产	89496.683333	36508.0255182	6	6.000
2	生产总值	44096.133333	5879.7165101	6	6.000
	固定资产投资	32721.990000	6192.5737266	6	6.000
	零售总额	20164.033333	2753.9274411	6	6.000
	人均可支配收入	27772.666667	4196.7934744	6	6.000
	规上企业资产	41961.345000	8206.8458757	6	6.000
3	生产总值	17527.952941	8350.3070481	17	17.000
	固定资产投资	14030.566471	8147.6615075	17	17.000
	零售总额	6856.152941	3564.4128547	17	17.000
	人均可支配收入	25715.647059	5560.4791941	17	17.000
	规上企业资产	23514.307647	13015.1531939	17	17.000

续表

组别		均值	标准差	有效的 N（列表状态）	
				未加权的	已加权的
合计	生产总值	33642.444828	25583.7622844	29	29.000
	固定资产投资	21669.177241	14450.3226707	29	29.000
	零售总额	13988.600000	10607.5306890	29	29.000
	人均可支配收入	31134.827586	12646.5034893	29	29.000
	规上企业资产	40982.462069	32196.9913282	29	29.000

2）变量均值均等性检验的输出结果

表 7-7 是对各组别均值是否相等的检验。由表中结果可知，在 0.05 的显著水平上各变量在 3 组的均值存在显著差异。

3）总体协方差阵均等性检验的输出结果

表 7-8 和表 7-9 分别是协方差矩阵的病态性与均等性的检验结果。表 7-8 给出了协方差阵的秩和行列式的对数值，由行列式的值可知协方差阵不是病态矩阵。

表 7-9 是检验各组别（总体）协方差阵是否相等的检验结果，表中 F 值显示其在 0.05 的显著水平上拒绝原假设（原假设假定各总体协方差阵相等）。因此，在分类选项中的协方差阵选项可以考虑选勾分组（separate-groups），以检验选勾分组（separate-groups）与选勾在组内（within-groups）的结果是否存在显著差异，若结果存在显著差异应采用分组（separate-groups）协方差阵，否则采用在组内（within-groups）协方差阵。

表 7-7 组均值的均等性的检验

	Wilks 的 Lambda	F	df1	df2	Sig.
生产总值	0.318	27.931	2	26	0.000
固定资产投资	0.590	9.038	2	26	0.001
零售总额	0.278	33.790	2	26	0.000
人均可支配收入	0.404	19.177	2	26	0.000
规上企业资产	0.335	25.856	2	26	0.000

表 7-8 对数行列式

组别	秩*	对数行列式
1	5	85.324
2	5	79.794
3	5	82.531
汇聚的组内	5	86.010

* 打印的行列式的秩和自然对数是组协方差矩阵的秩和自然对数。

表 7-9 检验结果

箱的 M		90.159
F	近似	1.731
	$df1$	30
	$df2$	636.707
	Sig.	0.010

注：对相等总体协方差矩阵的零假设进行检验。

4）典型判别式函数摘要（summary of canonical discriminant functions）

表 7-11 和表 7-12 输出的是典型判别函数的分析结果。表 7-11 是 Fisher 判别函数的特征值表，包括特征值、解释方差的比例和典型相关系数。

特征值为相应 Fisher 判别函数的 eigenvalues，等于判别函数值组间平方和与组内平方和之比，该值越大表明判别函数效果越好。特征值的个数与 Fisher 判别函数的个数相等，由于本例中总体有 3 类，所以至多有 2 个 Fisher 判别函数。本例第 1 个判别函数解释了 84.7% 的方差，第 2 个判别函数解释了 15.3% 的方差，两个判别函数解释了全部方差。

表 7-10 中正则相关性（canonical correlation）为典型相关系数，等于组间平方和与组内平方和之比的平方根。

表 7-11 给出了 Fisher 判别函数有效性检验结果，即对两个判别函数的显著性检验。该检验的原假设是不同组的平均 Fisher 判别函数值不存在显著差异。从表中给出的 P 值（Sig.）来看，这两个判别函数在 0.05 的显著性水平上是显著的，即应认为不同组的平均 Fisher 判别函数值存在显著差异，这意味着判别函数是有效的。

表 7-10 特征值（eigenvalues）

函数	特征值	方差的 %	累积 %	正则相关性
1	9.661[a]	84.7	84.7	0.952
2	1.738[a]	15.3	100.0	0.797

a. 分析中使用了前 2 个典型判别式函数。

表 7-11 Wilks 的 Lambda

函数检验	Wilks Lambda	卡方	df	Sig.
1 到 2	0.034	80.975	10	0.000
2	0.365	24.177	4	0.000

5）判别函数系数输出结果

表 7-12~ 表 7-15 分别是 SPSS 输出的判别函数系数、判别载荷和各组的重心值。

表 7-12　标准化的典型判别式函数系数

	函数	
	1	2
生产总值	−1.678	1.569
固定资产投资	0.288	−0.317
零售总额	2.387	−2.997
人均可支配收入	1.112	0.206
规上企业资产	0.215	1.795

标准化的 Fisher 判别函数系数（standardized canonical discriminant function coefficients），即判别权重，是由标准化的自变量通过 Fisher 判别法得到的，所以要计算标准化的 Fisher 判别函数值，代入该函数的自变量必须要经过标准化处理。

由表 7-12 可以写出标准化的判别函数如下：

$$F_1 = -1.678Z_{X_1} + 0.288Z_{X_2} + 2.387Z_{X_3} + 1.112Z_{X_4} + 0.215Z_{X_5}$$

$$F_2 = 1.569Z_{X_1} - 0.317Z_{X_2} - 2.997Z_{X_3} + 0.206Z_{X_4} + 1.795Z_{X_5}$$

注意：上式中 Z_{X_1}，$Z_{X_2},\cdots$，Z_{X_5} 分别是自变量的标准化变量。

表 7-13 是结构矩阵（structure matrix），即判别载荷，由判别权重和判别载荷可以看出哪些自变量对判别函数的贡献较大。

表 7-14 给出的是未标准化的 Fisher 判别函数系数，称为典型判别式函数系数（canonical discriminant function coefficients）。由于未标准化的 Fisher 判别函数系数允许将实测的样品观测值直接代入计算判别函数值，所以该系数较标准化的系数使用更加方便。

表 7-13　结构矩阵（structure matrix）

	函数	
	1	2
零售总额	0.513*	−0.186
生产总值	0.471*	−0.054
规上企业资产	0.445*	0.204
人均可支配收入	0.361*	0.351
固定资产投资	0.241	−0.280*

注：判别变量和标准化典型判别式函数之间的汇聚组间相关性按函数内相关性的绝对大小排序的变量。
* 每个变量和任意判别式函数间最大的绝对相关性

表 7-14　典型判别式函数系数 *

	函数	
	1	2
生产总值	0.000	0.000
固定资产投资	0.000	0.000
零售总额	0.000	−0.001
人均可支配收入	0.000	0.000
规上企业资产	0.000	0.000
（常量）	−7.129	−0.279

* 非标准化系数

表 7-15 是判别函数在各组的重（质）心处的 Fisher 判别函数值（functions at group centroids）。观察表发现，判别函数在组别 1 的重心为(5.124, 1.118)，在组别 2 的重心为(1.207, −2.390)，在组别 3 的重心为（−2.235, 0.449）。

表 7-15 组质心处的函数

组别	函数	
	1	2
1	5.124	1.118
2	1.207	−2.390
3	−2.235	0.449

注：在组均值处评估的非标准化典型判别式函数。

这样一来，只要根据 Fisher 判别函数计算出各样品的函数值，然后计算它们分别到各组别重心的距离，就可以判断它们的归属组别了。

2. 分类统计量（classification statistics）—Bayes 判别法的相关输出结果

表 7-16 给出了 SPSS 输出的分类过程概要（classification processing summary），表中的 29 是指本例有 29 个样品参与了分类。

表 7-16 分类处理摘要

已处理的		29
已排除的	缺失或越界组代码	0
	至少一个缺失判别变量	0
用于输出中		29

表 7-17 给出了 SPSS 输出的各组总体的先验概率（prior probabilities for groups）。由于我们在分类（classification）子对话框的先验概率（prior probabilities）选项栏中选勾了根据组大小计算（compute from group sizes），因此各组的先验概率不一样，分别为 0.207、0.207 和 0.586。

表 7-17 组的先验概率

组别	先验	用于分析的案例	
		未加权的	已加权的
1	0.207	6	6.000
2	0.207	6	6.000
3	0.586	17	17.000
合计	1.000	29	29.000

表 7-18 给出的是 SPSS 输出的 Bayes 线性判别函数的系数，它是 Fisher 的线性判别式函数（区别于判别函数）的系数。分类函数的系数（classification function coefficients）表中的每一列呈现的是将样品判归到相应组的 Bayes 判别函数的系数，据此可写出 Bayes 判别函数。

表 7-18　分类函数系数

	组别		
	1	2	3
生产总值	−0.001	−0.001	−0.001
固定资产投资	0.001	0.001	0.000
零售总额	0.004	0.004	0.001
人均可支配收入	0.002	0.001	0.001
规上企业资产	0.000	−9.914E-5	0.000
（常量）	−80.931	−41.853	−16.081

Fisher 的线性判别式函数

在本例中，各组的 Bayes 判别函数如下：

第 1 组

$$y_1 = -80.931 - 0.001X_1 + 0.001X_2 + 0.004X_3 + 0.002X_4$$

第 2 组

$$y_2 = -41.853 - 0.001X_1 + 0.001X_2 + 0.004X_3 + 0.001X_4 - 9.914 \cdot 10^{-5} X_5$$

第 3 组

$$y_3 = -16.081 - 0.001X_1 + 0.001X_3 + 0.001X_4$$

将各样品指标（自变量）的观测值分别代入上述 3 个 Bayes 判别函数，得到 3 个函数值，并对其进行比较，将样品判归为判别函数值最大的那一组。

3. 模型的判别功效

表 7-19 是依据 SPSS 输出的“按照案例顺序的统计量”结果整理的样品回判情况。

表 7-19　样品回判情况

初始			交叉验证		
样品序号	原组别	判归组别	样品序号	原组别	判归组别
1	1	1	1	1	1
2	1	1	2	1	1
3	1	1	3	1	2
4	1	1	4	1	1
5	1	1	5	1	1
6	1	1	6	1	1
7	2	2	7	2	2
8	2	2	8	2	2
9	2	2	9	2	2
10	2	2	10	2	2
11	2	2	11	2	2
12	2	2	12	2	2
13	3	3	13	3	3

续表

初始			交叉验证		
样品序号	原组别	判归组别	样品序号	原组别	判归组别
14	3	3	14	3	3
15	3	3	15	3	3
16	3	3	16	3	3
17	3	3	17	3	3
18	3	3	18	3	3
19	3	3	19	3	3
20	3	3	20	3	3
21	3	3	21	3	3
22	3	3	22	3	3
23	3	3	23	3	3
24	3	3	24	3	3
25	3	3	25	3	3
26	3	2**	26	3	2**
27	3	3	27	3	3
28	3	3	28	3	3
29	3	3	29	3	3

表 7-20 是 SPSS 输出的分类结果（classification results），预测组成员（predicted group membership）表示预测的所属组关系，初始（original）表示原始样品的所属组，交叉验证（cross-validated）表示交叉验证的所属组。交叉验证是采用“留一个在外”或“不考虑这个案例时的分类”（leave-one-out classification）的原则，即每个样品的归类是以这个样品观测以外的其他样品观测值导出的判别函数为依据的。如表 7-20 所示，通过判别函数预测，除第 3 组有 1 个样品判归预测错误，其余 28 个样品判归组别正确，正确分类率为 96.6%，其中第 1 组和第 2 组的正确率为 100%，第 3 组的正确率为 94.1%。交叉验证结果显示，第 1 组和第 2 组各有 1 个样品错判，第 2 组全部样品判归正确，正确分类率为 93.1%。

从表 7-19 初始一栏的回判结果可以发现，错判的第 26 号样品（重庆）原在第 3 组，但判别归为第 2 组。

表 7-20　分类结果[c]

组别			预测组成员			合计
			1	2	3	
初始	计数	1	6	0	0	6
		2	0	6	0	6
		3	0	1	16	17
	正确率 /%	1	100.0	0	0	100.0
		2	0	100.0	0	100.0
		3	0	5.9	94.1	100.0

续表

组别			预测组成员			合计
			1	2	3	
交叉验证[a]	计数	1	5	1	0	6
		2	0	6	0	6
		3	0	1	16	17
	正确率 /%	1	83.3	16.7	0	100.0
		2	0	100.0	0	100.0
		3	0	5.9	94.1	100.0

a. 仅对分析中的案例进行交叉验证。在交叉验证中，每个案例都是按照从该案例以外的所有其他案例派生的函数来分类的。

b. 已对初始分组案例中的 96.6% 进行了正确分类。

c. 已对交叉验证分组案例中的 93.1% 进行了正确分类。

4. 生成的新变量

由于本例我们选择并单击了“保存（save）”按钮，在打开的“保存”子对话框（图 7-9）勾选了相关项，所以在数据编辑窗口中，可以观察到产生的新变量，如图 7-11 所示。其中，Dis_1 存放的是样品回判所属的组别，Dis1_1 和 Dis2_1 存放的是由 29 个样品观测值计算出的 2 个判别函数值，即判别得分（discriminant scores），Dis1_2、Dis2_2、Dis3_2 存放的是 29 个样品分别判归为各组的后验概率。

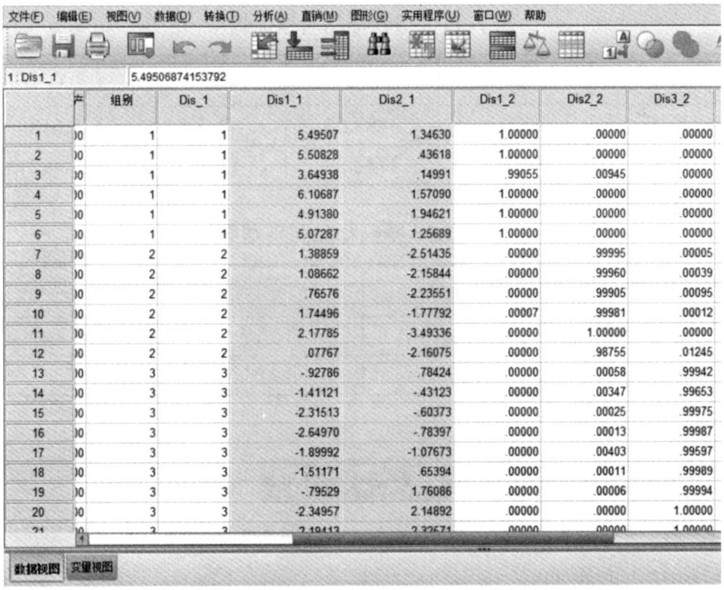

	组别	Dis_1	Dis1_1	Dis2_1	Dis1_2	Dis2_2	Dis3_2
1	1	1	5.49507	1.34630	1.00000	.00000	.00000
2	1	1	5.50828	.43618	1.00000	.00000	.00000
3	1	1	3.64938	.14991	.99055	.00945	.00000
4	1	1	6.10687	1.57090	1.00000	.00000	.00000
5	1	1	4.91380	1.94621	1.00000	.00000	.00000
6	1	1	5.07287	1.25689	1.00000	.00000	.00000
7	2	2	1.38859	-2.51435	.00000	.99995	.00005
8	2	2	1.08662	-2.15844	.00000	.99960	.00039
9	2	2	.76576	-2.23551	.00000	.99905	.00095
10	2	2	1.74496	-1.77792	.00007	.99981	.00012
11	2	2	2.17785	-3.49336	.00000	1.00000	.00000
12	2	2	.07767	-2.16075	.00000	.98755	.01245
13	3	3	-.92786	.78424	.00000	.00058	.99942
14	3	3	-1.41121	-.43123	.00000	.00347	.99653
15	3	3	-2.31513	-.60373	.00000	.00025	.99975
16	3	3	-2.64970	-.78397	.00000	.00013	.99987
17	3	3	-1.89992	-1.07673	.00000	.00403	.99597
18	3	3	-1.51171	.65394	.00000	.00011	.99989
19	3	3	-.79529	1.76086	.00000	.00006	.99994
20	3	3	-2.34957	2.14892	.00000	.00000	1.00000

图 7-11　SPSS 数据表中保存的变量

根据判别函数得分，即 Dis1_1 和 Dis2_1 两列的数据，可以绘制分类结果图，即 SPSS 输出的典则判别函数（canonical discriminant functions），如图 7-12 所示。由图可以看出，第 1、第 2、第 3 组可以清晰地区分开来，但第 3 组有 1 个样品靠近第 2 组，即可能会存在误判。

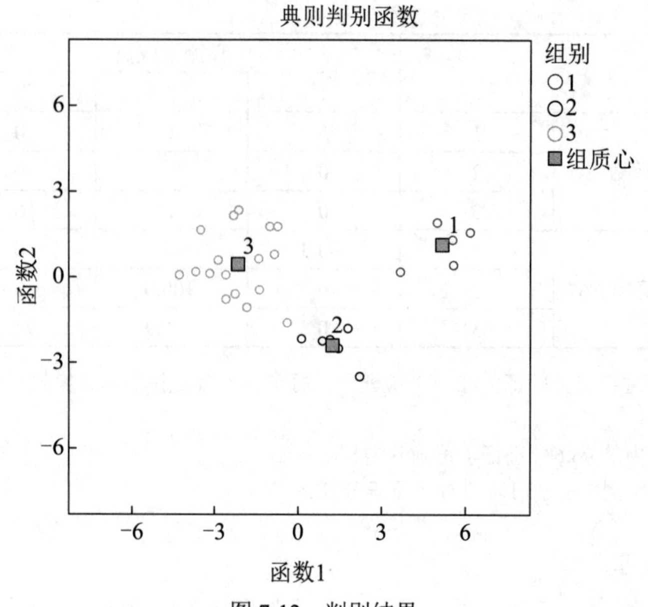

图 7-12　判别结果

5. 待判样品的判别——判别函数的应用

根据上面得到 3 个判别函数，我们对两个待判样品青海和宁夏的经济发展情况进行判别。表 7-21 是两个待判省份的各项指标数据，将其分别代入前面的判别函数公式中，求出 3 个函数值如表 7-22 所示。由于第 3 个函数值最大，故将其判归为第 3 组。

表 7-21　待判样品的指标数据

序号	省份	X_1	X_2	X_3	X_4	X_5
30	青海	2941.1	3883.55	948.5	22618	6796.13
31	宁夏	3748.5	3728.38	1399.4	24412	10581.4

表 7-22　待判样品判别结果

序号	省份	y_1	y_2	y_3	判归组别
30	青海	−30.96	−15.17	4.54	3
31	宁夏	−26.53	−12.91	5.99	3

练　习　题

1. 试解释判别分析的本质。

2. 简述两个总体的距离判别规则。

3. 当两个总体为一元正态总体且同方差时，说明为什么当这两个总体的均值差异大时作判别分析才有意义。

4. 简述判别分析中的错判率是什么？

5. 简述 Fisher 判别法的基本思想。

6. 简述 Bayes 判别法的基本思想。

7. 试述贝叶斯判别法则。

8. 试分析距离判别法、Fisher 判别法、Bayes 判别法三种方法的异同。

9. 设有两正态总体 G_1 和 G_2，其中

$$\mu_1=(2, 6)', \mu_2=(4, 2)', \Sigma_1=\Sigma_2=\Sigma=\begin{pmatrix}1 & 1\\1 & 9\end{pmatrix}$$

两总体的先验概率分别为 $q_1=q_2=0.5$，错判损失（误判代价）为

$$L(2|1)=\mathrm{e}^4，\quad L(1|2)=\mathrm{e}$$

试用 Bayes 判别法确定样品 $X=(3, 5)'$ 属于哪个总体？

10. 收集 22 例病患者的三项指标，记为 X_1, X_2, X_3，其观测数据见附录 B-15：表 7-24，其中前期患者（A）类 12 例，晚期患者（B）类 10 例。试使用 Fisher 判别法做判别分析。（注：表中 Z 为计算出的各样品的判别函数值）

11. 欲用 4 项指标鉴别 3 类疾病，现收集 17 例完整、确诊的资料，见附录 B-16：表 7-25。试根据资料回答以下问题。

（1）建立判别 Bayes 函数。

（2）某个编号的病人，其 4 项指标 X_1、X_2、X_3、X_4 的数据分别为 0.4，−13.6，21，34。判别该病人患 3 类疾病中的哪类疾病？

12. 银行贷款部门需要判别每个客户的信用（是否未履行还贷责任），以决定是否给予贷款。银行一般根据贷款申请人的年龄（X_1）、受教育程度（X_2）、现在所从事工作的年数（X_3）、未变更住址的年数（X_4）、收入（X_5）、负债收入比例（X_6）、信用卡债务（X_7）、其他债务（X_8）8 项指标来判断客户的信用情况。现从某家银行的客户资料中随机抽取 10 个客户，其信用情况和各项指标观测数据见附录 B-17：表 7-26。

（1）根据样本资料分别用距离判别法、Bayes 判别法和 Fisher 判别法建立判别函数和判别规则。

（2）在某客户的观测数据为（53，1，9，18，50，11.20，2.02，3.58），请对其信用情况进行判别。

13. 试对您感兴趣的现实经济问题收集数据，并基于样本数据使用统计软件进行判别分析。

第 8 章 主成分分析

学习目标

1. 掌握主成分分析的思想。
2. 掌握主成分分析法的求解过程。
3. 熟悉主成分的性质。
4. 了解主成分个数的选取方法。
5. 了解如何使用 SPSS 和 R 软件实施主成分分析。
6. 理解软件输出结果并能够对结果进行分析。

案例导入

我国 2020 年后的扶贫工作重心将围绕解决相对贫困问题展开，如何通过机制设计使相对贫困户的自我发展能力快速提升，是巩固脱贫攻坚成果并有效衔接乡村振兴的一项重要且艰巨的任务。由于自我发展能力是一个抽象的概念，涉及相对贫困农户的各个方面，难以把握。鉴于此，有研究文献首先基于经济学诺贝尔奖获得者阿马蒂亚·森（Amartya Sen）的可行能力理论，从劳动能力、可行能力、经济能力、生产生活要素获取能力、信息沟通能力 5 个维度出发筛选了 17 个指标，构建了测度农户自我发展能力的指标体系。但是，这里存在三个方面的困难：一是选取的 17 个测度指标之间存在相依关系，因而导致指标蕴含的信息出现重叠；二是如何将这些反映农户能力的指标信息进行综合，以使综合量之间不存在信息依赖，同时减少原始指标的个数且保留大部分有用信息；三是如何将得到的综合信息整合为一个一维的评价值（综合得分），以对各农户的自我发展能力进行评价。

基于这些考虑，研究者采用多元统计的分析方法，首先将 17 个指标进行线性组合，得到了少数几个综合变量，这些综合变量之间不相关。其次，以得到的这几个综合变量为基础，并客观地计算出相应的权重。最后，基于权重和农户在各综合变量上的取值构建了一个综合评价函数，然后对各农户的自我发展能力进行综合评价。

8.1 主成分分析认知

在社会、经济、管理等领域问题的研究中，对问题的定量描述往往涉及众多的变量或指标，而过多的变量一方面带来计算负担，又可能导致变量之间的相关性，对分析结果带来不确定性。从现实问题来看，每个变量的确会给我们提供信息，但其重要性有所差异，变量个数增加引起的相关性会导致其提供的信息出现重叠。因此，一个自然的想法是对这些原始变量进行“加工”，期望获得少数几个“加工变量”（主成分）且不牺牲原始变量有价值的信息。

扩展阅读8-1

主成分分析法的提出

主成分分析（principle component analysis, PCA）是一种采用线性组合的方式从多维数据中提取并且保留数据中绝大部分信息的方法，文献中亦称其为主分量分析，它率先由霍特林（Hotelling）于 1933 年提出。主成分分析具有多种不同方式的应用。第一类应用是认为它是一种描述性方法，当我们面临大量但不知道该如何处理的高维数据时，主成分分析能够帮助我们确定关键的成分，然后可以对其进行详细分析。第二类应用是构建综合指数或评估函数。例如，根据不同领域的年度犯罪统计数据，我们可以构建一个综合指数以反映或评价整体犯罪行为；根据精准扶贫方略构建评估指标体系，继而建立评估函数或指数以对各地区扶贫成效进行评估。第三类应用是对高维数据进行降维处理，并与其他数据分析方法相结合。例如，我们可事先对众多的具有相依关系的解释变量进行主成分分析，然后对选择的诸主成分进行多元回归，从而减少多元回归模型中变量的个数，这种方法称为主成分回归。

8.1.1 主成分的数学模型

一般而言，如果现实问题中有 n 个样品，关注的原始变量（指标）有 p 个，分别记为 $X_1,X_2,\cdots,X_p$，将其整体记为 p 维随机向量 $X=(X_1,X_2,\cdots,X_p)'$，其协方差阵为 Var（X）$=\Sigma=(\sigma_{ij})_{p\times p}$。将这些原始变量进行线性组合，即令

$$Y_1=l_{11}X_1+l_{12}X_2+\cdots+l_{1p}X_p=l_1'X$$

其中 $l_1=(l_{11},l_{12},\cdots,l_{1p})'$。

让 l_1 变化会得到不同的 Y_1，我们想使 Y_1 包含最多的数据变化信息，即 Var（Y_1）最大。但是，若 l_1 的长度无任何限制，则 Var（Y_1）不存在最大值。例如，令 $g=kl_1$，k 为常数，则

$$\text{Var}(g'X)=\text{Var}(kl_1'X)=k^2\text{Var}(l_1'X)=k^2\text{Var}(Y_1)$$

这样一来，改变 l_1 的长度就会使 Var（Y_1）变大。因此，为了使

$$\text{Var}(Y_1)=\text{Var}(l_1'X)=l_1'\text{Var}(X)l_1=l_1'\Sigma l_1$$

存在唯一的最优解，我们限制 l_1 的长度为 1。于是，求 $\boldsymbol{l}_1$ 使 Var（Y_1）达到最大的数学模型为

$$\begin{cases}\max \text{Var}(Y_1)=l_1'\Sigma l_1\\ l_1' l_1=1\end{cases}$$

这里的 Y_1 称为原始变量 $X_1,X_2,\cdots,X_p$ 或 p 维随机向量 $X=(X_1,X_2,\cdots,X_p)'$ 的第一主成分，l_1 称为第一主成分 Y_1 的权重向量。因此，这个模型就是求第一主成分 Y_1 的数学模型。

第一主成分 Y_1 反映了数据变化最主要的变异情况，接着我们可以寻求数据变化次主要的变异情况，这就引出了第二主成分 Y_2，即

$$Y_2=l_{21}X_1+l_{22}X_2+\cdots+l_{2p}X_p=l_2'X$$

其中权重向量 $l_2=(l_{21},l_{22},\cdots,l_{2p})'$。从几何视角看，第二主成分 Y_2 的权重向量 l_2 应与第一主成分的权重向量 l_1 正交，即 $l_1'l_2=l_2'l_1=0$。同时，l_2 的长度限制为 1。于是，求第二主成分 Y_2 的数学模型为

$$\begin{cases}\max \text{Var}(Y_2)=l_2'\Sigma l_2\\ l_2' l_2=1,\ l_2' l_1=0\end{cases}$$

以此类推，求第 k 个主成分 Y_k 的数学模型为

$$\begin{cases}\max \text{Var}(Y_k)=l_k'\Sigma l_k\\ l_k' l_k=1\\ l_k' l_1=l_k' l_2=\cdots=l_k' l_{k-1}=0\end{cases}$$

其中，权重向量 $l_k=(l_{k1},l_{k2},\cdots,l_{kp})'$；第 k 个主成分 $Y_k=l_k'X$。

一般来说，我们可以求出全部 p 个主成分，不过具体应用时仅仅选择少数几个主成分，以达到降维的目的。

8.1.2 主成分数学模型求解

扩展阅读8-2

主成分分析与因子分析的异同

从上节主成分的数学模型可以看出，各主成分只与原始变量 $X_1,X_2,\cdots,X_p$ 的协方差阵 $\text{Var}(X)=\Sigma$ 或相关系数阵有关。事实上，协方差阵反映了各变量的离散程度及变量之间的相关性信息，相关系数阵是

各变量的标准化变量的协方差阵。主成分分析中所言的保留原始变量尽可能多的信息，是指获得的少数几个主成分（综合变量）的方差之和尽可能地与原始变量的方差之和接近。下面，我们分别从协方差阵和相关系数阵出发求解主成分。

1. **基于协方差阵求主成分**

引理 设A为$p\times p$正定阵，其特征值为$\lambda_1\geqslant\lambda_2\geqslant\cdots\geqslant\lambda_p\geqslant 0$，对应的标准化特征向量分别为$g_1,g_2,\cdots,g_p$，则

$$\max_{x\neq 0}\frac{x'Ax}{x'x}=\lambda_1\text{，最大值当 }x=g_1\text{ 时达到}$$

$$\max_{x\neq 0}\frac{x'Ax}{x'x}=\lambda_p\text{，最大值当 }x=g_p\text{ 时达到}$$

进一步，

$$\max_{x\perp g_1,g_2,\cdots,g_k}\frac{x'Ax}{x'x}=\lambda_{k+1}\text{，最大值当 }x=g_{k+1}\text{ 时达到，}\quad k=1,2,\cdots,p-1$$

其中，符号“⊥”读作“垂直于”，两向量垂直意指其内积为零。

证明： 设G为$p\times p$正交阵，其列为特征向量$g_1,g_2,\cdots,g_p$。$\varPsi$是由特征值$\lambda_1,\lambda_2,\cdots,\lambda_p$作为主对角线元素构成的对角阵，即$\varPsi=\mathrm{diag}(\lambda_1,\lambda_2,\cdots,\lambda_p)$。于是，由矩阵$A$的谱分解

$$A=\lambda_1 g_1 g_1'+\lambda_2 g_2 g_2'+\cdots+\lambda_p g_p g_p'=G\varPsi G'$$

且$g_i'g_i=1$，当$i\neq j$时$g_i'g_j=0$，$i,j=1,2,\cdots,p$。具体证明由Johnson和Wichern（2001）提出。

进一步，记$\varPsi^{1/2}=\mathrm{diag}(\sqrt{\lambda_1},\sqrt{\lambda_2},\cdots,\sqrt{\lambda_p})$，令$A^{1/2}=G\varPsi^{1/2}G'$，$A^{1/2}$称为$A$的平方根矩阵。于是有

$$\frac{x'Ax}{x'x}=\frac{x'A^{1/2}A^{1/2}x}{x'x}=\frac{x'G\varPsi^{1/2}G'\cdot G\varPsi^{1/2}G'x}{x'GG'x}$$

$$=\frac{(x'G)\ \varPsi^{1/2}G'\cdot G\varPsi^{1/2}(G'x)}{(x'G)(G'x)}\qquad(\text{令}Z=G'x)$$

$$=\frac{Z'\varPsi Z}{Z'Z}=\frac{\sum_{i=1}^{p}\lambda_i z_i^2}{\sum_{i=1}^{p}z_i^2}\leqslant\lambda_1\frac{\sum_{i=1}^{p}z_i^2}{\sum_{i=1}^{p}z_i^2}=\lambda_1$$

上式中$z_1,\cdots,z_p$是Z的分量。

令$x=g_1$，由于$i\neq j$时，$g_i'g_j=0$，所以$Z=G'x=G'g_1=(1,0,\cdots,0)'$。在$x$这样取值的情况下，$z_1=1,z_2=0,\cdots,z_p=0$，故有

$$\frac{x'Ax}{x'x}=\frac{\sum_{i=1}^{p}\lambda_i z_i^2}{\sum_{i=1}^{p}z_i^2}=\lambda_1$$

同理，可以证明，当 $x=g_p$ 时，$x'Ax/x'x=\lambda_p$。

由 $Z=G'x$ 可得 $x=GZ=z_1g_1+z_2g_2+\cdots+z_pg_p$，再由 $x\perp g_1,g_2,\cdots,g_k$，有

$$0=g_i'x=z_1g_i'g_1+z_2g_i'g_2+\cdots+z_pg_i'g_p=z_i,\quad i\leqslant k$$

于是，在 x 与前 k 个特征向量垂直时，我们得到

$$\frac{x'Ax}{x'x}=\left(\sum_{i=k+1}^{p}\lambda_i z_i^2\right)\Big/\left(\sum_{i=k+1}^{p}z_i^2\right)\leqslant\lambda_{k+1}$$

且最大值当 $x=g_{k+1}$ 时达到。

将原始变量 $X_1,X_2,\cdots,X_p$ 构成的 p 维随机向量 $X=(X_1,X_2,\cdots,X_p)'$ 的协方差阵 Σ 设为引理中的 A，Σ 的特征值—特征向量对为 (λ_i,g_i)，$i=1,2,\cdots,p$。其中 $\lambda_1\geqslant\lambda_2\geqslant\cdots\geqslant\lambda_p\geqslant0$。于是，由上述引理得如下结论 8.1。

结论 8.1 当以上条件满足时，有

（1）$\max\limits_{l_i\neq0}\dfrac{l_i'\Sigma l_i}{l_i'l_i}=\lambda_i$，最大值当 $l_i=g_i$ 时达到，$i=1,2,\cdots,p$。

（2）第 i 个主成分是 $Y_i=g_i'X=g_{i1}X_1+g_{i2}X_2+\cdots+g_{ip}X_p$，$g_i'=(g_{i1},g_{i2},\cdots,g_{ip})$，$i=1,2,\cdots,p$，即第 i 个主成分的权重向量就是第 i 个特征向量。

（3）因为 $l_i'l_i=1$，所以 $\mathrm{Var}(Y_i)=l_i'\Sigma l_i=\lambda_i$，即第 i 个主成分的方差就是原始变量协方差阵的第 i 大特征值。

（4）利用权重向量的垂直性，当 $i\neq j$ 时有

$$\begin{aligned}\mathrm{Cov}(Y_i,Y_j)&=\mathrm{Cov}(g_i'X,g_j'X)=g_i'\mathrm{Cov}(X,X)g_j\\&=g_i'\mathrm{Var}(X)g_j=g_i'\Sigma g_j=\lambda_j g_i'g_j=0\end{aligned}$$

这说明诸主成分不相关。主成分的这一性质使得我们能够将具有相关性的原始变量进行综合，以产生互不相关的主成分，然后用于进一步的分析。例如，进行回归分析等。

结论 8.2 设 $\Sigma=(\sigma_{ij})_{p\times p}$ 是 p 维随机向量 $X=(X_1,X_2,\cdots,X_p)'$ 的协方差阵，其特征值—特征向量对为 (λ_i,g_i)，$i=1,2,\cdots,p$，$\lambda_1\geqslant\lambda_2\geqslant\cdots\geqslant\lambda_p\geqslant0$。$Y_i=g_i'X$，$i=1,2,\cdots,p$。则

$$\sum_{i=1}^{p}\mathrm{Var}(Y_i)=\sum_{i=1}^{p}\lambda_i=\sum_{i=1}^{p}\mathrm{Var}(X_i)=\sum_{i=1}^{p}\sigma_{ii}$$

这说明主成分的方差之和等于原始变量的方差之和。

我们进一步考虑权重向量与原始变量之间的关系，它能够帮助我们解释原始变量对主成分的重要性。由于 $X=(X_1,X_2,\cdots,X_p)'$，当设 $a_i=(0,\cdots,0,1,0\cdots,0)'$ 时，有 $X_i=a_i'X$，$\mathrm{Cov}(X_i,Y_k)=\mathrm{Cov}(a'X,g_k'X)=a_i'\Sigma g_k$。注意到 $\Sigma g_k=\lambda_k g_k$，得到

$$\mathrm{Cov}(X_i,Y_k)=a'\Sigma g_k=\lambda_k a'g_k=\lambda_k g_{ki}$$

于是，得到下面结论 8.3。

结论 8.3　第 k 个主成分 Y_k 与第 i 个变量 X_i 的相关系数

$$\rho(Y_k,X_i)=\frac{\mathrm{Cov}(Y_k,X_i)}{\sqrt{\mathrm{Var}(Y_k)}\sqrt{\mathrm{Var}(X_i)}}=\frac{\lambda_k g_{ki}}{\sqrt{\lambda_k}\sqrt{\sigma_{ii}}}=\frac{\sqrt{\lambda_k}}{\sqrt{\sigma_{ii}}}g_{ki}$$

这个结论说明第 k 个主成分 Y_k 与第 i 个变量 X_i 的相关系数衡量了两者的密切程度，这个值与 Y_k 的权重向量中的第 i 个系数 g_{ki} 成正比，与 X_i 的标准差成反比。

2. 基于相关系数阵求主成分

基于总体协方差阵 Σ 进行主成分分析，但与此相关的一个问题是量纲。例如，如果原始数据是以万亿元为单位测量的 GDP，现将测量单位改为亿元，主成分的权重向量和相应的特征值就会发生改变。解决这个问题的一种方法是先对数据（变量）进行标准化处理，以消除量纲的影响，这等价于用相应的相关矩阵代替 Σ，然后基于相关矩阵求主成分。

对于这种方法既有支持也有反对，原始数据标准化处理能够消除量纲的影响是支持使用相关矩阵的一个常用论据，但也有意见认为主成分若在原始数据的测量单位上得到的话可能会更有意义。例如，如果变量 X 是一家大型公司不同部门的营业额，以美元为单位，则使用相关矩阵会给营业额小的部门和大的部门赋以相同的权重。如果这里所有变量都以相同的测量单位进行测量，则无须在主成分分析之前进行标准化处理。例如，如果一家公司是大型跨国公司，其分公司的营业额以当地货币记，则容易通过将这些不同币种记录的所有分公司营业额转换为用同一种货币来处理，这与将各分公司营业额标准化使其方差为 1 完全不同。具体应用时应该基于协方差阵还是相关系数阵，主要取决于研究中个人及其对实际问题的分析。

下面，我们给出基于相关系数阵获得主成分的过程。首先，对原始变量进行标准化，令

$$\mu_i=E(X_i),\quad Z_i=\frac{X_i-\mu_i}{\sqrt{\sigma_{ii}}},\quad i=1,2,\cdots,p$$

设 $\mu=(\mu_1,\mu_2,\cdots,\mu_p)'$，$Z=(z_1,z_2,\cdots,z_p)'$，$\Sigma^{1/2}=\mathrm{diag}(\sqrt{\sigma_{11}},\sqrt{\sigma_{22}},\cdots,\sqrt{\sigma_{pp}})$，于是有

$$Z=(\Sigma^{1/2})^{-1}(X-\mu)$$

$$\mathrm{Var}(Z)=(\Sigma^{1/2})^{-1}\Sigma(\Sigma^{1/2})^{-1}=\rho$$

这样一来，我们就可基于相关系数阵 ρ 进行主成分分析。

3. **基于样本协方差阵求主成分**

以上的讨论适用于总体协方差矩阵Σ和相关系数阵ρ已知的情况。但在实际应用中，我们通常不知道Σ和ρ，需要通过样本协方差矩阵$\hat{V}=\frac{1}{n-1}S$（S为样本离差阵）对Σ进行估计，或继而得到样本相关系数阵。然后，对$\hat{V}$或样本相关系数阵执行上述操作，从而获得主成分。

8.2 主成分个数选取与主成分回归

8.2.1 主成分个数选取

为了降低问题的维度，我们一般关注前k个主成分，这里的k远小于p。但是，为了避免丢失太多原始数据的信息，我们可以根据前k个主成分的方差贡献率来确定k，这个贡献率反映了前k个主成分提取原始变量信息的程度。称前k个主成分方差之和在总方差中的占比为累计方差贡献率，即

$$\varphi_k=\frac{\lambda_1+\lambda_2+\cdots+\lambda_k}{\lambda_1+\lambda_2+\cdots+\lambda_p}$$

目前，相关文献中选择主成分个数的常用方法有四种，下面分别进行介绍。

1. **碎石图**

碎石图是一种帮助我们确定主成分合适个数的视觉图，它以特征值λ_k为纵坐标，k为横坐标，按λ_k的大小绘制的折线图，当折线由陡峭突然变得平缓时，图中转折点对应的k即为可供参考提取的主成分个数。碎石图的称谓源于与山上岩石的类比，折线图的初始部分，特征值λ_k随着k的增大迅速下降，就像山的一侧，而平坦的部分，特征值λ_k只略微小于前一个特征值λ_{k-1}，就像山坡底部粗糙的碎石。

2. **阈值法**

对于任意的阈值c，选择k使得$\varphi_k \geqslant c$。出于某些原因，应用此规则时普遍选择c=0.9，现在也有较多的人将阈值定为0.85，这种选择的随意性与显著性检验时显著水平α=0.05的惯例相似。

3. **Kaiser 规则**

Kaiser规则排除一些主成分，这些主成分的特征值小于所有特征值的平均值，当基于相关系数阵获取主成分时平均值为1。这条规则似乎也具有随意性。例如，我们也可以将

阈值设置为所有特征值平均值的两倍、一半或 0.9 倍。实际应用发现，Kaiser 规则一般提取的主成分个数过少，而碎石图提取的主成分个数过多。

4. 显著性检验法

假设总体协方差阵的特征值是 $\lambda_1,\lambda_2,\cdots,\lambda_p$，相应的样本协方差阵的特征值是 $\hat{\lambda}_1,\hat{\lambda}_2,\cdots,\hat{\lambda}_p$，我们构建检验 $H_o:\lambda_{k+1}=\lambda_{k+2}=\cdots=\lambda_p$（不要求都等于 0）。对该假设的一个检验是构造算术和几何均值

$$a_0=\frac{\hat{\lambda}_{k+1}+\hat{\lambda}_{k+2}+\cdots+\hat{\lambda}_p}{2}, \quad g_0=(\hat{\lambda}_{k+1},\hat{\lambda}_{k+2},\cdots,\hat{\lambda}_p)^{1/(p-k)}$$

令

$$-2\log\lambda=n(p-k)\log\frac{a_0}{g_0},$$

在 H_o 成立时，上式有近似分布如下：

$$n(p-k)\log\frac{a_0}{g_0}\sim x_v^2, \quad v=\frac{(p-k+2)(p-k-1)}{2}$$

巴特利特（Bartlett）对上式进行了修正，使用

$$n'=n-\frac{2p+11}{6}$$

替换了其中的 n。

需要说明的是，以上结果假设 $\boldsymbol{X}=(X_1,X_2,\cdots,X_p)'$ 服从多元正态分布，并且它们仅适用于基于协方差阵求得的主成分，不适用于基于相关系数阵求得的主成分。在实践中，主成分分析被视为一种描述性方法，分析者并不乐意多元正态性的假设，并且上述结果的渐近性被认为是应用者不信任这个方法的深层原因。因此，实践中在确定 k 时，简单基于数据的方法比这种检验更加常用。

8.2.2　主成分回归

考虑以下形式的多元线性回归模型。

$$y_i=\sum_{j=1}^{p}\beta_j x_i^{(j)}+\varepsilon_i \quad i=1,2,\cdots,n$$

其中，$\{\varepsilon_i\}$ 满足一般的假设。例如，不相关、均值 0、同方差等，见第 5 章。但是，在现实问题分析时，一般 p 很大，即存在大量可能的解释变量。主成分回归的想法是在使用上述模型之前使用主成分分析以减少解释变量的个数。这样做的另一个原因是，由于主成分是不相关的，消除了多元线性回归模型中解释变量的多重共线性问题。

8.3 实际应用

例 8.1 幸福感是指人类基于自身的满足感与安全感而主观产生的一系列欣喜愉悦的情绪，人类努力的目标在于获得幸福，因此幸福生活是人类追求的永恒目标。影响居民幸福感的因素很多，经过梳理相关研究文献，发现居民所处时代的经济发展水平、消费水平、教育、医疗、社会保障、生活环境等因素是影响居民幸福感的主要因素。基于这些影响因素，我们选择相关指标如下，相关指标的数据见附录 B-18：表 8-1，数据来源于《中国统计年鉴 2017》。

X_1——人均生产总值 (元)。

X_2——居民消费水平 (元)。

X_3——人均可支配收入 (元)。

X_4——政府教育支出 (亿元 / 万人)。

X_5——政府社会保障和就业支出 (亿元 / 万人)。

X_6——政府医疗卫生和计划生育支出 (亿元 / 万人)。

X_7——人均电力消费量 (亿千万小时 / 万人)。

X_8——人均网上零售额 (亿元 / 万人)。

X_9——老年人口抚养比 (%)。

X_{10}——人均废水中主要污染物排放量 (万吨 / 万人)。

X_{11}——人均废气中主要污染物排放量 (万吨 / 万人)。

其中前 8 个为正指标，后 3 个为逆指标。

本例的目的是运用主成分分析法对中国 31 个省份居民幸福感进行综合评价，分析选择的是 SPSS 软件。由于不同指标间存在量纲差异，为了使数据具有可比性，采用标准差标准化法对评价指标进行标准化处理，正指标直接用标准差标准化法进行标准化，逆指标先取倒数，再采用标准差标准化法进行标准化。

利用 SPSS 软件进行主成分分析的过程如下。

1. 数据标准化

选择“分析”—“描述分析”—“描述”菜单项，弹出窗口描述性，将左边框中的变量选到变量中，勾选“将标准化得分另存为变量”复选框，单击“确定”按钮，将原始数据标准化以后保存到数据窗口里面，如图 8-1 所示。在原始数据表中将会出现 $Z_{x1}, Z_{x2}, \cdots, Z_{x11}$，如图 8-2 所示。

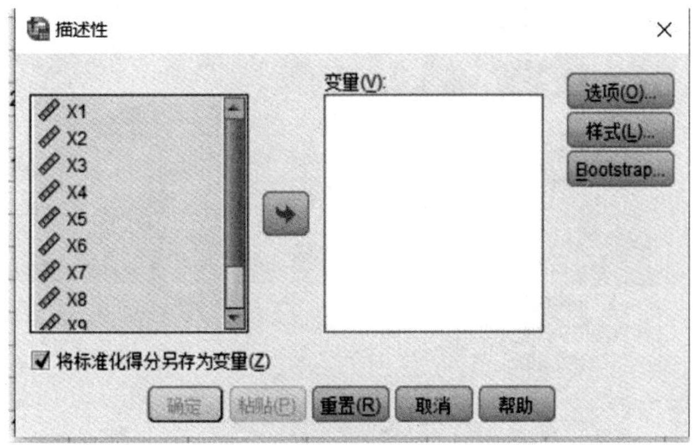

图 8-1　数据标准化窗口

数据集0] - IBM SPSS Statistics 数据编辑器

辑(E)　视图(V)　数据(D)　转换(T)　分析(A)　直销(M)　图形(G)　实用程序(U)　窗口(W)　帮助(H)

X10	X11	ZX1	ZX2	ZX3	ZX4	ZX5
193.9814	132.6618	2.38837	2.81147	2.94927	2.26272	1.21249
108.1424	53.2379	2.26609	1.52530	1.05508	1.21667	.43109
132.9481	23.5439	-.53280	-.70855	-.41760	-.83245	-.72432
119.3058	18.0428	-.82555	-.63348	-.48697	-.67650	-.41293
114.2594	13.4759	.59475	.10282	.03419	-.00808	.54726
113.8239	24.7052	-.23231	.24309	.23053	-.91841	.60674
115.1578	38.6290	-.11268	-.76377	-.39276	-.45934	-.10276
94.0088	28.6717	-.63505	-.39633	-.40600	-.89060	-.00716
95.0075	75.6250	2.32476	2.88624	3.13144	1.52822	1.91691
77.5554	40.5608	1.55983	1.48638	.84940	.11467	-.72518
83.7381	67.2603	1.09442	.96360	1.51231	.14083	-.71931
96.2791	55.7947	-.66891	-.59263	-.38958	-.89181	-.63013
73.7821	56.2264	.69751	.21100	.39146	-.20763	-.92284

图 8-2　标准化数据保存窗口

2. 主成分分析操作

选择“分析”—“降维”—“因子分析”菜单项，弹出因子分析窗口，将左边框中的原始变量选到变量框中，如图 8-3 所示。

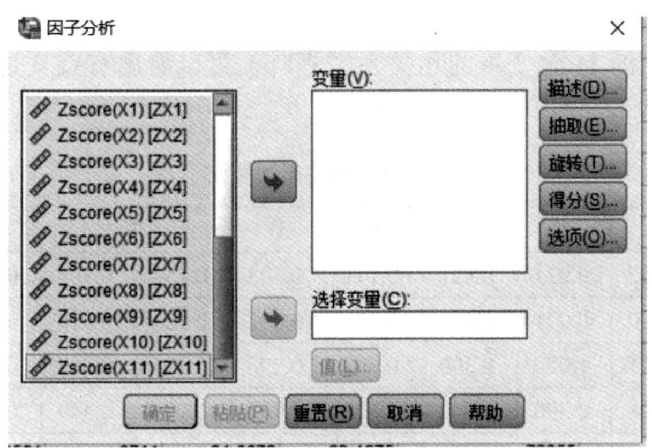

图 8-3　标准化数据保存窗口

单击“相关性矩阵”单选按钮，勾选“未旋转的因子解”“碎石图”复选框，如图 8-4 所示。

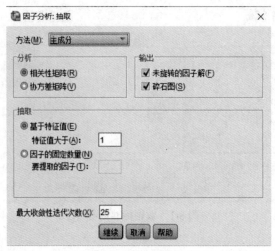

图 8-4 “抽取”窗口

勾选“保存为变量”“显示因子得分系数矩阵”复选框，单击“回归”单选按钮，如图 8-5 所示。

图 8-5 “因子得分”窗口

3.SPSS 输出结果

1）相关系数阵

根据 SPSS 输出的 11 个变量的相关系数矩阵，可以看出有些变量之间存在较高的相关性，可以进行主成分分析，如表 8-1 所示。

表 8-1 相关系数矩阵

	X_1	X_2	X_3	X_4	X_5	X_6	X_7	X_8	X_9	X_{10}	X_{11}
*X*1	1.000	0.952	0.921	0.421	0.171	0.308	0.252	0.804	−0.277	0.199	0.476
*X*2	0.952	1.000	0.971	0.398	0.179	0.302	0.238	0.878	−0.331	0.220	0.536
*X*3	0.921	0.971	1.000	0.390	0.192	0.298	0.176	0.943	−0.282	0.243	0.596
*X*4	0.421	0.398	0.390	1.000	0.823	0.932	0.174	0.449	0.267	0.080	0.267
*X*5	0.171	0.179	0.192	0.823	1.000	0.845	0.125	0.197	0.277	0.023	0.049
*X*6	0.308	0.302	0.298	0.932	0.845	1.000	0.199	0.377	0.251	0.020	0.283
*X*7	0.252	0.238	0.176	0.174	0.125	0.199	1.000	0.105	0.141	−0.293	−0.401

续表

	X_1	X_2	X_3	X_4	X_5	X_6	X_7	X_8	X_9	X_{10}	X_{11}
X8	0.804	0.878	0.943	0.449	0.197	0.377	0.105	1.000	−0.197	0.282	0.687
X9	−0.277	−0.331	−0.282	0.267	0.277	0.251	0.141	−0.197	1.000	0.000	−0.293
X10	0.199	0.220	0.243	0.080	0.023	0.020	−0.293	0.282	0.000	1.000	0.287
X11	0.476	0.536	0.596	0.267	0.049	0.283	−0.401	0.687	−0.293	0.287	1.000

2）总方差解释表

表 8-2 是 SPSS 输出的总方差解释表，可以看出：特征值大于 1 的主成分是前 3 个公因子，其累积方差贡献率为 81.052%，根据 Kaiser 规则选择前 3 个主成分，这 3 个公因子反映了原始变量(指标)的绝大部分信息，但低于阈值法提取原始变量变异信息 85% 的要求。同时，这里选择的前 3 个主成分与下面的碎石图（图 8-6）确定的主成分个数也有差异。出于本例仅作为 SPSS 操作流程演示的考虑，后面提取 3 个公因子对中国 31 个省份居民幸福感进行评价。

表 8-2 总方差解释

组件	初始特征值			提取载荷平方和		
	总计	方差百分比 /%	累积 /%	总计	方差百分比 /%	累积 /%
1	4.908	44.621	44.621	4.908	44.621	44.621
2	2.523	22.935	67.556	2.523	22.935	67.556
3	1.485	13.497	81.052	1.485	13.497	81.052
4	0.869	7.903	88.956			
5	0.571	5.191	94.147			
6	0.291	2.649	96.796			
7	0.172	1.566	98.363			
8	0.107	0.975	99.337			
9	0.039	0.352	99.689			
10	0.028	0.250	99.939			
11	0.007	0.061	100.000			

提取方法：主成分分析。

3）碎石图

图 8-6 是 SPSS 绘制的碎石图，其横坐标的组件号表示第几个成分，纵坐标表示特征值，可以看到前 4 个特征值下降得较快，第 5 个特征值以后的特征值减少较慢，因此应选择 5 个主成分，结合表 8-3 可知前 5 个主成分的累积方差贡献率为 94.147%。这与前面根据 Kaiser 规则选择 3 个主成分形成了对比，也印证了普遍认为 Kaiser 规则提取的主成分个数过少，而碎石图提取的主成分个数过多的说法。

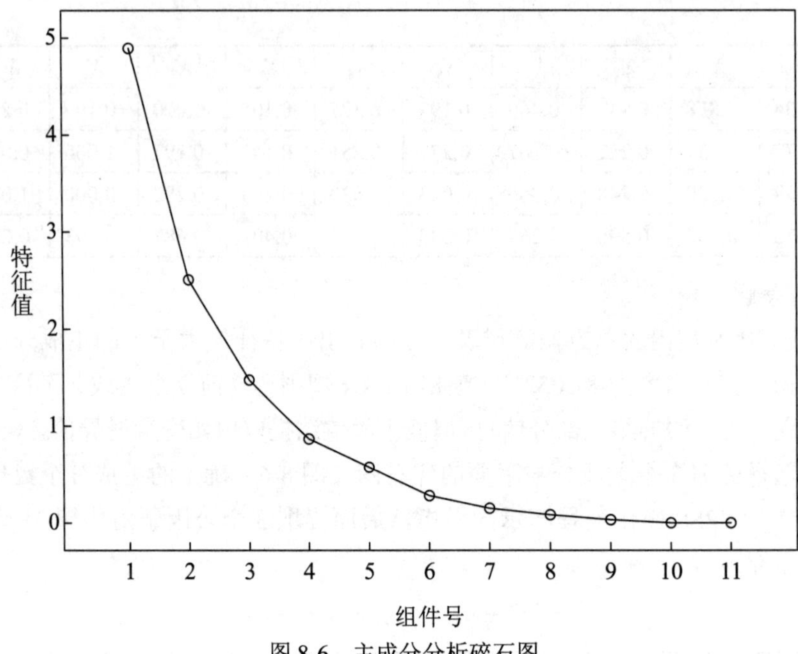

图 8-6 主成分分析碎石图

4）成分矩阵

表 8-3 是 SPSS 的因子分析模块运行输出的成分矩阵（component matrix），表中第 2、第 3、第 4 列分别除以前 3 个主成分对应的特征值的平方根 $\sqrt{\lambda_1},\sqrt{\lambda_2},\sqrt{\lambda_3}$，得到前 3 个主成分的权重向量，如表 8-4 所示。注意表 8-4 中各列的平方和理论上都应是 1。

表 8-3 成 分 矩 阵

	组件		
	1	2	3
Z_{X1}	0.888	−0.224	−0.248
Z_{X2}	0.919	−0.268	−0.222
Z_{X3}	0.930	−0.275	−0.149
Z_{X4}	0.670	0.682	0.135
Z_{X5}	0.446	0.783	0.161
Z_{X6}	0.602	0.728	0.148
Z_{X7}	0.161	0.301	−0.855
Z_{X8}	0.918	−0.214	−0.006
Z_{X9}	−0.181	0.652	0.085
Z_{X10}	0.276	−0.215	0.559
Z_{X11}	0.650	−0.334	0.484

表 8-4　主成分权重系数

	组件		
	1	2	3
Z_{X1}	0.401	−0.141	−0.204
Z_{X2}	0.415	−0.169	−0.182
Z_{X3}	0.420	−0.173	−0.122
Z_{X4}	0.302	0.429	0.111
Z_{X5}	0.201	0.493	0.132
Z_{X6}	0.272	0.458	0.121
Z_{X7}	0.073	0.189	−0.702
Z_{X8}	0.414	−0.135	−0.005
Z_{X9}	−0.082	0.410	0.070
Z_{X10}	0.125	−0.135	0.459
Z_{X11}	0.293	−0.210	0.397

4. 主成分公式和综合评价函数

根据表 8-5 的主成分权重系数，得到前 3 个主成分如下：

第一个主成分的数学表达式是

$$Y_1 = 0.401Z_{X1} + 0.415Z_{X2} + 0.420Z_{X3} + 0.302Z_{X4} + 0.201Z_{X5} + 0.272Z_{X6} \\ +0.073Z_{X7} + 0.414Z_{X8} - 0.082Z_{X9} + 0.125Z_{X10} + 0.293Z_{X11}$$

第二个主成分数学表达式是

$$Y_2 = -0.141Z_{X1} - 0.169Z_{X2} - 0.173Z_{X3} + 0.429Z_{X4} + 0.493Z_{X5} + 0.458Z_{X6} \\ +0.189Z_{X7} - 0.135Z_{X8} + 0.410Z_{X9} - 0.135Z_{X10} - 0.210Z_{X11}$$

第三个主成分数学表达式是

$$Y_3 = -0.204Z_{X1} - 0.182Z_{X2} - 0.122Z_{X3} + 0.111Z_{X4} + 0.132Z_{X5} + 0.121Z_{X6} \\ -0.702Z_{X7} - 0.005Z_{X8} + 0.070Z_{X9} + 0.459Z_{X10} + 0.397Z_{X11}$$

根据 3 个主成分构建综合评价函数如下：

$$F = (44.621Y_1 + 22.935Y_2 + 13.497Y_3\ ) / 81.052$$

5. 各省份主成分得分与排序

将各省份的 11 项指标数据分别代入上面的第一、第二、第三主成分的计算公式中，分别求出 31 个省份的第一、第二、第三主成分得分，继而应用综合评价函数分别计算各省份综合得分，并依据综合得分进行排序，然后进行分析。具体结果如表 8-5 所示。

从表 8-5 可以看出，居民幸福感最高的省份有北京、西藏、上海、天津、青海、海南、浙江、广东、内蒙古，其中，北京、上海、天津、浙江和广东五个省市属于经济较发达地区，居民收入和消费水平较高，居民的幸福感主要来自于高收入带来的经济享受；西藏、青海、海南、内蒙古等地区虽然经济欠发达，但是人口相对较少，每个人能享受到的教育、医疗等政府资源相对比较多，而且这些地区污染少，空气质量高，这也从另一个方面提高了居民幸福感；居民幸福感最低的省份有黑龙江、安徽、山西、湖南、江西、河南、云南等，这些地区经济发展水平不高，发展较缓慢，所以居民收入和消费水平相对偏低。另外，这些省份因经济发展条件的制约，政府对于如教育、医疗的公共服务投入相对较少，致使这些省份居民幸福感偏低。

表 8-5 各省份综合得分与排名

省份	PC1	排名	PC2	排名	PC3	排名	综合得分	综合排名
北京	7.678	1	−0.463	17	2.048	2	4.437	1
天津	2.843	3	0.061	11	−0.514	23	1.497	4
河北	−1.979	31	0.752	6	0.494	12	−0.794	24
山西	−1.787	30	−0.170	13	−0.035	19	−1.038	30
内蒙古	0.047	9	0.955	5	−1.733	29	0.007	10
辽宁	−0.662	16	−0.795	22	−0.342	20	−0.646	19
吉林	−1.019	19	−0.337	14	0.778	7	−0.527	17
黑龙江	−1.608	28	−0.723	21	0.215	16	−1.054	31
上海	6.263	2	0.176	9	−0.836	25	3.358	2
江苏	1.440	5	−1.292	27	−1.882	30	0.114	9
浙江	2.409	4	−1.437	31	−1.245	26	0.713	5
安徽	−1.394	25	−1.210	26	0.490	13	−1.028	29
福建	0.344	8	−0.941	24	−0.787	24	−0.208	11
江西	−1.389	24	−0.389	15	0.046	18	−0.867	27
山东	−0.231	11	−1.329	28	−0.410	22	−0.571	18
河南	−1.185	22	−1.367	30	1.289	3	−0.825	25
湖北	−0.475	14	−0.719	20	0.334	15	−0.409	15
湖南	−1.079	20	−1.332	29	0.533	11	−0.882	28
广东	1.238	6	−0.807	23	−0.394	21	0.388	7
广西	−1.293	23	−0.678	19	0.705	9	−0.786	23
海南	−0.014	10	0.279	7	1.208	4	0.272	8
重庆	−0.246	12	−0.508	18	0.210	17	−0.244	12
四川	−1.001	18	−1.045	25	0.821	6	−0.710	21
贵州	−1.507	26	0.123	10	0.462	14	−0.718	22
云南	−1.682	29	−0.013	12	0.591	10	−0.832	26
西藏	0.836	7	6.256	1	2.607	1	2.665	3
陕西	−0.622	15	−0.431	16	1.034	5	−0.292	13
甘肃	−1.541	27	0.255	8	0.760	8	−0.650	20
青海	−0.300	13	3.385	2	−1.728	28	0.505	6
宁夏	−0.959	17	2.049	3	−3.143	31	−0.471	16
新疆	−1.124	21	1.694	4	−1.579	27	−0.402	14

例 8.2 在精准扶贫特别是脱贫攻坚战中，党中央以实行史上最严格的考核，考核精准扶贫成效，及时发现问题，及时补齐短板。在全国 14 个连片特困区中，湖北省涉及其中 4 个连片特困地区，覆盖了其所辖的 28 个贫困县。经过对相关研究文献的梳理与分

析，本例从经济水平、产出水平、消费水平、人力资源、医疗保障等 5 个维度出发，采用主成分分析方法，使用 R 软件对湖北省 4 个连片特困地区的 28 个贫困县（市）2018 年的扶贫效果进行综合评价。评价的指标体系如表 8-6 所示，各项指标的数据见附录 B-19：表 8-8，表中，普通中学在校人数 X_{12} 和医疗卫生机构床位数 X_{13} 来源于《中国县域统计年鉴 2019》，其余指标数据来源于《2019 年湖北统计年鉴》。

表 8-6 评价指标与解释

指标层	指标项	意义
经济水平	X_1——人均地区生产总值 /（元 / 人）	衡量片区经济状况的重要指标之一，通过该指标可综合性反映区域发展水平
	X_2——地方一般公共预算收入 / 万元	反映财力的重要指标，测度地区提供公共物品及服务的能力
	X_3——外贸出口 / 万元	反映地区在对外贸易方面的总规模
	X_4——地方税收 / 万元	地区年度税收总量可客观反映区域发展状况，是社会发展的聚焦镜
产出水平	X_5——粮食产量 / 万 t	反映区域产出水平的重要指标之一
	X_6——常用耕地面积 / 千公顷	反映区域农业发展的基础指标
	X_7——农业总产值 / 万元	反映以农、林、牧、渔产品及其加工品为原料所进行的工业生产活动规模
消费水平	X_8——社会消费品零售额 / 万元	反映年度地区居民物质文化生活水平、社会商品购买力的实现程度及零售市场的规模状况
	X_9——城镇常住居民人均可支配收入 / 元	国民经济决策的重要依据，标志城镇居民即期消费能力
	X_{10}——农村常住居民人均可支配收入 / 元	反映农村社会经济发展及农民生活现状，是制定农村经济政策的重要依据
人力资源	X_{11}——常住人口 / 人	反映人口规模的重要指标
	X_{12}——普通中学在校人数 / 人	反映该地区教育受重视程度和发展水平
医疗保障	X_{13}——医疗卫生机构床位数 / 床	反映医疗配套设施数量，体现片区医疗机构发展程度的体现

下面，我们说明利用 R 软件进行主成分分析的流程。

1. 数据导入

将原始数据保存为 csv 格式，运行以下代码，读取数据。

读取数据，输入代码。

```
data <- data.frame(read.csv("C:/Users/Desktop/ 例 8.2 数据 2019.csv",
head = T, sep = ","))
row.names(data) <- data[,1] # 将第一列作为行名称
data <- data[,2:14] # 取第 2 至第 14 列形成新的数据集
```

其中，head 表示数据的第 1 行，即列名，head= T 表示保留列名；sep 表示数据的分隔符，sep = “,” 表示分隔符为逗号。运行代码，得到数据如图 8-7 所示。

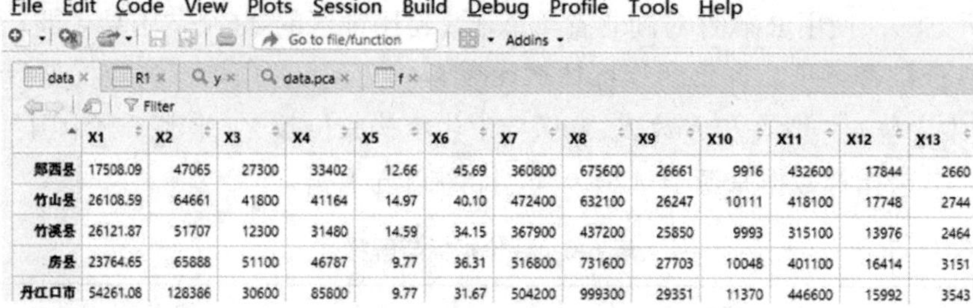

	X1	X2	X3	X4	X5	X6	X7	X8	X9	X10	X11	X12	X13
郧西县	17508.09	47065	27300	33402	12.66	45.69	360800	675600	26661	9916	432600	17844	2660
竹山县	26108.59	64661	41800	41164	14.97	40.10	472400	632100	26247	10111	418100	17748	2744
竹溪县	26121.87	51707	12300	31480	14.59	34.15	367900	437200	25850	9993	315100	13976	2464
房县	23764.65	65888	51100	46787	9.77	36.31	516800	731600	27703	10048	401100	16414	3151
丹江口市	54261.08	128386	30600	85800	9.77	31.67	504200	999300	29351	11370	446600	15992	3543

图 8-7 导入 R 中的数据

2. 数据标准化

使用 R 语言中的 scale 函数对数据进行标准化，代码如下：

```
data <- scale(data)
```

运行代码，输出标准化数据如图 8-8 所示。

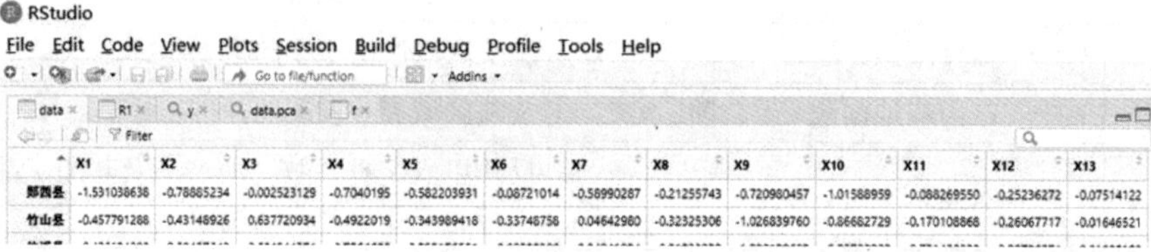

	X1	X2	X3	X4	X5	X6	X7	X8	X9	X10	X11	X12	X13
郧西县	-1.531038638	-0.78885234	-0.002523129	-0.7040195	-0.582203931	-0.08721014	-0.58990287	-0.21255743	-0.720980457	-1.01588959	-0.088269550	-0.25236272	-0.07514122
竹山县	-0.457791288	-0.43148926	0.637720934	-0.4922019	-0.343989418	-0.33748758	0.04642980	-0.32325306	-1.026839760	-0.86682729	-0.170108868	-0.26067717	-0.01646521

图 8-8 R 中部分标准化数据

3. 相关系数矩阵

使用 R 语言中的 cor 函数计算相关系数矩阵，并保存到数据集 r 中，代码如下：

```
r <- round(cor(data),4)
```

其中，round 函数的作用就是截取小数点后几位，这里取 4，即保留 4 位小数得到数据集 r，如图 8-9 所示。从相关系数矩阵可以看出，存在相关程度较高的变量，因此可以进行主成分分析。

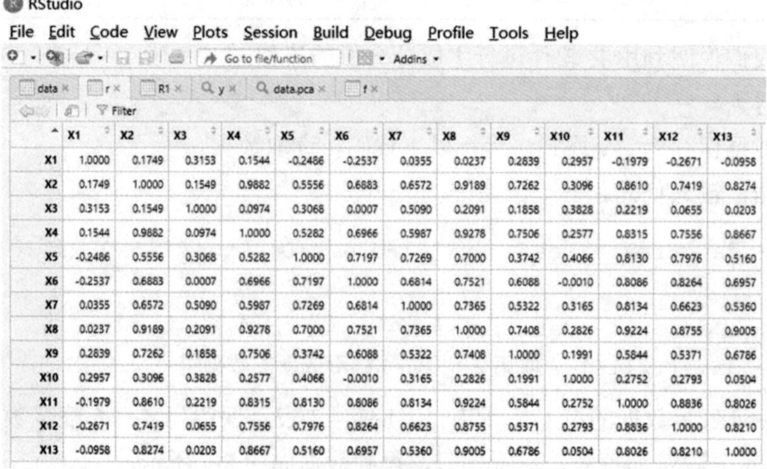

	X1	X2	X3	X4	X5	X6	X7	X8	X9	X10	X11	X12	X13
X1	1.0000	0.1749	0.3153	0.1544	-0.2486	-0.2537	0.0355	0.0237	0.2839	0.2957	-0.1979	-0.2671	-0.0958
X2	0.1749	1.0000	0.1549	0.9882	0.5556	0.6883	0.6572	0.9189	0.7262	0.3096	0.8610	0.7419	0.8274
X3	0.3153	0.1549	1.0000	0.0974	0.3068	0.0007	0.5090	0.2091	0.1858	0.3828	0.2219	0.0655	0.0203
X4	0.1544	0.9882	0.0974	1.0000	0.5282	0.6966	0.5987	0.9278	0.7506	0.2577	0.8315	0.7556	0.8667
X5	-0.2486	0.5556	0.3068	0.5282	1.0000	0.7197	0.7269	0.7000	0.3742	0.4066	0.8130	0.7976	0.5160
X6	-0.2537	0.6883	0.0007	0.6966	0.7197	1.0000	0.6814	0.7521	0.6088	-0.0010	0.8086	0.8264	0.6957
X7	0.0355	0.6572	0.5090	0.5987	0.7269	0.6814	1.0000	0.7365	0.5322	0.3165	0.8134	0.6623	0.5360
X8	0.0237	0.9189	0.2091	0.9278	0.7000	0.7521	0.7365	1.0000	0.7408	0.2826	0.9224	0.8755	0.9005
X9	0.2839	0.7262	0.1858	0.7506	0.3742	0.6088	0.5322	0.7408	1.0000	0.1991	0.5844	0.5371	0.6786
X10	0.2957	0.3096	0.3828	0.2577	0.4066	-0.0010	0.3165	0.2826	0.1991	1.0000	0.2752	0.2793	0.0504
X11	-0.1979	0.8610	0.2219	0.8315	0.8130	0.8086	0.8134	0.9224	0.5844	0.2752	1.0000	0.8836	0.8026
X12	-0.2671	0.7419	0.0655	0.7556	0.7976	0.8264	0.6623	0.8755	0.5371	0.2793	0.8836	1.0000	0.8210
X13	-0.0958	0.8274	0.0203	0.8667	0.5160	0.6957	0.5360	0.9005	0.6786	0.0504	0.8026	0.8210	1.0000

图 8-9 输出的相关系数矩阵

4. KMO **检验和** Bartlett's **球状检验**

这里需要用到程序包"psych"，所以首先通过 install.packages 安装"psych"，再通过 library 调用，代码如下：

```
install.packages( " psych " )
library(psych)
```

（1）运行以下代码，进行 KMO（kaiser-meyer-olkin）检验。

```
KMO(cor(z))
```

输出结果如图 8-10 所示。从 KMO 检验结果可以看出，MSA 等于 0.74，大于 0.7，说明各指标之间的信息叠合度较高，适合做主成分分析。

```
> KMO(cor(data))
Kaiser-Meyer-Olkin factor adequacy
Call: KMO(r = cor(data))
Overall MSA =  0.74
MSA for each item =
  X1   X2   X3   X4   X5   X6   X7   X8   X9  X10  X11  X12  X13
0.24 0.68 0.70 0.69 0.83 0.73 0.88 0.75 0.81 0.42 0.70 0.82 0.90
```

图 8-10　KMO 检验输出结果

（2）运行以下代码，进行 Bartlett's 球状检验。

```
cortest.bartlett(cor(data))
```

输出结果如图 8-11 所示。从 Bartlett's 球状检验结果可以看出，Bartlett 球形检验值为 2105.555，对应的 p 值为 0，小于 0.05，拒绝零假设，说明适合进行主成分分析。


```
> cortest.bartlett(cor(data))
$chisq
[1] 2105.555

$p.value
[1] 0

$df
[1] 78
```

图 8-11　Bartlett's 球状检验输出结果

5. **求特征值和特征向量**

使用 R 语言中的 eigen 函数计算相关系数矩阵的特征值和特征向量，并保存到 y 中，代码如下：

```
y <- eigen(cor(data))
```

读取 y 中的 values，得到特征值，如图 8-12 所示。

```
> y$values
 [1] 7.782568155 1.859570913 1.361498509 0.738438129 0.401117712 0.303693457 0.199243256 0.150748366 0.112259749
[10] 0.046617912 0.023720157 0.019099367 0.001424317
```

图 8-12　特征值输出结果

读取 y 中的 vectors，得到特征向量输出结果如图 8-13 所示。

```
> y$vectors
             [,1]         [,2]        [,3]         [,4]        [,5]        [,6]        [,7]        [,8]        [,9]
 [1,] -0.00995939 -0.591635382  0.41650708 -0.038800684 -0.22810453  0.38773494  0.44788713 -0.14806862 -0.03651912
 [2,]  0.32872775 -0.075562882  0.23485850  0.101668002  0.17767187  0.26928689 -0.23002439  0.34109880  0.05986451
 [3,]  0.08588307 -0.516729392 -0.35249299 -0.494578008  0.36179572 -0.27512435  0.12785590  0.25811464  0.25760849
 [4,]  0.32659564 -0.032992002  0.28935586  0.110177902  0.18332437  0.15170079 -0.09813268  0.32594109  0.08812966
 [5,]  0.27998294  0.029636572 -0.44705144  0.091429136 -0.23641752  0.05412561  0.43461394  0.28297662 -0.55472010
 [6,]  0.30092648  0.244335143 -0.04768275 -0.185468637 -0.50987466  0.10646096  0.08815548  0.22602723  0.54654315
 [7,]  0.28883230 -0.155303596 -0.26506543 -0.338918247 -0.15498412  0.32970921 -0.41052100 -0.55283866 -0.07027815
 [8,]  0.34910459 -0.007887778  0.09075771  0.023315356  0.17804710 -0.02937614  0.09038313 -0.12500128 -0.20410098
 [9,]  0.26623500 -0.141854906  0.35081618 -0.163486976 -0.43979129 -0.65554386 -0.21187462  0.02142627 -0.21830249
[10,]  0.11399963 -0.460222621 -0.26603801  0.716360040 -0.09394359 -0.18118483 -0.21038487 -0.08121521  0.19214507
[11,]  0.34304514  0.075776558 -0.13401106 -0.003227539  0.14942286  0.16537843 -0.23221332  0.08458409 -0.19881272
[12,]  0.32452286  0.172553367 -0.13019236  0.182225951  0.01392649 -0.09551387  0.37511714 -0.32379359  0.37858280
[13,]  0.31093555  0.154778064  0.23238482 -0.011315905  0.39439559 -0.23572525  0.25171995 -0.34262924 -0.02250467
            [,10]        [,11]         [,12]        [,13]
 [1,] -0.01912942  0.208350012  0.0250980850 -0.065178687
 [2,]  0.02214499 -0.034118746  0.3065309767  0.669471133
 [3,] -0.02682499  0.009972704 -0.0003651403  0.003867935
 [4,]  0.01608813 -0.459929787  0.0255799374 -0.635355691
 [5,]  0.17757751 -0.170054093  0.1243796576  0.033048878
 [6,]  0.24210470  0.149574773 -0.3198998701  0.029544853
 [7,]  0.12097609 -0.270728770  0.0854825516 -0.016418152
 [8,] -0.38903742 -0.130002392 -0.7454764958  0.217443992
 [9,] -0.11538628  0.016965655  0.1715438748 -0.002638399
[10,]  0.19281145  0.058309714 -0.1453752166 -0.010501752
[11,] -0.18685973  0.758819008  0.0604777445 -0.306507679
[12,] -0.49167311 -0.073139356  0.4116498655 -0.003087896
[13,]  0.64411352  0.132144294  0.0152071536  0.016673759
```

图 8-13　特征向量输出结果

6. 计算方差贡献率并确定主成分个数

1）分步计算

计算各主成分的方差贡献率并保存到新变量 v 中，再计算前 3 个主成分的累计方差贡献率，输出结果分别如图 8-14 和图 8-15 所示。由此可知，前 3 个主成分的累计贡献率约为 85%，因此提取前 3 个主成分。


```
> v <- y$values/sum(y$values)
> v
 [1] 0.5986590889 0.1430439164 0.1047306545 0.0568029330 0.0308552086 0.0233610351 0.0153264043 0.0115960282 0.0086353653
[10] 0.0035859932 0.0018246275 0.0014691820 0.0001095629
```

图 8-14　各主成分方差贡献率输出结果

```
> sum(y$values[1:3])/sum(y$values)
[1] 0.8464337
```

图 8-15　前 3 个主成分的累计贡献率输出结果

2）整体性计算

使用 R 语言中的 princomp 函数进行主成分分析，并保存到 data.pca 中，代码如下：

```
data.pca <- princomp(data, cor = TRUE)
```

注意：这里 cor = TRUE 表示根据相关系数矩阵进行主成分分析。

使用 summary 函数进行主成分分析，输出结果如图 8-16 所示。图 8-16 中，Comp.1 至 Comp.13 表示第 1 个至第 13 个主成分，Standard deviation 表示各个主成分的标准差，Proportion of Variance 表示各个主成分方差的占比，即方差贡献率，Cumulative proportion 表示累计方差贡献率。由上述输出结果可知，前三个主成分的累计贡献率约为 85%，因此提取前 3 个主成分。

```
> summary(data.pca)
Importance of components:
                          Comp.1    Comp.2    Comp.3     Comp.4     Comp.5     Comp.6    Comp.7     Comp.8      Comp.9
Standard deviation     2.7897255 1.3636608 1.1668327 0.85932423 0.63333854 0.55108389 0.4463667 0.38826327 0.335051860
Proportion of Variance 0.5986591 0.1430439 0.1047307 0.05680293 0.03085521 0.02336104 0.0153264 0.01159603 0.008635365
Cumulative Proportion  0.5986591 0.7417030 0.8464337 0.90323659 0.93409180 0.95745284 0.9727792 0.98437527 0.993010634
                           Comp.10     Comp.11     Comp.12      Comp.13
Standard deviation     0.215911815 0.154013497 0.138200458 0.0377401280
Proportion of Variance 0.003585993 0.001824627 0.001469182 0.0001095629
Cumulative Proportion  0.996596628 0.998421255 0.999890437 1.0000000000
```

图 8-16　使用 summary 函数输出结果

3）绘制碎石图

使用 R 语言中的 screeplot 函数绘制碎石图，代码如下：

```
screeplot(data.pca,type = 'lines')
```

输出碎石图见“图 8-17”。观察发现特征值从第 3 个开始趋缓，前 3 个特征值的累计贡献率约为 85%，因此提取前 3 个主成分。

7. **求主成分权重向量（权重系数）**

读取 data.pca 中 loading 的前 3 列，得到前 3 个主成分各变量的系数（权重向量），具体结果如图 8-18 所示。

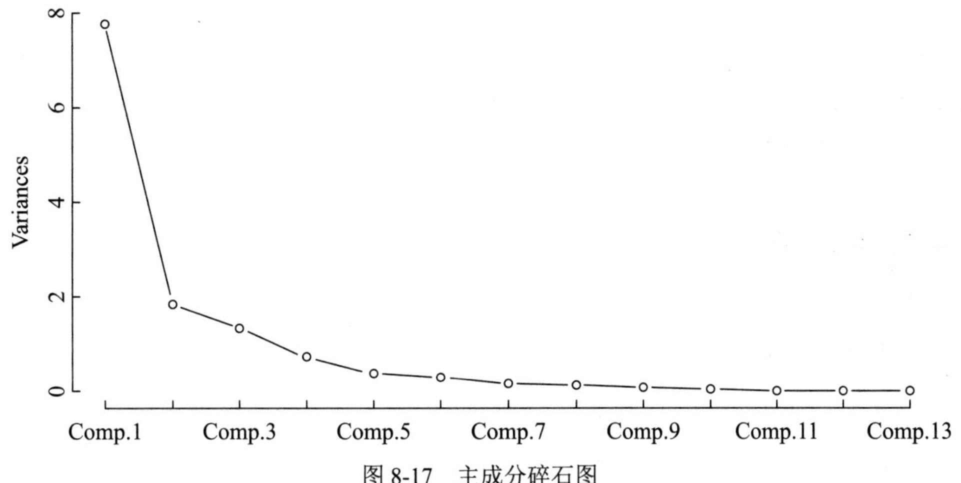

图 8-17　主成分碎石图

```
> data.pca$loadings[,1:3]
         Comp.1       Comp.2      Comp.3
X1   0.00995939  0.591635382  0.41650708
X2  -0.32872775  0.075562882  0.23485850
X3  -0.08588307  0.516729392 -0.35249299
X4  -0.32659564  0.032992002  0.28935586
X5  -0.27998294 -0.029636572 -0.44705144
X6  -0.30092648 -0.244335143 -0.04768275
X7  -0.28883230  0.155303596 -0.26506543
X8  -0.34910459  0.007887778  0.09075771
X9  -0.26623500  0.141854906  0.35081618
X10 -0.11399963  0.460222621 -0.26603801
X11 -0.34304514 -0.075776558 -0.13401106
X12 -0.32452286 -0.172553367 -0.13019236
X13 -0.31093555 -0.154778064  0.23238482
```

图 8-18　使用 summary 函数输出结果

8. 主成分得分

读取 data.pca 中 scores 的前 3 列，得到 28 个县（市）前 3 个主成分的得分，并保存到数据集 f 中，代码如下：

```
f <- data.pca$scores[,1:3]
```

28 个县（市）前 3 个主成分得分的部分输出结果如图 8-19 所示。

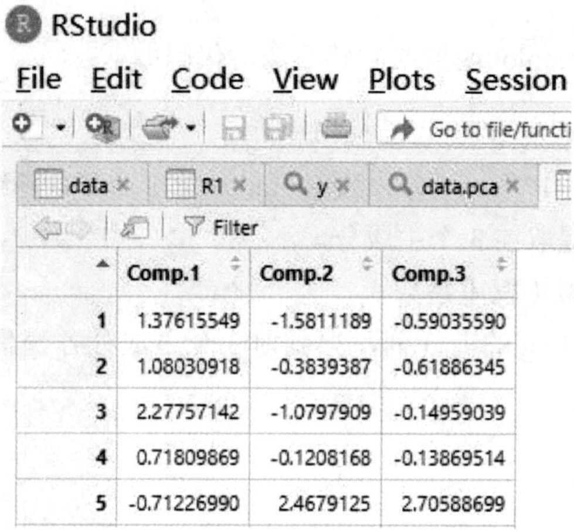

RStudio

File Edit Code View Plots Session

Go to file/functi

data × R1 × y × data.pca ×

Filter

	Comp.1	Comp.2	Comp.3
1	1.37615549	-1.5811189	-0.59035590
2	1.08030918	-0.3839387	-0.61886345
3	2.27757142	-1.0797909	-0.14959039
4	0.71809869	-0.1208168	-0.13869514
5	-0.71226990	2.4679125	2.70588699

图 8-19　3 个主成分得分部分输出结果

9. 综合评价函数

以前 3 个主成分的方差贡献率为权重，对上面求出的 28 个样本县市前 3 个主成分的得分进行加权求和，得到综合评价得分。综合评价公式如下：

```
F <- (v[1]*f[,1]+v[2]*f[,2]+v[3]*f[,3])/(sum(v[1],v[2],v[3]))
```

部分输出结果截图如图 8-20 所示。

```
> F <- (v[1]*f[,1]+v[2]*f[,2]+v[3]*f[,3])/(sum(v[1],v[2],v[3]))
> F
 [1]  0.63306815  0.62261565  1.40987376  0.47031278  0.24810254  1.34320893  0.62049097  2.68777768  1.35690884
[10] -1.04518284 -1.71922499  1.71409905 -1.09814517 -0.27344525  1.30038352 -3.73117336 -4.94325256  0.25052044
[19]  0.15586203  1.26614372 -4.78391663 -3.37913536  0.17339347  0.06500651  1.43437695  0.99682982  1.64023673
[28]  2.58426462
```

图 8-20　3 个主成分得分部分输出结果

10. 样本县市综合评价得分和排名

将 28 个县市前 3 个主成分得分和其综合评价合并到一起，并按综合得分 F 从大到小排序，形成新的数据集 fin_score。

输入代码：

```
fin_score <- data.frame(row.names(data),f,F)[order(-F),]
```

输出结果如图 8-21 所示。

```
> fin_score <- data.frame(row.names(data),f,F)[order(-F),]
> fin_score
   row.names.data.       Comp.1      Comp.2       Comp.3           F
8             五峰县  3.64300269  0.3098718  0.47534850  2.68777768
28            鹤峰县  3.56557461 -0.1726256  0.74035583  2.58426462
12            团风县  2.33164365  0.3034848  0.11075860  1.71409905
27            来凤县  2.38727136 -0.8370612  0.75361305  1.64023673
25            宣恩县  2.34403565 -1.2926284 -0.04077779  1.43437695
3             竹溪县  2.27757142 -1.0797909 -0.14959039  1.40987376
9             保康县  1.01068664  2.9090120  1.21607282  1.35690884
6             秭归县  1.39697163  1.8228665  0.38076272  1.34320893
15            英山县  1.92774926  0.1839851 -0.76094422  1.30038352
20            通山县  1.87010124 -0.2182797 -0.15872006  1.26614372
26            咸丰县  1.64646831 -0.8082590 -0.25118126  0.99682982
1             郧西县  1.37615549 -1.5811189 -0.59035590  0.63306815
2             竹山县  1.08030918 -0.3839387 -0.61886345  0.62261565
7             长阳县  0.53300196  1.1226019  0.43479723  0.62049097
4               房县  0.71809869 -0.1208168 -0.13869514  0.47031278
18            通城县 -0.07138324  2.3168512 -0.73167036  0.25052044
5           丹江口市 -0.71226990  2.4679125  2.70588699  0.24810254
23            建始县  0.58058589 -1.4263632  0.03079919  0.17339347
19            崇阳县  0.07749185  1.4269492 -1.13224484  0.15586203
24            巴东县  0.40691286 -1.4229352  0.14287927  0.06500651
14            罗田县 -0.12817939 -0.3969581 -0.93511365 -0.27344525
10            孝昌县 -1.20397696 -0.4118764 -1.00247410 -1.04518284
13            红安县 -1.40413219 -1.1104314  0.66771209 -1.09814517
11            大悟县 -2.20810893 -0.4356036 -0.67788156 -1.71922499
22            利川市 -4.05618005 -2.4960362 -0.71518753 -3.37913536
16            蕲春县 -5.23913127  2.0343491 -2.98612132 -3.73117336
21            恩施市 -7.05193388 -1.3391418  3.47550910 -4.78391663
17            麻城市 -7.09833658  0.6359809 -0.24467383 -4.94325256
```

图 8-21　28 个县（市）前 3 个主成分得分及综合得分和排名

11. 结果分析

由图 8-21 最右列数据可以看出，扶贫效果综合得分最高的是五峰县，其次是鹤峰县，第三是团风县，综合得分最低的三个市县分别是蕲春县、恩施市和麻城市。

练 习 题

1. 简述主成分分析的基本思想。

2. 试说明主成分分析适用的场合。

3. 试述根据协方差阵和相关阵进行主成分分析的区别。

4. 简述主成分分析在实际应用中的步骤。

5. 试说明使用主成分分析方法应注意的问题。

6. 简述主成分分析中累积贡献率的含义。

7. 设 $X=(X_1,X_2,X_3,X_4)'\sim N_4(0,D)$，协方差阵为

$$D=\begin{bmatrix}1&\rho&\rho&\rho\\ \rho&1&\rho&\rho\\ \rho&\rho&1&\rho\\ \rho&\rho&\rho&1\end{bmatrix},0<\rho\leqslant 1$$

（1）试从 D 出发求 X 的第一总体主成分。

（2）试问当 ρ 取多大时才能使第一主成分的贡献率达到 95% 以上？

8. 设三维总体 X 的协差阵为

$$\Sigma=\begin{pmatrix} \sigma^2 & \rho\sigma^2 & 0 \\ \rho\sigma^2 & \sigma^2 & \rho\sigma^2 \\ 0 & \rho\sigma^2 & \sigma^2 \end{pmatrix},\quad \left(|\rho|\leqslant\frac{1}{\sqrt{2}}\right)$$

试求总体主成分，并计算每个主成分能解释的方差比例。

9. GDP 是指一个国家或地区在一定时期内（一个季度或一年）经济活动中所生产出的全部最终产品和劳务的价值，被认为是衡量国家或地区经济状况的最佳指标。现实中对影响 GDP 的因素进行分析具有重要的意义，现选取 8 个影响 GDP 的变量，收集了 10 个省份 2019 年相关变量的数据如附录 B-20：表 8-9 所示，请使用统计软件对这些影响变量进行主成分分析。

10. 在主成分分析中，“原始变量的方差之和等于生成的主成分方差之和”是否正确？

11. 试对你感兴趣的实际问题收集数据，利用统计软件进行主成分分析，并对样本对象进行综合评价。

扩展阅读8-3
主成分分析
应用文献阅读

第9章 因子分析

学习目标

1. 了解因子分析的思想。
2. 掌握因子分析的数学模型。
3. 了解因子载荷的估计方法。
4. 了解因子旋转与方法。
5. 熟悉因子分析的步骤。
6. 掌握因子分析的上机操作。

案例导入

查尔斯·爱德华·斯皮尔曼（Charles Edward Spearman，1863—1945）是英国理论和实验心理学家，他大器晚成，1906年在德国莱比锡获博士学位，时年43岁。1911年任伦敦大学心理学、逻辑学教授，1923年至1926年期间任英国心理学会主席，1924年当选英国皇家学会院士。

斯皮尔曼是实验心理学的先驱，对心理统计做了大量研究，他学术上最伟大的成就是创立了因素分析方法。他还将之与智力研究相结合，于1904年提出智力结构的“二因素说”。

“二因素说”认为人类智力包括两种因素，一种是一般因素（general factor），简称为G因素；另一种为特殊因素（specific factor），简称为S因素。按照斯皮尔曼的解释，人的普通能力来自先天遗传，主要表现在一般性生活活动上，从而显示个人能力的高低。S因素代表特殊能力，只与少数生活活动有关，是个人在某方面表现出的异于他人的能力。

扩展阅读9-1

斯皮尔曼简介

“二因素说”是最早的智力理论之一，与当时流行的遗传决定论相比，这一理论是对智力较低儿童教育的鼓舞，因为智力较低的儿童中也有一些特殊儿童，其拥有一些特殊的能力。

9.1 因子分析认知

在实际问题研究中，研究者主要关注的概念经常难以直接测量，如智力、社会阶层、幸福感等。在这种情况下，研究者不得不采取间接的方式，即通过收集能表征这些概念且能够被测量的变量信息对问题进行处理。例如，心理学家通过记录个体在不同学科考试中的分数对个体的智商进行测算；社会学家通过了解个体的职业、受教育背景、是否拥有房屋等，对社会阶层进行分析。

1904 年，斯皮尔曼发表了一篇著名论文《对智力测验得分进行统计分析》，该论文被视为因子分析的起点。因子分析的形成和发展有相当长的历史，最早由对心理测量学感兴趣的科学家用以研究解决心理学和教育学方面的问题，主要是他们培育和发展了因子分析。由于对几个早期研究的心理学解释的争论及缺乏强有力的计算工具，其应用和发展受到很大的限制，甚至停滞了很长时间。后来，随着电子计算机的问世和使用，重新引发人们对因子分析理论与计算的兴趣，因子分析的研究得到了发展。目前，这一方法应用已十分广泛，在经济学、社会学、心理学、考古学、生物学、医学、地质学，以及体育科学等许多领域都很普及。

因子分析是主成分分析的推广和发展，它也是将具有错综复杂关系的变量（或样品）综合为数量较少的几个因子，以再现原始变量与因子之间的关系。同时，因子分析还可以对变量进行分类，该方法也是多元统计分析中的一种降维方法。

例如，某公司对 100 名招聘人员的知识和能力进行测度，出了 50 道题的试卷，其内容包括的面较广，但总的来看可分为 6 个方面：语言表达能力、逻辑思维能力、判断事物的敏捷和果断程度、思想修养、兴趣爱好、生活常识等，我们将每个方面称为因子（factor），显然这里所说的因子不同于回归分析中因素（变量），因为前者是比较抽象的概念，而后者有着极为明确的实际意义，如人口密度、工业总产值、社会商品零售总额等。

将 100 名应试者的测试分数记为 $\{X_i, i=1,2,\cdots,100\}$，它可以用上述 6 个因子的线性函数表示，即

$$X_i = a_{i1}F_1 + a_{i2}F_2 + \cdots + a_{i6}F_6 + \varepsilon_i\text{，}\quad i=1,2,\cdots,100\text{。}$$

其中，$F_1,F_2,\cdots,F_6$ 分别表示上述的 6 个因子，它对所有 X_i 都起作用，是共有的因子，故常称为公共因子（common factor）；它们的系数 $a_{i1},a_{i2},\cdots,a_{i6}$ 称为因子载荷 (factor loading)，它表示第 i 个应试者在 6 个方面的能力；ε_i 是第 i 个应试者的能力和知识不能被 6 个公共因子包括的部分，称为特殊因子，通常假定 $\varepsilon_i \sim N(0,\sigma_i^2)$。

仔细观察这个模型，发现它与多元线性回归模型在数学形式上有些相似，但其实质存在很大差异。这里 $F_1,F_2,\cdots,F_6$ 的值是未知的、不可观测的，并且相关参数的统计意义也不一样。因子分析的任务首先是估计出 $\{a_{ij}\}$ 和方差 $\{\sigma_i^2\}$，然后将这些抽象因子 $\{F_i\}$ 赋予有

实际背景的解释或对其命名。因子分析的目的是在可能的情况下，利用几个潜在的但不能观测的随机量去描述许多变量之间的协方差关系，或者利用综合出的少数因子再现原始变量和因子之间的关系，以达到降维和对原始变量进行分类的目的。

因子分析的基本思想是通过对变量（或样品）的相关系数矩阵（对样品是相似系数矩阵）内部结构的研究，寻找能控制或支配所有变量 (或样品) 的少数几个随机变量（公共因子），以描述多个变量（或样品）之间的相关（相似）关系，从而实现结构简化，但要注意的是这里的少数几个随机变量是不可观测的。因子分析根据相关性（或相似性）的大小把变量（或样品）分组，导致同组内的变量（或样品）之间相关性（相似性）较高，但不同组变量之间的相关性（或相似性）较低。另外，因子分析可作为其他分析的预处理工具。例如，可先进行因子分析，找出少数几个公共因子，然后用其替代原始变量（指标）进行回归分析、聚类分析、判别分析等。

针对诸多原始变量（指标）进行因子分析称为R型因子分析，而针对样品的因子分析称为Q型因子分析，从全部计算过程来看两者都是一样的，只不过出发点不同，R型因子分析从相关系数矩阵出发，Q型因子分析从相似系数矩阵出发，但都是基于同一批观测数据。因此，本章我们仅讨论R型因子分析，现实中具体采用哪一型因子分析，根据研究目标而定。

扩展阅读9-2

R-Q 型因子分析

9.2　因子分析的数学模型

9.2.1　R型正交因子模型

设 $X=(X_1,X_2,\cdots,X_p)'$ 是可测的 p 个变量（指标）(显变量，manifest variables) 所构成的 p 维随机向量，$F=(F_1,F_2,\cdots,F_m)'$ 是不可观测的公共因子或潜因子 $F_1,F_2,\cdots,F_m$（潜变量，latent variables）构成的向量。基本的因子模型就是以类似线性回归模型的数学形式将可观测的显变量与一组不可观测的潜变量联系起来。具体而言，R型因子分析的数学模型为

$$\begin{cases} X_1 = a_{11}F_1 + a_{12}F_2 + \cdots + a_{1m}F_m + \varepsilon_1 \\ X_2 = a_{21}F_1 + a_{22}F_2 + \cdots + a_{2m}F_m + \varepsilon_2 \\ \qquad \cdots \\ X_p = a_{p1}F_1 + a_{p2}F_2 + \cdots + a_{pm}F_m + \varepsilon_p \end{cases}$$

矩阵表达式为

$$\begin{bmatrix} X_1 \\ X_2 \\ \vdots \\ X_p \end{bmatrix} = \begin{bmatrix} a_{11} & a_{12} & \cdots & a_{1m} \\ a_{21} & a_{22} & \cdots & a_{2m} \\ \vdots & \vdots & \vdots & \vdots \\ a_{p1} & a_{p2} & \cdots & a_{pm} \end{bmatrix} \begin{bmatrix} F_1 \\ F_2 \\ \vdots \\ F_m \end{bmatrix} + \begin{bmatrix} \varepsilon_1 \\ \varepsilon_2 \\ \vdots \\ \varepsilon_p \end{bmatrix}$$

简记为

$$\underset{(p\times1)}{X} = \underset{(p\times m)}{A}\underset{(m\times1)}{F} + \underset{(p\times1)}{\varepsilon}$$

其中，a_{ij} 是第 i 个变量在第 j 个公共因子上的负荷（$i=1,2,\cdots,p$，$j=1,2,\cdots,m$），称为因子载荷，矩阵 A 称为因子载荷矩阵；ε 是由特殊因子 $\varepsilon_1,\varepsilon_2,\cdots,\varepsilon_n$ 构成的列向量，即 $\varepsilon=(\varepsilon_1,\varepsilon_2,\cdots,\varepsilon_p)'$。

为了进行因子分析，需要以下假设条件。

（1）$m<p$。

（2）$\mathrm{Cov}(F,\varepsilon)=0$，即 F 和 ε 是不相关的。

（3）$\mathrm{Var}(F)=\begin{pmatrix} 1 & & 0 & \\ & 1 & & \\ 0 & & \ddots & \\ & & & 1 \end{pmatrix}=I_m$，$\mathrm{Var}(\varepsilon)=\begin{pmatrix} \sigma_1^2 & & & \\ & \sigma_2^2 & & 0 \\ 0 & & \ddots & \\ & & & \sigma_p^2 \end{pmatrix}$。

即公共因子 $F_1,\cdots,F_m$ 不相关且方差皆为 1，特殊因子 $\varepsilon_1,\cdots,\varepsilon_p$ 不相关且方差不同。由以上假设条件可知，$F_1,\cdots,F_m$ 不相关。若 $F_1,\cdots,F_m$ 相关，则 $\mathrm{Var}(F)$ 就不是对角阵，这时的模型称为斜交因子模型。

类似地，Q 型因子分析的数学模型为

$$\begin{cases} X_1 = a_{11}F_1 + a_{12}F_2 + \cdots + a_{1m}F_m + \varepsilon_1 \\ X_2 = a_{21}F_1 + a_{22}F_2 + \cdots + a_{2m}F_m + \varepsilon_2 \\ \quad\cdots \\ X_n = a_{n1}F_1 + a_{n2}F_2 + \cdots + a_{nm}F_m + \varepsilon_n \end{cases}$$

此时 $X_1,X_2,\cdots,X_n$ 表示 n 个样品。

因子分析的目的就是通过模型 $X=AF+\varepsilon$ 以 F 代替 X，由于 $m<p,m<n$，从而实现减少变量维数的愿望。

因子分析是主成分分析的推广和发展，它们之间既有联系又有区别。两者的相似之处是其求解过程中都是从一个协方差阵（或相似系数阵）出发；两者的不同之处体现在如下两个方面。

一方面，主成分分析的数学模型实质上是一种变换，而因子分析模型是描述原始变量 X 协方差阵 Σ 结构的一种模型，而当 $m=p$ 时，因子分析也是一种变量变换，但在实际应用中 $m<p$，且为经济起见 m 总是越小越好。

另一方面，主成分分析中的 a_{ij}（权重系数）是唯一确定的，而因子分析中与每个因子相对应的系数（因子载荷）并不唯一确定。

关于主成分权重系数的 a_{ij} 的唯一性上一章已经说明，而对因子分析模型来说，若 Γ 为任一个 $m \times m$ 阶正交阵，则因子模型 $X = AF + \varepsilon$ 可转化为

$$X = (A\Gamma)(\Gamma' F) + \varepsilon$$

由于

$$\mathrm{Var}(\Gamma' F) = \Gamma' \mathrm{Var}(F) \Gamma = I_m，\ \mathrm{Cov}(\Gamma' F, \varepsilon) = \Gamma' \mathrm{Cov}(F, \varepsilon) = 0$$

因此，转化后的模型仍满足约束条件，所以 $\Gamma' F$ 也是公共因子，$A\Gamma$ 也是因子载荷阵，这说明因子载荷（阵）不唯一。从表面上看这对分析不利，但后面将会看到，当因子载荷阵 A 的结构不够简化时，可对 A 实行变换以达到简化目的，使新的因子更具有鲜明的实际意义。

9.2.2 公共因子、因子载荷和变量共同度的统计意义

本节，我们对因子分析数学模型中几个量的统计意义进行解释，这些量在对因子分析的计算结果进行解释时非常有用。

假设在因子模型中，各个原始变量、公共因子、特殊因子都已经过标准化处理，即是均值为 0，方差为 1 的变量。

1. 因子载荷的统计意义

考虑模型

$$X_i = a_{i1}F_1 + a_{i2}F_2 + \cdots + a_{ij}F_j + \cdots + a_{im}F_m + \varepsilon_i$$

两端右乘 F_j 得

$$X_iF_j = a_{i1}F_1F_j + a_{i2}F_2F_j + \cdots + a_{ij}F_jF_j + \cdots + a_{im}F_mF_j + \varepsilon_iF_j$$

两端同时取数学期望，有

$$E(X_iF_j) = a_{i1}E(F_1F_j) + a_{i2}E(F_2F_j) + \cdots + a_{ij}E(F_jF_j) + \cdots + a_{im}E(F_mF_j) + E(\varepsilon_iF_j)$$

在相关变量已经标准化的假设下，有

$$E(F) = 0，\ E(\varepsilon) = 0$$

$$\mathrm{Var}(\varepsilon_i) = 1，\ E(X_i) = 0，\ \mathrm{Var}(X_i) = 1，\ i = 1, \cdots, p$$

因此

$$E(X_iF_j) = r_{X_iF_j}，\ E(F_iF_j) = r_{F_iF_j}，\ E(\varepsilon_iF_j) = r_{\varepsilon_iF_j}$$

上式各式右端表示相应两个变量的相关系数。

于是，由各公共因子不相关的假设得

$$r_{X_iF_j}=a_{i1}r_{F_1F_j}+a_{i2}r_{F_2F_j}+\cdots+a_{ij}r_{F_jF_j}+\cdots+a_{im}r_{F_mF_j}+r_{\varepsilon_iF_j}=a_{ij}$$

故因子载荷 a_{ij} 的统计意义就是第 i 个变量与第 j 个公共因子的相关系数，它表示 X_i 依赖 F_j 的程度，相当于统计学的术语“权重”。但由于历史原因，心理学家将它称为载荷，即表示第 i 个变量在第 j 个公共因子上的负荷，它反映了第 i 个变量在第 j 个公共因子上的相对重要性。

2. 变量共同度（communality）的统计意义

所谓变量 X_i 的共同度 h_i^2 是指因子载荷阵 A 中第 i 行元素的平方和，即

$$h_i^2=\sum_{j=1}^{m}a_{ij}^2,\quad i=1,2,\cdots,p$$

为了说明它的统计意义，对下式

$$X_i=a_{i1}F_1+a_{i2}F_2+\cdots+a_{im}F_m+\varepsilon_i$$

两边求方差，即

$$\begin{aligned}\mathrm{Var}(X_i)&=a_{i1}^2\mathrm{Var}(F_1)+a_{i2}{}^2\mathrm{Var}(F_2)+\cdots+a_{im}^2\mathrm{Var}(F_m)+\mathrm{Var}(\varepsilon_i)\\&=a_{i1}^2+a_{i2}^2+\ldots+a_{im}^2+\sigma_i^2\\&=h_i^2+\sigma_i^2\end{aligned}$$

由于 X_i 已标准化，所以有 $1=h_i^2+\sigma_i^2$。

上式说明变量 X_i 的方差由两部分组成：第一部分为共同度 h_i^2，它度量了全部公共因子对变量 X_i 的总方差所做的贡献，h_i^2 越接近 1，则该变量的全部原始信息越能被所选取的公共因子说明。例如，若 $h_i^2=0.95$，则 X_i 的 95% 的信息被 m 个公共因子说明，即由原始变量空间转为因子空间的转化性能好，保留原来的信息量多，因此 h_i^2 是 X_i 方差的重要组成部分。当 $h_1^2\approx 0$ 时，说明公共因子对 X_i 影响很小，主要由特殊因子 ε_i 来描述。第二部分 σ_i^2 是特定变量所产生的方差，称为特殊因子方差，它仅与变量 X_i 自身的变化有关。

3. 公共因子 F_j 方差贡献的统计意义

将因子载荷矩阵中各列元素的平方和记为

$$S_j=\sum_{i=1}^{p}a_{ij}^2\quad j=1,2,\cdots,m$$

称 S_j 为公共因子 F_j 对 X 的贡献，即 S_j 表示同一公共因子 F_j 对诸变量所提供的方差贡献之总和，它是衡量公共因子相对重要性的量。

9.3 因子载荷阵的估计方法

实际中，若要建立现实问题的因子模型，一项关键工作是要根据样本资料阵估计因子载荷矩阵 A。对 A 的估计方法很多，其中主要有主成分方法（principal factor method）、主因子分析法（method of principal factors）、最大似然（maximum likelihood）估计法。

9.3.1 主成分法

设随即向量 $X=(X_1,X_2,\cdots,X_p)'$ 的协方差阵为 Σ，$\lambda_1\geqslant\lambda_2\geqslant\cdots\geqslant\lambda_p>0$ 为 Σ 的特征值，$e_1,\cdots,e_p$ 为对应的标准正交化特征向量（只要特征根不等，对应的单位特征向量一定是正交的），则根据线性代数知识 Σ 可分解为

$$\Sigma=U\begin{pmatrix}\lambda_1 & & 0\\ & \ddots & \\ 0 & & \lambda_p\end{pmatrix}U'=\sum_{i=1}^{p}\lambda_i e_i e_i'$$

$$=(\sqrt{\lambda_1}e_1,\cdots,\sqrt{\lambda_p}e_p)\begin{pmatrix}\sqrt{\lambda_1}e_1'\\ \vdots\\ \sqrt{\lambda_p}e_p'\end{pmatrix}$$

上面的分解式恰是公共因子与变量个数一样多且特殊因子的方差为 0 时，因子模型中协方差阵的结构。

因为这时因子模型为 $X=AF$，且 $\mathrm{Var}(F)=I_m$，于是有

$$\mathrm{Var}(X)=\mathrm{Var}(AF)=A\mathrm{Var}(F)A'=AA'$$

这样一来，$\Sigma=AA'$。

将 $\Sigma=AA'$ 与 Σ 的分解式相比较，发现因子载荷阵的第 j 列应该为 $\sqrt{\lambda_j}e_j$，这说明因子载荷与主成分的权重向量仅仅相差一个常量 $\sqrt{\lambda_j}$，也就是说因子载荷是主成分的权重系数的 $\sqrt{\lambda_j}$ 倍，故称这个方法为主成分法。由于主成分的权重向量长度为 1，因此因子载荷阵第 j 列元素的平方和是 $\sqrt{\lambda_j}$。

上面关于协方差阵 Σ 的表达是精确的，但实际应用时总是希望因子的个数小于原始变量的个数，即 $m<p$。当后面 $p-m$ 个特征根较小时，通常略去 Σ 的分解式中后面 $p-m$，即 $\lambda_{m+1}e_{m+1}e_{m+1}'+\lambda_{m+2}e_{m+2}e_{m+2}'+\cdots+\lambda_p e_p e_p'$。这样一来，有

$$\Sigma \approx (\sqrt{\lambda_1}e_1,\cdots,\sqrt{\lambda_m}e_m)\begin{pmatrix}\sqrt{\lambda_1}e_1' \\ \vdots \\ \sqrt{\lambda_p}e_m'\end{pmatrix} = AA'$$

注意，上面关于$\Sigma \approx AA'$的推导假定了因子模型中特殊因子不重要，因而在Σ的分解中忽略了特殊因子的方差。

如果考虑特殊因子，对因子模型$X = AF + \varepsilon$求方差，得到

$$\mathrm{Var}(X) = \mathrm{Var}(AF) + \mathrm{Var}(\varepsilon) = AA' + \mathrm{Var}(\varepsilon)$$

即$\Sigma = AA' + \mathrm{Var}(\varepsilon)$。当后面$p-m$个特征根较小时，有

$$\Sigma \approx (\sqrt{\lambda_1}e_1,\sqrt{\lambda_2}e_2,\ldots,\sqrt{\lambda_m}e_m)\begin{pmatrix}\sqrt{\lambda_1}e_1' \\ \vdots \\ \sqrt{\lambda_p}e_m'\end{pmatrix} + \begin{pmatrix}\sigma_1^2 & & 0 \\ & \ddots & \\ 0 & & \sigma_{pp}^2\end{pmatrix}$$

当Σ未知，可用X样本协方阵差去代替，若经过标准化处理，则样本协方阵是X相关阵，然后与上类似进行。

假设$\hat{\lambda}_1,\hat{\lambda}_2,\cdots,\hat{\lambda}_p$为样本相关阵的特征值，相应的标准正交化特征向量为$\hat{e}_1,\cdots,\hat{e}_p$，设$m<p$，则因子载荷阵的估计$\hat{A} =(\hat{a}_{ij})$，即

$$\hat{A} = \left(\sqrt{\hat{\lambda}_1}\hat{e}_1,\sqrt{\hat{\lambda}_2}\hat{e}_2,\cdots,\sqrt{\hat{\lambda}_m}\hat{e}_m\right)$$

共同度的估计为

$$\hat{h}_i^2 = \sum_{j=1}^{m}\hat{a}_{ij}^2,\quad i = 1,2,\cdots,p$$

9.3.2 主因子分析法

主因子分析法亦称为主轴分析法，在实际中普遍被应用。这个估计因子载荷阵的方法与主成分法有相似之处，都是从分析矩阵的结构着手；不同之处在于主成分法是在所有的p个主成分能够解释标准化原始变量所有方差的基础上进行分析，而主因子法假定m个公共因子只能解释原始变量的部分方差，利用公共因子方差（或共同度）来替代相关系数阵主对角线上的元素1，并以新得到的矩阵（称为调整相关矩阵或约相关矩阵）为出发点，求解其特征值与特征向量，继而得到因子载荷的估计。

对因子模型$\underset{(p\times1)}{X} = \underset{(p\times m)}{A}\underset{(m\times1)}{F} + \underset{(p\times1)}{\varepsilon}$中的原始变量进行标准化，并以$R$记$X$的相关系数阵，$\Sigma_\varepsilon = \mathrm{Var}(\varepsilon) = \mathrm{diag}(\sigma_1^2,\sigma_2^2,\cdots,\sigma_p^2)$，则有$R = AA' + \Sigma_\varepsilon$。令

$$R^* \triangleq AA' = R - \Sigma_\varepsilon$$

称 R^* 为约相关矩阵或调整相关矩阵。R^* 对角线上的元素不是 1 而是共同度 $h_i^2=\sum_{j=1}^{m}a_{ij}^2$（$i=1,2,\cdots,p$），即

$$R^*=R-\Sigma_\varepsilon=\begin{bmatrix} h_1^2 & r_{12} & \cdots & r_{1p} \\ r_{21} & h_2^2 & \cdots & r_{2p} \\ \cdots & \cdots & \cdots & \cdots \\ r_{p1} & r_{p2} & \cdots & h_p^2 \end{bmatrix}$$

求 R^* 的特征值与对应的正交特征向量，记为（λ_i^*,e_i^*），$i=1,\cdots,p$。当 $m<p$，得到因子载荷阵的估计

$$\hat{A}=(\sqrt{\lambda_1^*}e_1^*,\sqrt{\lambda_2^*}e_2^*,\cdots,\sqrt{\lambda_m^*}e_m^*)$$

9.3.3　最大似然法

设原始变量构成的向量 $X\sim N_p(\mu,\Sigma)$，$\Sigma=AA'+\mathrm{Var}(\varepsilon)=AA'+\Sigma_\varepsilon$。$X$ 的联合密度函数为

$$f(x_1,x_2,\cdots,x_p)=\frac{1}{(2\pi)^{p/2}|\Sigma|^{1/2}}\exp\left\{-\frac{1}{2}(x-\mu)'\Sigma^{-1}(x-\mu)\right\}$$

设 $X_{(1)}$，$X_{(2)}$，$\cdots$，$X_{(n)}$ 为来自 $N_p(\mu,\Sigma)$ 的简单随机样本，似然函数

$$\begin{aligned} L(\mu,\Sigma)&=\prod_{\alpha=1}^{n}f_{X_{(\alpha)}}(x_1,\cdots,x_p) \\ &=\prod_{\alpha=1}^{n}\frac{1}{(2\pi)^{p/2}|\Sigma|^{1/2}}\exp\left\{-\frac{1}{2}(x_{(\alpha)}-\mu)'\Sigma^{-1}(x_{(\alpha)}-\mu)\right\} \\ &=(2\pi)^{-np/2}|\Sigma|^{-n/2}\exp\left\{-\frac{1}{2}\sum_{\alpha=1}^{n}(x_{(\alpha)}-\mu)'\Sigma^{-1}(x_{(\alpha)}-\mu)\right\} \end{aligned}$$

对数似然函数为

$$\begin{aligned} l(\mu,\Sigma)&=-\frac{np}{2}\ln(2\pi)-\frac{n}{2}\ln|\Sigma|-\frac{1}{2}\sum_{\alpha=1}^{n}(x_{(\alpha)}-\mu)'\Sigma^{-1}(x_{(\alpha)}-\mu) \\ &=-\frac{np}{2}\ln(2\pi)-\frac{n}{2}\ln|\Sigma|-\frac{n}{2}(\bar{x}-\mu)^T\Sigma^{-1}(\bar{x}-\mu) \\ &\quad-\frac{1}{2}\sum_{\alpha=1}^{n}(x_{(\alpha)}-\bar{x})'\Sigma^{-1}(x_{(\alpha)}-\bar{x}) \end{aligned}$$

由于 $\Sigma=AA'+\Sigma_\varepsilon$，所以对数似然函数 $l(\mu,\Sigma)$ 与载荷阵 A 和特殊因子方差阵 Σ_ε 有关。在 $A'\Sigma_\varepsilon^{-1}A=D$（$D$ 为一个对角阵）的条件下，可唯一确定 A。基于数值最大化方法可求得 A、Σ_ε 和 μ 最大似然估计 $\hat{A}$、$\hat{\Sigma}_\varepsilon$ 和 $\hat{\mu}=\overline{X}$，它们使 $\hat{A}'\hat{\Sigma}_\varepsilon^{-1}\hat{A}=\hat{D}$ 为对角阵。

9.4 因子旋转

因子分析的目的不仅要找出公共因子及对变量进行分组，更重要的是想明晰每个公共因子的意义，以对实际问题进行科学的分析。如果每个公共因子的含义不清，不便进行解释，这时我们可利用因子载荷阵的不唯一性，对因子载荷阵实行旋转，即用一个正交阵右乘A，线性代数知识告诉我们一个正交变换对应坐标系的一次旋转，这样我们可期望旋转后的因子载荷阵结构简化，便于对公共因子进行解释。所谓结构简化就是使每个变量仅在一个公共因子上有较大的载荷，而在其余公共因子上的载荷比较小，至多是中等大小。这种对因子载荷阵实施变换的操作称为因子轴的旋转，而旋转的方法有正交旋转、斜交旋转，在正交旋转中有方差最大正交旋转法（varimax）、四次方值最大旋转法（quartmax）、等量最大旋转法（equamax）；斜交旋转方法有直接斜交旋转（directoblimin）和斜交旋转法（promax）。本节重点介绍常用的方差最大正交旋转法。

9.4.1 方差最大正交旋转法

首先考虑$m=2$的情形。设因子载荷阵

$$A=\begin{bmatrix} a_{11} & a_{12} \\ a_{21} & a_{22} \\ \vdots & \vdots \\ a_{p1} & a_{p2} \end{bmatrix}$$

对A按行计算共同度$h_i^2=\sum\limits_{j=1}^{2}a_{ij}^2$，$i=1,\cdots,p$。考虑到各个变量$X_i$的共同度之间的差异所造成的不平衡，须对$A$中的元素进行规格化处理，即让每行的元素除以其共同度。然后对规格化后的矩阵，为方便仍记为A，施行方差最大的正交旋转。

设正交阵

$$T=\begin{pmatrix} \cos\varphi & -\sin\varphi \\ \sin\varphi & \cos\varphi \end{pmatrix}$$

$$B=AT=\begin{bmatrix} a_{11}\cos\varphi+a_{12}\sin\varphi & -a_{11}\sin\varphi+a_{12}\cos\varphi \\ \vdots & \vdots \\ a_{p1}\cos\varphi+a_{p2}\sin\varphi & -a_{p1}\sin\varphi+a_{p2}\cos\varphi \end{bmatrix}$$

$$\triangleq\begin{bmatrix} b_{11} & b_{12} \\ \vdots & \vdots \\ b_{p1} & b_{p2} \end{bmatrix}$$

这样做的目的是使因子载荷阵 A 的结构简化，换句话说，使载荷阵的每一列元素的平方值向 0 或 1 两极分化，或者说公共因子的贡献越分散越好，这实际上希望将变量 $X_1,\cdots,X_p$ 分成两部分，一部分主要与第一公共因子有关，另一部分与第二公共因子有关。因此，要求 $(b_{11}^2,b_{21}^2,\cdots,b_{p1}^2),(b_{12}^2,b_{22}^2,\cdots,b_{p2}^2)$ 两组数据的方差 V_1 和 V_2 要尽可能地大。为此，正交旋转的角度 φ 必须满足使旋转后所得到的因子载荷阵的总方差 $V_1+V_2\overset{\Delta}{=}V$ 达到最大值，即使

$$V=V_1+V_2=\sum_{j=1}^{2}\left[\frac{1}{p}\sum_{i=1}^{p}(b_{ij}^2)^2-\left(\frac{1}{p}\sum_{i=1}^{p}b_{ij}^2\right)^2\right]$$

达到最大。注意：这里 V 的数学表达式类似一元统计中样本方差 $S=\frac{1}{n}\sum_{i=1}^{n}(x_i-\bar{x})^2$,可写成 $S=\frac{1}{n}\sum_{i=1}^{n}x_i^2-\bar{x}^2$ 的形式。

经过求极值计算可求得旋转角 φ 所满足的条件为

$$\tan 4\varphi=\frac{d-2ab/p}{c-(a^2-b^2)/p}$$

其中

$$u_i=\left(a_{i1}/h_i\right)^2-\left(a_{i2}/h_i\right)^2,\quad v_i=2\left(a_{i1}/h_i\right)\left(a_{i2}/h_i\right)$$

$$a=\sum_{i=1}^{p}u_i,b=\sum_{i=1}^{p}v_i,c=\sum_{i=1}^{p}(u_i^2-v_i^2),d=2\sum_{i=1}^{p}u_iv_i。$$

根据 tg 4φ 的分子和分母取值的正负号可确定 φ 的取值范围，如表 9-1 所示。

表 9-1　旋转角度 φ 的取值范围

分子取值符号	分母取值符号	4 φ 取值范围	φ 取值范围
+	+	0 ~ π/2	0 ~ π/8
+	−	π/2 ~ π	π/8 ~ π/4
−	−	−π ~ −π/2	−π/4 ~ −π/8
−	+	−π/2 ~ 0	−π/8 ~ 0

如果公共因子有 m 个，则须逐次对每两个公共因子进行上述旋转，也就是说对每两个因子所决定的因子面 F_k-F_j（$k=1,2,\cdots,m-1$；$j=k+1,k+2,\cdots,m$）正交旋转一个角度 φ_{kj}，每次的转角 φ_{kj} 应使旋转后的因子载荷的总方差达到最大值，即

$$\underset{p\times m}{A}=\begin{bmatrix} a_{11} & a_{12} & \cdots & a_{1m} \\ a_{21} & a_{22} & \cdots & a_{2m} \\ \vdots & \vdots & & \vdots \\ a_{p1} & a_{p2} & \cdots & a_{pm} \end{bmatrix} \overset{T_{kj}}{\Rightarrow} \underset{p\times m}{B}=\begin{bmatrix} b_{11} & b_{12} & \cdots & b_{1m} \\ b_{21} & b_{22} & \cdots & b_{2m} \\ \vdots & \vdots & & \vdots \\ b_{p1} & b_{p2} & \cdots & b_{pm} \end{bmatrix}$$

使

$$V=\sum_{j=1}^{m} V_j=\sum_{j=1}^{m}\left[\frac{1}{p}\sum_{i=1}^{p}(b_{ij}^2)^2-\left(\frac{1}{p}\sum_{i=1}^{p}(b_{ij}^2)\right)^2\right]$$

达到最大，其中 T_{kj} 为如下的正交阵（矩阵 T_{kj} 中相关位置未标明的元素均为 0）：

$$\underset{m\times m}{T_{kj}}=\begin{bmatrix} 1 & & & & & & & & \\ & \ddots & & & & & & & \\ & & 1 & & & & & & \\ & & & \cos\varphi & & & -\sin\varphi & & \\ & & & & 1 & & & & \\ & & & & & \ddots & & & \\ & & & & & & 1 & & \\ & & & \sin\varphi & & & \cos\varphi & & \\ & & & & & & & 1 & \\ & & & & & & & & \ddots \\ & & & & & & & & & 1 \end{bmatrix}\begin{matrix} \\ \\ \\ k \\ \\ \\ \\ j \\ \\ \\ \\ \end{matrix}$$

（第 k 列、第 j 列）

对 A 施加 T_{jk} 旋转（变换）后得矩阵 $B=AT_{kj}$，其元素为

$$b_{ik}=a_{ik}\cos\varphi+a_{ij}\sin\varphi,\quad b_{ij}=-a_{ij}\cos\varphi+a_{ij}\cos\varphi,$$

$$b_{il}=a_{il}\ \ (l\neq k,j),\quad i=1,\cdots,p$$

其中旋转角度 φ 类似前面仍按下面公式计算，即

$$\operatorname{tg}4\varphi=\frac{d-2ab/p}{c-(a^2-b^2)/p}$$

对所有 m 个公共因子，两两配对进行旋转，可能的配对有 $C_m^2=m(m-1)/2$ 对，逐一实施旋转后称一轮循环完毕。如果循环完毕得出的因子载荷阵还没有达到预期目的，则可以继续进行第二轮 C_m^2 次配对旋转。如果将第一轮旋转完毕的因子载荷阵记为 $B_{(1)}$，则 $B_{(1)}$ 可写成

$$B_{(1)}=AT_{12}\cdots T_{1m}\cdots T_{(m-1)m}=A\prod_{k=1}^{m-1}\prod_{j=k+1}^{m}T_{kj}\triangleq AC_1$$

即对 A 实施正交变换 C_1 而得 $B_{(1)}$，并计算载荷阵 $B_{(1)}$ 的方差记为 $V_{(1)}$。在第一轮循环完毕的基础上，从 $B_{(1)}$ 出发进行第二轮旋转循环，旋转完毕得 $B_{(2)}$，$B_{(2)}$ 可写为

$$B_{(2)} = B_{(1)}\prod_{k=1}^{m-1}\prod_{j=k+1}^{m}T_{kj} \triangleq B_{(1)}C_2 = AC_1C_2$$

从 $B_{(2)}$ 求出 $V_{(2)}$。

类似地可求出

$$B_{(3)} = B_{(2)}\prod_{k=1}^{m-1}\prod_{j=k+1}^{m}T_{kj} \triangleq B_{(2)}C_3 = AC_1C_2C_3$$

从 $B_{(3)}$ 求出 $V_{(3)}$。

重复以上旋转循环，可得 V 值的一个非降序列，即

$$V_{(1)} \leqslant V_{(2)} \leqslant V_{(3)} \leqslant \cdots$$

由于因子载荷的绝对值不大于 1，故这个序列是有上界的，于是有极限记为 $\tilde{V}$，即为 V 的最大值。因此，只要循环次数 k 充分大，就有 $\left|V_{(k)} - \tilde{V}\right| < \varepsilon$，$\varepsilon$ 为所要求的精度。在实际应用中，经过若干轮旋转之后，若方差变化相对不大，则停止旋转，最终得到

$$B_{(k)} = A\prod_{i=1}^{k}C_i \triangleq AC$$

此即为旋转后的因子载荷矩阵。

9.4.2 其他旋转方法

1. 四次方值最大旋转法

四次方值最大旋转法基于简化因子载荷阵行的考虑，经过对初始公共因子实施旋转，以使每个原始变量仅在一个因子上的载荷较大，而在其他因子上的载荷尽可能地小。显然，如果每个变量只在一个因子上有较大的载荷，则对因子的解释就变得很简单。这个方法的原理是最大化因子载荷阵中每一行的因子载荷平方的方差，即其准则为

$$Q = \sum_{i=1}^{p}\sum_{j=1}^{m}\left(b_{ij}^2 - \frac{1}{m}\right)^2 \to \max$$

进一步

$$\begin{aligned} Q &= \sum_{i=1}^{p}\sum_{j=1}^{m}\left(b_{ij}^2 - \frac{1}{m}\right)^2 = \sum_{i=1}^{p}\sum_{j=1}^{m}\left(b_{ij}^4 - 2\cdot\frac{1}{m}\cdot b_{ij}^2 + \frac{1}{m^2}\right) \\ &= \sum_{i=1}^{p}\sum_{j=1}^{m}b_{ij}^4 - 2\sum_{i=1}^{p}\sum_{j=1}^{m}\frac{1}{m}\cdot b_{ij}^2 + \sum_{i=1}^{p}\sum_{j=1}^{m}\frac{1}{m^2} \\ &= \sum_{i=1}^{p}\sum_{j=1}^{m}b_{ij}^4 - \frac{2}{m}\sum_{i=1}^{p}\sum_{j=1}^{m}b_{ij}^2 + \frac{p}{m} \end{aligned}$$

最终的简化规则为

$$Q=\sum_{i=1}^{p}\sum_{j=1}^{m}b_{ij}^{4}\rightarrow \max$$

2. 等量最大旋转法

这个方法是将四次方值最大旋转法与方差最大旋转法相结合，通过对两者的加权和最大化实施旋转，其最终的简化准则为

$$E=\sum_{i=1}^{p}\sum_{j=1}^{m}b_{ij}^{4}-\gamma\sum_{j=1}^{m}\left(\sum_{i=1}^{p}b_{ij}^{2}\right)^{2}\Big/p\rightarrow \max$$

其中 $\gamma=m/2$ 。

3. 斜交旋转方法

上面介绍的因子旋转方法属于正交旋转，除此之外还有斜交旋转方法。通过上面的旋转过程可以看出，正交旋转是采用相应的正交矩阵右乘初始因子载荷阵实现的，旋转后的公共因子依然保持彼此独立的特性。斜交旋转放弃了公共因子彼此独立的要求，因而可能会得到更简洁的形式，且易于对因子进行解释。无论是正交旋转还是斜交旋转，其最终目标都是希望旋转后的因子载荷系数向 0 或 1 聚近，从而使公共因子的意义更加明晰。斜交旋转方法有直接斜交旋转和斜交旋转法，它们允许公共因子之间相关，因这些方法计算量大，实际应用较少。

扩展阅读9-3

斜交旋转

9.5 因子得分的估计

因子分析的数学模型是将变量（或样品）表示为公共因子的线性组合，或者说是用公共因子表示原始变量，即

$$X_i=a_{i1}F_1+a_{i2}F_2+\cdots+a_{im}F_m+\varepsilon_i \qquad i=1,2,\cdots,p$$

由于公共因子能反映原始变量的相关关系，用公共因子代表原始变量时，有时更利于描述研究对象的特征，因而往往需要反过来将公共因子表示为原始变量（或样品）的线性组合，即

$$F_j=\beta_{j1}X_1+\beta_{j2}X_2+\cdots+\beta_{jp}X_p,\quad j=1,2,\cdots,m$$

称上式为因子得分函数，用它来计算每个样品的公共因子得分（factor scores）。例如，若选择了两个公共因子 F_1 和 F_2（ $m=2$ ），将每个样品 p 个变量的观察值代入上式，即可求出每个样品的 F_1 和 F_2 得分，这样就可以在二维平面上绘制因子得分的散点图，进而对样品进行分类，或者作为进一步深入分析的基础数据。

由于因子得分函数中方程的个数 m 小于变量的个数 p，因此不能精确计算出因子得分，只能对因子得分进行估计。估计因子得分（estimating factor scores）方法很多，如广义 LS 法、回归法等。下面，我们详细介绍这两种方法。

9.5.1　汤姆森回归法

汤姆森（Thomason，1939）给出了一个回归的方法，称为汤姆森回归法，该方法假设公共因子可以对 p 个变量作回归。$F_j(j=1,2,\cdots,m)$ 对变量 $X_1,X_2,\cdots,X_p$ 的回归方程为

$$\hat{F}_j = b_{j0} + b_{j1}x_1 + \cdots + b_{jp}X_p\ ,\ j=1,2,\cdots,m$$

由于假设变量及公共因子都已经标准化，所以回归方程中的常数项为零，即

$$b_{j0} = \hat{F}_j - b_{j1}\bar{X}_1 - \cdots - b_{jp}\bar{X}_p = 0\text{。}$$

下面先求这些回归系数，然后给出因子得分的计算公式。

由因子载荷的统计意义可知，对任意的 $i=1,2,\cdots,p$，$j=1,2,\cdots,m$，有

$$\begin{aligned} a_{ij} = r_{x_iF_j} &= E(X_iF_j) = E\left[X_i(b_{j1}X_1+\cdots+b_{jp}X_p)\right] \\ &= b_{j1}E(X_iX_1)+\cdots+b_{jp}E(X_iX_p) \\ &= b_{j1}r_{i1}+\cdots+b_{jp}r_{ip} \end{aligned}$$

即

$$\begin{cases} b_{j1}r_{11}+b_{j2}r_{12}+\cdots+b_{jp}r_{1p}=a_{1j} \\ b_{j1}r_{21}+b_{j2}r_{22}+\cdots+b_{jp}r_{2p}=a_{2j} \\ \qquad\cdots \\ b_{j1}r_{p1}+b_{j2}r_{p2}+\cdots+b_{jp}r_{pp}=a_{pj} \end{cases}$$

上述方程组的矩阵表达式为

$$Rb_j = a_j\text{，}\quad j=1,\cdots,m$$

其中 $b_j=(b_{j1},b_{j2},\cdots,b_{jp})'$，$a_j=(a_{1j},a_{2j},\cdots,a_{pj})'$，$j=1,\cdots,m$。因此，

$$b_j = R^{-1}a_j$$

若

$$B \triangleq \begin{bmatrix} b'_1 \\ \vdots \\ b'_m \end{bmatrix} = \begin{bmatrix} b_{11}\cdots & b_{1p} \\ \vdots & \vdots \\ b_{m1}\cdots & b_{mp} \end{bmatrix}$$

则

$$B = \begin{pmatrix} (R^{-1}a_1)' \\ \vdots \\ (R^{-1}a_m)' \end{pmatrix} = \begin{pmatrix} a'_1 \\ \vdots \\ a'_m \end{pmatrix} R^{-1} = A'R^{-1}$$

于是

$$\hat{F}=\begin{pmatrix}\hat{F}_1\\ \vdots\\ \hat{F}_m\end{pmatrix}=\begin{pmatrix}b_1'X\\ \vdots\\ b_m'X\end{pmatrix}=BX=A'R^{-1}X$$

其中$X=(X_1,\cdots,X_p)'$。这就是估计因子得分的公式。

9.5.2 广义 LS 法

Mardia 等（1979）为计算因子得分问题提出了两个解决方案，其中一个方案是将因子载荷阵$A=(a_{ij})_{p\times m}$看成常向量，进行广义最小二乘法（generalized least square method）分析，得出估计值。

设有模型$\underset{p\times 1}{X^*}=\underset{p\times m}{A}\cdot\underset{m\times 1}{F}+\underset{p\times 1}{\varepsilon}$，其中$X^*$是个体在$p$个变量上的观察值，$A=(a_{ij})_{p\times m}$是已求出的载荷阵，$F$是个体在公共因子上的得分（看作未知），将特殊因子$\varepsilon$看作误差项，$\varepsilon$的协方差阵为$\varPsi=\mathrm{diag}(\sigma_1^2,\sigma_2^2,\cdots,\sigma_p^2)$。构建加权的误差平方和为

$$\sum_{i=1}^{p}\frac{\varepsilon_i^2}{\sigma_i^2}=\varepsilon'\varPsi^{-1}\varepsilon=(X^*-AF)'\varPsi^{-1}(X^*-AF)$$

巴特利特建议，F的估计值$\hat{F}$使上式达到最小，即

$$\hat{F}=(A'\varPsi^{-1}A)^{-1}A'\varPsi^{-1}X^*$$

另外，他们还提出了另一种“贝叶斯”方法，其中先验分布$F\sim N_m\left[0,I_m\right]$被考虑进来，并用于估计。$F$的贝叶斯估计量为

$$\hat{F}^*=(I_m+A'\varPsi^{-1}A)^{-1}A'\varPsi^{-1}X^*$$

称其为汤普森因子得分（Thompson factor score）。

可以证明，这两个估计量具有如下的性质：

（1）$E\{\hat{F}|F\}=F$。

（2）$E\{\hat{F}^*|F\}=(I_m+A'\varPsi^{-1}A)^{-1}A'\varPsi^{-1}AF$。

（3）$E\{(\hat{F}-F)(\hat{F}-F)'\}=(A'\varPsi^{-1}A)^{-1}$。

（4）$E\{(\hat{F}^*-F)(\hat{F}^*-F)'\}=(I_m+A'\varPsi^{-1}A)^{-1}$。

由以上因子得分估计量的性质可知，巴特利特因子得分$\hat{F}$是F的条件无偏估计，而汤普森因子得分$\hat{F}^*$是有偏的。另一方面，$\hat{F}^*$具有较小的均方误差，因此 Mardia 等认为这两个估计值难以进行明确的优劣选择。

9.6 因子分析的步骤

因子分析的基本步骤如下：

第一步，确定待分析的原始变量或指标。

因子分析要求观察变量具有相关性，因此需要依据经验和专业知识进行初步判断，以使原始变量或指标具有较强的相关性。

第二步，根据原始变量收集数据。

收集原始变量$X_1, X_2, \cdots, X_p$的观测数据，并将数据整理为表 9-2 的形式，或类似形式的 Excel 表。

第三步，将原始数据标准化，为书写方便仍记为$\{x_{ij}\}$。

第四步，检查变量是否适合进行因子分析。

此步骤是检查原始变量是否适合进行因子分析，即考察变量之间的相关程度。具体方法主要有以下几种。

1）相关系数阵法 (correlation coefficients matix)

求出原始变量的相关系数阵$R=(r_{ij})_{p\times p}$。样本相关系数的计算公式为

$$r_{ij}=\frac{\sum_{\alpha=1}^{n}(x_{\alpha i}-\overline{x}_i)(x_{\alpha j}-\overline{x}_j)}{\sqrt{\sum_{\alpha=1}^{n}(x_{\alpha i}-\overline{x}_i)^2}\cdot\sqrt{\sum_{\alpha=1}^{n}(x_{\alpha j}-\overline{x}_j)^2}}$$

如果相关系数阵中的大部分元素的绝对值均小于 0.3，则认为变量之间大多为弱相关，这些变量原则上不适合进行因子分析。

表 9-2 观测数据表格式

变量样品	X_1	X_2	...	X_P
1	x_{11}	x_{12}	...	x_{1p}
2	x_{21}	x_{22}	...	x_{2p}
…	…	…	...	...
n	x_{n1}	x_{n2}	...	x_{np}

2）反映像相关阵法（anti-image correlation matrix）

如果相关矩阵主对角线以外的大多数元素的绝对值较小，主对角线上的元素较接近 1，则说明变量之间相关程度高，这些变量适合进行因子分析。其中，主对角线上的元素为某变量的 MSA(measure of sample adequacy)，计算公式为

$$\text{MSA}_i=\frac{\sum_{j\neq i}r_{ij}^2}{\sum_{j\neq i}r_{ij}^2+\sum_{j\neq i}p_{ij}^2}$$

上式中，r_{ij}是变量X_i与变量$X_j(j \neq i)$的简单相关系数，p_{ij}是变量X_i与变量$X_j(j \neq i)$在控制了其余变量影响的条件下的偏相关系数。MSA_i的值介于0与1之间，越接近于1说明X_i与其余变量的相关性越强。

3）巴特利特球度检验（Bartlett test of sphericity）

这个检验方法利用变量不相关其相关系数阵为单位阵的事实，构建零假设H_0：相关系数阵为单位阵。这个检验的统计量近似服从卡方分布，如果统计量的P-value或Sig.值小于给定的显著水平，则拒绝零假设，即认为变量之间存在相关关系，适合进行因子分析。

4）KMO检验

KMO检验基于原始变量的简单相关系数和偏相关系数构建统计量，其数学表达式为

$$\text{KMO} = \frac{\sum\sum_{j \neq i} r_{ij}^2}{\sum\sum_{j \neq i} r_{ij}^2 + \sum\sum_{j \neq i} p_{ij}^2}$$

由这个公式可知，当所有变量间的简单相关系数平方和远远大于偏相关系数平方和时，KMO值越接近于1，意味着变量间的相关性越强，原始变量越适合作因子分析；当所有变量间的简单相关系数平方和接近0时，KMO值越接近于0，意味着变量间的相关性越弱，原始变量越不适合作因子分析。恺撒（Kaiser）给出的判断标准是：KMO值在0.9以上非常适合进行因子分析，0.8表示适合，0.7表示一般，0.6表示不太适合，0.5以下表示极不适合。

若进行Q型因子分析，则求出样品的相似系数阵$Q = (Q_{ij})_{n \times n}$，其中

$$Q_{ij} == \frac{\sum_{\alpha=1}^{p} x_{i\alpha} \cdot x_{j\alpha}}{\sqrt{\sum_{\alpha=1}^{p} x_{i\alpha}^2} \cdot \sqrt{\sum_{a=1}^{p} x_{j\alpha}^2}} \quad i, j = 1, \cdots, n$$

后续步骤类似，只是将相关系数阵改成相似阵Q即可。

第五步，求相关矩阵R的特征值及相应的单位特征向量。

将相关系数阵的特征值分别记为$\lambda_1 \geqslant \lambda_2 \geqslant \cdots \geqslant \lambda_p > 0$，对应的特征向量记为$u_1, u_2, \cdots, u_p$，令

$$U = (u_1, u_2, \cdots, u_p) = \begin{pmatrix} u_{11} & u_{12} & \cdots & u_{1p} \\ u_{21} & u_{22} & \cdots & u_{2p} \\ \vdots & \vdots & & \vdots \\ u_{p1} & u_{p2} & \cdots & u_{pp} \end{pmatrix}$$

第六步，提取公因子（确定因子个数）。

根据方差累计贡献率$\sum_{i=1}^{m} \lambda_i / \sum_{i=1}^{p} \lambda_i$超过85%（也有认为超过80%）的要求，确定公共因子的个数m。取前m个特征值及相应的特征向量，写出因子载荷阵为

$$A=\begin{pmatrix} u_{11}\sqrt{\lambda_1} & u_{12}\sqrt{\lambda_2} & \cdots & u_{1m}\sqrt{\lambda_m} \\ u_{21}\sqrt{\lambda_1} & u_{22}\sqrt{\lambda_2} & \cdots & u_{2m}\sqrt{\lambda_m} \\ \vdots & \vdots & & \vdots \\ u_{p1}\sqrt{\lambda_1} & u_{p2}\sqrt{\lambda_2} & \cdots & u_{pm}\sqrt{\lambda_m} \end{pmatrix}$$

第七步，因子旋转。

如果求出的因子载荷阵难以解释，对因子不好命名，则进行因子旋转。一般来说，旋转后的因子载荷的绝对值仅在一个公共因子上较大，而在其余公共因子上的值都比较小，这样易于对公共因子进行解释和命名。

第八步，计算因子得分。

求出各个样品的因子得分，利用这些得分值可做进一步的分析，如综合评价、聚类分析、回归分析等。

为了简洁说明上述因子分析的步骤，图 9-1 给出了因子分析的流程。

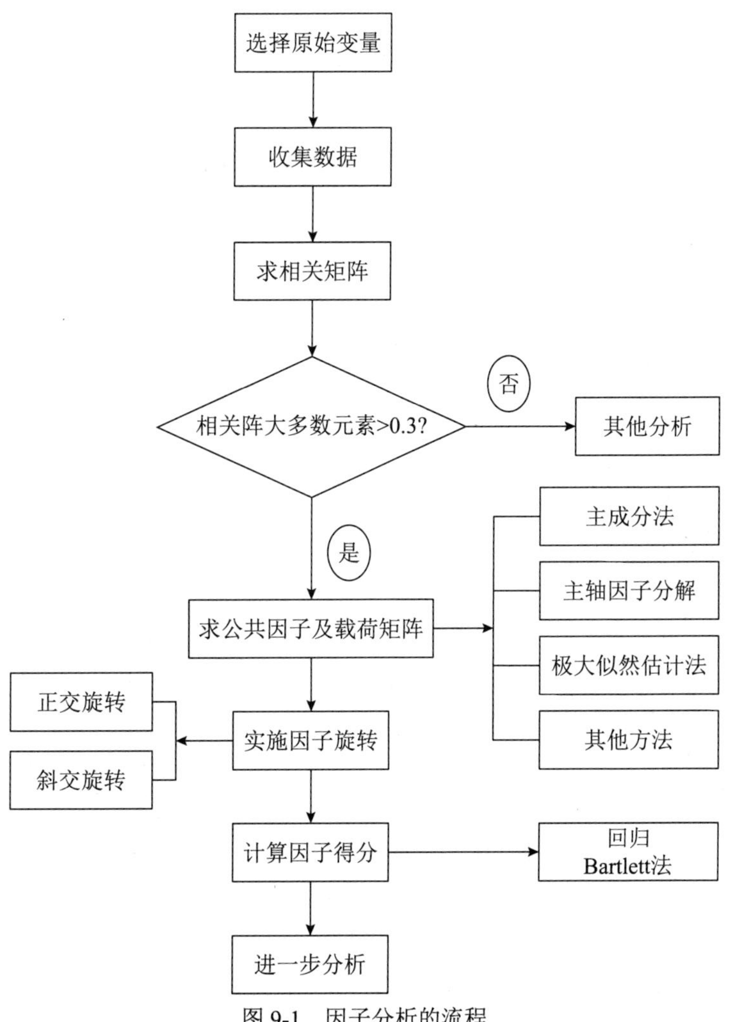

图 9-1　因子分析的流程

9.7 实际应用

例 9.1 基于 R 软件的中国城市空气污染状况的因子分析与综合评价。改革开放以来，中国经济持续高速发展，而与此同时环境污染，特别是空气污染日益严重。近年来，温室效应、酸雨、雾霾和臭氧层破坏等一系列由空气污染造成的后果，严重威胁着生态环境和人们身体健康，因此环境治理刻不容缓。本例以中国 31 个主要城市的空气污染状况为研究对象，采用因子分析法并基于 R 软件，对其空气污染状况进行综合评价。经过文献梳理发现，引发空气污染的因素很多，但主要的影响因素（指标）有 10 个，收集的各指标数据见附录 B-21：表 9-3，数据来源于《中国统计年鉴 2018》。表中各指标的意义如下：

X_1——工业二氧化硫排放量（t），X_2——工业氮氧化物排放量（t），X_3——工业烟（粉）尘排放量（t），X_4——生活二氧化硫排放量（t），X_5——生活氮氧化物排放量（t），X_6——生活烟（粉）尘排放量（t），X_7——国内生产总值（亿元），X_8——在岗职工平均工资（元），X_9——社会商品零售总额（亿元），X_{10}——城乡居民储蓄年末余额（亿元）。

下面，我们利用 R 软件，采用因子分析的方法对 31 个主要城市的空气污染情况进行分析。注：为使用软件方便计算，本例在软件操作中的变量 Xi 等同于原始变量 X_i，$i=1,2,\cdots,10$。

1. 数据导入

读取数据：

将原始数据保存为 excel 格式，运行以下代码，读取数据。

```
library('readxl')
data=read_excel('C:\\Users\\Desktop\\ 例 9.1 空气污染 .xlsx')
data=data[,2:11]   # 将原始数据的 2 到 11 列生成一个新的数据表
```

运行代码，得到如下数据，数据截图见图 9-2。

	城市	X1	X2	X3	X4	X5	X6	X7	X8	X9	X10
1	北京	3799	15405	4282	16286	129074	16141	28014.94	134994	11575.4	28962.20
2	天津	42323	73249	44480	13308	4390	14843	18549.19	96965	5729.7	9558.05
3	石家庄	33252	58643	23289	26632	4032	13697	6460.88	67880	2983.3	5641.62
4	太原	9759	29416	21858	83913	6719	25152	3382.18	72114	1767.8	4384.88
5	呼和浩特	31024	30384	111036	26306	4909	19896	2743.72	63084	1518.8	1953.41
6	沈阳	25904	37721	20489	20655	4517	30716	5864.97	74181	3989.8	6495.25
7	长春	14300	31293	18269	7344	2130	7100	6530.03	73469	2922.8	4566.99
8	哈尔滨	19168	35398	34857	84427	29364	131426	6355.05	67542	4044.8	4938.37
9	上海	12651	38335	30262	5838	3703	3091	30632.99	130765	11830.3	24338.48
10	南京	15404	46249	44651	170	351	90	11715.10	101502	5604.7	6019.70

图 9-2　部分数据

2. 数据标准化处理

使用 R 语言中的 scale 函数对数据进行标准化，输入代码：

```
data <- scale(data)
```

输出标准化后的数据，如图 9-3 所示。这里为方便仍沿用原符号。

	X1	X2	X3	X4	X5	X6	X7	X8	X9	X10
1	-0.75390949	-0.694942787	-0.927684127	-0.08387400	5.24539843	0.20062105	2.47920314	3.0206021	2.505460528	3.48958585
2	0.76456205	2.333138731	0.862736138	-0.19352762	-0.13653659	0.14615050	1.24822083	0.8252414	0.552006794	0.43550015
3	0.40701726	1.568527732	-0.081111711	0.29707841	-0.15198952	0.09805863	-0.32381476	-0.8537947	-0.365755893	-0.18092019
4	-0.51898865	0.038520496	-0.144848499	2.40623512	-0.03600624	0.57876753	-0.72418718	-0.6093719	-0.771938730	-0.37872281
5	0.31919786	0.089194428	3.827142604	0.28507469	-0.11413417	0.35819957	-0.80721631	-1.1306611	-0.855146897	-0.76142021
6	0.11738667	0.473279797	-0.205823805	0.07699794	-0.13105469	0.81226070	-0.40131043	-0.4900469	-0.029414448	-0.04656444
7	-0.33999947	0.136779763	-0.304702679	-0.41312942	-0.23408859	-0.17878437	-0.31482208	-0.5311496	-0.385973138	-0.35005989
8	-0.14812117	0.351672831	0.434127396	2.42516123	0.94145613	5.03855428	-0.33757752	-0.8733070	-0.011035134	-0.29160712
9	-0.40499686	0.505422147	0.229465942	-0.46858219	-0.16619067	-0.34702199	2.81966990	2.7764679	2.590640294	2.76184271
10	-0.29648393	0.919712948	0.870352483	-0.67728490	-0.31087841	-0.47295891	0.35947520	1.0871561	0.510235626	-0.12141288

图 9-3　部分标准化数据

3. 相关系数矩阵

使用 R 语言中的 cor 函数计算相关系数矩阵，并保存到数据集 r 中，输入代码：

```
r <- round(cor(data),4)
```

其中，round 函数的作用就是截取小数点后几位，这里取 4，即保留 4 位小数。输出数据集 r 如图 9-4 所示。

从相关系数矩阵可以看出，诸多变量之间存在着显著的相关性，因此可以进行因子分析。

	X1	X2	X3	X4	X5	X6	X7	X8	X9	X10
X1	1.0000	0.7385	0.5237	0.5659	-0.1009	-0.0208	0.1485	-0.2205	0.1296	0.0855
X2	0.7385	1.0000	0.5836	0.4495	-0.0670	0.1077	0.3543	-0.0332	0.3087	0.2203
X3	0.5237	0.5836	1.0000	0.3181	-0.1186	0.1289	0.0423	-0.2237	0.0359	-0.0649
X4	0.5659	0.4495	0.3181	1.0000	0.1449	0.5669	0.0384	-0.2843	0.0672	0.0916
X5	-0.1009	-0.0670	-0.1186	0.1449	1.0000	0.2534	0.4555	0.4967	0.4729	0.6460
X6	-0.0208	0.1077	0.1289	0.5669	0.2534	1.0000	-0.0838	-0.2022	-0.0169	-0.0274
X7	0.1485	0.3543	0.0423	0.0384	0.4555	-0.0838	1.0000	0.7222	0.9753	0.9397
X8	-0.2205	-0.0332	-0.2237	-0.2843	0.4967	-0.2022	0.7222	1.0000	0.6804	0.7294
X9	0.1296	0.3087	0.0359	0.0672	0.4729	-0.0169	0.9753	0.6804	1.0000	0.9336
X10	0.0855	0.2203	-0.0649	0.0916	0.6460	-0.0274	0.9397	0.7294	0.9336	1.0000

图 9-4　相关系数阵数据

4.KMO 检验和 Bartlett’s 球状检验

这里需要用到程序包“psych”，所以首先通过 install.packages 安装“psych”，再通过 library 调用。输入代码：

```
install.packages( " psych " )
library(psych)
KMO(cor(data))   # 进行 KMO 检验
```

输出结果如图 9-5 所示。

```
> KMO(cor(data))
Kaiser-Meyer-Olkin factor adequacy
Call: KMO(r = cor(data))
Overall MSA =  0.69
MSA for each item =
  X1   X2   X3   X4   X5   X6   X7   X8   X9  X10
0.58 0.67 0.80 0.56 0.62 0.31 0.71 0.89 0.77 0.75
```

图 9-5　KMO 检验结果

从 KMO 检验结果可以看出，MSA 等于 0.69，约等于 0.7，说明各指标之间的信息叠合度较高，适合做因子分析。

输入代码：

```
cortest.bartlett(cor(data))   # 进行 Bartlett's 球状检验。
```

输出结果如图 9-6 所示。

```
> cortest.bartlett(cor(data))
$chisq
[1] 1010.018

$p.value
[1] 2.755141e-182

$df
[1] 45
```

图 9-6　Bartlett's 球状检验结果

从 Bartlett's 球状检验结果可以看出，Bartlett 球形检验值为 1010.018，对应的 p 值接近于 0，小于 0.05，拒绝零假设，说明变量间存在显著相关性，适合进行因子分析。

5. 计算特征值和特征向量

使用 R 语言中的 eigen 函数计算相关系数矩阵的特征值和特征向量，并保存到 y 中。输入代码如下：

```
y <- eigen(cor(data))
```

读取 y 中的 values，得到特征值如图 9-7 所示；读取 y 中的 vectors，得到特征向量如图 9-8 所示。

```
> y
eigen() decomposition
$values
 [1] 3.94503233 2.79721317 1.45428248 0.59779032 0.49457047 0.29122334 0.23231348 0.13821363 0.03334954 0.01601124
```

图 9-7　输出的特征值截图

```
$vectors
             [,1]         [,2]        [,3]         [,4]         [,5]        [,6]        [,7]         [,8]         [,9]
 [1,] -0.070321241 -0.501474150  0.23388594  0.389981344 -0.299055834 -0.06268234  0.03663296  0.663567727  0.030363059
 [2,] -0.160214420 -0.481355908  0.23217354 -0.024814180  0.171101849 -0.60835331 -0.33933507 -0.405184692 -0.004403244
 [3,] -0.008339089 -0.437201768  0.18552365 -0.774239970 -0.210141339  0.29268133  0.20437490 -0.022178031  0.052964102
 [4,] -0.048176268 -0.454889580 -0.39700559  0.381105256 -0.005007816  0.22301122  0.48557931 -0.436440340 -0.108407387
 [5,] -0.321967912  0.086489510 -0.43336254 -0.094504155 -0.729882902 -0.14187156 -0.29298919 -0.079670589 -0.208768742
 [6,]  0.005528561 -0.214202912 -0.69775923 -0.261056325  0.417869993 -0.20069270 -0.08055702  0.405514802  0.111325577
 [7,] -0.485932391 -0.008729429  0.11698439  0.002808723  0.237814260  0.16681808 -0.08133940 -0.004221593 -0.099298252
 [8,] -0.394087056  0.252670480  0.08082480 -0.129600628 -0.015799758 -0.51103314  0.69224543  0.107440441 -0.026044360
 [9,] -0.480423272 -0.009632860  0.05753168 -0.005100278  0.269822370  0.30827317 -0.13600249  0.130213353 -0.539331096
[10,] -0.490979073  0.037088556 -0.03407965  0.093265190 -0.012310879  0.21484930 -0.09646116 -0.072282473  0.791900931
            [,10]
 [1,] -0.029000547
 [2,]  0.096931012
 [3,]  0.005532887
 [4,] -0.011008368
 [5,] -0.059085178
 [6,] -0.029158709
 [7,] -0.805743330
 [8,]  0.068513147
 [9,]  0.521150745
[10,]  0.244449990
```

图 9-8　输出的特征向量

6. 计算方差贡献率

计算各主成分的方差贡献率，保存到新变量 v 中，结果如图 9-9 所示。

```
> v=y$values/sum(y$values)
> v
 [1] 0.394503233 0.279721317 0.145428248 0.059779032 0.049457047 0.029122334 0.023231348 0.013821363 0.003334954 0.001601124
```

图 9-9　R 输出的主成分方差贡献率

计算前 3 个主成分的累计贡献率，结果如图 9-10 所示。

```
> sum(y$values[1:3])/sum(y$values)
[1] 0.8196528
>
```

图 9-10　R 输出的累积方差贡献率

由此可知，前 3 个因子特征值的累计方差贡献率达到 81.965%，第四个特征值远小于 1，因此保留前 3 个公因子。

7. 绘制碎石图

使用 R 语言中的 fa.parallel 函数绘制碎石图，这个函数执行平行检验，用来确定公因子的个数。代码如下：

```
fa.parallel(r,fa='both',n.iter = 100,main = '碎石图')
```

这里 r 表示相关系数矩阵，fa='both' 表示因子图形将会同时展示主成分和公共因子分析的结果。运行代码，输出结果如图 9-11 所示。

平行检验法是生成一组随机数据矩阵，这些矩阵和真实案例数据矩阵有相同的变量个数和被试个数，计算这组随机数据矩阵的平均特征值，然后将真实数据中特征值的碎石图与这组随机矩阵的平均特征值曲线进行比较，保留真实数据中大于随机矩阵（模拟数据）平均特征值的特征值。

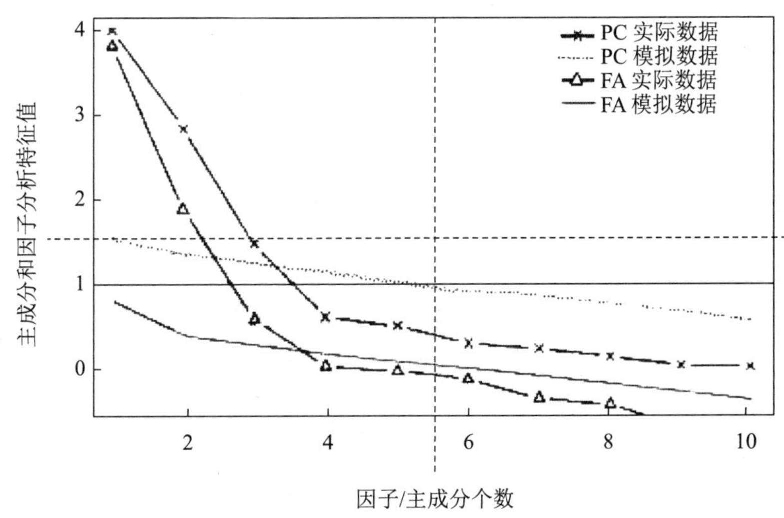

图 9-11　因子分析碎石图（平行检验）

如图 9-11 所示，拐点出现在第 3 个特征值，高于模拟平均特征值的真实特征值有 3 个，因此选择前 3 个因子即可。

8. 提取公共因子

根据确定的公共因子个数，本例提取 3 个因子，使用 fa（）函数来获取相应结果，代码如下：

```
fa(r, nfactors = 3, rotate = "none", fm = "pa")
```

这里 nfactors=3 表示提取的公共因子数为 3，rotate = "none" 表明没有进行因子旋转，fm = "pa" 表明估计载荷的方法为主轴迭代法。输出结果如图 9-12 所示。

```
     PA1   PA2   PA3   h2    u2 com
X1   0.14  0.81 -0.27 0.75 0.251 1.3
X2   0.31  0.78 -0.28 0.79 0.212 1.6
X3   0.02  0.61 -0.17 0.40 0.603 1.1
X4   0.09  0.74  0.46 0.77 0.227 1.7
X5   0.57 -0.13  0.43 0.52 0.480 2.0
X6  -0.01  0.33  0.71 0.61 0.394 1.4
X7   0.98  0.01 -0.13 0.97 0.029 1.0
X8   0.74 -0.41 -0.07 0.71 0.287 1.6
X9   0.95  0.01 -0.05 0.90 0.098 1.0
X10  0.99 -0.07  0.08 0.98 0.015 1.0

                       PA1  PA2  PA3
SS loadings           3.82 2.49 1.10
Proportion Var        0.38 0.25 0.11
Cumulative Var        0.38 0.63 0.74
Proportion Explained  0.52 0.34 0.15
Cumulative Proportion 0.52 0.85 1.00
```

图 9-12　前 3 个因子的因子载荷结果

如图 9-12 所示，PA 表示成分载荷，即观测变量与因子的相关系数，h2 表示选定的 3 个公因子对每个变量方差的解释程度（共同度），u2 表示方差无法被因子解释的比例 (1-h2)。由因子载荷（观察列）发现，变量 $X5$，$X7$，$X8$，$X9$，$X10$ 与第一个公共因子的相关系数较大；$X1$，$X2$，$X3$，$X4$ 与第二个公共因子相关系数较大；$X6$ 与第三个公共因子的相关系数较大。由 Cumulative Proportion 知，3 个公共因子解释了整个数据集 100% 的方差。

虽然，这里的变量在各因子上的载荷呈现了大小分化，也能进行一定的解释，但结构简化的还不明显，故实施因子旋转。

9. 因子旋转

代码如下：

```
fa(r, nfactors = 3, rotate = "varimax", fm = "pa")
```

这里 rotate = "varimax" 表明设定的旋转方法为方差最大正交旋转。执行代码，输出结果如图 9-13 所示。

```
     PA1   PA2   PA3   h2    u2 com
X1   0.00  0.86  0.07 0.75 0.251 1.0
X2   0.18  0.87  0.06 0.79 0.212 1.1
X3  -0.08  0.62  0.08 0.40 0.603 1.1
X4  -0.01  0.51  0.71 0.77 0.227 1.8
X5   0.59 -0.20  0.36 0.52 0.480 1.9
X6  -0.04  0.02  0.78 0.61 0.394 1.0
X7   0.96  0.21 -0.09 0.97 0.029 1.1
X8   0.79 -0.23 -0.20 0.71 0.287 1.3
X9   0.93  0.17 -0.01 0.90 0.098 1.1
X10  0.99  0.06  0.07 0.98 0.015 1.0

                       PA1  PA2  PA3
SS loadings           3.78 2.31 1.31
Proportion Var        0.38 0.23 0.13
Cumulative Var        0.38 0.61 0.74
Proportion Explained  0.51 0.31 0.18
Cumulative Proportion 0.51 0.82 1.00
```

图 9-13　因子旋转结果

由图 9-13 输出结果可以看出，旋转后的因子更好解释了：

*X*5，*X*7，*X*9，*X*8，*X*10 在第一个公共因子上有较大的载荷，而在其他公共因子有较小的载荷。除 *X*5 是生活氮氧化物排放量外，其他变量分别表示国内生产总值、在岗职工平均工资、社会商品零售总额、城乡居民储蓄年末余额，刻画了城市的经济发展情况，故将第一个公共因子命名为经济发展因子。

*X*1，*X*2，*X*3 在第二个公共因子上有较大的载荷，在其他公共因子有较小的载荷。*X*1 表示工业二氧化硫排放量，*X*2 表示工业氮氧化物排放量，*X*3 表示工业烟（粉）尘排放量，故第二个公共因子命名为工业污染因子。

*X*4，*X*6 在第三个公共因子上有较大的载荷，在其他公共因子有较小的载荷，由于 *X*4 表示生活二氧化硫排放量，*X*6 表示生活烟（粉）尘排放量，故将第三个公共因子其命名为生活污染因子。

10. 因子分析结果图形

通过 fa.diagram() 函数，绘制因子分析的载荷矩阵，代码如下：

```
factor.plot(fa.varimax,labels =row.names(fa.varimax$loadings))
fa.diagram(fa.varimax,simple = TRUE)
```

运行代码，输出结果如图 9-14 所示。

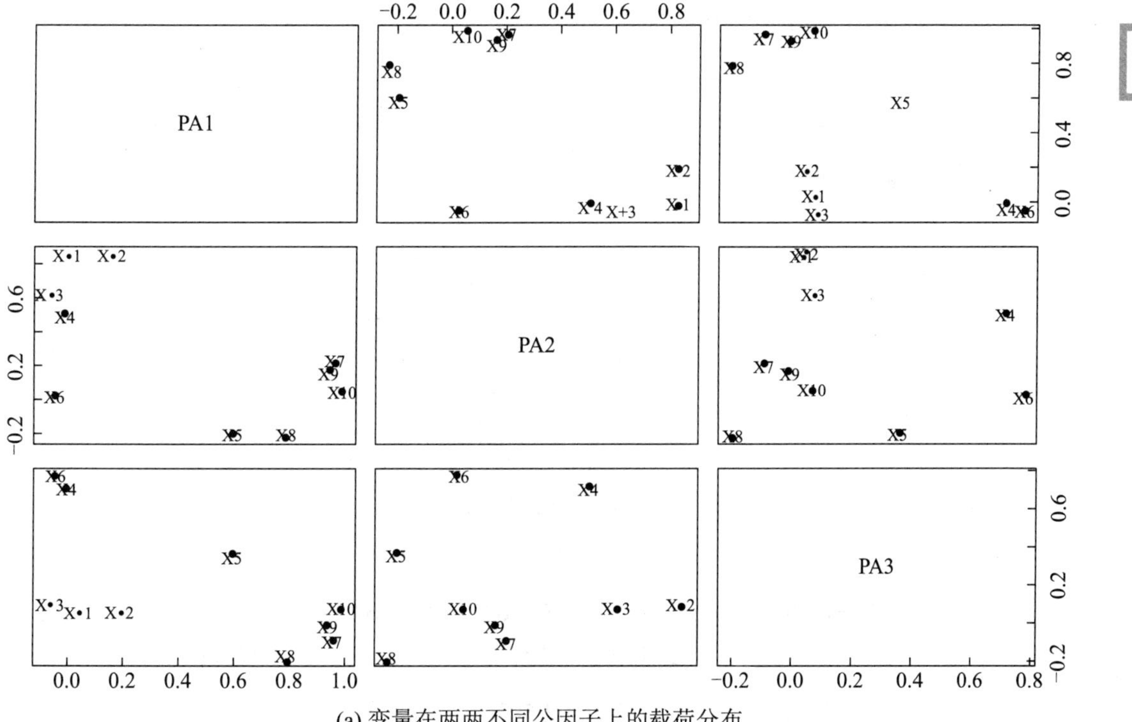

(a) 变量在两两不同公因子上的载荷分布

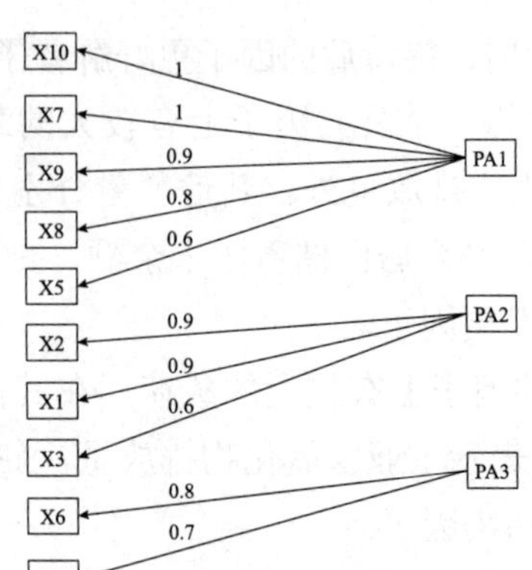

(b) 因子分析路径系数图

图 9-14　fa.diagram() 函数代码运行结果

路径系数也是载荷系数，清晰呈现了 10 个原始变量分别归属于 3 个公因子，有利于对变量的分类和对公因子的命名。另外，由图 9-14 还可以看出，X5，X7，X9，X8，X10 与第一个公共因子相关程度较高，X1，X2，X3 与第二个公共因子相关程度较高，X6，X4 与第三个公共因子的相关程度较高。

11. 因子得分

为了求得因子得分矩阵，可在在 fa() 函数中添加 score = TRUE 选项，可以得到得分系数（标准化的回归权重），代码如下：


```
fa(r, nfactors = 3, rotate = "varimax", fm = "pa",score=TRUE)
fa.varimax$weights
```

具体输出结果如图 9-15 所示。

```
> fa.varimax$weights
              PA1         PA2         PA3
X1   0.0006221375  0.38121723 -0.21319867
X2  -0.0870432026  0.40213667  0.03831850
X3   0.0336138246  0.05866950  0.04748967
X4  -0.0916463480  0.13481952  0.52804713
X5  -0.0869904817  0.06052460  0.01229396
X6   0.1165145766 -0.10304682  0.39043241
X7   0.5844112018  0.69427318 -1.19385530
X8   0.0524371517 -0.16322154  0.01082206
X9  -0.4223319348 -0.04224841  0.37565707
X10  0.8842930257 -0.60864332  0.79964864
```

图 9-15　因子得分系数阵

根据因子得分系数矩阵，写出 3 个因子的因子得分表达式为（保留前 4 位小数）

$$F_1 = 0.0006X_1 - 0.0870X_2 + 0.0336X_3 - 0.0916X_4 - 0.0870X_5 \\ +0.1165X_6 + 0.5844X_7 + 0.0524X_8 - 0.4223X_9 + 0.8843X_{10}$$

$$F_2 = 0.3812X_1 + 0.4021X_2 + 0.0587X_3 + 0.1348X_4 + 0.0605X_5 \\ -0.1030X_6 + 0.6943X_7 - 0.1632X_8 - 0.0422X_9 - 0.6086X_{10}$$

$$F_3 = -0.2132X_1 + 0.0383X_2 + 0.0475X_3 + 0.5280X_4 + 0.0123X_5 \\ +0.3904X_6 - 1.1939X_7 + 0.0108X_8 + 0.3757X_9 + 0.7996X_{10}$$

每个城市各变量的值代入以上公式，可求得每个城市的F_1，F_2，F_3得分值，再对每个城市在不同因子上的得分进行比较。代码如下：

```
m1=data%*%n1
m2=data%*%n2
m3=data%*%n3
```

其中，*n*1,*n*2,*n*3 分别是因子在不同变量上的系数向量。运行代码，输出结果如图 9-16 所示。

```
> F1                      > F2                     > F3
              [,1]                      [,1]                     [,1]
 [1,]  3.238546587   [1,] -1.33734553   [1,]  0.99309005
 [2,]  0.797760999   [2,]  1.67442909   [2,] -1.00509044
 [3,] -0.381109787   [3,]  0.84202422   [3,]  0.25804101
 [4,] -0.622564736   [4,] -0.06846788   [4,]  1.86652804
 [5,] -0.696579917   [5,]  0.50038453   [5,]  0.42745018
 [6,] -0.238038063   [6,] -0.02730370   [6,]  0.76503278
 [7,] -0.343349464   [7,] -0.04643822   [7,] -0.28238907
 [8,] -0.229483542   [8,]  0.06128001   [8,]  3.48129899
 [9,]  3.122040298   [9,] -0.26113922   [9,] -0.42289083
[10,] -0.072740462  [10,]  0.37096576  [10,] -0.72914414
[11,]  0.337324006  [11,]  0.03152746  [11,] -0.71834722
[12,] -0.360589896  [12,] -0.24516535  [12,] -0.72583891
[13,] -0.446872252  [13,]  0.30555419  [13,] -0.53860419
[14,] -0.480173538  [14,] -0.46948838  [14,] -0.62101066
[15,] -0.414794373  [15,] -0.21880616  [15,] -0.08651031
[16,] -0.017941541  [16,] -0.16974569  [16,] -0.26247698
[17,]  0.017448584  [17,]  0.55860889  [17,] -0.66459152
[18,] -0.082233239  [18,] -0.50746875  [18,] -0.74987931
[19,]  1.395085011  [19,] -0.26778941  [19,] -0.82376069
[20,] -0.597978548  [20,] -0.51404576  [20,] -0.24410633
[21,] -0.436943847  [21,] -1.27294896  [21,] -0.10610007
[22,]  0.707772614  [22,]  3.84514842  [22,]  0.78111890
[23,]  0.759464111  [23,] -0.41498636  [23,] -0.09638205
[24,] -0.633617404  [24,]  0.28212365  [24,] -0.16031618
[25,] -0.458856045  [25,]  0.33954277  [25,] -0.44359035
[26,] -0.783385315  [26,] -1.39267679  [26,] -0.40150490
[27,]  0.004216856  [27,] -0.91614045  [27,]  1.03113041
[28,] -0.658554188  [28,] -0.21912893  [28,] -0.09882752
[29,] -0.987705547  [29,] -0.46498008  [29,] -0.02083784
[30,] -0.749938175  [30,] -0.39364485  [30,] -0.05600337
[31,] -0.686209188  [31,]  0.39612149  [31,] -0.34548751
```

图 9-16　31 个城市在 3 个公因子上的得分

在得到F_1，F_2，F_3的得分值后，利用综合得分公式$F=0.51F_1+0.31F_2+0.18F_3$可求出各主要城市的综合得分。为了更加清晰地呈现 31 个城市空气污染的因子得分情况，我们将软件的输出结果进行了整理，如表 9-3 所示。

12. 进一步分析——研究结论

如表 9-3 和图 9-16 所示，在经济发展因子上得分最高的三个城市分别是北京、上海、广州。在工业污染因子上得分最高的城市是重庆、天津，其次为石家庄。生活污染因子得分高的城市分别为哈尔滨、太原、西安，其次为北京、重庆、沈阳。综合来看，污染严重的城市依次为重庆、上海、北京。

这里须说明的是，读者可能感觉这个关于主要城市空气污染程度的评价结果与现实的环境状况不甚吻合，但要注意这里的数据体现的是2017年的情况，当时的环境与现在是有差异的。在进入中国特色社会主义新时代以来，国家坚持和完善生态文明制度体系，促进人与自然和谐共生，进一步加大了环境保护力度，完善了环境保护制度，优化了环境治理体系，环境治理成效有目共睹。因此，读者在利用因子分析方法分析现实问题时，应该了解相关研究背景，学会从历史的视角看待和分析问题。

表9-3　31个城市因子得分

城市	F_1	F_2	F_3	F
重庆	0.707773	3.845148	0.781119	1.693561
上海	3.12204	−0.26114	−0.42289	1.435167
北京	3.238547	−1.33735	0.99309	1.415838
天津	0.797761	1.674429	−1.00509	0.745015
哈尔滨	−0.22948	0.06128	3.481299	0.528594
广州	1.395085	−0.26779	−0.82376	0.480202
成都	0.759464	−0.41499	−0.09638	0.241332
石家庄	−0.38111	0.842024	0.258041	0.113109
武汉	0.017449	0.558609	−0.66459	0.062441
杭州	0.337324	0.031527	−0.71835	0.052506
沈阳	−0.23804	−0.0273	0.765033	0.007842
太原	−0.62256	−0.06847	1.866528	−0.00276
南京	−0.07274	0.370966	−0.72914	−0.05334
西安	0.004217	−0.91614	1.03113	−0.09625
郑州	−0.01794	−0.16975	−0.26248	−0.10902
呼和浩特	−0.69658	0.500385	0.42745	−0.1232
昆明	−0.45886	0.339543	−0.44359	−0.2086
福州	−0.44687	0.305554	−0.5386	−0.23013
长春	−0.34335	−0.04644	−0.28239	−0.24033
贵阳	−0.63362	0.282124	−0.16032	−0.26454
乌鲁木齐	−0.68621	0.396121	−0.34549	−0.28936
济南	−0.41479	−0.21881	−0.08651	−0.29495
长沙	−0.08223	−0.50747	−0.74988	−0.33423
合肥	−0.36059	−0.24517	−0.72584	−0.39055
兰州	−0.65855	−0.21913	−0.09883	−0.42158
南昌	−0.48017	−0.46949	−0.62101	−0.50221
南宁	−0.59798	−0.51405	−0.24411	−0.50826
银川	−0.74994	−0.39364	−0.056	−0.51458
海口	−0.43694	−1.27295	−0.1061	−0.63655
西宁	−0.98771	−0.46498	−0.02084	−0.65162
拉萨	−0.78339	−1.39268	−0.4015	−0.90353

例9.2　基于SPSS软件中国房地产市场绩效的因子分析。为了对中国房地产市场绩效进行评价，我们从5个维度梳理选择了与房地产市场绩效有关的指标，构建了评价指标体

系，并针对指标体系包含的 14 项指标，收集了中国 31 个省份 2017 年的数据。具体指标如表 9-4 所示，数据见附录 B-22：表 9-6。

表 9-4 房地产市场绩效评级指标

一级指标	二级指标	三级指标	单位
房地产市场绩效	产业规模	X_1——企业个数	个
		X_2——本年完成投资额	亿元
		X_3——本年资金来源合计	亿元
		X_4——本年购置土地面积	万 m^2
	商品房开发	X_5——房屋施工面积	万 m^2
		X_6——新开工面积	万 m^2
		X_7——商品房竣工面积	万 m^2
	商品房销售	X_8——商品房销售额	亿元
		X_9——商品房销售面积	万 m^2
	企业效益	X_{10}——企业利润总额	亿元
		X_{11}——企业经营收入	亿元
		X_{12}——企业所有者权益	亿元
	社会评价	X_{13}——从业人数	人
		X_{14}——房屋销售价格	亿元

下面，基于 SPSS 软件对中国房地产市场绩效进行因子分析。本例原始变量有 14 个期均为正向指标，样品数共 31 个。

1. 对数据进行标准化处理

由于各指标量纲不同，因此对原始数据进行标准化处理，得到无量纲的标准化数据。本例采用公式 $Z=(X-\bar{X})/\sigma_X$ 对数据进行标准化处理，其中 $\bar{X}$ 是变量 X 的样本均值，σ_X 是 X 的样本标准差，变量 Z 是标准化变量。

在 SPSS 中选择分析—描述分析—描述，弹出描述性窗口，如图 9-17 所示。将左边框中的变量选到变量中，勾选将标准化得分另存为变量 Z，单击“确定”按钮。

图 9-17 数据标准化窗口截图

将原始数据标准化以后保存到数据窗口，如图 9-18 所示。注：为使用软件方便计算，本例在 SPSS 软件操作中的变量 Xi 等同于原始变量 X_i，$i=1,2,\cdots,14$。

Z企业个数X1	Z本年完成投资额X2（亿元）	Z本年资金来源合计X3（亿元）
-.33796	.05249	.42930
-.89892	-.45594	-.14658
.10895	.44672	.03317
-.34820	-.82777	-.73730
-.62892	-.92414	-.88140
.01245	-.43633	-.38416
-.63915	-.91702	-.86635
-.54851	-.94996	-.84239
-.22246	.10964	.07704
1.67485	2.12107	2.53267
1.58030	1.63243	1.75740
.38772	.72149	.57180
.07142	.43637	.30585
-.31262	-.53239	-.46364
1.96532	1.07857	.97500

图 9-18　标准化数据部分

2. 求相关系数矩阵

选择分析—降维—因子分析，将标准化变量输送到变量框中，如图 9-19 所示。

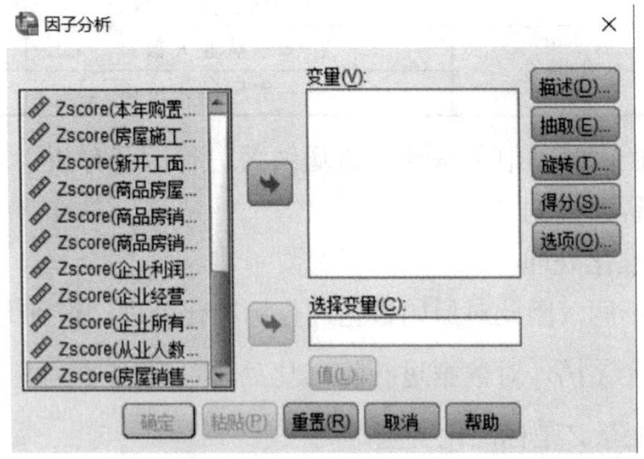

图 9-19　描述统计窗口

单击“描述”按钮，出现窗口界面，如图 9-20 所示。在相关矩阵模块勾选系数，单击“继续”按钮，得到相关系数阵，如表 9-6 所示。

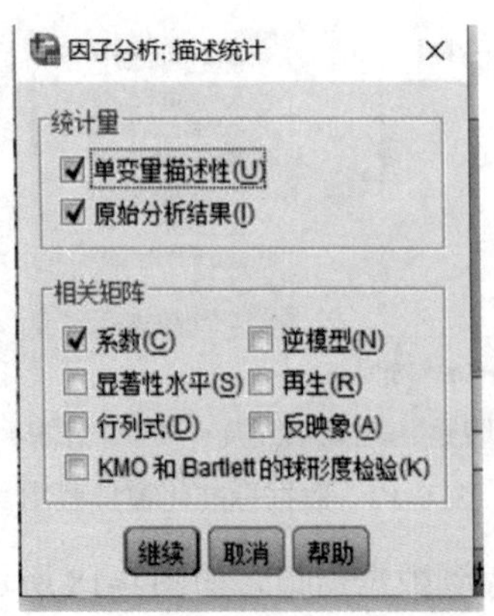

图 9-20　描述统计窗口界面

表 9-6　相关系数矩阵

	X1	X2	X3	X4	X5	X6	X7	X8	X9	X10	X11	X12	X13	X14
X1	1.000	.925	.869	.701	.962	.944	.916	.899	.938	.634	.843	.617	.950	.038
X2	.925	1.000	.976	.734	.929	.916	.924	.973	.904	.785	.935	.763	.889	.210
X3	.869	.976	1.000	.706	.878	.854	.900	.976	.844	.820	.972	.816	.811	.297
X4	.701	.734	.706	1.000	.754	.782	.756	.689	.741	.382	.624	.397	.643	-.057
X5	.962	.929	.878	.754	1.000	.975	.947	.903	.972	.605	.825	.582	.954	-.056
X6	.944	.916	.854	.782	.975	1.000	.927	.883	.983	.562	.783	.524	.950	-.077
X7	.916	.924	.900	.756	.947	.927	1.000	.897	.923	.621	.874	.662	.874	.038
X8	.899	.973	.976	.689	.903	.883	.897	1.000	.886	.802	.949	.748	.840	.156
X9	.938	.904	.844	.741	.972	.983	.923	.886	1.000	.537	.775	.504	.951	-.138
X10	.634	.785	.820	.382	.605	.562	.621	.802	.537	1.000	.880	.938	.586	.556
X11	.843	.935	.972	.624	.825	.783	.874	.949	.775	.880	1.000	.886	.753	.369
X12	.617	.763	.816	.397	.582	.524	.662	.748	.504	.938	.886	1.000	.556	.675
X13	.950	.889	.811	.643	.954	.950	.874	.840	.951	.586	.753	.556	1.000	.001
X14	.038	.210	.297	-.057	-.056	-.077	.038	.156	-.138	.556	.369	.675	.001	1.000

由相关系数矩阵可以发现，多数评价指标之间具有较高的相关性，所以适合进行因子分析。

3. KMO **和 Bartlett's 球度检验**

如图 9-20 所示的描述统计窗口界面，勾选 KMO 和 Bartlett 球形度检验，单击继续按钮，得到如表 9-7 所示的结果。

表 9-7　KMO 和 Bartlett's 球形度检验

KMO 和巴特利特检验		
KMO 取样适切性量数		0.772
巴特利特球形度检验	近似卡方	950.922
	自由度	91
	显著性	0.000

由表 9-7 中给出的 KMO 值 0.772 可以判断，原有变量适合作因子分析。Bartlett 球形度检验检测结果中 P 值 < 0.05，拒绝原假设，说明本例指标（变量）显著相关，适合做因子分析。

4. **提取公因子**

点击抽取按钮，出现如图 9-21 所示界面。方法选主成分分析法，点击相关矩阵，单击基于特征值，勾选碎石图。单击“确定”按钮，得到解释的总方差和碎石图，分别如表 9-8 和图 9-22 所示。

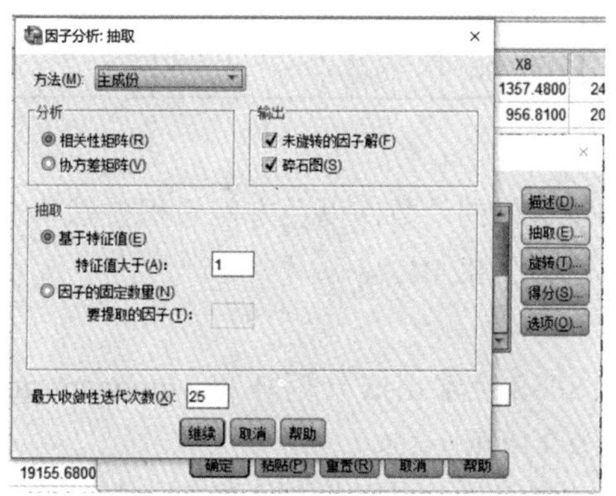

图 9-21　因子抽取界面

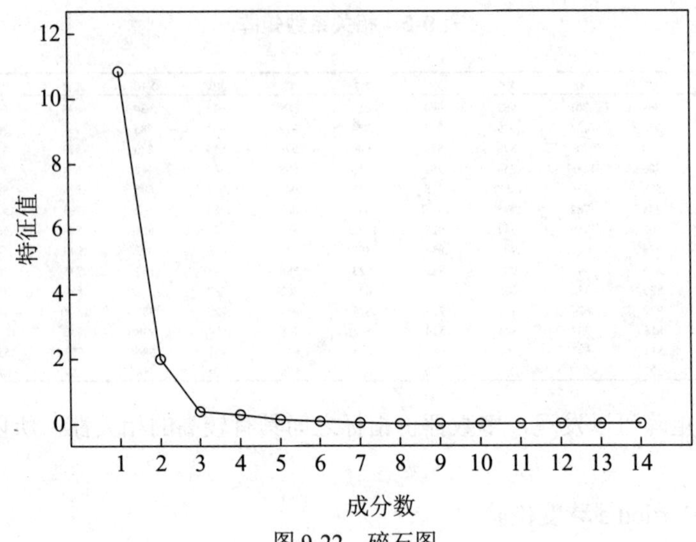

图 9-22　碎石图

表 9-8　解释的总方差

成份	初始特征值			提取平方和载入			旋转平方和载入		
	合计	方差 /%	累积 /%	合计	方差 /%	累积 /%	合计	方差 /%	累积 /%
1	10.821	77.294	77.294	10.821	77.294	77.294	9.211	65.792	65.792
2	2.061	14.719	92.013	2.061	14.719	92.013	3.671	26.222	92.013
3	0.444	3.172	95.185						
4	0.285	2.038	97.223						
5	0.134	0.956	98.179						
6	0.105	0.750	98.929						
7	0.062	0.439	99.369						
8	0.024	0.171	99.540						
9	0.022	0.157	99.697						
10	0.018	0.127	99.825						
11	0.011	0.080	99.905						
12	0.007	0.053	99.958						
13	0.004	0.030	99.988						
14	0.002	0.012	100.000						

注：提取方法为主成分分析。

从碎石图、大于 1 的特征值的个数，以及方差累积贡献率来看，本例选择 2 个公因子即可，其方差累积贡献率达到了 92.013%。

5. 估计因子载荷阵

执行 4 中的操作后，SPSS 会输出成分矩阵（component matrix），它给出了变量在两个公因子上的载荷，如表 9-9 所示。

虽然成分矩阵中每个变量的因子载荷在每个公因子的值向 0 和 1 分化，但 X_{10}，X_{12} 分化还不明显，我们实施因子旋转。

表 9-9　成分矩阵

	成分	
	1	2
X_1	0.950	−0.166
X_2	0.988	0.038
X_3	0.969	0.151
X_4	0.751	−0.282
X_5	0.957	−0.249
X_6	0.940	−0.298
X_7	0.951	−0.141
X_8	0.970	0.043
X_9	0.929	−0.334
X_{10}	0.775	0.551
X_{11}	0.941	0.270
X_{12}	0.762	0.618
X_{13}	0.913	−0.224
X_{14}	0.175	0.914

6. 因子旋转

单击旋转按钮，单击最大方差法，勾选载荷图（图 9-23），输出旋转成分阵和旋转空间中的成分图，分别如表 9-10 和图 9-24 所示。

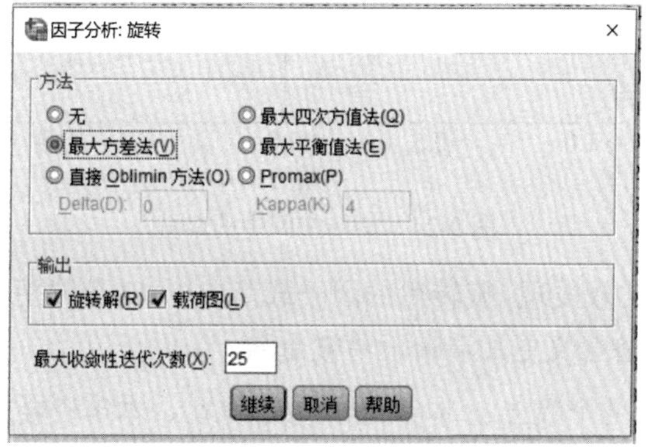

图 9-23　因子旋转窗口

表 9-10　旋转成分矩阵

	成分	
	1	2
X_1	0.930	0.257
X_2	0.877	0.458
X_3	0.810	0.552
X_4	0.799	0.067
X_5	0.971	0.185

续表

	成分	
	1	2
X_6	0.977	0.133
X_7	0.920	0.280
X_8	0.858	0.455
X_9	0.982	0.097
X_{10}	0.464	0.830
X_{11}	0.734	0.647
X_{12}	0.424	0.885
X_{13}	0.921	0.189
X_{14}	−0.234	0.901

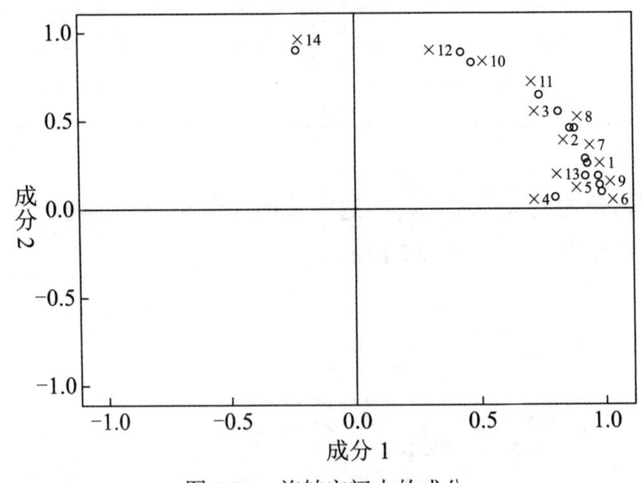

图 9-24　旋转空间中的成分

将表 9-9 与表 9-10 比较发现，旋转后的因子载荷向 0 和 1 分化更加明显，结构更加简化，每个公共因子的实际经济含义更加清晰，易被命名。

如表 9-10 所示，企业个数 X_1、本年完成投资额 X_2、本年资金来源 X_3、本年购置土地面积 X_4、房屋施工面积 X_5、新开工面积 X_6、商品房屋竣工面积 X_7、商品房销售额 X_8、商品房销售面积 X_9、企业经营收入合计 X_{11}，以及从业人数 X_{13} 在第一个公因子 F_1 上有较大的载荷，这些指标反映了房地产开发的规模，故将其命名为房地产开发规模因子；企业利润总额 X_{10}、企业所有者权益 X_{12}、房屋销售价格 X_{14} 在第二个公因子 F_2 上有较大的载荷，这些指标主要反映了房地产市场的经济效益，故将其命名房地产经济效益因子。旋转空间中的成分图也一定程度说明了诸变量归属因子的合理性。

7. 计算因子得分

单击“得分”按钮，弹出如图 9-25 所示的窗口，勾选保存为变量、显示因子得分系数矩阵，单击“回归”按钮。单击按“继续”按钮，输出结果如表 9-11 所示。

图 9-25　因子得分窗口

表 9-11　因子得分系数矩阵

	成分	
	1	2
X_1	0.114	−0.035
X_2	0.075	0.056
X_3	0.049	0.105
X_4	0.121	−0.094
X_5	0.132	−0.071
X_6	0.141	−0.094
X_7	0.109	−0.024
X_8	0.072	0.057
X_9	0.147	−0.109
X_{10}	−0.050	0.272
X_{11}	0.022	0.156
X_{12}	−0.065	0.301
X_{13}	0.123	−0.062
X_{14}	−0.176	0.408

8. 写出综合评价函数

根据因子得分系数矩阵，我们可以写出计算公共因子得分的数学表达式为

$$F_1=0.114X_1+0.075X_2+0.049X_3+0.121X_4+0.132X_5+0.141X_6+0.109\mathrm{X}_7$$
$$+0.072X_8+0.147X_9-0.05X_{10}+0.022X_{11}-0.065X_{12}+0.123X_{13}-0.176X_{14}$$

$$F_2=-0.035X_1+0.056X_2+0.105X_3-0.094X_4-0.071X_5-0.094X_6-0.024\mathrm{X}_7$$
$$+0.057X_8-0.109X_9+0.272X_{10}+0.156X_{11}+0.301X_{12}-0.062X_{13}+0.408X_{14}$$

将 31 个省份的 14 项指标数据分别代入上面 F_1 和 F_2 的计算公式，可得到所有省份各自在公共因子 F_1（房地产开发规模因子）和 F_2（房地产经济效益因子）上的得分。进一步，分别以旋转后的两个公共因子的方差贡献率 65.792% 和 26.222% 为权重，构建综合评价函数如下：

$$F=(65.792\times F_1+26.222\times F_2)/92.013$$

9. 对样品进行综合评价与排名

在 SPSS“因子分析”窗口，单击“得分”按钮，出现因子得分窗口（图 9-26），勾选保存为变量，单击“继续”按钮，再单击“确定”按钮，即可在数据窗口看见 FAC1 和 FAC2 两列数据，这就是计算出的 31 个省份分别在公共因子 F_1 和 F_2 上的得分，结果如表 9-12 第 2~3 列所示。进一步，根据上面的综合评价函数分别计算 31 个省份的综合得分，结果如表 9-12 第 4 列所示，依据综合得分进行排名的情况见表中最右列。

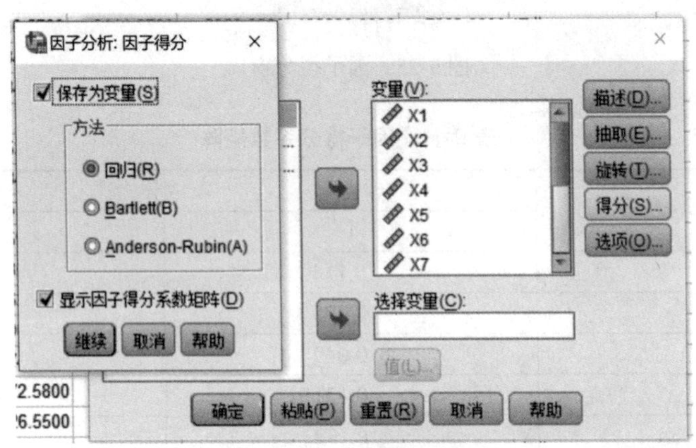

图 9-26　计算样品“因子得分”窗口

如表 9-12 所示，综合得分越高的省份表示该省份房地产市场绩效越好。观察发现，广东、江苏分别居第 1、第 2 位，这两个省份在房地产开发规模、房地产经济效益两方面的得分都很高，特别是广东省。山东、浙江、河南、安徽综合排名分居第 3、第 4、第 5、第 6 位，这四个省份主要在房地产开发规模方面的得分较高。上海、北京分列第 13、第 14 位，这两个直辖市在房地产开发规模方面得分较低，但在房地产经济效益方面得分较高。宁夏、青海、西藏三个省份综合得分居最后 3 位，这些省份的房地产市场绩效较低，尤其是西藏。

表 9-12　31 个省份房地产市场绩效与排名

城市	F_1	F_2	F	排名
广东	2.2254	2.1359	2.1999	1
江苏	1.8807	1.0727	1.6504	2
山东	1.9300	−0.4476	1.2525	3
浙江	1.1370	0.9949	1.0965	4
河南	1.6069	−0.7320	0.9404	5
安徽	1.1691	−0.7047	0.6351	6
四川	0.9145	−0.4018	0.5394	7
湖北	0.3856	−0.0200	0.2700	8
福建	0.1134	0.3983	0.1946	9
湖南	0.5503	−0.7355	0.1839	10
河北	0.3446	−0.4050	0.1310	11
重庆	0.2188	−0.2024	0.0988	12

续表

城市	F_1	F_2	F	排名
上海	-1.1798	2.9816	0.0061	13
北京	-1.3878	2.7124	-0.2193	14
广西	-0.1311	-0.4681	-0.2272	15
江西	-0.1838	-0.3956	-0.2442	16
辽宁	-0.2023	-0.3836	-0.2540	17
陕西	-0.1970	-0.3977	-0.2542	18
云南	-0.1460	-0.5513	-0.2615	19
贵州	-0.2514	-0.5599	-0.3393	20
天津	-1.0123	0.8359	-0.4856	21
山西	-0.4848	-0.6085	-0.5201	22
海南	-0.8428	0.1645	-0.5557	23
吉林	-0.6266	-0.5545	-0.6061	24
黑龙江	-0.7012	-0.3764	-0.6086	25
新疆	-0.6049	-0.6245	-0.6105	26
内蒙古	-0.5889	-0.7003	-0.6207	27
甘肃	-0.7452	-0.5200	-0.6810	28
宁夏	-0.8847	-0.6155	-0.8080	29
青海	-1.0813	-0.4805	-0.9101	30
西藏	-1.2245	-0.4107	-0.9926	31

为了直观呈现各省份房地产绩效情况，我们分别以公共因子 1 和公共因子 2 为水平轴和纵轴，绘制了 31 个省份的得分散点图，如图 9-27 所示。

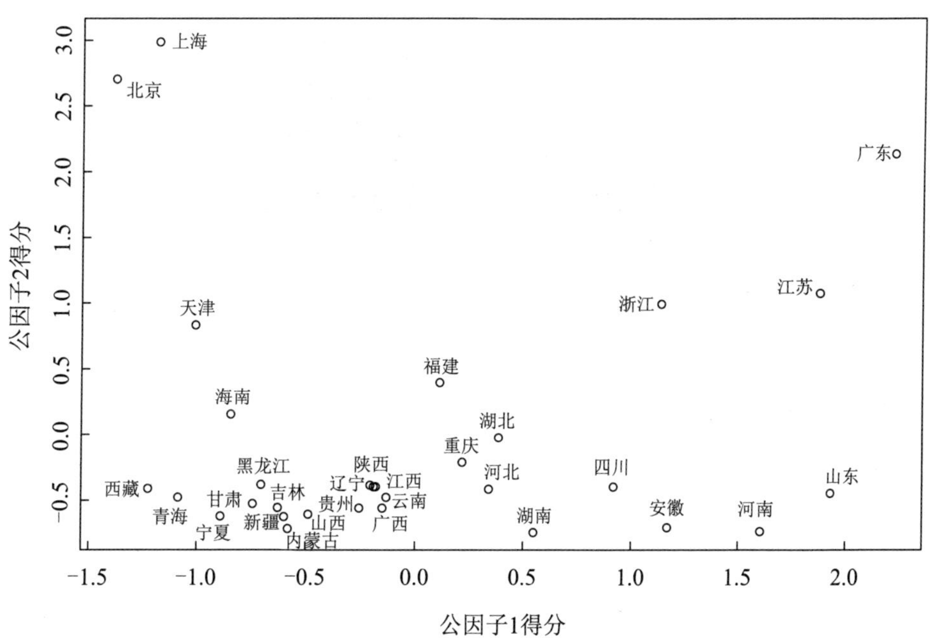

图 9-27　31 个省份在两个公因子上的得分

练 习 题

1. 简述因子载荷的统计意义。

2. 估计因子载荷矩阵的常用方法有哪些？

3. 比较主成分分析与因子分析的异同。

4. 为什么在进行因子分析时有时要进行因子旋转？

5. 简述因子旋转有哪些方法？

6. 假设某地固定资产投资率 X_1、通货通胀率 X_2、失业率 X_3 的相关系数矩阵为

$$\begin{bmatrix} 1 & 1/5 & -1/5 \\ 1/5 & 1 & -2/5 \\ -1/5 & -2/5 & 1 \end{bmatrix}$$

求因子载荷矩阵。

7. 反映城镇居民消费支出状况的指标主要有食品、衣着、居住、家庭设备用品及服务、医疗保健、交通和通信、教育文化娱乐服务、杂项商品和服务等 8 项。现以这 8 项指标作为原始变量，并收集了这些变量 2008 年的数据，见附录 B-23：表 9-14。试对全国 31 个省份城镇居民的人均年消费水平进行因子分析。

8. 附录 B-24：表 9-15 是 30 名学生数学、物理、化学、语文、历史、英语的成绩。请使用因子分析方法分析 30 名学生成绩的因子构成，并说明各个学生较适合学文科还是理科。

9. 试对您感兴趣的实际问题收集数据，利用统计软件进行因子分析。

扩展阅读9-4

因子分析模型应用

第9章 即测即练

第10章 路径分析

学习目标

1. 掌握路径分析的基本思想。
2. 了解路径分析适合解决的问题。
3. 理解路径分析的基本原理。
4. 掌握路径分析的应用。

案例导入

赖特（Sewall Wright）生于1889年12月21日，是美国遗传学家和育种学家，曾任美国遗传学学会会长，并当选为第十届国际遗传学大会主席。他对群体遗传学和数量遗传学的建立做出了重大贡献，是生物统计遗传学的主要奠基人之一。

1908年，卡斯特（William Ernest Castle）创办了哈佛大学布西研究所(Bussey Institution)，赖特研究生阶段在该研究所学习，他的博士选题是对豚鼠的毛色样式进行研究。1915年，赖特获哈佛大学理学博士学位后开始在华盛顿农业部担任高级畜牧员，负责分析豚鼠自交系的颜色、体重等性状数据。在这个阶段，他积累了大量近交系和牲畜种群的研究数据，并于1921年连续发表了五篇论文。

在研究中，给定一种交配系统，随之需要计算配子在若干代中的比例，并试图从中推导出一个通用的公式，但这种方法在处理两个以上的因子时会变得非常复杂。于是，赖特提出了使用通径系数(path coefficients)分析多变量，这一做法是赖特对统计学的一大贡献。

在遗传学研究中，赖特将原因变量分为两类，一类与遗传有关，称为内生变量；一类与环境有关，称为外生变量。然后，他绘制了一张图，H表示个体的遗传组成，E表示有形的环境因素(tangible environment)，如空气、水、土壤等；D表示无形的环境因素(intangible environment)，特指一些非常规因素。最后，他通过公式计算遗传和环境的相对重要性。赖特创建的这种通径分析理论和方法，可以研究任何封闭系统中的原因与结果的相互关系，对解释由许多复杂因素形成的效应具有重要的作用。

10.1 路径分析认知

变量间的因果关系是很多学科和领域都关注和研究的问题，路径分析方法是探索系统因果关系的统计工具。路径分析的优点体现在两个方面：一方面，它能够通过相关系数衡量变量间的相关程度或通过路径系数确定变量间的因果关系；另一方面，它不仅能够说明变量间的直接效应，而且还能说明变量间的间接效应。

在路径分析中，通常用路径图表示内生变量与外生变量间的因果关系。路径分析的基本理论包括三部分内容，即路径图（path diagram）、路径分析的数学模型及路径系数（path coefficient）的确定、模型的效应分解。一般地，路径分析包括五个步骤：模型设定、模型识别、模型估计、模型评价、模型调试及修改。

路径分析是结构方程模型（structural equation modeling，SEM）的一种形式，它一般运用回归分析的检验方法进行假设检验，借助数理统计的方法和原理进行模型的拟合，然后比较模型的优劣，并寻找出最适合的模型。现代路径分析中引入了隐变量，允许变量间存在测量误差，用极大似然估计方法替代最小二乘法，成为主流的分析方法。我们通常把基于最小二乘法的传统的路径分析称为路径分析，而把基于极大似然估计的路径分析称为结构方程式模型。本章中主要介绍传统的路径分析。

扩展阅读10-1

路径分析的历史渊源

路径分析是线性回归分析的深化和拓展，可利用路径图分析变量之间的关系。一般地，建立回归模型的一个目的是预测，而路径分析关心的是通过建立与观测数据一致的“原因”“结果”的路径结构，对变量之间的关系做出合理的解释。

多元线性回归分析是描述因果关系的一种方法，但它是简单的因果关系模型，缺少对多环节因果关系结构的分析。在多元线性回归模型中，各个自变量被假定处于相同的地位，每个自变量对因变量的作用被假设为并列存在的。以二元回归模型为例，设 Z 为因变量，X 和 Y 为自变量，它们之间的关系如图 10-1 所示。

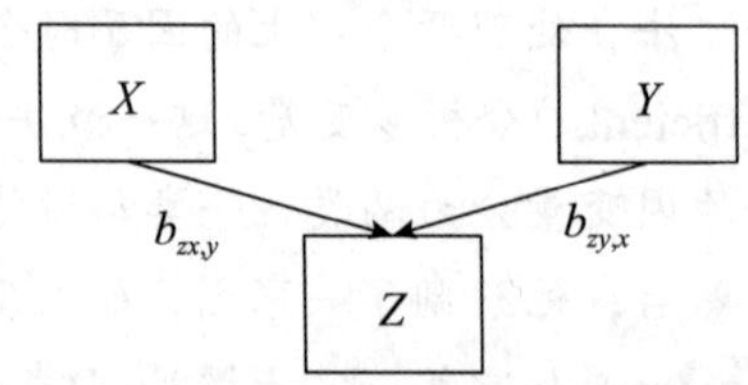

图 10-1　二元回归模型描述的因果关系

回归模型中的回归系数表示在其他自变量被控制的情况下各自变量对因变量的独立“净”影响程度。实践中，上述假设过于简单，不能反映变量之间真实的因果关系。此外，在回归模型中，自变量之间或多或少地存在着相互关联，但在多元线性回归分析中，假设自变量之间不存在显著的相关关系，只在变量之间出现严重的多重共线性问题时，才对参数的估计进行处理，而对相关关系的具体特征并不关心。

理论和实践表明，变量间往往存在复杂的因果关系，一个变量对于某些变量是原因变量，对另一些变量则是结果变量，此时对变量仅用因变量、自变量分类并不能满足需要，单方程回归模型框架显然不能解决此类问题。

路径分析的主要工具是路径图，其采用一条带箭头的线表示变量之间的关系。单箭头表示变量之间的因果关系（单向影响），双箭头表示变量之间的相关关系（双向影响）。图 10-2 给出的是一个简单的路径图，变量 Z_1、Z_2 之间存在着相关关系，Z_1、Z_2 分别影响变量 Z_3。箭头线上的字母 P 表示路径系数，反映了原因变量对结果变量的直接影响程度。图 10-2 也可用结构方程式的形式表示，即

$$Z_2 = P_{21}Z_1$$

$$Z_3 = P_{31}Z_1 + P_{32}Z_2$$

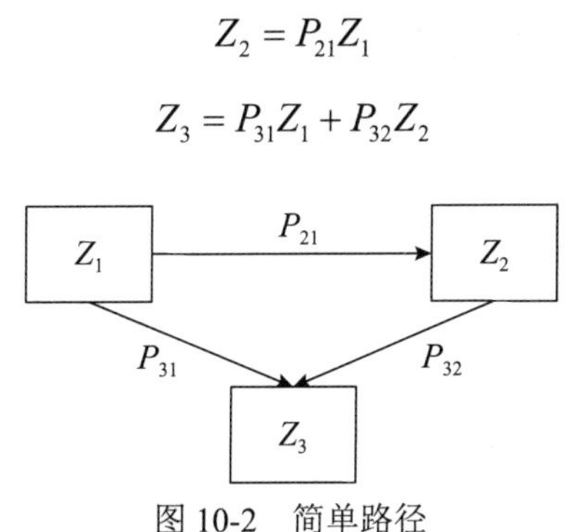

图 10-2　简单路径

如图 10-2 所示，Z_1 和 Z_2 之间的路径箭头指向 Z_2，说明 Z_1 影响（作用于）Z_2，这一因果关系对应着结构方程组中的第一个方程，路径系数 P_{21} 表示这一因果关系（Z_1 作用于 Z_2）的强度。综上所述，对于路径模型，往往很难用因变量和自变量来划分，因为这两个概念只有在一个方程中才能确定，对于由多个联立方程构成的路径分析模型则难以适用。例如，就 $Z_2 = P_{21}Z_1$ 而言，Z_2 是因变量；但 $Z_3 = P_{31}Z_1 + P_{32}Z_2$ 中，Z_2 是 Z_3 的一个自变量。因此，在路径模型中，为了区分不同的路径系数，根据因果链条以序号命名变量，即一般用该路径箭头所指的结果变量的下标作为路径系数的第一个下标，而用该路径的原因变量的下标作为路径系数的第二下标。例如，路径系数 P_{32} 代表了 Z_2 对 Z_3 的作用。

路径分析的重要功能是研究变量之间关系的不同形式。多元回归分析相对于简单的一元回归分析而言，考虑的因素（变量）更多更全面，两者的回归系数度量的相关变量的作用程度有差异。在简单回归分析中，简单回归系数反映了自变量对因变量的总体或“毛”作用程度；在多元回归分析中，自变量对因变量的回归系数称为偏回归系数，其是自变量对因变量作用的净测量。关于简单回归系数与偏回归系数之间的关系，传统的回归分析对此无法解释，路径分析则有助于揭示简单回归系数与偏回归系数的数量关系。路径分析可以将总体或“毛”作用程度进行分解，即分解为直接作用（净作用）和各种形式的间接作用，使我们对系统中变量间的因果关系能够理解得更为深入、客观、具体。

路径分析不仅可以对变量之间的回归系数进行分解，也可以对简单相关系数进行分解。路径分析就是从分解相关系数发展出来的，它通过分解原因变量与结果变量之间的相关系数，抽离出原因变量对结果变量的直接影响和间接影响。分解相关系数和分解回归系数两

者并不矛盾，两者往往是相混合的。通常变量之间是否具有相关关系往往是因果关系存在的必要条件之一，因此对相关系数的分解更具有一般方法论的意义。

10.2 路径分析的基本原理

10.2.1 路径分析中的基本概念

在路径分析中涉及很多概念，为此本节先对这些概念进行介绍。

1. **路径模型**（path modeling）

路径模型是由自变量、中间变量、因变量组成并通过单箭头、双箭头连接起来的路径图。在路径图中，单箭头表示外生变量或中间变量与内生变量的因果关系。另外，单箭头也表示误差项与各自的内生变量的关系。双箭头表示外生变量间的相关关系。显变量用长方形或正方形表示，隐变量用椭圆或圆圈表示。一般地，显变量的误差项用大写字母“E”表示，隐变量的误差项用大写字母“D”表示，误差项通常指路径模型中用路径无法解释的变量产生的效应与测量误差的总和。

变量X对变量Y的影响分两种情况：若X直接通过单箭头对Y产生影响，称X对Y有直接作用；若X对Y的作用是间接地通过其他变量Z起作用，称X对Y有间接影响作用，称Z为中间变量。

2. **外生变量**（exogenous variable）**和内生变量**（endogenous variable）

按变量的因果关系分类，即把路径图中箭头起始的变量称为外生变量或独立变量，此变量的变化通常由路径图以外的原因导致。把箭头终点指向的变量称为内生变量、因变量或结果变量，此变量的变化依赖箭头上端变量的变化及误差项。中间变量既接受指向它的箭头且发出箭头。

3. **路径系数**（path coefficient）

路径系数指内生变量在外生变量上的偏回归系数。当显变量的数据为标准化数据时，该路径系数就是标准化回归系数，即用来描述路径模型中变量间因果关系强弱的指标。

4. **递归路径模型**（recursive path modeling）

递归路径模型指因果关系结构中全部为单向链条关系，无反馈（向）作用的模型。模型中各内生变量与其原因变量的误差之间或两个内生变量的误差之间是相互独立的。递归路径模型是不可识别的。

5. **直接效应**（direct effect）

直接效应指外生变量与内生变量之间的关系为单向因果关系所产生的效应。

6. **间接效应**（indirect effect）

间接效应指外生变量通过中间变量对内生变量所产生的因果效应。

7. **总效应**（total effect）

总效应指一个变量对另一个变量所产生直接效应与间接效应的总和。

8. **误差项**（disturbance terms）

误差项又称残差项（residual error terms），通常指路径模型中用路径无法解释的变量产生的效应与测量误差的总和。

10.2.2　路径分析的基本理论

路径分析基本理论的主要内容包括：路径图、路径分析的数学模型及路径系数的确定，以及模型的效应分解。路径图是结构模型方程组的图形解释，表明了包括误差项在内的所有变量间的关系；路径分析的数学模型及路径系数的确定是根据路径分析的假设和一些规则，通过模型的拟合、结构方程组的求解确定待定参数；效应分解是分析一个变量对另一个变量的直接效应、间接效应和总效应。其中，间接效应必须通过至少一个中间变量传递因果关系，而总效应是直接效应和间接效应的总和。

1. **路径图的设计**

1）路径图

路径图是由自变量、中间变量、因变量组成并通过单箭头、双箭头连接起来的图形。研究者根据已经掌握的专业知识及变量间的直接关系和间接关系建立初步的路径图。在建立初步路径图的过程中，要先确定一套模型参数，即固定参数和待估参数。通常情况下，固定参数的估计并不来自样本数据，而认为是0或1，可以在路径图中用数字直接标出；而待估参数的确定一般要利用已知变量构造的路径图或确立的方程组对待估参数进行估计。通常在样本数据与初步假设的路径图进行拟合的过程中，研究者选择并决定该参数是固定参数还是待估参数是相当重要的。

扩展阅读10-2

中介效应及检验

需要指出的是，路径模型的因果关系结构必须根据实际经验，依据相关理论进行设置，一般通过变量之间的逻辑关系、时间关系来设置因果结构。在社会学、经济学、心理学、医学研究中，人们运用路径分析探索和分析各个系统内部错综复杂的因果关系，并在相关矩阵的基础上，根据已有的知识和理论，对系统内部的因果关系提出各种可行性的假设，并对这些假设寻求理论和实践两方面合理的解释，但路径分析并不能证实系统内部的这种复杂的因果关系。在社会学、心理学领域都会出现许多如智力、能力、信任、自尊、动机、成功、 雄心、偏见等无法直接测量的概念，而人们只能借助其他可测变量进行推导和衡量这些隐变量所起作用的大小。另外，路径模型的理论本身存在一定的假设和运行规则，在这种前提下，通过样本数据可以找到更多的因果关系模型与原模型相接近。面对这些情况，人们可能会产生各种疑虑，究竟哪一种因果关系模型是最优的模型？它与其他因果关系模型有什么区别？其他因果关系模型是否准确合理？人们需要找到合理的统计学检验方法来评价和鉴别这些因果关系模型，更需要专业知识加以验证。实际上，许多学者利用路径分析来解释各领域中错综复杂的因果关系，并提出可行性的理论模型，然后进一步进行专业知识验证。

2）追溯路径链的规则

按照怀特教授 1934 年提出的追溯路径链的规则，在对显变量的观测数据标准化处理后，构造出合适的路径图，任何两变量的相关系数就是联结两点的所有路径链上的相关系数或路径系数的乘积之和。该规则包括以下三点。

（1）在每条路径链上都要“先退后进”，而不能“先进后退”。

（2）在每条路径链上通过某一个变量只能一次。

（3）在每条路径链上只可以有一个双箭头。

2. 路径分析的数学模型及路径系数的确定

路径模型有两种类型，即递归模型与非递归模型，这两种模型在分析时有所不同。递归模型可直接通过通常的最小二乘法估计路径系数，而非递归模型则不能如此。尽管本章主要介绍基于最小二乘法的路径分析，但要求读者能够正确判断一个模型的类型，才能保证在应用时不会出现研究对象错误的问题。

在因果关系中全部为单向链条关系、无反馈作用的模型称为递归模型。无反馈作用意味着各内生变量与其原因变量的误差项之间或两个内生变量的误差项之间必须相互独立。图 10-2 就是典型的递归模型。

与递归模型相对立的另一类模型是非递归模型。一般来说，非递归模型相对容易判断，如果一个路径模型中包括以下几种情况，便是非递归模型；如果一个模型不具有非递归模型的特征，则它就是递归模型。

第一，模型中任何两个变量之间存在直接反馈作用，在路径图上表示为双向因果关系，如图 10-3 所示。

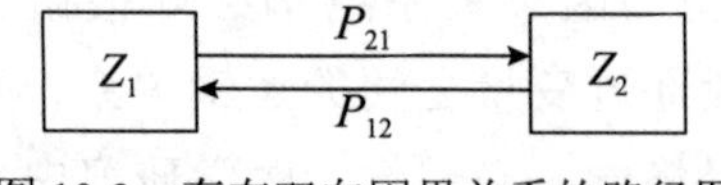

图 10-3　存在双向因果关系的路径图

第二，某变量存在自身反馈作用，即该变量存在自相关，如图 10-4 所示的 Z_3 变量存在自反馈。

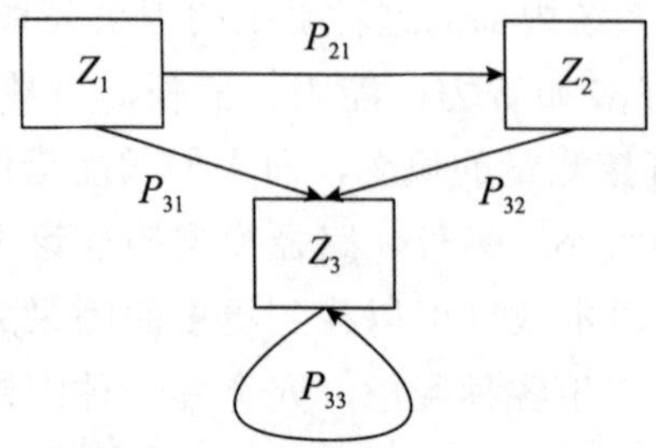

图 10-4　存在自反馈的路径图

第三，变量之间虽然没有直接反馈，但存在间接反馈作用，即顺着某一变量及随后变量的路径方向循序渐进，经过若干变量后，又能返回这一起始变量。如图 10-5 所示，变量 Z_1、Z_2、Z_3 之间形成了间接循环圈。

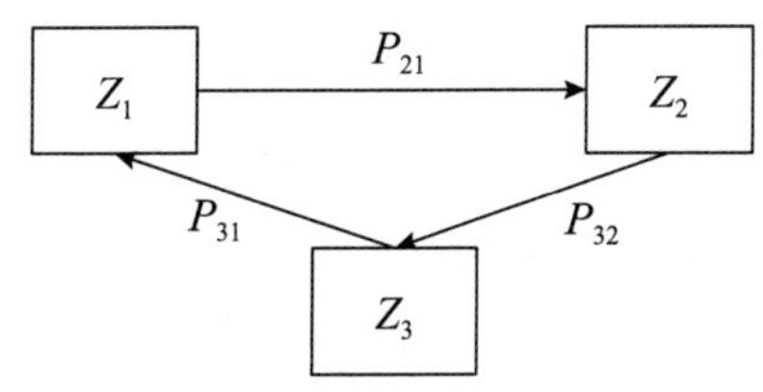

图 10-5　存在间接反馈的路径图

第四，内生变量的误差项与其他有关项相关，如结果变量的误差项与其原因变量相关，或不同变量的误差项相关。

对于非递归模型，通常不能用最小二乘法进行估计，其参数估计过程比较复杂，有时可能无解，而且对整个模型也无法检验。本章我们主要介绍的是递归模型的求解。

对于递归模型，一般有如下的假定和限制：

（1）路径模型中各变量之间的关系都是线性、可加的因果关系。模型中变量间的关系必须是线性关系，意味着在设立因果关系时，原因变量每一个单位的变化量引起结果变量的变化量不变。当一个结果变量在受多个原因变量作用时，各原因变量的作用可以相加。

（2）每一个内生变量的误差项与其前置变量是不相关的，同时也不与其他内生变量的误差项相关。

（3）路径模型中因果关系是单方向的，不包括各种形式的反馈作用。

（4）路径模型中各变量均为间距测度等级。

（5）各变量的测量不存在误差。

（6）变量间的多重共线性不能太高，否则会影响路径系数的估计。

（7）要求样本含量是待估参数的 10~20 倍，并要求样本数据的分布是正态的。对于偏态样本数据，一般要运用渐近分布自由法（asymptotically distribution free，ADF），该法一般要求样本含量超过 2500 个。

对于任何一个递归路径模型，可以用结构方程组表示，即

$$\eta = \beta\eta + \gamma\zeta$$

其中，β 是 $m \times m$ 阶内生变量间的结构系数矩阵；γ 是 $m \times n$ 阶内生变量与外生变量和误差项之间的结构系数矩阵；η 为随机向量，其分量对应于内生变量；ζ 为随机向量，ζ 的分量对应于外生观测变量和误差项。

η 和 ζ 中的变量可以是显变量，也可以是隐变量。η 中的内生变量可以表示成其余内生变量和 ζ 中的外生变量及 ζ 中的误差项的线性组合。结构系数矩阵 β 反映了 η 中的这些内生变量之间的相关关系，结构系数矩阵 γ 反映了 η 中的内生变量与 ζ 中的外生变量和误差项之间的相关关系。

在上述假设下，可采用最小二乘法，对方程组中的每个方程利用多元回归分析方法求解各个参数的无偏估计，所得的偏回归系数就是相应的路径系数。路径系数可采用非标准化的回归系数，也可采用标准化的回归系数。通常采用标准化的回归系数作为路径系数，这会使得路径分析的表述较简明。因此，本章将标准化变量作为研究对象。

3. 效应分解

在路径图中，外生变量对内生变量的因果效应包括外生变量对内生变量的直接效应和外生变量通过中间变量作用于内生变量的间接效应。效应的分解等同于回归分析的变异的分解。总效应包括误差效应和总因果效应，而总因果效应又包括直接效应和间接效应。对于原始数据而言，外生变量对内生变量的效应等于偏回归系数。对于标准化数据而言，外生变量对内生变量的效应等于标准化回归系数。由于路径模型中各变量之间的关系都是线性、可加的因果关系，变量 i 对变量 j 的总效应是变量 i 对变量 j 的直接效应与间接效应的总和。

考虑图 10-2，由结构方程中第一个方程 $Z_2 = P_{21}Z_1$，可得

$$Z_3 = P_{31}Z_1 + P_{32}Z_2 = (P_{31} + P_{32}P_{21})Z_1$$

于是，变量 Z_3 被表示为 Z_1 的函数，变量 Z_1 对变量 Z_3 产生的总效应为 $(P_{31} + P_{32} \cdot P_{21})$。它由两项组成，第一项是变量 Z_1 对 Z_3 产生的直接效应 P_{31}，第二项为变量 Z_1 对变量 Z_3 产生的间接效应 $P_{32}P_{21}$。从间接效应的路径系数下标可看出，它是由 Z_1 通过 Z_2 再传递到 Z_3 的间接影响。所谓变量 Z_1 对变量 Z_3 产生的总效应实际上就是以 Z_3 为因变量对 Z_1 作简单回归而得到的标准化的回归系数值。

10.2.3 路径分析模型的识别

模型的识别过程是根据路径模型列出的结构方程组对每一个待估参数进行求解，并判定每一个待估参数是否得到唯一解的过程。如果一个待估参数至少可以由可测变量的方差协方差矩阵中的一个或多个元素的代数函数来表达，那么这个参数被称为识别参数。如果一个待估参数可以由一个以上的不同函数来表达，那么这个参数被称为过度识别参数。如果模型中的待估参数都是可识别的，那么这个模型就是识别模型。当一个模型中的每一个参数都是识别的且至少有一个参数是过度识别的，这个模型就是过度识别模型。当一个模型中的每一个参数都是识别的且没有一个参数是过度识别的，那么这个模型就恰好是识别模型。如果模型中至少有一个不可识别的参数，那么这个模型就是不可识别模型。一个模型是不可识别模型时，所有参数都无法进行估计。

递归法则是路径模型识别的充分条件，而不是路径模型识别的必要条件。递归法则要求路径模型中的内生变量间结构系数矩阵必须是下三角矩阵，并且残差项的方差协方差矩阵必须是对角矩阵。如果路径模型同时具备以上两个条件，那么该路径模型是递归模型，是可识别的模型。模型识别实际上是用较少的参数拟合样本数据，以便使变量之间的关系能在统计学和相关专业上得到合理的解释。

10.2.4 路径模型的调试

在对路径模型中的观察变量进行回归分析时，首先要考虑观察数据是来自试验研究还是来自非试验研究。如果观察数据来自试验研究，在进行回归分析的过程中，一些变量的回归系数在统计上若不显著，则应考虑将其对应的路径从模型中删除。由于试验研究中实际因果关系比较明确，并且有可能对于模型外部的各种因素采取某种直接控制或随机化处理，因此回归系数能够较好地反映原因变量对结果变量的作用。如果观察数据来自非试验研究，如社会学、经济学、心理学等领域的观察数据，变量之间的因果关系并不明确，同时也不可能对外部因素采取与试验研究类似的预处理或控制，那么回归系数的解释会变得较为复杂。这种情况的出现可能有两方面的原因：一是社会学、经济学、心理学等领域研究中的有些变量一般很难被精确测量或根本无法测量，常采用替代变量或标识，同时还需要考虑变量自身的测量误差问题。二是这些领域中涉及的变量往往存在较高程度的相关，经常导致回归模型出现多重共线性问题，所以在进行路径分析时不能根据统计检验来删除变量，特别是那些作为研究焦点或研究者重点关注的变量。

针对这些情况，在进行路径分析时，既要重视理论根据，又要考虑统计结果的实际意义，即不仅要考虑统计结果是否显著，还要考虑回归系数的实际意义。对于一个非研究焦点的路径系数，统计上虽然显著，但若其非标准化的回归系数值相对很小，没有实际意义，也可以考虑删除该条路径。这样做可能会减少多重共线性，并使研究重点关注的路径变得更加显著。

因此，对一个路径模型需要反复进行模型调试及修改，才能探索出比较适合的路径图。对一个拟合度不高的模型进行改进，可以改变计量部分，增加参数，设定某些误差项或限制某些参数。这里须注意的是，模型的改进不能过分追求统计上的合理，同时应尽量使路径模型具有实际意义。换言之，即使我们可以建立一个统计上拟合很好的模型，但若其结果完全没有实际意义，那么该模型也没有意义。路径分析的最终目标是探索尽可能简单的结构，同时又能很好地拟合样本数据，且使每一个参数都能基于专业知识进行解释。

10.2.5 路径模型的检验

路径模型检验是对事先根据理论构造的路径模型进行检验，判定经过调试得到的模型与原假设模型是否一致，并评价该检验模型与假设模型的拟合状况。检验模型如果完全与假设模型相同，那么不再需要检验。如果有所不同，其统计检验的意义是通过检验模型与实际观察数据的拟合情况，以反映这两个模型之间的差别。如果统计检验不显著，说明它不拒绝原模型假设。如果统计检验显著，说明检验模型不同于原假设模型。路径分析的模型检验不是检验原模型假设是否符合观察数据，而是检验调试以后的模型是否与原假设模型一致。实际上，路径模型的分析过程是一个需要反复进行模型调试及修改的过程，只有这样，才能探索出比较适合的路径模型。

在路径模型的检验过程中，对每个方程进行的回归分析检验并不是对整个模型的检验。

每个方程检验（包括方程整体的F检验和单个自变量系数的t检验）与整个路径模型的检验虽然有联系，但有很大的差别。一个路径模型往往是由多个结构方程组成的方程组。根据系统论的原理，整个系统并不是各个部分的简单叠加，即使各回归方程中所有变量都统计显著，整个路径模型的检验也有可能得到其拟合数据不好的结果，因而拒绝该因果关系结构的模型假设。

对于递归模型，饱和的递归模型是指所有变量之间都有单向路径或表示相关的带双向箭头的弧线所连接的模型，它是恰好识别的模型。过度识别模型是饱和模型中删除若干路径后所形成的模型。饱和模型能够完全拟合数据，是完善拟合的代表，可作为评价非饱和模型（即过度识别模型）的基准。非饱和模型是饱和模型的一部分，是饱和模型删除了某些路径形成的，其他部分与饱和模型是相同的，因此将这种关系称为嵌套。

对非饱和模型检验的原假设为：该模型从饱和模型中删除的那些路径系数等于零。

对于每一个路径模型，我们都可以写出其结构方程组，且方程的个数和内生变量的个数相等，不妨设有m个内生变量，则对于m个方程，设其回归后的决定系数分别为$R_{(1)}^2$，$R_{(2)}^2,\cdots$，$R_{(m)}^2$。每个$R_{(i)}^2$（$i=1,2,\cdots,m$）代表相应内生变量的方差中回归方程所解释的比例，$1-R_{(i)}^2$则表示相应内生变量的方差中回归方程不能解释的残差部分的比例。于是，定义整个路径模型的拟合指数为

$$R_c^2=1-(1-R_{(1)}^2)(1-R_{(2)}^2)\cdots(1-R_{(m)}^2)$$

R_c^2是路径模型中已解释的广义方差占需要得到解释的广义方差的比例，显然R_c^2的值域为$[0,1]$。对饱和模型计算该指数是为了给非饱和模型提供评价基准，因而一般称R_c^2为基准解释指数，$(1-R_c^2)$为基准残差指数。

同理，可求得嵌套的非饱和模型的相应拟合指数，记为R_t^2。

对非饱和模型计算该指数是为了对非饱和模型进行检验，因而称R_t^2为待检验解释指数，显然有$R_t^2\leqslant R_c^2$。基于这两个解释指数，构建检验模型拟合度的统计量Q为

$$Q=\frac{1-R_c^2}{1-R_t^2}$$

Q统计量的分布很难求出，但依据Q统计量可构造如下统计量W，即

$$W=-(n-d)\ln Q$$

其中，n为样本容量；d为检验模型与饱和模型的路径数目之差。在大样本情况下，统计量W服从自由度为d的卡方分布，即$W\sim\chi^2(d)$。

一般地，只要待检验模型与基准模型存在嵌套关系，即使基准模型不是饱和模型，同样可以进行模型的检验。设R_c^2为基准解释指数，R_t^2为待检验解释指数，则所用的检验统计量W的构造与上面的一样，其分布特征也相同，可以对待检模型进行检验。

10.3　分解简单相关系数的路径分析

路径分析最初是由相关系数的分解发展出来的，因而相关系数的分解在路径分析中占有重要的地位。通过对原因变量和结果变量的相关系数的分解，可以找出产生相关关系的各种原因，从而清楚地揭示路径分析的原理。

我们仍以简单的路径结构模型为例介绍相关系数的分解，如图 10-6 所示。在进行相关系数的分解时，不仅要考虑内生变量的误差项，还要考虑外生变量的误差项。外生变量误差项代表模型外所有因素的集合作用，可用 e 加上相应下标来表示。

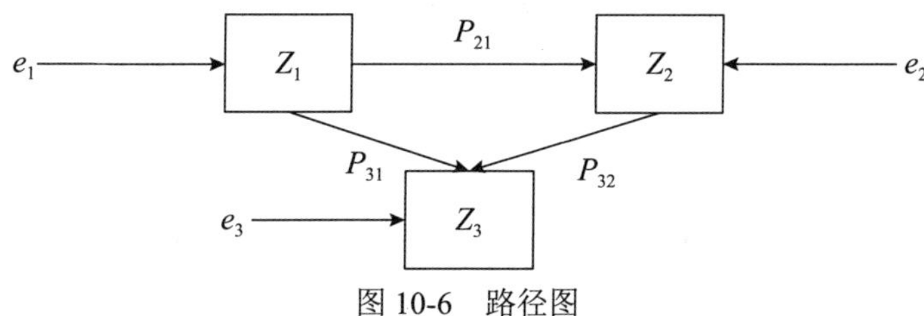

图 10-6　路径图

根据统计学的基本原理，两个标准化变量之间的相关系数等于其未标准化之前原变量之间的相关系数，同时也等于标准化的回归系数。

对于如图 10-6 所示的路径图，其对应的结构方程组为

$$Z_1 = e_1$$

$$Z_2 = P_{21}Z_1 + e_2$$

$$Z_3 = P_{31}Z_1 + P_{32}Z_2 + e_3$$

上述方程组的各方程中均有误差项的影响，它表示未纳入模型的其他变量的影响。Z_1 是唯一的外生变量，它完全由模型外部因素决定。

首先，我们分析 Z_1 和 Z_2 的相关关系。依据定义，任意两个变量 x 和 y 之间的样本相关系数为

$$r_{xy} = \frac{\sigma_{xy}}{\sigma_x \sigma_y} = \frac{\sum (x-\bar{x})(y-\bar{y})}{n\sigma_x \sigma_y} = \frac{1}{n}\sum (\frac{x-\bar{x}}{\sigma_x})(\frac{y-\bar{y}}{\sigma_y}) \triangleq \frac{1}{n}\sum Z_x Z_y$$

这里出于叙述方便的考虑，在上面的样本相关系数公式中未对变量 x 和 y 标出其 n 次观测的下标，但公式中各项的意义读者很容易理解。

类似地，对于上述结构方程组，可推出相关系数

$$r_{12} = \frac{1}{n}\sum Z_1 Z_2$$

将结构方程组中第二、第三式代入上式，得到

$$r_{12} = \frac{1}{n}\sum Z_1 Z_2 = \frac{1}{n}\sum Z_1 (P_{21}Z_1 + e_2) = P_{21}\frac{\sum Z_1 Z_1}{n} + \frac{\sum Z_1 e_2}{n}$$

上式中，$\sum Z_1Z_1/n$ 为 Z_1 的方差，由于 Z_1 为标准化变量，其方差为1；$\sum Z_1e_2/n$ 为 Z_1 与 e_2 的协方差，根据递归模型的假设，误差项与变量无关，协方差为0。因此，上式简化为 $r_{12}=P_{21}$。

同时，由于 Z_1 对 Z_2 方差解释的比例为 r_{12}^2，e_2 对 Z_2 方差解释的比例为 $(1-r_{12}^2)$。e_2 与 Z_2 之间的相关系数为 $\sqrt{1-r_{12}^2}$，e_2 至 Z_2 的路径系数也等于 $\sqrt{1-r_{12}^2}$。同理，标准化的外生变量 Z_1 与误差项 e_1 的相关系数为 $\sqrt{1-0^2}=1$。这代表了模型中外生变量与其误差项关系的一般规律。

其次，我们分析 Z_1 与 Z_3 的相关关系。同理可知

$$r_{13}=\frac{1}{n}\sum Z_1Z_3$$

将 $Z_3=P_{31}Z_1+P_{32}Z_2+e_3$ 代入上式，可得

$$\begin{aligned}r_{13}&=\frac{1}{n}\sum Z_1Z_3=\frac{1}{n}\sum Z_1(P_{31}Z_1+P_{32}Z_2+e_3)\\&=P_{31}\frac{\sum Z_1Z_1}{n}+P_{32}\frac{\sum Z_1Z_2}{n}+\frac{\sum Z_1e_3}{n}\end{aligned}$$

与前面讨论类似，可得

$$r_{13}=P_{31}+P_{32}r_{12}=P_{31}+P_{32}P_{21}$$

最后，我们分析 Z_2 与 Z_3 的相关关系。同理可知

$$r_{23}=\frac{1}{n}\sum Z_2Z_3$$

进一步有

$$\begin{aligned}r_{23}&=\frac{1}{n}\sum Z_2Z_3=\frac{1}{n}\sum Z_2(P_{31}Z_1+P_{32}Z_2+e_3)\\&=P_{31}\frac{\sum Z_2Z_1}{n}+P_{32}\frac{\sum Z_2Z_2}{n}+\frac{\sum Z_2e_3}{n}\end{aligned}$$

与前类似，可得 $r_{23}=P_{31}r_{12}+P_{32}=P_{31}P_{21}+P_{32}$。

通过上述分析，我们可以发现在路径分析中将标准化回归系数直接作为路径系数的原因。对于两个标准化变量来说，其回归系数、标准化回归系数、相关系数完全相等。由于路径分析描述的是两两变量相互之间的关系，因此可以完整地表达整个模型系统的内在联系。

为了读者能够清晰地理解上面的结果，我们将上面分析所得的相关系数分解结果整理在一起，继而进行讨论。

$$r_{12} = P_{21}$$

$$r_{13} = P_{31} + P_{32}P_{21}$$

$$r_{23} = P_{31}P_{21} + P_{32}$$

在路径分析模型中，变量 Z_1 是这一模型中唯一的外生变量，变量 Z_3 是这一模型的最终结果变量，因此对它们之间的相关关系的分解是我们关注的焦点。从上面结果看，相关系数 r_{13} 已表示为路径系数的函数，它由两部分构成：一部分是 P_{31}，反映了 Z_1 对 Z_3 的直接作用；另一部分是 $P_{32} \times P_{21}$，反映了变量 Z_1 经过中间变量 Z_2 对变量 Z_3 产生的间接作用。相关系数 r_{13} 分解为直接作用和间接作用，与前面效应分解的结果是相同的。相关系数 r_{13} 实际上等于简单回归系数 β_{31}。需要注意的是间接作用中两个路径系数的下标排列，从右向左看，首先由 1 至 2，然后由 2 至 3。它们体现了阶段性，同时也体现了传递性。这一特征在相关系数的分解中十分重要。在模型中所有变量以其因果序号作为自己的下标时，可以提供判断若干连乘路径系数项性质的简明依据。在此情况下，凡是下标序号可以连接起来的都是间接作用。

扩展阅读10-3
成分数据路径分析模型

相关系数 r_{23} 的分解也值得关注。由于 Z_2 与 Z_3 相邻，不存在中间变量，因此 r_{23} 似乎不存在分解问题，事实并非如此。从前面的分解结果看，r_{23} 也可分解为两部分：一部分是 $P_{31} \times P_{21}$，另一部分是 P_{32}。其中，P_{32} 是从路径图上可直接看到的直接作用，但对于 $P_{31} \times P_{21}$，我们有待进一步分析。注意这两个相乘的路径系数的下标是无法连接起来的，并且在对应的路径模型上也找不到其他间接作用的路径链条。因此，我们称相关系数 r_{23} 的这一部分为伪相关。它的产生是由于这一相关系数涉及的两个变量 Z_2 和 Z_3 有一个共同的原因变量 Z_1，由于 Z_1 的变化引起 Z_2 和 Z_3 同时变化，从而产生伪相关。伪相关是统计学中面临的重要问题，检验和排除伪相关是需要关注的问题。在有些情况下，一些没有多大关系的变量也会出现较高的相关。当理论上认为实际的因果关系与伪相关混在一起时，常在控制其他变量的情况下采用偏相关分析检验两者是否相关，因而偏相关分析是判断因果关系的必要条件。但是，偏相关分析只能对伪相关进行控制从而得到净相关，而路径分析对相关系数的分解却能够进一步将相关系数分解为因果关系和伪相关两部分，从而对这两部分效应的大小进行比较，以确定变量间真实的因果关系。由于判断伪相关在科学研究中很重要，因此路径分析关于相关系数的分解技术在科学研究中十分有用。

10.4 实际应用

例 10.1 GDP 是一定时期内（一个季度或一年），一个国家或地区的经济中所生产出的全部最终产品和劳务的价值，被公认为衡量国家经济状况的最佳指标。它是反映一国经济增长、经济规模、人均经济发展水平、经济结构和价格总水平变化的一个基础性指标，而且是我国新国民经济核算体系中的核心指标。正确认识并合理使用这一指标，对于考察和评价我国经济全面协调可持续发展的状况具有重要意义。

为分析我国 GDP 的主要影响因素，本例采用路径分析法进行分析。我们以 GDP（Y，亿元）为因变量，以能源消费总量（X_1，万 t 标准煤）、从业人数（X_2，万人）、居民消费水平（X_3，元）、农业总产值（X_4，亿元）、社会消费品零售总额（X_5，亿元）、进出口贸易总额（X_6，亿元）为自变量，收集的数据如表 10-1 所示。

利用 SPSS 软件进行路径分析，过程如下。

1）回归分析

选择分析—回归—线性，弹出窗口线性回归，将左边框中的变量 Y 选择到因变量中，将变量 X_1、X_2、X_3、X_4、X_5 和 X_6 选择到自变量中，如图 10-7 所示。单击“确定”按钮，输出结果如表 10-2、表 10-3 和表 10-4 所示。

表 10-1　GDP 及其影响因素数据表

年份	Y	X_1	X_2	X_3	X_4	X_5	X_6
2000	99214.6	145531.0	72085.0	3632.0	13873.6	39105.7	39273.2
2001	109655.2	150406.0	72797.0	3886.9	14462.8	43055.4	42183.6
2002	120332.7	159431.0	73280.0	4143.7	14931.5	48135.9	51378.2
2003	135822.8	183792.0	73736.0	4474.5	14870.1	52516.3	70483.5
2004	159878.3	213456.0	74264.0	5032.0	18138.4	59501.0	95539.1
2005	184937.4	235997.0	74647.0	5596.2	19613.4	67176.6	116921.8
2006	216314.4	258676.0	74978.0	6298.6	21522.3	76410.0	140971.5
2007	265810.3	280508.0	75321.0	7309.6	24658.1	89210.0	166740.2
2008	314045.4	291448.0	75564.0	8430.1	28044.2	108487.7	179921.5
2009	340902.8	306647.0	75828.0	9283.3	30777.5	132678.4	150648.1
2010	401512.8	324939.0	76105.0	10522.4	36941.1	156998.4	201722.1
2011	473104.0	348002.0	76420.0	12570.0	41988.6	183918.6	236402.0
2012	518942.1	361732.0	76704.0	14098.2	46940.5	210307.0	244160.2

注：资料来源于《中国统计年鉴 2013》。

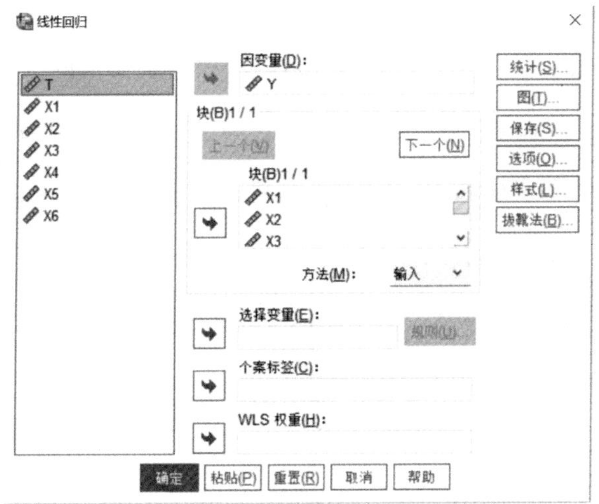

图 10-7 线性回归窗口

表 10-2 模型汇总（model summary）

模型	R	R^2	调整后 R^2	标准估算的错误
1	0.999[a]	0.999	0.998	7042.82588

a. 预测变量：（常量）, X_6, X_5, X_2, X_1, X_3,X_4。

表 10-3 方差分析表（ANOVA[b]）

模型		平方和	自由度	均方	F	显著性
1	回归	2.425E+11	6	4.042E+10	814.903	<0.001[b]
	残差	297608378.494	6	49601396.416		
	总计	2.428E+11	12			

a. 因变量：Y。
b. 预测变量：（常量）, X_6, X_5, X_2, X_1, X_3,X_4。

表 10-4 参数估计表（系数[a]）

模型		未标准化系数		标准化系数	t	显著性
		B	标准误差	Beta		
1	（常量）	470829.436	791314.107		0.595	0.574
	X_1	0.343	0.287	0.182	1.194	0.278
	X_2	−7.319	11.008	−0.074	−0.665	0.531
	X_3	19.380	15.250	0.468	1.271	0.251
	X_4	−0.426	5.278	−0.033	−0.081	0.938
	X_5	0.869	1.209	0.348	0.719	0.499
	X_6	0.232	0.316	0.116	0.736	0.490

a. 因变量：Y。

2）相关分析

选择相关—双变量，弹出“双变量相关性”窗口，将左边框中的变量 Y、X_1、X_2、X_3、X_4、X_5 和 X_6 选择到变量中，选择皮尔逊相关系数，选择双尾显著性检验，如图 10-8 所示。点击确定，输出如表 10-5 所示的结果。

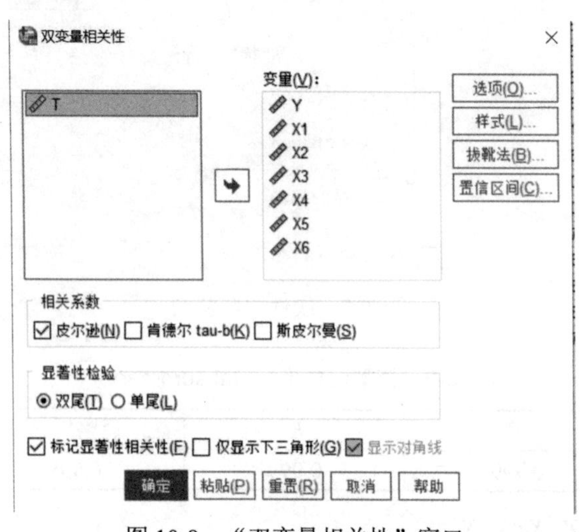

图 10-8 “双变量相关性”窗口

变量 X_1、X_2、X_3、X_4、X_5、X_6 与变量 Y 的相关系数分别反映了各变量对 Y 的总效应，各变量的标准化系数分别反映了其对变量 Y 的直接效应。从总的效应来看，各个自变量对因变量 Y 的影响程度基本相同。从直接效应看，6 个影响因素对 GDP 直接影响的大小顺序为：居民消费水平（X_3）> 社会消费品零售总额（X_5）> 能源消费总量（X_1）> 进出口贸易总额（X_6）> 从业人数（X_2）> 农业总产值（X_4）（表 10-6）。这表明居民消费水平、社会消费品零售总额是直接影响 GDP 的主要因素。

表 10-5　相关系数表

	Y	X_1	X_2	X_3	X_4	X_5	X_6
Y	1	0.964	0.929	0.998	0.997	0.994	0.965
X_1	0.964	1	0.985	0.953	0.947	0.937	0.987
X_2	0.929	0.985	1	0.916	0.906	0.898	0.967
X_3	0.998	0.953	0.916	1	0.998	0.997	0.955
X_4	0.997	0.947	0.906	0.998	1	0.998	0.951
X_5	0.994	0.937	0.898	0.997	0.998	1	0.936
X_6	0.965	0.987	0.967	0.955	0.951	0.936	1

进一步，分别用变量 X_i 与 X_j（$i,j=1，2，\cdots，6，i \neq j$）的相关系数乘以变量 X_j 对 Y 的直接效应，便可得到 X_i 以 X_j 为中间变量对 Y（即 $X_i \to X_j \to Y$）的间接效应。例如，

沿着路径$X_1 \rightarrow X_2 \rightarrow Y$，$X_1$对$Y$的间接效应为0.985×（−0.074）=−0.073。

沿着路径$X_1 \rightarrow X_6 \rightarrow Y$，$X_1$对$Y$的间接效应为0.987×0.116=0.114。

沿着路径$X_4 \rightarrow X_1 \rightarrow Y$，$X_4$对$Y$的间接效应为0.947×0.182= 0.172。

类似地，可求出不同路径下感兴趣变量对Y的间接效应，结果如表10-6第4列至第9列所示。从表10-6可知，各因素的总效应和直接效应大小的顺序并不一致，这说明间接效应也在GDP中起着重要作用。

表10-6　因素效应分解表

因素	总效应	直接效应	间接效应					
			$X_1 \rightarrow Y$	$X_2 \rightarrow Y$	$X_3 \rightarrow Y$	$X_4 \rightarrow Y$	$X_5 \rightarrow Y$	$X_6 \rightarrow Y$
X_1	0.964	0.182		−0.073	0.446	−0.031	0.326	0.114
X_2	0.929	−0.074	0.179		0.429	−0.030	0.313	0.112
X_3	0.998	0.468	0.173	−0.068		−0.033	0.347	0.111
X_4	0.997	−0.033	0.172	−0.067	0.467		0.347	0.110
X_5	0.994	0.348	0.171	−0.066	0.467	−0.033		0.109
X_6	0.965	0.116	0.180	−0.072	0.447	−0.031	0.326	

例10-2　在区域经济的发展进程中，有众多的因素促进或制约其发展，但区域之间的竞争，归根到底是人才的竞争。高校作为人才培养的重要基地，在人才供给方面有着突出的作用。本例从人力资源视角选择了与GDP相关的四项指标，并收集了各指标的数据，如表10-7所示。

表10-7中，各指标分别是：X_1——普通高校数量（所），X_2——专业技术人员（万人），X_3——重大科技成果（项），X_4——专利授权（件），Y——GDP（亿元）。我们基于SPSS软件对该省2006年至2020年GDP（亿元）的人力影响因素进行路径分析。相关指标数据来源于某省国民经济和社会发展的统计公报。

表10-7　某省GDP及其影响因素数据

年份	Y/亿元	X_1/所	X_2/万人	X_3/项	X_4/件
2006	6 141.9	83	119	583	2 235
2007	7 345.7	89	124	636	3 413
2008	8 874.2	93	134.7	668	4 346
2009	10 052.9	95	146.8	760	8 594
2010	12 263.4	100	159.7	780	16 012
2011	15 110.3	104	166.6	860	32 681
2012	17 212.1	107	182.8	878	43 321
2013	19 038.9	106	194	920	48 849
2014	20 848.8	107	215	740	48 380
2015	22 005.6	108	220.4	705	59 039

续表

年份	Y/ 亿元	X_1/ 所	X_2/ 万人	X_3/ 项	X_4/ 件
2016	24 117.9	109	224.6	560	60 982
2017	27 518.7	109	228.4	377	58 213
2018	30 006.8	110	230.7	888	79 747
2019	37 114.0	112	236.9	952	82 576
2020	38 680.6	115	435	953	119 702

使用 SPSS 软件对 Y 关于 X_1、X_2、X_3、X_4 做线性回归，输出结果如表 10-8、表 10-9 和表 10-10 所示。

表 10-8　模型摘要（model summary[a]）

模型	R	R^2	调整后 R^2	标准估算的错误
1	0.978[a]	0.957	0.940	2 521.1891

a. 预测变量：(常量), X_4 , X_3 , X_1 , X_2 。

由表 10-10 可以看出，变量 X_1、X_2、X_3、X_4 对 Y 的直接效应分别是 0.030、−0.231、−0.065 和 1.185。以同样的方式，分别以专利授权为因变量，高校数量、专业技术人员、重大科技成果为自变量；以重大科技成果为因变量，高校数量、专业技术人员为自变量；以专业技术人员为因变量，高校数量为自变量分别进行线性回归，得到表 10-11、表 10-12 和 10-13 的输出结果。根据以上结果，进一步计算不同情况和路径下的效间接效应，并得到路径作用图，见图 10-9 所示。

表 10-9　方差分析表（ANOVA[b]）

模型		平方和	自由度	均方	F	显著性
1	回归	1 423 126 423.63	4	355 781 605.908	55.972	<0.001[b]
	残差	63 563 945.205	10	6 356 394.520		
	总计	1 486 690 368.84	14			

a. 因变量：Y。

b. 预测变量：（常量）, X_4 , X_3 , X_1 , X_2。

表 10-10　参数估计表（系数[a]）

模型		未标准化系数		标准化系数	t	Sig
		B	标准误差	Beta		
1	（常量）	9 618.698	17 796.402		0.540	0.601
	X_1	34.104	178.514	0.030	0.191	0.852
	X_2	−31.050	24.815	−0.231	−1.251	0.239
	X_3	−4.037	4.459	−0.065	−0.905	0.387
	X_4	0.357	0.081	1.185	4.423	0.001

a. 因变量：Y。

表 10-11　以 X_4 为因变量的参数估计

模型		非标准化系数		标准系数	t	Sig.
		B	标准误差	Beta		
1	(常量)	−182 745.750	37 208.924		−4.911	0.000
	X_1	1 660.714	440.526	0.446	3.770	0.003
	X_2	254.638	51.962	0.570	4.901	0.000
	X_3	6.350	16.548	0.031	0.384	0.708

表 10-12　以 X_3 为因变量的参数估计

模型		非标准化系数		标准系数	t	Sig.
		B	标准误差	Beta		
1	(常量)	146.624	647.705		0.226	0.825
	X_1	5.352	7.528	0.297	0.711	0.491
	X_2	0.259	0.903	0.120	0.287	0.779

表 10-13　以 X_2 为因变量的参数估计

模型		非标准化系数		标准系数	t	Sig.
		B	标准误差	Beta		
1	(常量)	−462.717	151.907		−3.046	0.009
	X_1	6.438	1.467	0.773	4.387	0.001

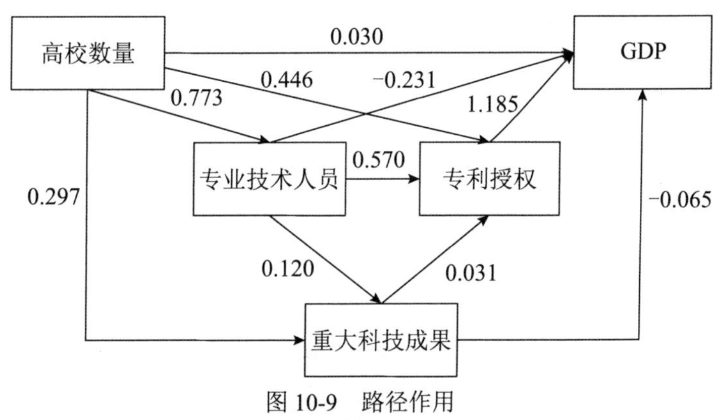

图 10-9　路径作用

高校数量对于 GDP 的效应为：

直接效应：高校数量→ GDP：0.030。

间接效应：

间接效应①：高校数量→专业技术人员→ GDP：0.773×（−0.231）=−0.179。

间接效应②：高校数量→专利授权→ GDP：0.446×1.185=0.529。

间接效应③：高校数量→重大科技成果→ GDP：0.297×（−0.065）=−0.019。

间接效应④：高校数量→专业技术人员→专利授权→ GDP：
0.773×0.570×1.185=0.522。

间接效应⑤：高校数量→专业技术人员→重大科技成果→ GDP：

0.773×0.120×（-0.065）=-0.006。

间接效应⑥：高校数量→重大科技成果→专利授权→ GDP：

0.297×0.031×1.185=0.011。

间接效应⑦：高校数量→专业技术人员→重大科技成果→专利授权→ GDP：

0.773×0.120×0.031×1.185=0.003。

总效应：0.030+（-0.179）+0.529+（-0.019）+0.522+（-0.006）+0.011+0.003=0.891。

以上分析结果显示，高校数量对区域经济的影响效应很大，既有直接效应（0.030），也有多层级、多重间接效应，间接效应的总和达到 0.861，总效应是 0.891（X_1 与 Y 的相关系数）。另外，高校数量→专利授权→ GDP 和高校数量→专业技术人员→专利授权→ GDP 两条路径的贡献程度最大。

扩展阅读10-4

路径分析及其应用简介

练 习 题

1. 试述多元回归分析和路径分析的异同。
2. 试述如何检验路径模型。
3. 试述路径分析的基本思想。
4. 为分析某品牌儿童手机本身属性、感知价值及客户忠诚度的关系，研究人员将手机的本身属性设定为耐用性、使用的简洁性、通话的效果和价格。根据市场调研结果发现四个属性间两两相关，直接影响客户忠诚度，同时通过感知价值间接影响客户忠诚度。试绘制出其路径图并写出结构方程组。
5. 选择一个您感兴趣的现实问题，收集数据，并基于统计软件使用路径分析方法对影响因素进行分析。

第10章 即测即练

第 11 章
函数性数据与修匀处理

学习目标

1. 掌握函数性数据的概念及其特征。
2. 了解函数性数据的观察和抽样。
3. 熟悉函数性数据分析的假设条件。
4. 了解函数性数据修匀的基函数方法。

案例导入

网上拍卖亦称为线上拍卖，它是将传统拍卖与网络相结合的一种商务模式，是对资源进行有效配置的一种市场机制，其通过竞争性投标过程将物品或服务出售给出价高的竞买者。国际上知名的拍卖网站有 eBay、Amazon Marketplace、Yahoo Auction 等，我国有影响力网站是淘宝网、京东、易趣网等。当卖家采取拍卖方式在网上拍卖一件物品时，一般会有多位买家竞标，由于网上拍卖在拍卖期限内随时接受竞买者竞价，因此其投标过程是一连续的过程。理论上来看，若我们将竞买者的出价额看作出价时间的函数，则这一函数是一个连续的函数，其具有无穷维特征。但现实中我们仅能观察到实际参与竞标的有限次出价，且出价时间在拍卖期限内不等间隔分布，因此观察到的数据与传统的数据具有不同的特征，这样就对传统的统计数据分析方法提出了挑战。

11.1　函数性数据分析认知

11.1.1　函数性数据

如果一个随机变量在无穷维空间或函数空间取值，则称其为一个函数性变量，称其观测为函数性数据。在此变量为一个连续的函数过程（随机曲线）时，可将其表示为 $\{x(t), t \in T\}$，其中，在一维时 $T \subseteq \mathrm{R}^1$，二维时 $T \subseteq \mathrm{R}^2$，其余类此，其容量为 N 的样本（N

次实现或N条样本路径)记为$x_i(t)$，$i=1,2,\cdots,N$，它们独立且与$x(t)$具备相同的分布(Ferraty and Vieu，2006)。若对每一个函数$x_i(t)$观测n_i次，观测时点记为t_{ij}，$j=1,2,\cdots,n_i$，函数性数据集由数据对$(t_{ij},x_i(t_{ij}))$组成，其中$i=1,2,\cdots,N$，$j=1,2,\cdots,n_i$。这里的观测时点{ t_{ij}，$j=1,2,\cdots,n_i$ }对每一个$x_i(t)$的记录可能是相同的值，也可能随不同$x_i(t)$的记录而变化。函数性数据分析（functional data analysis，FDA）的基本思想是把每一个样本观测看作一个整体，而不是个体观测值的序列。术语“函数性”是指数据的内在结构，而不是数据的外在表现形式，即数据的产生过程是一个函数过程。

由上面对函数性变量进行具体观测时获得的数据集结构可以看出，实际中获得的数据往往是离散的且只有有限多个，而在一般的函数形式中，函数在其自变量（如时间）的取值范围（定义域）内往往取无穷多个值。另外，为了能够进一步反映函数性数据的特征，可能会利用函数的导数。因此，在函数性数据分析中，首要的工作是将观测到的离散数据转化为一个函数。具体地讲，就是利用某次观察的原始数据推断出潜在的函数$x(t)$，它在某一区间上所有自变量t处的值都被估算了出来。如果获得的离散数据没有误差，那么称这个过程为插值（interpolation）；如果获得的离散数据含有观测误差，且需要把这些观测性误差消除掉，那么将离散性数据转换为函数时，就需要对数据进行修匀，即进行光滑处理（smoothing）。

扩展阅读11-1

函数性数据分析的代表作

在分析样本中诸$x_i(t)$的共性特征时，出于叙述方便的考虑，本书在讨论时略去下标i（相当于考虑N =1 的情况），此时$x(t)$的一个函数性观测由n对(t_j,y_j)组成，其中y_j是$x(t_j)$的观察值，类似于函数在自变量t_j处的一张快照。另外，通常假定变量t的感兴趣的取值范围界于一个区间T，并且$x(t)$隐含或明显地在区间T上满足合理的连续性或匀滑条件。假设$x(t)$满足此类条件，研究者就能够对实际观察时点以外的任何t值做出推断。有些时候变量具有周期性，如一年，这意味着函数应满足周期性边界条件，即函数在区间T的起始点上的值可由其在区间末端上的值匀滑地推出。

11.1.2　观察误差和抽样

匀滑性对于保证潜在函数$x(t)$是否具有所需阶数的导函数具有重要的作用。由于原始数据存在观察误差或“噪音”，特别是经济数据，其观测误差一般要大于实验室测量数据的误差。这是因为经济数据与自然科学中收集的数据相比，具有收集过程难以控制的特点（如家庭收入、消费数据等），致使数据误差较大。另外，虽然金融数据较之宏观经济数据具有较小的测量误差，但金融数据中有些数据是高频数据或超高频数据（如股票价格数据），从而数据包含的“噪音”会更多一些。一般而言，实际观察到的数据y_j与潜在函数之间有如下的关系：

$$y_j = x(t_j) + \varepsilon_j \quad j = 1,2,\cdots,n$$

其中 ε_j 表示因扰动、误差、偏离及其他外生因素导致的原始数据的“粗糙”。将离散观察数据转化为函数实质是由原始数据复原潜在函数，其中一项任务就是试图尽可能有效地过滤掉“噪音”。在有些情况下，将“噪音”从数据中过滤出去还有另一种备选方法，它是对分析结果的平滑性而不是对分析的数据进行考虑。

在传统统计模型的分析中，通常假设 ε_j 独立同分布且具有均值和有限的方差，也常假定这些分布具有相同的方差 σ^2。但在另外一些情况下，特别是经济数据的分析中，因许多经济变量的波动程度往往大小不一，因此，诸 ε_j 的异方差及相邻变量之间的协方差必须引起重视。另外，误差或扰动项之间可能是乘积而非简单地加总，在这种情况下对数据使用对数变换可能会更加方便。

原始数据的抽样率（sampling rate）或分辨能力（resolving power）是相对于数据弯曲程度时的观测时点 t_j 的密度，不是观测时点 t_j 的简单个数 n。抽样率或分辨能力在分析函数性数据中可能出现的特征时具有举足轻重的作用，是分析数据局部特征必须考虑的因素。在微分几何中，通常利用函数二阶导函数的绝对值 $\left|D^2x(t)\right|$ 度量其图像曲线在 t 处的弯曲程度，称为曲率（curvature）。局部观测时点的多寡与函数变量的曲率有关，一般而言，曲率越大，就越需要有足够的观测时点数，以使对函数的估计有效；当误差水平小且曲线平缓时，可使用较低的抽样率。

11.1.3　函数性数据分析的假设条件

在函数性数据的分析中，我们假定数据产生的函数过程是匀滑（光滑）的，这样一来，相邻观测时点处的函数值存在一定程度的相关，差异不大，否则处理函数性数据的思路与多元统计的数据分析思路就没有差异。所谓“匀滑”（smooth），意思是指函数具有一阶或多阶导函数。

11.2　函数性数据修匀的基函数方法

本节给出将原始离散数据转化为光滑函数的方法，主要内容包括函数匀滑性的概念、修匀方法等。

研究中，人们常利用基函数的线性组合对函数对象进行展开，这样做有许多优点：第一，它能够储存函数的信息，并使我们在处理成千上万的数据点时的计算能力更加灵活。

第二，它能够使研究者利用矩阵代数的工具处理相关运算问题。第三，从实际应用来看，基函数方法实用性强，不会对研究者处理问题带来限制。本节重点介绍两个基函数系统，即傅立叶基（Fourier basis）和B- 样条基（B-spline basis）。当然，还有其他一些基函数系统，如小波基（wavelets）、指数与幂基（exponential and power bases）、多项式基（polynomial bases）、折线基（polygonal basis）、阶梯函数基（step-function basis）、常数基（constant basis）等，具体情况参见 Ramsay 和 Silverman（1997，2006）。

11.2.1 函数的基函数表示

一个基函数系统是指一组数学上相互独立的已知函数。设有一组基函数 $\phi_k(t)$，$k=1,\cdots,K$，并用基函数的线性组合给出函数 $x(t)$ 的估计 $\hat{x}(t)$，即

$$\hat{x}(t)=\sum_{k=1}^{K}c_k\phi_k(t)$$

基函数的选择对于导函数的估计也很重要，例如，若上式成立，则有

$$D^m(\hat{x}(t))=\sum_{k=1}^{K}c_kD^m(\phi_k(t))$$

其中，$D^m(\cdot)$ 表示函数的 m 阶导函数。因此，在选择基函数时，不但要考虑函数的估计，还要考虑一阶或多阶导函数的估计。

傅立叶基和B- 样条基是最为重要的两个基函数，大多数实际问题的数据可用它们进行处理，前者适应于描述周期性函数性数据，后者适应于描述非周期性函数性数据。另外，利用基函数的线性组合对数据进行修匀，一个需要解决的问题是确定基展开式中的系数 c_k，$k=1,2,\cdots,K$。通常使用的方法是最小二乘准则，即

$$\min\sum_{j=1}^{n}[x(t_j)-\hat{x}(t_j)]^2$$

或

$$\min\sum_{j=1}^{n}[x(t_j)-\sum_{k=1}^{K}c_k\phi_k(t_j)]^2$$

假设基函数 $\phi_k(t)$（$k=1,2,\cdots,K$）在观察时点 t_j（$j=1,2,\cdots,n$）处的函数值构成的 $n\times K$ 阶矩阵为 $\Phi=\{\phi_k(t_j)\}$ 且满秩，$y=(y_1,y_2,\cdots,y_n)'$，$y_j=x(t_j)$（$j=1,2,\cdots,n$），$c=(c_1,c_2,\cdots,c_K)'$，则式有矩阵表达式为

$$\min(y-\Phi c)'(y-\Phi c)$$

这个准则下的最优解是 $c=(\Phi'\Phi)^{-1}\Phi'y$。

11.2.2　傅里叶基函数系统

最有名的基函数展开式为

$$\hat{x}(t) = c_0 + c_1 \sin \omega t + c_2 \cos \omega t + c_3 \sin 2\omega t + c_4 \cos 2\omega t + \cdots$$

在这个展开式中，基函数为 $\phi_0(t) = 1$，$\phi_{2r-1}(t) = \sin r\omega t$，$\phi_{2r}(t) = \cos r\omega t$。这个基函数（系统）具有周期性，参数 ω 决定了周期为 $2\pi/\omega$，它与我们感兴趣的区间 T 的长度相等。如果 t_j 在区间 T 中等间隔取值，则在交叉乘积矩阵 $\Phi'\Phi$ 为对角阵的情况下，这个基函数系统具有正交性，进一步可通过将基函数除以合适的常数（$j=0$ 时为 $\sqrt{n}$，其他 j 时为 $\sqrt{n/2}$）将其转换为单位正交基。

在使用傅里叶基函数系统对函数进行展开时，导函数的估计变得很简单。因为 $D\sin r\omega t = r\omega\cos r\omega t$，$D\cos r\omega t = -r\omega\sin r\omega t$，故 Dx 的傅立叶展开式的系数为

$$(0,\ c_1,\ -\omega c_2,\ 2\omega c_3,\ -2\omega c_4,\ \cdots)$$

D^2x 的系数为

$$(0,\ -\omega^2 c_1,\ -\omega^2 c_2,\ -4\omega^2 c_3,\ -4\omega^2 c_4,\ \cdots)$$

同理，我们可以通过各系数与 $r\omega$ 合适的幂之乘积，以及合适的正负号和正、余弦系数的交替变换求得更高阶导数。

由于傅立叶基函数有其局限性，因此在实际应用时应加鉴别。傅立叶基函数特别适用于极其稳定的函数，即函数没有很强的局部特征，曲率具有类似的规律。傅立叶基函数的周期性应该在某种程度上从数据中反映出来，傅立叶基产生的展开式通常均匀光滑，因此它不适合已经知道或预计函数过程（数据）不连续的情形，或仅具有低阶导数的函数过程（数据）。

11.2.3　样条函数与 B- 样条基函数

对非周期函数性数据进行拟合时，常见的选择是样条函数（spline function）。样条相当灵活的将可以快速计算的多项式组合起来，并且只需要一个适中的基函数个数。另外，基函数系统对样条函数的发展，要求与 n 成比例的计算量，由于很多应用涉及数千或数百万的观测值，所以计算量是需要重视的一个问题。本部分首先分析样条函数的结构，然后描述构建常用基系统的 B- 样条系统（B-spline system）。

1. 样条函数与自由度

样条是一种特殊的函数，由多项式分段定义。英文样条 spline 来源于可变形的样条工具，是一种在造船和工程制图中绘制光滑形状的工具。

首先，由称为断点 (breakpoints) 或节点 (knots) 的点 T_l（$l=1,\cdots,L-1$）将待拟合函数的定义区间分割为 L 个子区间。在每一个子区间上，一个样条是一个指定阶数（设为 m）

的多项式。定义一个多项式所需常系数的个数为多项式的阶数（order），它等于多项式的次数（degree）加 1。相邻的多项式在节点处匀滑地连接，节点将它们分割为阶数大于等于 1 的样条（spline），因此，函数在内节点处（连接点）的函数值是相等的，且直到 $m-2$ 阶的导函数也在这些连接点处相匹配。

若将函数的定义区间分割为 L 个子区间，则内节点数为 $L-1$。由于多项式的阶数为 m，故需要估计的多项式的系数共有 mL 个，而函数值及直到 $m-2$ 阶的导函数在节点处的匹配会产生 $(m-1)(L-1)$ 个约束方程。所以，拟合时需要估计的系数个数（自由度）为 $mL-(m-1)(L-1)=m+L-1$，即自由度等于多项式的阶数与内节点的个数之和；若没有内节点，样条就转化为简单的多项式。另外，须注意的是节点与断点是有区别的，术语“断点”指的是节点值唯一的节点的个数，而术语“节点”指的是断点处的值序列。

2. 样条函数的 B- 样条基

上面已经给出了样条函数的定义，下面给出使用基函数系统构建样条函数的方法。尽管有很多方法可以构建这样的系统，而由 de Boor（2001）提出的 B- 样条基系统最为流行，其处理 B- 样条的编码使其在多种程序语言下使用，如 R，S-PLUS,MATLAB。de Boor（2001）和 Schumaker（1981）还讨论了其他的样条基系统，如截断幂函数、M- 样条等。

扩展阅读11-2

基函数

m 阶 B- 样条基函数有一个性质，即在不超过 m 个的相邻子区间中函数取值为正，这个性质称为紧支撑性（compact support property），这个特性对计算效率的提高非常重要。设有 K 个 B- 样条基函数，这些函数的内积构成了一个 K 阶带状结构的矩阵，只有位于主对角线上、下的 $m-1$ 个次对角线上的元素取非零值。这意味着不管 K 多大，还是我们处理的数据量有多大，样条函数的计算都只会线性地以 K 增加。这样一来，样条具有潜在的诸如傅里叶基、小波基之类的正交基系统的计算优势。

11.3 函数性数据修匀的粗糙惩罚方法

通过前面利用基函数方法对数据进行修匀的讨论发现，如果基函数具有与数据的生成过程相同的本质特征，那么基展开式就可以很好地对函数 $x(t)$ 进行展示，即它提供了一个好的近似。例如，当我们所观察到的数据呈现周期性且波动程度在任意的区间都相近时，傅立叶基就是合理的选择。但是，基展开式在匀滑程度的控制上不够灵活，不具有连续可控性。在实际对函数性数据的分析中，我们不但关心拟合的程度，同时还关心拟合函数的光滑程度，以企为利用拟合函数的导函数进一步分析数据的特征奠定基础。一般地，拟合的程度越高（准确），拟合结果（函数）的波动程度就越大。为了使拟合结果既拟合得好，又足够光滑，可将对函数“粗糙”的惩罚引入到目标函数中，以调和这两个相背的目标。

11.3.1　粗糙惩罚修匀的思想

对函数粗糙（波动）程度进行测度的常用方法是基于函数的曲率，即对函数的二阶导数的平方取积分。即

$$\mathrm{PEN}_2(x)=\int_T\{D^2x(s)\}^2\mathrm{d}s$$

上式实际上是对 $x(t)$ 的总曲率进行评价，或者说 $x(t)$ 对直线的偏离程度。因此，波动性较大的函数就会有较高的 $\mathrm{PEN}_2(x)$ 值。于是，调和数据拟合程度与估计结果光滑程度两个目标的综合准则为带惩罚的残差平方和，即

$$\mathrm{PENSSE}_\lambda(x\mid y)=\sum_{j=1}^{n}\{y_j-x(t_j)\}^2+\lambda\cdot\mathrm{PEN}_2(x)$$

最小化 $\mathrm{PENSSE}_\lambda(x\mid y)$，便可得到 $x(t)$ 的估计函数 $\hat{x}(t)$。

在 $\mathrm{PENSSE}_\lambda(x\mid y)$ 的表达式中，右端第一项体现拟合程度，即残差平和；第二项的 $\mathrm{PEN}_2(x)$ 体现函数波动程度。参数 λ 被称为平滑参数或修匀参数，较大的 λ 意味着函数非线性程度将会在综合准则 $\mathrm{PENSSE}_\lambda(x)$ 中受到更大的粗糙惩罚，即相对于数据的拟合程度，$\mathrm{PENSSE}_\lambda(x)$ 更关注函数的光滑性。特别地，当 $\lambda\to\infty$ 时，拟合的函数曲线将接近于对观测数据的标准线性回归（因为 $\mathrm{PEN}_2(x)$ =0）。另一方面，当 λ 较小时，即使曲线波动较大，对其粗糙惩罚也较小；当 $\lambda\to0$ 时，拟合的函数曲线将接近于对观测数据的插值，对所有的 j 有 $x(t_j)=y_j$ 成立。

11.3.2　粗糙惩罚调整修匀程度的机理

在不考虑粗糙惩罚的情况下，类似 11.2 节中字母的意义和做法，我们用基函数 $\phi_k(t)$（$k=1,2,\cdots,K$）的线性组合表示函数 $x(t)$，即

$$x(t)=\sum_{k=1}^{K}c_k\phi_k(t)$$

在加权最小二乘 $(y-\Phi c)'W(y-\Phi c)$ 达到最小的意义下，c 的最优解为 $(\Phi'W\Phi)^{-1}\Phi'W'y$，即

$$\hat{c}=(\Phi'W\Phi)^{-1}\Phi'W'y$$

其中，y 是需要修匀的数据列向量，W 为权重矩阵。于是，y 的拟合值构成的列向量 $\hat{y}$ 为

$$\hat{y}=\Phi\hat{c}=\Phi(\Phi'W\Phi)^{-1}\Phi'W'y$$

考虑函数 $x(t)$ 的 m 阶导函数 $D^m x(t)$，用其刻画函数粗糙（波动）程度的更一般的公式为

$$\mathrm{PEN}_m(x)=\int_T\{D^m x(s)\}^2\mathrm{d}s$$

若令 $\phi(s)$ 是诸 $\phi_k(t)$（$k=1,2,\cdots,K$）构成的列向量，$R=\int_T D^m\phi(s)D^m\phi'(s)\mathrm{d}s$，则有

$$\mathrm{PEN}_m(x)=\int_T\{D^m x(s)\}^2\mathrm{d}s=c'Rc$$

于是，构建的较一般的带惩罚的残差平方和为

$$\mathrm{PENSSE}_m(y\,|\,c)=(y-\Phi c)'W(y-\Phi c)+\lambda c'Rc$$

可以证明，上式的最小化解为

$$\hat{c}=(\Phi'W\Phi+\lambda R)^{-1}\Phi'Wy$$

$$\hat{y}=\Phi(\Phi'W\Phi+\lambda R)^{-1}\Phi'Wy$$

将上式与前面的 $\hat{y}=\Phi\hat{c}=\Phi(\Phi'W\Phi)^{-1}\Phi'W'y$ 比较发现，当 λ =0 时，两者相等。调整 λ 的取值，可对数据修匀程度进行调整。关于合适的 λ 如何选取，需要使用交叉验证法，Ramsay 和 Silverman(1997,2006) 对其进行了详细论述。

扩展阅读11-3

Ramsey和Silverman简介

练 习 题

1. 简述什么是函数性数据？
2. 简述函数性数据分析的思想。
3. 简述函数性数据分析的方法如何将无穷维转化为有限维？
4. 试述修匀参数的意义。

第11章 即测即练

第 12 章 函数性数据的描述性分析

学习目标

1. 掌握函数性数据的概括统计量；
2. 了解使用概括统计量对函数性数据进行描述性统计分析。

案例导入

在经济分析中，融合时间序列和横截面两者的数据很常见。例如，中国工商银行、中国农业银行、中国银行、中国建设银行多年的资产收益率 (return on assets，ROA) 数据。对于这类数据虽然可以利用传统的统计方法或计量经济学方法进行分析。例如，计算四家银行资产收益率的均值水平，或分析资产收益率多年间的波动情况，但一般难以体现动态变化情况。如果我们将每家银行的资产收益率当作函数性数据，即让每家银行对应着一个资产收益率函数或曲线，需要通过计算四个函数或曲线的均值函数和方差函数，不但能够得到资产收益率的平均水平和波动程度，同时还能够观察到平均水平和波动程度的动态变化，从而得到更多的信息。

12.1 函数性数据的概括统计量

在对函数性数据进行分析时，为了初步掌握函数性数据的特征和规律，便于更深入地分析，与传统的统计分析一样，需要寻找能够反映数据特征的代表值。设 $x(t)$ 为函数性变量，其容量为 N 的样本（在经济分析中往往表现为 N 个个体）为 $x_i(t)$，$t\in T$，$i=1,2,\cdots,N$，基于这 N 个函数可定义函数性变量 $x(t)$ 的均值函数、方差函数、协方差函数、相关系数函数、交叉协方差 (cross-covariance) 函数及交叉相关 (cross-correlation) 函数。

扩展阅读12-1

函数性数据理论与应用研究简介

12.1.1 均值函数和方差函数

$x(t)$ 的均值函数定义为

$$\bar{x}(t)=N^{-1}\sum_{i=1}^{N}x_i(t),\quad \forall t\in T$$

它是将函数样本逐个加总的算术平均值。

$x(t)$ 的方差函数定义为

$$\text{Var}_x(t)=(N-1)^{-1}\sum_{i=1}^{N}[x_i(t)-\bar{x}(t)]^2,\quad \forall t\in T$$

$x(t)$ 的标准差函数是方差函数的平方根。

12.1.2 协方差函数与相关系数函数

对于 t 的取值范围 T 中任意的 t_1 和 t_2，$x(t_1)$ 和 $x(t_2)$ 的协方差函数定义为

$$\text{Cov}_x(t_1,t_2)=(N-1)^{-1}\sum_{i=1}^{N}\{x_i(t_1)-\bar{x}(t_1)\}\{x_i(t_2)-\bar{x}(t_2)\},\quad \forall t_1,\ t_2\in T$$

$x(t_1)$ 和 $x(t_2)$ 的相关系数函数定义为

$$\text{Corr}_x(t_1,t_2)=\text{Cov}_x(t_1,t_2)/\sqrt{\text{Var}_x(t_1)\text{Var}_x(t_2)},\quad \forall t_1,\ t_2\in T$$

由协方差函数与相关系数函数的定义可以看出，$\forall t_1,\ t_2\in T$ 有

$$\text{Cov}_x(t_1,t_2)=\text{Cov}_x(t_2,t_1),\quad \text{Corr}_x(t_1,t_2)=\text{Corr}_x(t_2,t_1)$$

即协方差函数与相关系数函数关于 t_1 和 t_2 具有对称性。

12.1.3 交叉协方差函数与交叉相关函数

实际应用中，如果有成对的函数性样本数据 $\{x_i(t),y_i(t)\}$（$i=1,2,\cdots,N$），则可利用交叉协方差函数来度量它们之间的相互依赖关系，其定义为

$$\text{Cov}_{x,y}(t_1,t_2)=(N-1)^{-1}\sum_{i=1}^{N}\{x_i(t_1)-\bar{x}(t_1)\}\{y_i(t_2)-\bar{y}(t_2)\},\quad \forall t_1,\ t_2\in T$$

交叉相关函数定义为

$$\text{Corr}_{x,y}(t_1,t_2)=\text{Cov}_{x,y}(t_1,t_2)/\sqrt{\text{Var}_x(t_1)\text{Var}_y(t_2)},\quad \forall t_1,\ t_2\in T$$

由以上两式可以看出

$$\text{Cov}_{x,y}(t_1,t_2)\neq\text{Cov}_{x,y}(t_2,t_1),\quad \text{Corr}_{x,y}(t_1,t_2)\neq\text{Corr}_{x,y}(t_2,t_1)$$

即交叉协方差函数与交叉相关函数关于 t_1 和 t_2 不具有对称性。

12.2 实际应用

例 附录 B-25：表 12-1 是陕西省第三产业历年就业人数的分类数据，它将陕西第三产业划分为九类行业。为叙述简单，本例将九类行业从左到右分别记为 Case1，Case2，…，Case9，即 Case1 表示“交通运输仓储和邮电通信业”，其余依次类推。利用基于 MATLAB 编写的程序，对数据进行修匀处理 (smoothing)，并绘出九类行业就业人数的修匀曲线（图 12-1）。本例中，我们以年度为节点，使用 6 阶 B- 样条，修匀参数 λ =0.1。如曲线图 12-1 所示，每个个体（行业）对应着一条曲线（其数学表达式为函数），这是将多个行业历年的就业人数记录看作函数性数据的缘由，也是函数性数据分析的出发点。

利用基于 MATLAB 编写的程序，我们绘出了九类行业就业人数的均值函数、标准差函数、协方差与相关系数函数的曲线图，分别如图 12-2、图 12-3 和图 12-4 所示。

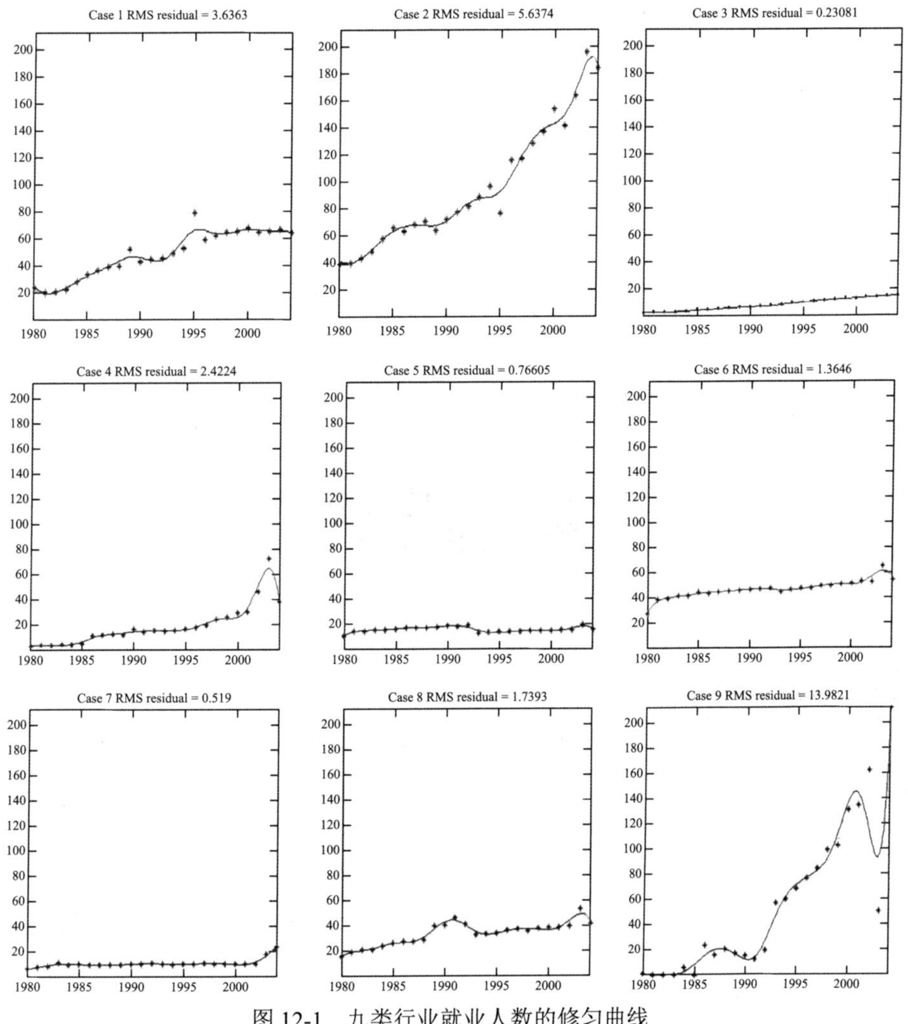

图 12-1　九类行业就业人数的修匀曲线

从图 12-2（a）的平均就业人数的曲线可以看出，随着时间的推移，陕西第三产业发展迅速，就业人数不断增加；从就业人数的标准差曲线图可以看出，随着年份向现在趋近，陕西第三产业就业人数的波动程度越来越大。但图 12-2（b）的标准差函数曲线显示，随着时间的推移，经济环境的变化，不同行业吸纳劳动力的能力差异越来越大，就业人数由一些行业越来越向另一些行业转移，出现了向个别行业“集聚”的现象。

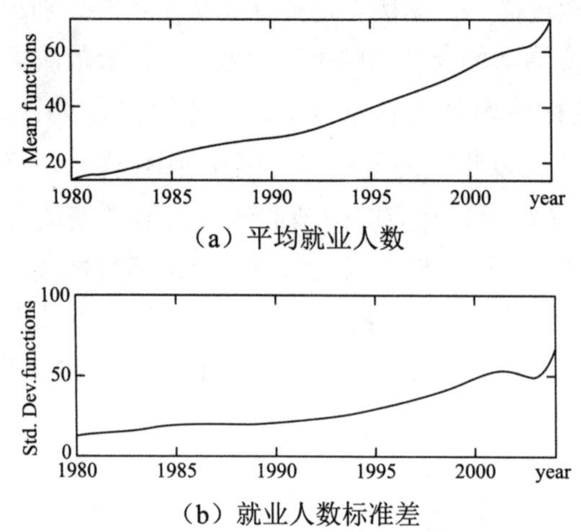

图 12-2　九类行业就业人数的均值函数和标准差函数

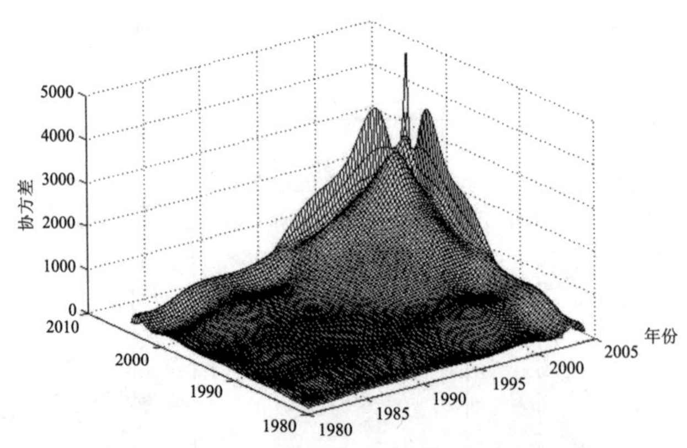

图 12-3　九类行业就业人数的方差—协方差函数

图 12-4 是九类行业就业人数的相关系数函数图形，其类似于一处山岭，脊梁对应数值 1，脊梁附近是相近年度九类行业就业人数的相关系数值，接近于 1；逐渐远离脊梁附近区域后，图形呈现较快地下降趋势，反映了跨度较大的年度之间九类行业就业人数的相关程度减小地很快。以上情况说明某一年度的就业人数受较近年度的就业情况影响较大，受较远年度的就业情况影响较小，这一现象与经济变量的演变规律一致，因为许多经济时间变量往往具有“高临近依赖性”，即它与近期值的相依程度高于与远期值的相依程度。

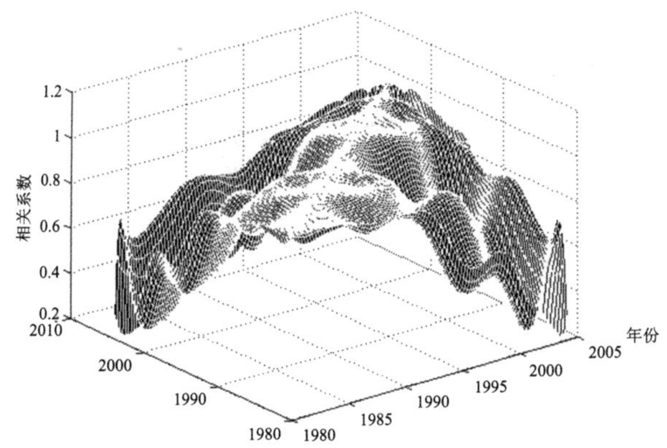

图 12-4　九类行业就业人数的相关系数函数

通过以上分析发现，与传统的统计分析方法相比，函数性数据能够提供更加丰富的信息，数据时间维度的信息能够使研究者获取经济变量的动态信息，有助于把握其演变的行为规律。

练　习　题

1. 函数性数据的概括统计量有哪些？

2. 函数性数据的概括统计量有什么作用？

3. 试对自己感兴趣的经济问题收集数据，分析数据的函数性特征，并基于统计软件对其进行描述性统计分析。

参考文献

[1] 何晓群 . 应用多元统计分析 [M]. 北京：中国人民大学出版社，2015.

[2] 于秀林，任雪松 . 多元统计分析 [M]. 北京：中国统计出版社，1999.

[3] 何晓群 . 应用多元统计分析 [M]. 北京：中国统计出版社，2010.

[4] 哈德勒，西马 . 应用多元统计分析 [M]. 陈诗， 译 . 北京：北京大学出版社，2011.

[5] 李卫东 . 应用多元统计分析 [M]. 北京：北京大学出版社，2015.

[6] Everitt B S, Dunn G. Applied Multivariate Data Analysis[M]. New York: Oxford University Press Inc，2001.

[7] Johnson R A, Wichern D W. Applied Multivariate Statistical Analysis[M]. Prentice-Hall Inc, 1998.

[8] Johnson R A, Wichern D W. 实用多元统计分析 [M]. 陆璇，译 . 北京：清华大学出版社 , 2001.

[9] 方开泰 . 实用多元统计分析 [M]. 上海：华东师范大学出版社，1989.

[10] 黄承伟 . 一诺千金：新时代中国脱贫攻坚的理论思考 [M]. 广西：广西人民出版社，2019.

[11] 张挺，李闽榕，徐艳梅 . 乡村振兴评价指标体系构建与实证研究 [J]. 管理世界，2018（8）：99-105.

[12] 严明义 . 函数性数据的统计分析：思想、方法和应用 [J]. 统计研究，2007(2)：87-94.

[13] 严明义 . 函数性数据的分析方法与经济应用 [J]. 北京：中国财政经济出版社，2014.

[14] Little R, Rubin D. Statistical Analysis with Missing Data[M]. Wiley，2019.

[15] Enders C K. Applied Missing Data Analysis[M]. New York：Guilford Press，2010.

[16] 薛薇 . 统计分析与 spss 的应用 [M]. 北京：中国人民大学出版社，2001.

[17] Magrb E B 等 . MATLAB 原理与工程应用 [M]. 高会生，李新叶，胡智奇，等，译 . 北京：电子工业出版社，2002.

[18] 李子奈 . 计量经济学模型方法论 [M]. 北京：清华大学出版社，2011.

[19] 李子奈，潘文卿 . 计量经济学 [M]. 北京：高等教育出版社，2010.

[20] 洪永淼 . 高级计量经济学 [M]. 北京：高等教育出版社，2011.

[21] 古亚拉提 . 经济计量学精要 [M]. 张涛，等，译 . 北京：机械工业出版社，2003.

[22] 高铁梅，等 . 计量经济分析方法与建模：EViews 应用及实例 [M]. 北京：清华大学出版社， 2009.

[23] 佩奇 . 模型思维 [M]. 贾拥民，译 . 杭州：浙江人民出版社，2019.

[24] 苗旺，刘春辰，耿直 . 因果推断的统计方法 [J]. 中国科学：数学，2018(12): 1753-1778.

[25] Anderson T W. An Introduction to Multivariate Statistical Methods[M]. New York: John Wiley, 1984.

[26] Filliben J J. The probability plot correlation coefficient test for normality technometrics[J]. 1975(1):111-117.

[27] Looney S W, Gulledge T R, Jr. Use of the correlation coefficient with normal probability plots[J]. The American Statistician, 1985 (1):75-79.

[28] Shapiro S S, Wilk M B. An Analysis of Variance Test for Normality (Complete Samples) [J]. Biometrika, 1965(4):591-611.

[29] 古华民 . 路径分析及其应用简介 [J]. 数学的实践与认识 , 1988(1):37-45.

[30] 金在温，米勒 . 因子分析：统计方法与应用问题 [M]. 叶华，译 . 上海：格致出版社，2018.

[31] Ramsay J O, Silverman B W. Functional Data Analysis[M]. New York: Springer-Verlag, 1977.

[32] Ramsay J O, Silverman B W. Applied Functional Data Analysis: Methods and Case Studies[M]. New York: Springer-Verlag, 2002.

[33] Ramsay J O, Silverman B W. Functional Data Analysis (Second Edition) [M]. New York: Springer-Verlag, 2005.

[34] Ferraty F, Vieu P. Nonparametric Functional Data Analysis — Theory and Practice[M]. Berlin: Springer, 2006.

[35] Horvath L, Kokoszka P. Inference for Functional Data with Applications[M]. Berlin: Springer, 2012.

附录 A 统计分布表

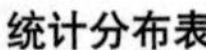

附录B 数 据 表

教师服务

感谢您选用清华大学出版社的教材！为了更好地服务教学，我们为授课教师提供本书的教学辅助资源，以及本学科重点教材信息。请您扫码获取。

教辅获取

本书教辅资源，授课教师扫码获取

样书赠送

统计学类重点教材，教师扫码获取样书

清华大学出版社

E-mail: tupfuwu@163.com
电话：010-83470332 / 83470142
地址：北京市海淀区双清路学研大厦 B 座 509

网址：http://www.tup.com.cn/
传真：8610-83470107
邮编：100084